8·9급 대비
관리
운영
직군
전직시험
건축계획
KB252882

Preface

지속되는 경기불황과 취업난 속에 공무원시험의 경쟁률과 합격선이 꾸준히 증가하고 있음에도 불구하고 공무원시험의 인기는 더욱 치솟고 있는 추세입니다.

관리운영직군 공무원의 전직임용은 국가공무원법에 따른 전직시험을 통하여 해당 기관의 직제 개정으로 감축하는 관리운영직군 직렬에 속하는 공무원의 정원에 상응하여 증원되는 정원이 배정되는 직렬에 속하는 공무원으로 전직할 수 있도록 시행하는 것으로서, 공무원시험에 새로이 응시하는 것이 아니라 경력자 가운데 시험을 통해 행정직 또는 기술직 공무원으로 전환하는 것입니다.

국가공무원법에 따른 선택형 필기시험에서는 각 과목에서 40% 이상 득점하고 전 과목 총점의 60% 이상 득점한 사람으로 합격자를 결정합니다. 학습의 목표가 고득점이 아닌 합격이기 때문에 무엇보다 전략을 잘 세우는 것이 중요합니다. 시험에 나올 만한 핵심이론을 파악하고 최근 출제경향을 익혀 짧은 시간 내에 보다 효과적인 학습을 완성해야 합니다.

본서는 광범위한 내용을 체계적으로 간추려 수험생으로 하여금 단기간에 보다 효율적으로 학습할 수 있도록 핵심이론을 정리하였습니다. 또한 출제가 예상되는 다양한 유형의 문제를 수록하여 학습내용을 점검하고 부족한 부분을 보충할 수 있도록 하였습니다.

신념을 가지고 도전하는 사람은 반드시 그 꿈을 이룰 수 있습니다.
서원각이 수험생 여러분의 꿈을 응원합니다.

Structure

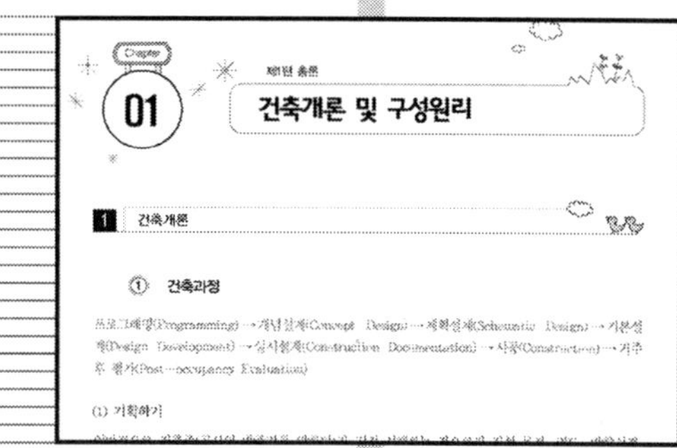

건축계획 전반에 대해 체계적으로 편장을
구분한 후 해당 단원에서 필수적으로 알아야
할 내용을 정리하여 수록했습니다. 출제가
예상되는 핵심적인 내용만을 학습함으로써
단기간에 학습 효율을 높일 수 있습니다.

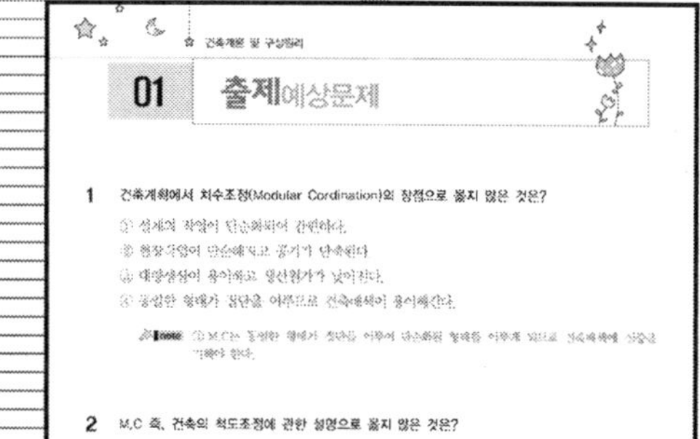

그동안 치러진 국가직 및 지방직 기출문제
를 분석하여 출제가 예상되는 문제만을 엄
선하여 수록하였습니다. 다양한 난도와 유
형의 문제들로 연습하여 확실하게 대비할
수 있습니다.

① 자외선 : 3,600A° 이하 ② 가시선
③ 적외선 : 7,700A° 이상 ④ 도르노

note 태양의 복사선

구분	
자외선	
가시선	
적외선	
도르노(Dorno)	

TIP 건축계획의 조사방법

㉠ 의미분별법(SD : Semantic Differential)
 • 언어에 의한 척도를 실험하고 그에 따른 분석을 통해서 어떠되는 심리적 반응을 측정하여 사용한다.
 • 형용사를 많이 수집한다[예 아름답다(+5), 추하다(-5)].
㉡ 요인분석법(FA : Factor Analysis)
 • 여러 변인군의 상호관계 속에서 공통으로 변화되는 것을 찾을 만들어내는 조사방법이다.
 • 기본 변인군을 추출한다.
㉢ 거주 후 평가(POE : Post Occupancy Evaluation)
 • 거주 후에 건물을 평가하여 설계에 환류하는 것이다.
 • POE를 통해서 유사한 건축의 계획에 환류을 함으로써 기초

Contents

공무원의 구분 변경에 따른 전직임용 등에 관한 특례규정

[시행 2014.11.19.] [대통령령 제25751호, 2014.11.19., 타법개정]

제2장 관리운영직군 공무원의 전직임용

제3조(관리운영직군 공무원의 전직) ① 다음 각 호의 어느 하나에 해당하는 공무원은 「국가공무원법」(이하 "법"이라 한다) 제28조의3에 따른 전직시험(이하 "전직시험"이라 한다)을 통하여 해당 기관의 직제의 개정으로 감축하는 관리운영직군 직렬에 속하는 공무원의 정원에 상응하여 증원되는 정원이 배정되는 직렬(관리운영직군 및 우정직군의 직렬은 제외한다. 이하 같다)에 속하는 공무원으로 전직할 수 있다.

  1. 대통령령 제24852호 공무원임용령 일부개정령 부칙 제7조 제1항에 따라 관리운영직군 공무원으로 임용된 것으로 보는 공무원

  2. 다른 법령에서 관리운영직군 공무원으로 임용된 후 법 제28조 제2항 제7호에 따라 국가공무원으로 임용되거나 법 제28조의2에 따라 전입한 공무원

② 제1항에 따른 직제의 개정으로 증원되는 일반직공무원의 직위에는 해당 기관의 일반직공무원의 초과현원에 관계없이 해당 기관의 관리운영직군 공무원 중 전직시험에 합격한 공무원을 인사혁신처장이 정하는 시기에 임용(이하 "전직임용"이라 한다)하여야 한다.

③ 해당 기관의 관리운영직군에 감축할 정원이 없는 직렬에 대해서는 「행정기관의 조직과 정원에 관한 통칙」 제24조 제2항에도 불구하고 전직시험의 합격 인원에 해당하는 정원이 전직예정 직렬에 있는 것으로 보고 전직임용할 수 있다. 이 경우 해당 직렬 일반직공무원의 현원이 정원과 일치될 때까지 그 초과현원에 상응하는 정원이 해당 기관에 따로 있는 것으로 본다.

④ 제1항에 따른 관리운영직군 직렬에 상응하는 직렬의 범위 및 전직임용 등에 관하여 필요한 사항은 인사혁신처장이 정한다.

제4조(전직시험 실시기관) 「공무원임용령」(이하 "임용령"이라 한다) 제2조 제3호에 따른 소속 장관(이하 "소속 장관"이라 한다)은 전직시험을 직접 실시하거나 인사혁신처장에게 위탁하여 실시할 수 있다.

[대통령령 제24856호(2013.11.20) 부칙 제2조의 규정에 의하여 이 조는 2016년 12월 31일까지 유효함]

제5조(전직시험의 요건 및 방법 등) ① 전직예정 직급에 상당하는 관리운영직군 공무원으로 6개월 이상 근무한 공무원은 「공무원임용시험령」(이하 "시험령"이라 한다) 제18조에 따른 자격증 소지 여부와 관계없이 전직시험에 응시할 수 있다.

② 전직시험은 다음 각 호의 어느 하나의 방법에 따른다.

  1. 선택형 필기시험. 이 경우 소속 장관이 필요하다고 인정하는 경우에는 실기시험을 병과(倂科)할 수 있다.

  2. 서류전형과 면접시험(전직예정 직렬 관련 분야 석사 학위 이상 소지자만 해당한다)

  3. 서류전형(인사혁신처장이 정하는 자격증 소지자만 해당한다)

③ 제2항 제1호에 따른 필기시험의 과목은 별표 1과 같다. 다만, 소속 장관이 해당 기관의 업무 특성 등을 고려하여 필요하다고 인정하는 경우 인사혁신처장과 협의하여 시험령 별표 1을 적용할 수 있다.

[대통령령 제24856호(2013.11.20) 부칙 제2조의 규정에 의하여 이 조는 2016년 12월 31일까지 유효함]

※ 별표 1

관리운영직군에서 행정 · 기술직군으로 전직할 경우 시험과목

직렬 \ 직류 \ 계급		6 · 7급		8 · 9급	
교정	교정	헌법	교정학	형사소송법개론	교정학개론
보호	보호	헌법	형사소송법	사회	형사소송법개론
출입국관리	출입국관리	영어	행정법	영어	국제법개론
행정	일반행정	행정학	행정법	사회	행정학개론
세무	세무	행정법	세법	사회	세법개론
관세	관세	행정법	관세법	사회	관세법개론
사서	사서	행정법	자료조직론	사회	자료조직개론
공업	일반기계	물리학개론	기계공작법	물리	기계일반
공업	전기	물리학개론	전기자기학	물리	전기이론
공업	화공	화학공학개론	화공열역학	화학	유기공업화학
농업	일반농업	재배학	식용작물학	생물	식용작물
임업	전 직류	생물학개론	조림학	생물	조림
해양수산	선박항해	선박개론	항해학	물리	항해
해양수산	선박기관	선박개론	선박기관학	물리	선박기관
보건	보건	보건학	보건행정학	생물	공중보건
시설	일반토목	물리학개론	응용역학	물리	응용역학개론
시설	건축	물리학개론	건축계획학	물리	건축계획
전산	전산개발	소프트웨어공학	자료구조론	컴퓨터일반	소프트웨어공학
방송통신	전송기술	물리학개론	통신이론	물리	무선공학개론

제6조(전직시험의 합격 결정) ① 제5조 제2항 제1호에 따른 선택형 필기시험에서는 각 과목 만점의 40퍼센트 이상, 전 과목 총점의 60퍼센트 이상 득점한 사람을 합격자로 한다.

② 제5조 제2항 제2호에 따른 면접시험에서는 시험령 제13조 제1항에 따라 임명된 시험위원의 과반수가 같은 영 제5조 제3항의 평정요소 5개 항목 중 2개 항목 이상을 "하(미흡)"로 평정하였거나, 시험위원의 과반수가 어느 하나의 동일한 평정요소를 "하(미흡)"로 평정하였을 때에는 불합격으로 한다.

[대통령령 제24856호(2013.11.20) 부칙 제2조의 규정에 의하여 이 조는 2016년 12월 31일까지 유효함]

제7조(관리운영직군 공무원으로 신규채용된 공무원) 기능직공무원으로 재직 하던 중 특수경력직공무원이 되기 위하여 퇴직한 사람 등이 인사혁신처장과 협의를 거쳐 종전 기능직공무원의 직급에 상응하는 관리운영직군 공무원으로 신규채용된 경우 해당 공무원의 전직시험 및 전직임용 등에 관하여는 제3조부터 제6조까지의 규정을 준용한다.

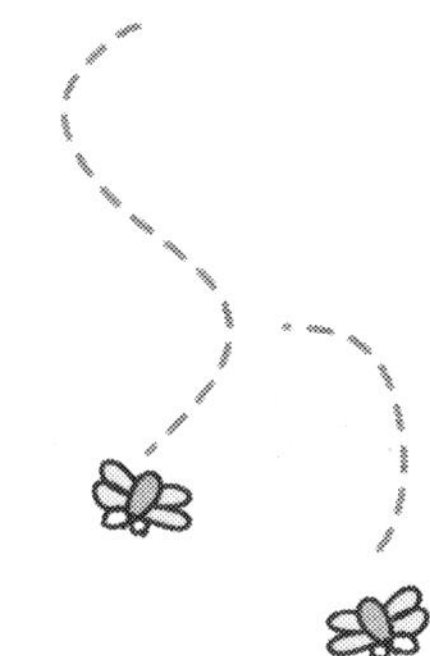

Chapter 01

제1편 총론

건축개론 및 구성원리

1 건축개론

① 건축과정

프로그래밍(Programming) → 개념설계(Concept Design) → 계획설계(Schematic Design) → 기본설계(Design Development) → 실시설계(Construction Documentation) → 시공(Construction) → 거주 후 평가(Post-occupancy Evaluation)

(1) 기획하기

일반적으로 건축주(공사의 발주자를 말한다)가 직접 시행하는 것으로써 건설 목적, 의도, 방향설정, 운영방식, 공사의 예산, 설계의 요구사항 등 건설의 전 과정을 예견하는 것이다.

(2) 조건 파악하기

설계에 들어가기 전의 대지의 현황, 즉 일조, 일사, 도로의 위치 등과 같은 조건을 파악하는 것이다.

TIP 환경조건 파악
ㄱ 사회적 조건 : 도시 속의 환경을 설계적인 측면에서 검토한다.(예 상·하수도, 인구, 교통)
ㄴ 자연적 조건 : 건축물을 짓기위해 관련된 법규를 검토한다.(예 대지 및 주변환경)

(3) 설계하기

① **설계하기의 개요** … 기본설계와 실시설계로 나뉘어지는데 이는 건축가를 중심으로 이루어진다.

② **기본설계**

ㄱ 개념 : 계획, 설계의 목표와 방향을 제시해주는 설계의 기본적인 뼈대를 만드는 단계이다.
ㄴ 배치도, 평면도, 입면도 등 기본설계도가 구성된다.
ㄷ 구조방식, 설비개요 등의 설계설명도가 구성된다.

③ **실시설계**

    ㉠ 개념 : 구체적이며 세부적으로 도면을 나타내어 실제 건축시공을 가능하도록 하는 도면을 만드는 실행단계이다.

    ㉡ 배치도, 평면도, 입면도와 더불어 각종 상세도, 구조, 설비, 전기, 조경 등의 상세설계도가 구성된다.

    ㉢ 설계도면에 표시가 안 되는 전기·건축의 각종 기계나 기타 사항 등을 시공자에게 지시하기 위한 시방서가 구성된다.

(4) 시공하기

위의 조건과 설계를 가지고 시공자에 의해서 실제로 건물이 만들어지는 과정이다.

(5) 거주 후 평가(POE : Post Occupancy Evaluation)

① **개념** … 건물이 완공된 후 사용 중인 건축물의 기능이 제대로 수행되고 있는지를 평가

② **평가의 유형**

    ㉠ 기술적 평가 : 인간이 사용함에 있어서 기술적으로 편의를 도모했는지 등에 대한 평가

    ㉡ 기능적 평가 : 각각의 구조물이 기능을 잘 발산하는지에 대한 평가

    ㉢ 형태적 평가 : 구성된 구조물들이 인간이 행동함에 있어서 편한 형태인지 등에 대한 평가

③ **평가의 요소**

    ㉠ 사용자의 의견

    ㉡ 환경적인 요소

    ㉢ 디자인

(6) 환류

건축물을 사용해 본 후 본래 설계와 맞지 않거나 불편한 곳이 있을 경우 건축가에게 설계환류를 할 수 있다.

◎ 건축과정 ◎

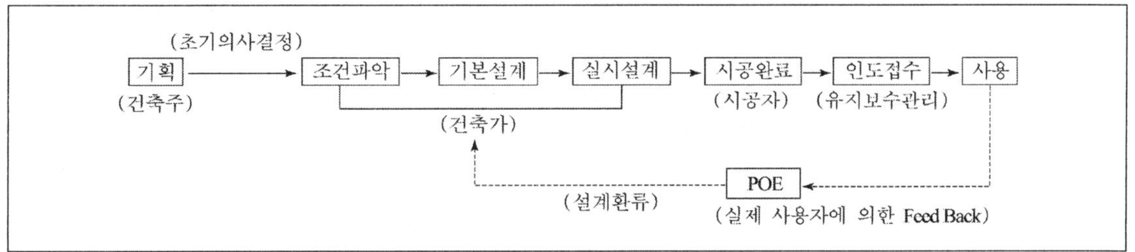

② 건축계획의 결정

(1) 건축계획의 개념

하나의 건축을 이루기 위해서 여러 분야의 기술을 바탕으로 모순 등을 해결하고 조정하여 종합하는 기술이다.

(2) 건축계획 결정과정

① **목표설정** … 기획단계에서 가장 먼저 이루어져야할 사항이다.

② **정보·자료수집** … 여러 전문 분야기술과 대지 및 지역적 특성 등을 조사하고 수집하여 분석한다.

③ **조건설정** … 건물의 구체적인 기능, 규모, 성능, 의장과 같은 조건 등을 설정한다.

④ **모델화** … 1차적으로 설정된 목표에 대해서 정보와 자료, 조건 등을 부합하여 모델을 구성하는 것이다.

⑤ **평가** … 목표와 조건에 어느 정도 만족하는지 평가하는 것이다.

⑥ **계획결정** … 앞의 조건들이 만족된 경우에 최종 계획안을 결정한다.

⑯ 건축계획 결정과정 ⑯

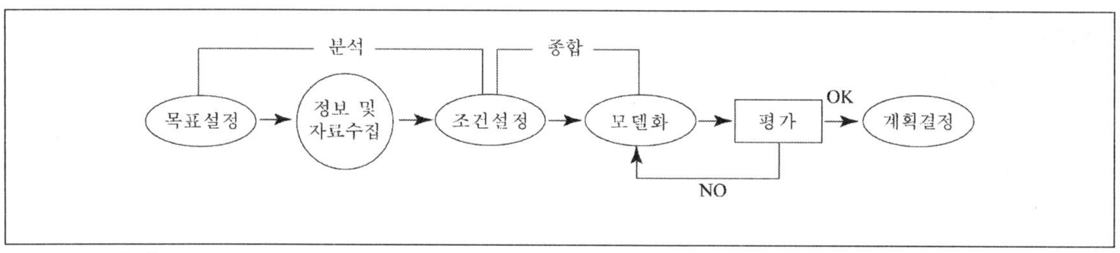

> **★TIP** 건축계획의 조사방법
>
> ㉠ 의미분별법(SD : Semantic Differential)
> - 언어에 의한 척도를 실험하고 그에 따른 분석을 통해서 어떠한 공간을 체험한 결과 발생되는 심리적 반응을 측정하여 사용한다.
> - 형용사를 많이 수집한다[例 아름답다(+5), 추하다(−5)].
>
> ㉡ 요인분석법(FA : Factor Analysis)
> - 여러 변인군의 상호관계 속에서 공통으로 변화되는 것을 찾아내서 몇 개의 기본 변인군을 만들어내는 조사방법이다.
> - 기본 변인군을 추출한다.
>
> ㉢ 거주 후 평가(POE : Post Occupancy Evaluation)
> - 거주 후에 건물을 평가하여 설계에 환류하는 것이다.
> - POE를 통해서 유사한 건축의 계획에 환류를 함으로써 기초 데이터의 역할을 한다.

ㄹ 이미지 지도(Image Map)
- 한 지역, 한 나라의 상징적 이미지를 부여하는 자연환경이나 건축물 등의 특성이나 지리적인 조건에 대한 계획의 내용을 이미지 지도에 개념적으로 나타낸다.
- 조사하는 공간의 현황을 파악하여 이것을 계획에 사용하기 위한 기초적인 데이터로 이용한다.
ㅁ 관찰법 : 시간을 두고 진행하고 있는 모습을 관찰하여 계획에 반영시킨다.
ㅂ 설문지법 : 설문지를 통해 통계적으로 분석하여 계획에 반영한다.
ㅅ 면담법 : 그 공간의 시민들과 직접 면담을 하여 계획에 반영한다.

2 구성원리

① 건축의 3대 요소(기능, 구조, 미)

(1) 기능

① **입지의 조건** ··· 경제성, 타당성

② **배치의 조건** ··· 주변 환경과의 관계, 토지의 활용도, 접근의 용이성

③ **평면의 조건** ··· 배치에 의한 동선의 관계, 면적

④ **입면** ··· 창호물, 즉 개구부의 위치 및 방향, 벽면의 형태

⑤ **단면** ··· 안전성, 층고, 단면의 치수, 설비적인 공간

(2) 구조

① 안전성을 확보해야 한다.

② 안전성을 기초로 하여 기능과 미가 균형과 조화를 이루어야 한다.

③ **구조의 분류** ··· 조적, 막, 가구, 일체

(3) 미

① **디자인의 요소**(Factor)

　ㄱ 점(Point)

　ㄴ 선(Line)

　ㄷ 형(Shape)

② 크기(Size)

㉤ 명암(Value)

㉥ 질감(Texture)

② **디자인의 원리**(Principle)

㉠ **조화**(Harmony) : 부분과 부분 및 부분과 전체 사이에 안정된 관련성을 주며 상호 간에 공감을 불러일으키는 효과이다. 유사조화와 대비조화가 있다.

㉡ **대비**(Contrast) : 서로 대조되는 요소를 대치시켜 상호 간의 특징을 더욱 뚜렷하게 하는 효과이다.

㉢ **비례**(Proportion) : 선, 면, 공간 사이의 상호 간의 양적인 관계이다.

㉣ **균형**(Balance) : 부분과 부분, 부분과 전체 사이의 시각적인 힘의 균형이 잡히게 되면 쾌적한 느낌을 주게 되는 효과이다. (대칭균형과 비대칭균형, 정적균형과 동적균형이 있다.)

㉤ **반복**(Repetition) : 색채, 문양, 질감, 형태 등이 구조적으로 되풀이 되는 원리이다.

㉥ **통일**(Unity) : 화면 안에서 일정한 형식과 질서를 갖는 것으로서 하나의 '규칙'에 해당되며, 다양한 디자인 요소들을 하나로 묶어준다.

㉦ **율동**(Rhythm)

- 반복 : 주기적인 규칙이나 질서를 주었을 때 생기는 느낌으로, 대상의 의미나 내용을 강조하는 수단으로도 사용된다.
- 교차 : 두 개 이상의 요소를 서로 교체하는 것으로, 파워풀한 느낌을 주고 에너지를 느낄 수 있다.
- 방사 : 중심으로 방사되는 형태로, 율동감을 느낄 수 있다.
- 점이 : 두개 이상의 요소 사이에 형태나 색의 단계적인 변화를 주었을 때 나타나는 현상을 말한다.

㉧ **균제**(Symmetry) : 대칭이라고도 하며 균형 중에 가장 단순한 형태로 나타나는 것으로 정지, 안정, 엄숙, 정적인 느낌을 준다.

- 선대칭 : 대칭축을 중심으로 좌우나 상하가 같은 형태로 되는 것으로 두 형이 서로 겹치면 포개진다.
- 방사대칭 : 도형을 한 점 위에서 일정한 각도로 회전시켰을 때 생기는 방사상의 도형이다.
- 이동대칭 : 도형이 일정한 규칙에 따라 평행으로 이동했을 때 생기는 형태이다.
- 확대대칭 : 도형이 일정한 비율과 크기로 확대되는 형태이다.

㉨ **변화**(Variety) : 화면 안의 구성 요소들을 서로 다르게 구성하는 것으로서, 통일성에서 오는 지루함을 크기변화, 형태변화 등으로 없앨 수 있는 원리를 말한다.

> ★ TIP 동선과 색의 3요소
> ㉠ 동선의 3요소
> - 하중(Load) : 구조물에 작용하는 외력
> - 빈도(Frequncy) : 다시 일어날 수 있는 횟수
> - 속도(Velocity) : 움직이는 속도

   ○ 동선의 주체자
    • 사용자
    • 물체(건축물, 주변환경 등)
    • 자료 및 정보
   © 색의 3요소
    • 색상(Hue) : 색의 성질
    • 명도(Value) : 색의 밝기
    • 채도(Chroma) : 색의 선명도
   ※ 색입체 그림

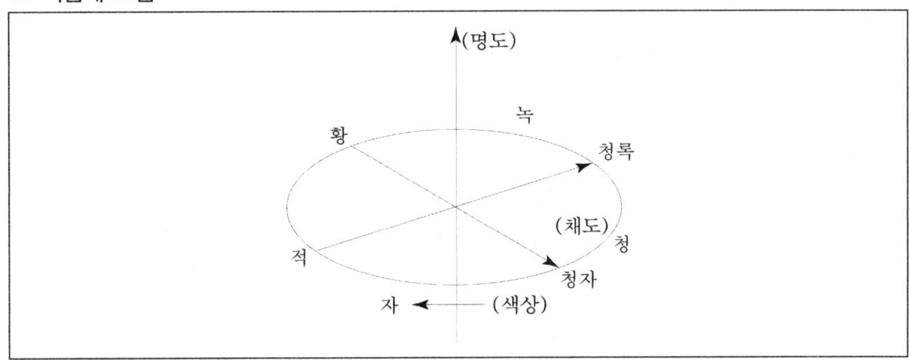

② 공간과 인체의 치수관계

(1) 인체치수

① 인체치수→가구치수→수용공간치수

② 인체치수→동작치수→동작공간→복합동작공간

③ **인간의 크기에 관한 통계적 치수**

  ㉠ H : 신장

  ㉡ 0.9H : 눈 높이

  ㉢ 0.8H : 어깨 높이

  ㉣ 0.4H : 손끝점

  ㉤ 0.25H : 어깨폭

  ㉥ 0.25H : 의자 높이

  ㉦ 0.4H : 책상면 높이

  ㉧ 0.55H : 앉은 키 높이

  ㉨ 1.2H : 상체 올림 높이

④ 인체치수는 성별, 연령, 나라, 자세, 활동유형에 따라서도 차이가 발생한다.

(2) 건축공간의 스케일

① **물리적 스케일** … 인간이나 물체에 의해서 출입구 등의 크기가 결정된다.

② **생리적 스케일** … 생리적인 감각기관에 의해서 실공간의 크기가 결정된다.

③ **심리적 스케일** … 압박감과 같은 심리적인 느낌에 의해서 공간의 크기가 결정된다.

④ **황금비례**(1 : 1.618) … 미술가들은 어떤 비례가 가장 이상적인 아름다움을 전달할 수 있는지를 수학적으로 탐구하였으며 그 중 대표적인 것이 바로 가장 이상적인 비례라는 황금비율이다. 황금비율은 그리스인들이 발견해 신전이나 예술품을 제작할 때 적용했던 비례로 1 : 1.618의 비율이다.

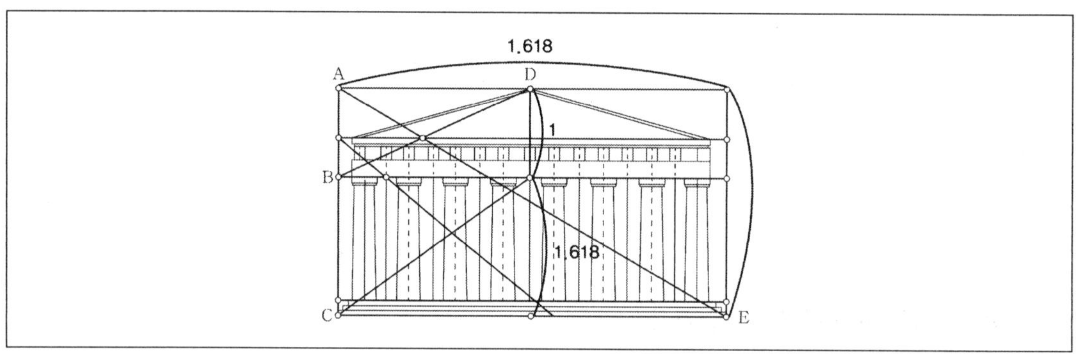

③ 모듈(Module)

(1) 모듈의 의미

기준치수 또는 척도를 말하는 것으로서 건축의 생산적인 면에서 기준치수를 집성해 놓은 것을 말한다.

(2) 모듈설계의 개념

① 기본개념은 척도조정(Modular Coordination)에 의한 설계이다.

② **종류**

    ㉠ 모듈 부품에 의한 설계 : 카달로그 등에서 직접 선택한다.

    ㉡ 모듈 격자에 의한 설계 : 설계계획에서부터 주요 구성재, 상세부 등을 모두 모듈 격자에 맞추는 것이다.

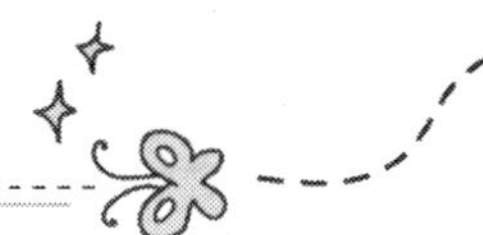

(3) 모듈의 종류

① **기본모듈** … 1M = 10cm로 하고 모든 치수의 기준으로 한다.

② **복합모듈** … 기본모듈에 배수를 적용한다.

    ㉠ 2M : 건물의 높이방향의 기준(20cm, 40cm, 60cm)

    ㉡ 3M : 건물의 수평방향 길이의 기준(30cm, 60cm, 90cm)

③ **공칭치수 = 제품치수 + 줄눈두께 = 중심선간의 치수**

④ **제품치수 = 공칭치수 − 줄눈두께**

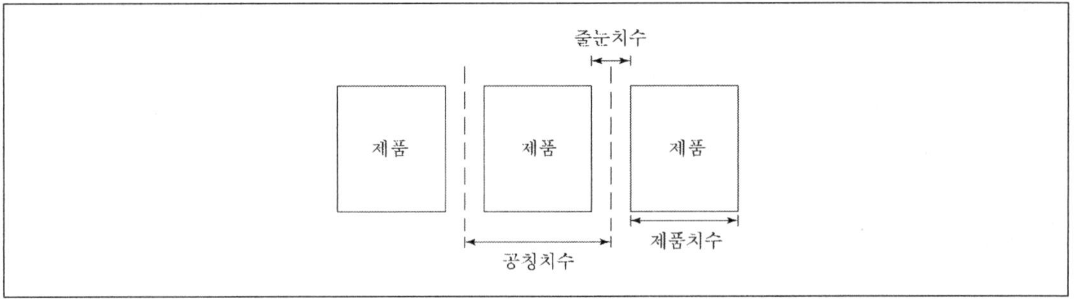

⑤ **창호치수** … 창호 줄눈 중심간 치수

> ★ **TIP** 모듈의 사용방법
> ㉠ 도서관의 경우에는 대체적으로 모듈러 시스템의 필요성이 크다.
> ㉡ **라멘조 건물** : 기둥 중심간 거리, 층 높이를 모듈로 사용한다.
> ㉢ **조립식 건물** : 각부 조립재, 줄눈 중심간 거리를 모듈로 사용한다.

(4) 르 꼬르뷔제의 모듈러

① 르 꼬르뷔제의 모듈러의 척도체계는 인체치수(183cm)를 기준으로 대수개념을 의미한다.

② 황금비를 참조한 것으로써 일반적으로 사용되는 모듈과는 구분되어야 한다.

③ 경제적인 공업생산을 목적으로 하였다.

(5) M.C(Modular Coordination = 건축척도의 조정)

① 모듈을 사용하여 건축 전반에 사용되는 재료를 규격화시키는 것을 말한다.

② **특징**

    ㉠ 장점

      • 품질이 양호해진다.

      • 표준화, 건식화, 조립화로 공정이 짧아진다.

      • 대량화, 공장화로 원가가 낮아진다.

    ⓛ 단점

- 디자인상의 제약을 받는다.
- 인간성 및 창조성을 상실할 우려가 있다.
- 단순화됨으로 인해서 배색에 신중을 기해야 한다.

(6) 공업화건축(Prefabrication)

① **개념** … 건축 각각의 부분을 공장제품으로 대량화하여 현장에서 바로 조립을 하는 시공방법을 통해 공기를 단축시킴으로써 건축물을 대량생산시키는 데 목적이 있다.

② **특징**
    ㉠ 품질 향상
    ⓛ 단가 저렴
    ㉢ 공기 단축

(7) 건축설계의 수법

① **Expansibility(확장성) 수법**

    ㉠ 분할형

- 전체 계획을 분할하여서 1차, 2차 공사로 나누어 공사하는 것으로 증축에 의해서 발생되는 모순을 최대한 축소시킨다.
- Master plan에 의한 계획이 반드시 요구된다.
- 설비 공동시설을 집중화해야 하므로 선투자가 필요하다.

    ⓛ 연결형

- 필요에 의해서 새로운 독립시설을 연결해 나가는 방식이다.
- 구조적인 문제는 적으나 관리운영상 기능분산 문제가 야기될 수 있으므로 복잡한 기능의 건축물에는 부적당하다.

    ㉢ Free end형

- 증축을 예상하여 고려한 방식이다.
- 증축의 슬래브, 이음새의 보의 형태에 적합하게 계획한다.
- 증축 후에도 평면의 동선 등 시스템에 지장이 없어야 한다.

    ㉣ 증축형

- 일종의 코어 시스템이다.
- 중심적인 면을 우선적으로 두고 필요 시설을 첨가 또는 제거하는 방식이다.

② **Flexibility(융통성) 수법**

   ㉠ 내부변경

     • 사전에 예측된 변경은 내부의 변경을 전제로 하는 방식이다.

     • 당초부터 넓은 면적을 고려하도록 한다.

   ㉡ Universal space

     • One room system으로써 자유로운 공간분할이 가능한 방식이다.

     • 가족간의 프라이버시 유지는 어려우나 다목적 이용을 가능하게 하는 무한적인 공간이 될 수 있다.

   ㉢ Grid plan : Grid pattern으로 인해서 공간이 균질화 될 수 있다.

   ㉣ Modular plan : Grid plan을 철저하게 계획하여 조명, 스프링클러, 전화 등의 설비를 균등하게 배치하는 방법이다.

   ㉤ Core system : 사무소 건물을 코어부분과 사무실 부분으로 나누어 사용하는 것처럼 변화하지 않는 부분과 변화하는 부분을 나누어 변화성질에 대응하여 System화하는 방법이다.

   ㉥ Interstitial space

     • 설비에 Flexibility를 부여하기 위한 방법이다.

     • 평면적으로 자유도가 높은 장 Span구조의 이점을 이용한다.

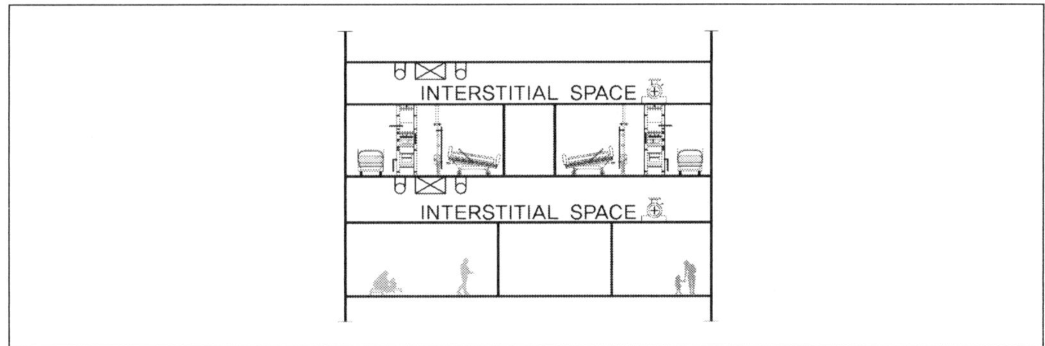

(8) B.I.M(Building Information Modeling)

① **B.I.M의 정의** … 기존의 2D(2차원)중심이었던 도면작업을 3D기반에서 이루어지도록 하는 시스템이며 건물 설계, 분석, 시공 및 관리의 효율성 극대화를 위해 설계의 건설요소별 객체정보를 담아낸 모델링 기법이다.

② **B.I.M의 특징**

   ㉠ 다양한 설계 분야의 조기 협업이 용이해지며 설계 단계에서 설계 오류와 시공 오차를 최소화할 수 있다.

   ㉡ 설계 진행 단계에서 공사비 견적 산출이 가능하다.

ⓒ 설계도의 3차원화에 따라 프로젝트 단계에서의 작업량의 최고점이 설계 작업의 초반기에 나타나게 된다.

ⓔ IFC(International Foundation Class)는 서로 상이한 BIM 소프트웨어간의 상호호환성을 위한 공통포맷이다.

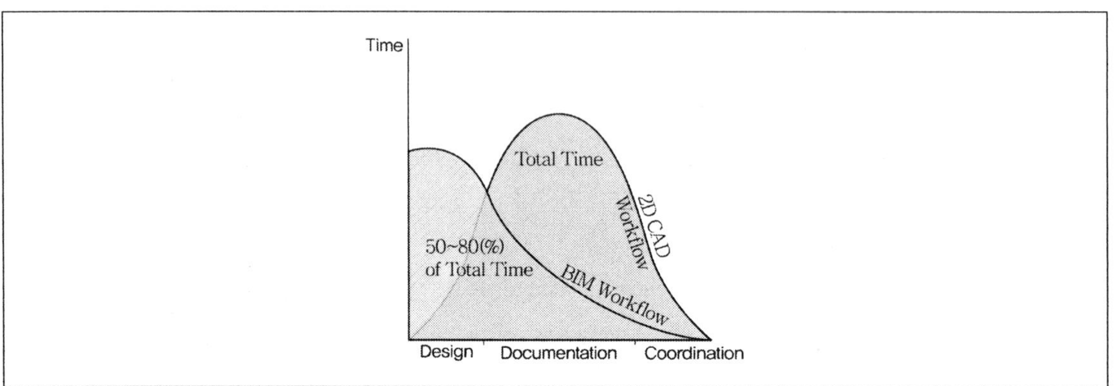

01 출제예상문제

1 건축계획에서 치수조정(Modular Cordination)의 장점으로 옳지 않은 것은?

① 설계의 작업이 단순화되어 간편하다.

② 현장작업이 단순해지고 공기가 단축된다.

③ 대량생산이 용이하고 생산원가가 낮아진다.

④ 동일한 형태가 집단을 이루므로 건축배색이 용이해진다.

> **note** ④ M.C는 동일한 형태가 집단을 이루어 단순화된 형태를 이루게 되므로 건축배색에 신중을
> 기해야 한다.

2 M.C 즉, 건축의 척도조정에 관한 설명으로 옳지 않은 것은?

① 현장작업이 조립화되어 단순해진다.   ② 공기가 길어진다.

③ 대량생산이 용이해진다.   ④ 품질이 양호해진다.

> **note** ② 건축전반에 사용되는 재료를 규격화시켜 대량화하고 단순화함으로써 공사기간을 줄일 수
> 있다.

3 다음 중 동선계획을 함에 있어서 주체자가 될 수 없는 것은?

① 물체   ② 정보

③ 사용자   ④ 하중

> **note** 동선의 주체자 … 사용자, 물체(물질), 정보이다.
> ④ 동선의 3요소 중 하나이다.
> ※ 동선의 3요소 … 속도, 빈도, 하중

Answer   1.④ 2.② 3.④

4 건축설계의 수법은 Expansibility 수법과 Flexibility 수법이 있다. 이 중 Flexibility 수법이 아닌 것은?

① Grid plan

② Modular plan

③ 내부변경

④ Free end형

> **note** 건축설계의 수법
> ㉠ Expansibility 수법의 종류
> • 분할형
> • 연결형
> • Free end형
> • 증축형
> ㉡ Flexibility 수법의 종류
> • 내부변경
> • Universal space
> • Grid plan
> • Modular plan

5 다음 중 POE(Post Occupancy Evaluation)에 대한 설명으로 옳은 것은?

① 사용자가 자기기호에 맞는 건축물을 찾는 것이다.

② 건축물을 사용해 본 후 평가하는 것이다.

③ 건축물을 사용해 보기 전에 평가하는 것이다.

④ 건축물의 사용을 염두해 두고 계획하는 것이다.

> **note** 거주 후 평가(POE : Post Occupancy Evaluation) … 건물이 완공된 후 사용 중인 건축물의 기능이 제대로 수행되고 있는지를 평가하는 것이다.

6 다음 중 건축이 공업화되는 데 있어서 관련이 적은 것은?

① 공사의 조직화

② 생산물의 표준화

③ 생산의 대량화

④ 공사작업의 간소화

> **note** 건축의 공업화 … 생산물이 표준화되고 대량화되면서 그 조직의 연결이 단단해지며 공사작업이 단순화된다.

7 인간의 크기에 관한 통계적 치수 중 눈 높이를 나타내는 치수는? (단, H는 신장이다.)

① H

② 0.4H

③ 0.9H

④ 1.2H

> **note** 인간의 크기에 관한 통계적 치수
> ㉠ H : 신장
> ㉡ 0.9H : 눈 높이
> ㉢ 0.8H : 어깨 높이
> ㉣ 0.4H : 손끝점
> ㉤ 0.25H : 어깨폭
> ㉥ 0.25H : 의자 높이
> ㉦ 0.4H : 책상면 높이
> ㉧ 0.55H : 앉은 키 높이
> ㉨ 1.2H : 상체 올림 높이

8 건축의 3대 요소는 기능, 구조, 미이다. 이 중 미의 디자인 원리에 포함되지 않는 것은?

① 질감

② 통일

③ 조화

④ 비례

> **note** 디자인의 원리(Principle) … 조화(Harmony), 대리(Contrast), 비례(Proportion), 균형(Balance), 반복(Reptition), 통일(Unity), 율동(Rhythm), 균제(Symmetry)
> ① 디자인의 요소에 해당한다.

9 다음 중 건축계획의 조사방법 중 거주 후 건물을 평가하여 설계에 환류하는 방법은?

① POE

② SD

③ FA

④ 관찰법

> **note** ② 의미분별법으로 언어에 의한 척도를 실험하고 그에 따른 분석을 통해서 어떠한 공간을 체험한 결과 발생되는 심리적 반응을 측정하여 사용한다.
> ③ 요인분석법으로 여러 변인군의 상호관계 속에서 공통으로 변화되는 것을 찾아내서 몇 개의 기본 변인군을 만들어내는 조사방법이다.
> ④ 시간을 두고 진행하고 있는 모습을 관찰하여 계획에 반영시킨다.

Answer　　7.③　8.①　9.①

10 다음은 건축과정을 나타낸 것이다. ( ) 안에 알맞게 넣은 것은?

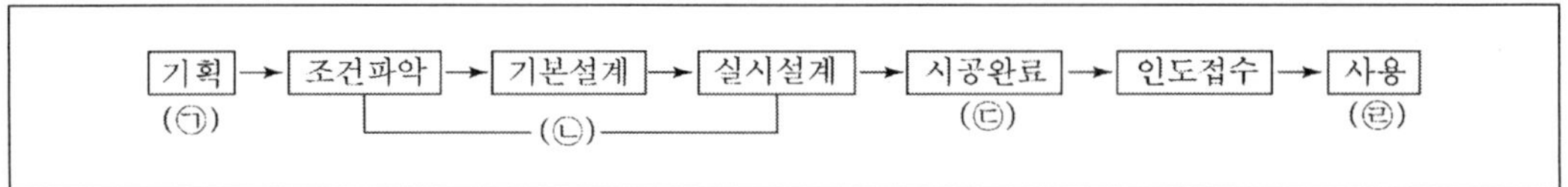

① 건축가, 시공자, 사용자, 건축주　　② 시공자, 건축가, 건축주, 사용자
③ 건축주, 건축가, 시공자, 사용자　　④ 건축주, 시공자, 건축가, 사용자

note 건축과정

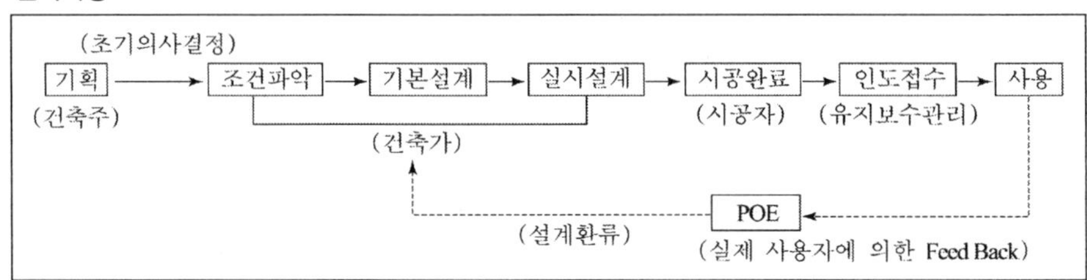

11 다음 중 치수의 척도조정의 특징으로 옳지 않은 것은?

① 생산비가 감소한다.　　　　　　② 대량생산이 용이하다.
③ 창조성이 뛰어나다.　　　　　　④ 품질이 양호해진다.

note M.C(치수의 척도조정)의 특징
　㉠ 장점
　　• 품질 상승
　　• 원가 절감(생산비 감소)
　　• 대량생산 용이
　㉡ 단점
　　• 단순화
　　• 디자인상의 제약
　　• 인간성, 창조성 상실의 우려

12 다음 중 POE의 평가요소가 아닌 것은?

① 기술

② 사용자의 의견

③ 환경

④ 디자인

> **note** ① 평가의 유형에 속한다.
> ※ 평가의 요소
> ㉠ 사용자 의견
> ㉡ 디자인
> ㉢ 환경

13 다음은 규격화된 창호이다. ( ) 안에 들어갈 알맞은 것은?

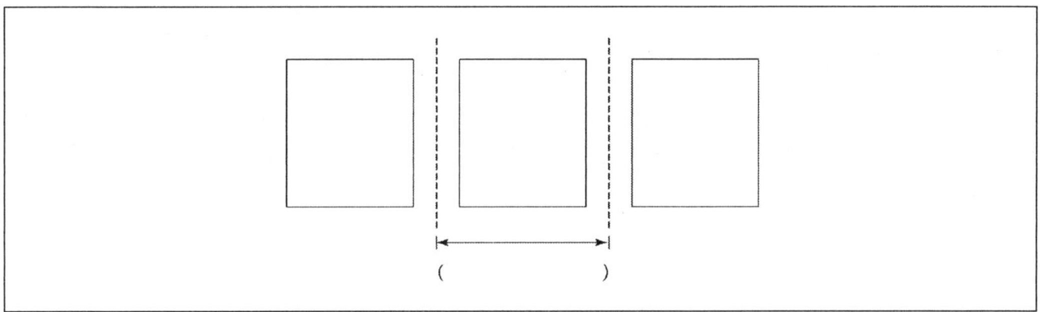

① 제품치수

② 줄눈치수

③ 공칭치수

④ 창호치수

> **note** ① 공칭치수－줄눈치수
> ② 줄눈의 치수
> ③ 제품치수＋줄눈치수
> ④ 창호 줄눈 중심간 치수

14 다음 중 모듈에 관한 설명으로 옳지 않은 것은?

① 모듈을 활용함으로써 대량생산이 가능하다.

② 병실의 모듈은 환자의 침대규격이다.

③ 전체적인 비례를 맞추기 위해서 사용하는 설계의 단위이다.

④ 오피스 건물의 모듈은 책상이 규격이 된다.

> **note** 모듈은 기준치수 또는 척도를 말하는 것으로서 건축의 생산적인 면에서 기준치수(건축물 사이,
> 건축재료, 부품 등의 치수)를 집성해 놓은 것이다.

15 다음 모듈의 설명 중 옳은 것은?

① 기본모듈은 0.5M이다.

② 건물의 수평방향 길이의 기준은 3M이다.

③ 건물의 높이방향의 기준은 1M이다.

④ 기본모듈은 1M이 10㎝이지만, 모든 치수에 기준이 되지는 않는다.

> **note** 모듈의 종류
> ㉠ 기본모듈 1M=10㎝로 모든 치수의 기준이 된다.
> ㉡ 건물의 높이방향의 기준은 2M이다.

16 다음 보기 중에서 디자인의 원리만을 고른 것은?

㉠ 균제	㉡ 율동
㉢ 크기	㉣ 질감
㉤ 균형	㉥ 명암

① ㉠㉡㉢   ② ㉠㉡㉤

③ ㉡㉢㉣   ④ ㉡㉢㉥

⑤ ㉢㉣㉥

> **note** ㉠㉡㉤ 디자인의 원리
> ㉢㉣㉥ 디자인의 요소

17 설계과정 중에서 가장 먼저 해야 할 것은?

① 실시설계　　　　　　　　　　　② 기본계획

③ 시공　　　　　　　　　　　　　④ 조건파악

> **note** 조건파악 → 기본계획 → 기본설계 → 실시설계 → 시공의 순으로 설계한다.

18 건축의 과정 중 설계 들어가기에 앞서서 환경의 조건을 파악하는데 이 중 사회적인 조건에 속하지 않는 것은?

① 주변환경　　　　　　　　　　　② 상·하수도

③ 교통　　　　　　　　　　　　　④ 인구수치

> **note** 환경조건
> ㉠ 사회적인 조건 : 상·하수도, 인구(량), 교통(량), 통신
> ㉡ 자연적인 조건 : 대지, 주변환경

19 다음은 건축계획의 결정과정을 표로 나타낸 것이다. 다음 ㉠, ㉡에 들어갈 알맞은 말은?

목표설정 → (㉠) → 조건설정 → (㉡) → 평가 → 계획·결정

① ㉠ 정보&자료수집, ㉡ 분석　　　　② ㉠ 발상, ㉡ 정보&자료수집

③ ㉠ 정보&자료수집, ㉡ 모델화　　　④ ㉠ 모델화, ㉡ 분석

⑤ ㉠ 모델화, ㉡ 정보&자료수집

> **note** 건축계획의 결정과정

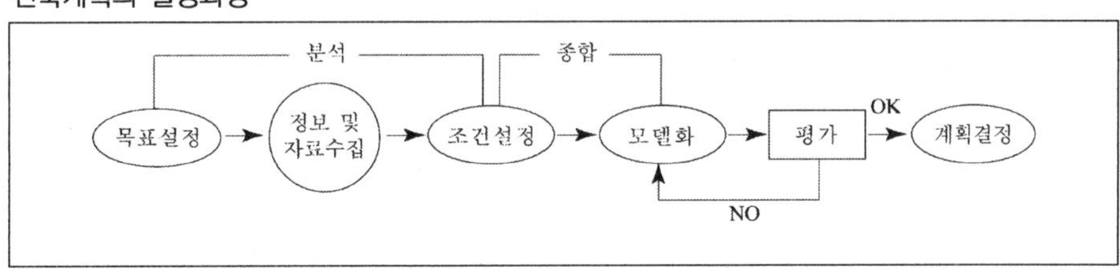

20 다음은 건축계획 조사방법에 대한 설명이다. 이 중 옳지 않은 것은?

① 시간을 두고 진행되고 있는 모습을 계획에 반영시키는 것을 관찰법이라 한다.

② POE는 건물을 사용하기 전에 평가하여 설계에 반영하는 방법이다.

③ 한 지역·나라의 상징되는 의미를 부여할 수 있는 건축물, 지리적인 조건에 대한 계획의 내용을 반영하는 것은 이미지 지도방법이다.

④ 형용사를 많이 수집하는 것은 의미분별법이다.

⑤ 여러 변인군의 상호관계 속에서 공통으로 변화되는 것을 찾아서 몇 개의 기본변인군을 만들어내는 조사방법은 요인분석법이다.

> **note** 거주 후 평가(POE : Post Occupancy Evaluation) ⋯ 건축물이 완공된 후 사용중인 건축물의 기능이 제대로 수행되는지 평가하여 설계에 환류하는 것으로 유사한 건축계획에 기초데이터의 역할을 한다.

21 황금비례의 수치로 옳은 것은?

① 1 : 1.618

② 1.618 : 1

③ 1 : 0.618

④ 0.618 : 1

⑤ 0.618 : 1.618

> **note** 황금비례(1 : 1.618) ⋯ 어떤 양을 두 부분으로 나누었을 때 각 부분의 비가 가장 균형있고 아름답게 느껴지는 비를 뜻한다.

22 다음 중 척도조정의 목적으로 옳지 않은 것은?

① 건축 구성재의 대량생산이 용이해지고 생산비용이 낮아질 수 있다.

② 단순화되는 현장작업으로 공사의 기간이 단축될 수 있다.

③ 건축물의 구성재를 수송·취급하는 데 있어서 편리하다.

④ 건축물의 개구부 치수를 통일하기 위한 것이다.

> **note** 척도조정은 구성재의 단순화, 대량화, 공기단축을 위한 것이지 개구부를 통일하기 위한 것은 아니다.

Answer　　20.②　21.①　22.④

건축환경

1 건축과 환경

① 기후

(1) 기상과 기후

① **기상** … 대기의 물리적인 현상으로 지표의 위에서 시시각각으로 변화한다.

② **기후** … 특정한 기간 내의 기상변화를 종합해서 통계적으로 구한 결과를 말한다.
   ㉠ 기후요소
   - 기온과 습도
   - 비와 바람
   - 일조
   ㉡ 기후인자 : 기후요소의 지리적 분포를 말하는 것으로 해안, 평야, 고지, 경사지 등
   ㉢ 기후형 : 기후인자＋기후요소

(2) 기온(대기의 온도)

① **옥외 관측점** … 잔디밭의 넓은 평지의 지상 1.2～1.5m 정도의 지점에서 백엽상 안에 설치하여 측정한다.

② 관측점의 높이는 인간의 호흡이나 일상의 생활과 관계된다.

③ **일교차**
   ㉠ 최고기온(오후 1～2시경의 기온)과 최저기온(일출 전 오전 5～6시경의 기온)의 차를 말한다.
   ㉡ 지방의 지리적 조건에 따라서 영향을 받는다.
   ㉢ 위도가 낮을수록, 해안에서 내륙으로 갈수록 커진다.
   ㉣ 고산이나 고공에서는 작다.
   ㉤ 초지의 일교차는 작고, 사지의 일교차는 크다.

④ **연교차**···1년 중 최한월(1 ~ 2월경)과 최난월(7 ~ 8월경)의 기온차를 말한다.

⑤ **온도의 변화**··· 보통 100m 상승할 때마다 기온은 $0.5 \sim 0.6℃$씩 저하된다.

⑥ **기온의 역전**··· 지표면 부근보다 고공의 기온이 높아질 때의 현상을 말한다.

⑦ **기온의 표시**

　㉠ 우리나라 : 섭씨

　　Ex $C = \dfrac{5}{9}(F-32)$

　㉡ 구미각국 : 화씨

　　Ex $F = \dfrac{9}{5}C+32$

② 습도와 일사

(1) 습도

① **절대습도**(AH : Absolute Humidity)

　㉠ 1m³의 공기 중에 포함되어 있는 수증기의 무게(g/m³)

$$AH = \frac{\text{그 공기 중의 건조공기 1kg과 공존하는 수증기량(kg)}}{\text{수증기를 포함하지 않는 건조공기 1kg}}$$

　㉡ 포화절대습도 : 어떠한 온도에서 수용할 수 있는 수증기 최대의 양으로서 그 이상의 수증기량
이 있으면 물로 변해버리는 극한의 값

② **상대습도**(RH : Releative Humidity) ··· 1m³의 공기 중에 현재 포함되어 있는 수증기량과 이때의
온도에 포함할 수 있는 최대의 수증기

$$RH = \frac{\text{공기 중의 수증기압}}{\text{그 공기의 포화수증기압}} \times 100\%$$

> **TIP** 습도의 단위와 정의
> ㉠ 습구온도(t') : 습구온도계에 나타나는 온도로써 습공기의 수증기분압과 동일한 분압을 갖
> 　는 포화습공기의 온도이며 ℃의 단위를 사용한다.
> ㉡ 절대습도(x) : 건공기 1kg 속에 포함하는 습공기 중의 수증기량이고 그 단위는 kg/kg'(DA)이다.
> ㉢ 상대습도(ϕ) : 수증기분압과 동일온도의 포화습공기의 수증기분압의 비이며 %의 단위를
> 　사용한다.
> ㉣ 수증기분압(h 또는 p) : 습공기 중의 수증기분압이라고 하며 mmHg이나 kg/㎠의 단위를 사
> 　용한다.

(2) 일사(Solar radiation)

① **개념** … 태양광열 중 적외선에 의한 열효과로 지상의 물체가 따뜻해지는 현상을 말하며 단위는 kcal/㎡ · h로 표기한다.

② **전자파** … 지표면에 도달하는 태양에너지의 약 1/2은 적외선이고 나머지는 가시광선과 자외선이다.

③ **자외선** … 비타민 D 생성, 살균작용 등을 한다.

④ **광택, 색채**

　　㉠ 담색 광택은 잘 뜨거워지지 않는다.

　　㉡ 색조에서는 백, 황, 적, 녹, 청, 갈, 흑의 순으로 많아진다.

⑤ **일사효과의 차이**

　　㉠ 일사의 세기량에 따른 차이

　　㉡ 받는 면의 성질 차이

　　㉢ 일사를 받는 면의 방향 차이

　　㉣ 주위 기온과 유동상태에 따른 차이

(3) 일조

① **개념** … 태양으로부터 나오는 빛이 지상에 직사하는 것으로 자외선에 의한 보건적 효과가 있다.

② **일조율**

$$\text{일조율}(\%) = \frac{\text{그 지방의 일조시수}}{\text{가조시수}} \times 100$$

③ **일조시수**

　　㉠ 태양이 안개나 구름에 차단되지 않고 지표에 내리쬐지는 시간이다.

　　㉡ 연, 월, 일의 총 시수로 표시한다.

④ **주간시수** … 일출에서 일몰까지의 시간수를 의미한다.

　　㉠ 주광 : 직사일광과 천공광을 합친 개념이다.

　　㉡ 주광률 = (실내조도 / 전천공수평면조도) × 100%

　　㉢ 천공광 : 직사일광이 대기 중에서 공기분자 · 수증기 · 먼지 등에 의해 산란된 확산광을 말하며 하늘이 맑을 때의 청천공과 흐릴 때의 담천공으로 구분된다. (구름에 의한 확산반사 및 투과광, 지면으로부터의 반사광이 대기 중에서 재반사된 확산광도 포함된다.)

　　㉣ 전천공조도 : 직사 일광에 의한 조도를 제외한, 전천공으로부터의 천공광에 의한 조도

ⓜ 주광을 높은 곳에서 사입시키기 위해 창문 높이를 실 깊이의 1/2이상이 되도록 한다.

ⓑ 주광과 부근 벽면 간의 심한 대비현상을 막기 위해 2면 이상의 창으로부터 주광을 사입시킨다.

ⓢ 천장 부근은 현휘를 감소시키기 위해 밝은 색이나 흰색으로 마감한다.

ⓞ 면적이 같다면 1개의 큰 창보다는 넓게 분포된 여러 개의 창이 효과적이다.

⑤ **일조와 위생**

ㄱ 태양의 복사선은 파장에 의해서 여러가지로 구분한다.

ㄴ 태양복사선의 종류와 특징

구분	파장	특징
자외선	$3,800A°$ 이하	생물의 퇴색, 살균, 생육 등 기타 화학작용에 강해서 화학선이라고도 하며 위생적인 효과가 있다.
가시선	$3,800 \sim 7,200A°$ 이상	낮의 밝음을 지배하는 요소로 눈으로 느낄 수 있는 빛을 말한다.
적외선	$7,700A°$ 이상	열작용을 주로하며, 이것 때문에 열선이라고 하며 기후를 지배하는 요소라 한다.
도르노 (Dorno)	$3,200A°$	건강선, 자외선의 일종으로 세포의 발육을 촉진시킨다. 또한 혈핵 중에 백혈구, 혈액소, 칼슘, 인, 철분 등도 증가시킨다.

2 공기, 열, 빛, 음환경

① 공기환경

(1) 실내공기의 오염원인

① **유독가스** ⋯ 일산화탄소(CO) 가스 등

② **온도와 습도의 상승**

③ **산소의 감소와 이산화탄소의 증가** ⋯ 연소, 재실자의 호흡작용, 산소의 결핍 등

④ **먼지**

ㄱ 먼지의 표시방법 : $1cm^3$(단위체적) 내의 먼지개수로 표시하는것과 m^3 내의 무게로 표시하는 mg/m^3가 있다.

ㄴ 작업장 내 먼지의 허용도 : $10mg/m^3$

ⓒ 지름 10㎝ 이하의 먼지를 대신 5μm 이하의 것은 건물관리 기준에서 해롭다.

ⓔ 먼지의 유해도

먼지량(mg/㎥)	유해정도
5 이하	중등
10 이하	허용
20 이하	불쾌
30 이하	위험

⑤ **공중이온** ··· 경이온이 공기오염에 직접 관계된다.

⑥ **취기** ··· 담배연기, 체취

(2) 건축법상의 실내공기 기준

① 일산화탄소(CO)는 10ppm 이하이어야 한다.

② 이산화탄소(CO_2)는 1,000ppm 이하이어야 한다.

③ 부유분진은 0.15mg/㎥ 이하이며, 1인당 최소 20㎥/h의 환기량이 요구된다.

④ 환기를 위한 개구부의 면적을 바닥면적의 1/20 이상으로 건축법에서 규정하고 있다.

(3) 환기

① 환기의 방식

ⓐ 자연환기
- 일반적으로 주택, 아파트 등에서 사용하는 것으로 온도, 바람, 환기통, 후드에 의한 환기가 있다.
- 중력환기 : 실내·실외의 온도차에 의해서 발생하는 환기를 의미한다.
- 풍력환기(통풍환기) : 1.5m/sec 이상의 풍속에 의한 환기를 의미한다.

  ★TIP 자연환기의 특성
  ⓐ 실외의 풍속이 클 때 환기량은 증가한다.
  ⓑ 실내에 바람이 없을 경우에는 실내외의 온도차가 클수록 환기량도 많아지게 된다.
  ⓒ 목조주택이 콘크리트조보다 환기량이 크다.
  ⓓ 통풍에 의한 환기시 통풍과 함께 환기가 풍부하게 일어나지만 중력환기는 통풍과는 무관하게 일어난다.

ⓑ 기계환기
- 중앙식 : 특정한 장소에서 환기를 조작하여 실내·실외 공기의 일부를 덕트를 통해서 각각의 실에 보내 환기하는 것을 의미한다.
- 개별식 : 각 실에 설치되어 있는 개별적인 소형송풍기를 이용하여 환기하는 것을 말한다.

② 환기에 따른 실의 크기

㉠ 기준공기량

- 성인 1인당 50㎥/h

- 어린이 1인당 25㎥/h

㉡ 소요기적 $= \dfrac{\text{인원수} \times 1\text{인당 공기량}}{\text{자연환기}}$

㉢ 실의 크기 = 소요기적 ÷ 반자높이

㉣ 환기횟수 $= \dfrac{\text{소요공기량}(㎥)}{\text{실용적}(㎥)}$

◎ 온도차에 의한 환기 ◎

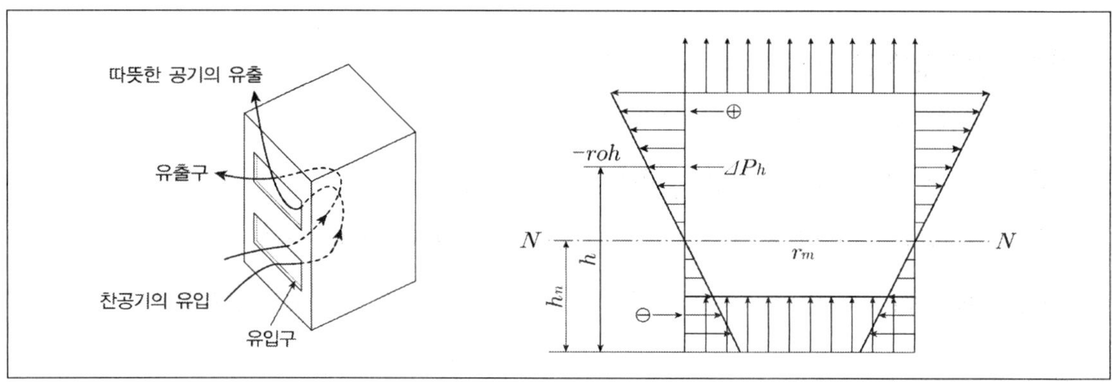

◎ 습공기선도 ◎

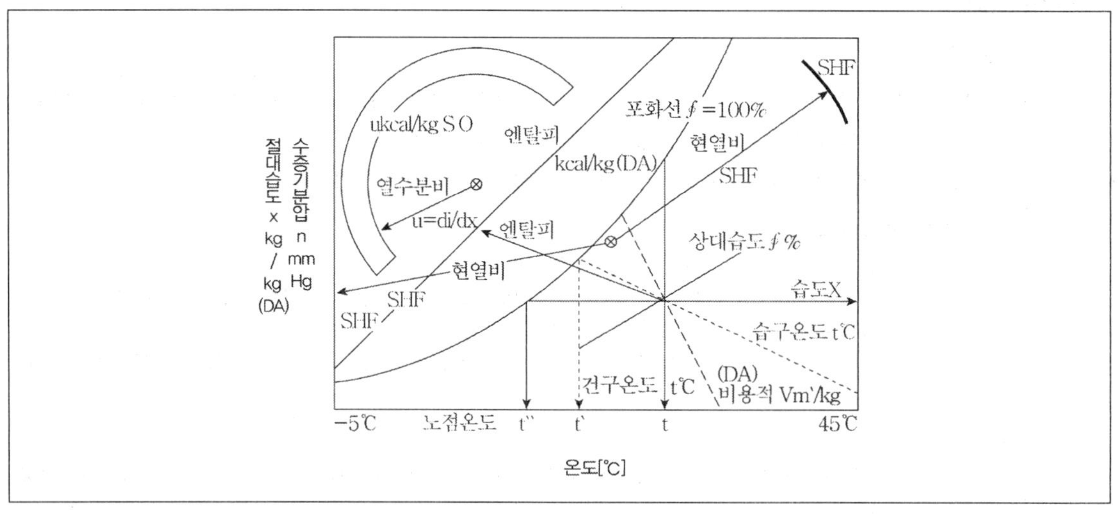

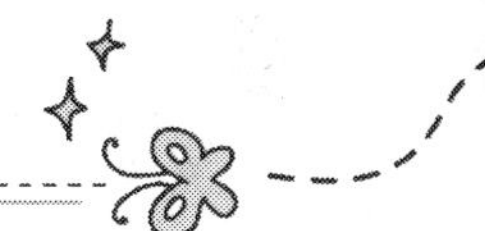

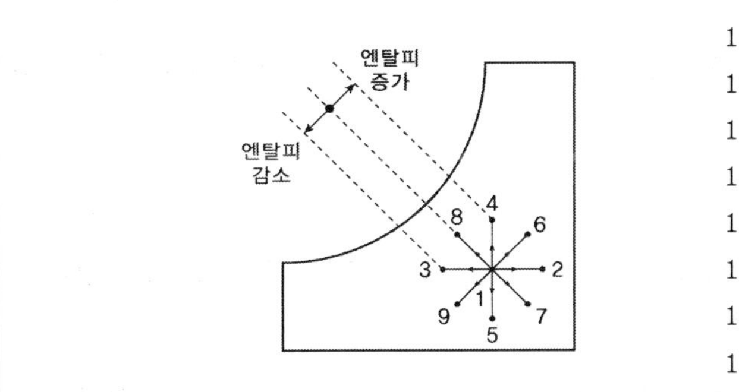

- 제1종(병용식)환기 : 송풍기와 배풍기 모두를 사용해서 실내 환기를 행하는 것이며 실내외의 압력차를 조정할 수 있고, 가장 우수한 환기를 행할 수 있다.
- 제2종(압입식)환기 : 송풍기에 의해서 일방적으로 실내로 송풍하고 배기는 배기구 및 틈새 등으로부터 배출된다. 따라서 송풍공기 이외의 외기라든가 기타 침입공기는 없지만 역으로 다른 실로 배기가 침입할 수 있으므로 주의해야만 한다. 반도체공장이나 병원무균실에 있어서 신선한 청정공기를 공급하는 경우에 많이 이용된다.
- 제3종(흡출식)환기 : 배풍기에 의해서 일방적으로 실내공기를 배기한다. 따라서 공기가 실내로 들어오는 장소를 설치해서 환기에 지장이 없도록 해야만 한다. 주방, 화장실 등 냄새 또는 유해가스, 증기발생이 있는 장소에 적합하다.

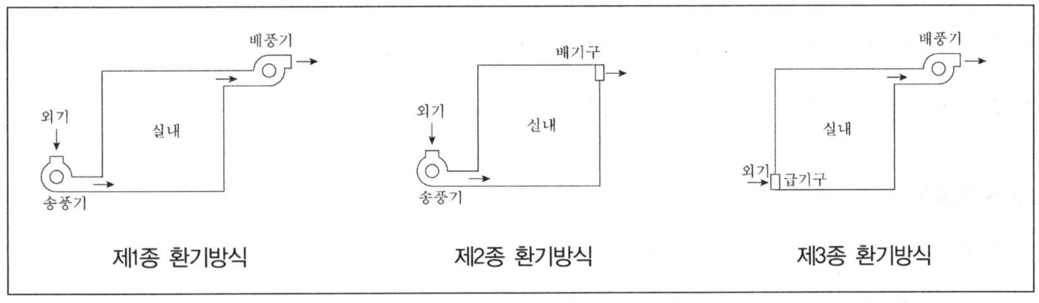

명칭	급기	배기	실내압	적용대상
제1종 환기	기계	기계	임의	병원 수술실
제2종 환기	기계	자연	정압	무균실, 반도체공장
제3종 환기	자연	기계	부압	화장실, 주방

TIP 유입구가 유출구보다 낮도록 해야 환기가 효율적으로 이루어진다. 또한 풍력환기는 외기풍속이 최소 1.5m/s가 돼야 한다.

(4) 습공기선도

① **습공기 선도의 구성요소들** … 건구온도, 습구온도, 노점온도, 절대습도, 상대습도, 수증기분압, 비체적, 엔탈피, 현열비 등이다.

② **건구온도** … 일반온도계로 측정한 온도이다.

③ **습구온도** … 온도계의 감온부를 젖은 헝겊으로 둘러싼 후 3m/sec이상의 바람이 불 때 측정한 온도이다.

④ **노점온도** … 습공기를 계속해서 냉각하여 이슬이 맺히기 시작하는 온도이다. (이때 습공기의 상대습도는 100% 포화상태이다.)

⑤ **절대습도** … 건공기 1kg을 포함하는 습공기 중의 수증기량(kg)이다.

⑥ **상대습도** … 어떤 온도의 포화수증기압에 대한 그 온도의 현재수증기압의 백분율이다.

⑦ **엔탈피** … 건공기와 수증기가 가지는 전열량(현열과 잠열의 합)kJ/kg

⑧ **현열비** … $\dfrac{\text{현열}}{\text{전열(현열 + 잠열)}}$

⑨ 습공기 선도를 구성하는 요소들 중 2가지만 알면 나머지 모든 요소를 알아낼 수 있다.

⑩ 공기를 냉각하거나 가열을 하여도 절대습도의 변화는 없다.

⑪ 습구온도는 건구온도보다 높을 수 없다.

(5) 굴뚝효과

① 실내외 온도차에 의해 발생한다.

② 바람이 불지 않는 날에도 발생할 수 있다.

③ 환기경로의 수직높이가 클 경우(고층 빌딩일수록) 더 잘 발생한다.

④ 화재 시 고층건물 계단실에서 나타날 수 있다.

> **TIP** 굴뚝효과는 베르누이 효과에 의한 것이 아니라 (베르누이 효과는 압력과 속도에 의한 것) 온도차에 의해 발생하는 효과이다.

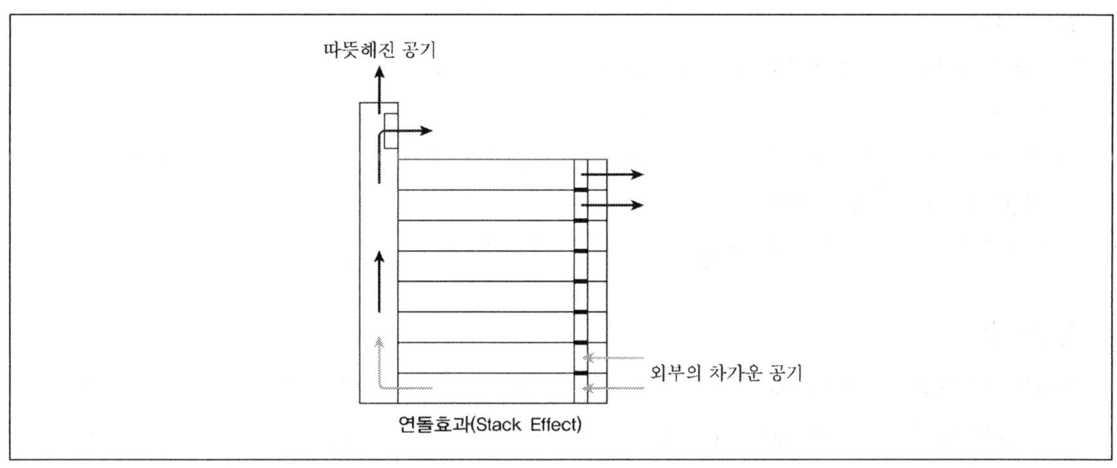

② 열환경

(1) 열쾌적요소

① **물리적 요소**

  ㉠ 기온

    • 열적 쾌적감에 가장 큰 영향을 미친다.

    • 공기의 건구온도를 말하는 것으로 건구온도의 쾌적범위는 16 ~ 28℃이다.

  ㉡ 습도 : 상대습도를 말하는 것으로 너무 높거나 낮지 않는 한 쾌적온도나 생리적 조절범위 내에서 거의 영향을 미치지 않는다.

  ㉢ 기류

    • 쾌적기류의 속도는 0.25 ~ 0.5m/s 정도이다.

    • 기온이 일정할 경우에는 기류만으로 열적 효과가 발생한다.

    • 대류에 의한 열 손실을 증가시킨다.

  ㉣ 복사열

    • 기온 다음으로 열환경에 큰 영향을 미친다.

    • 가장 쾌적한 상태는 실내 온도보다 복사열이 2℃ 정도가 높을 때이다.

② **주관적 요소**

　㉠ 의복의 단열 성능을 측정하는 무차원단위로 clo(Clothes)를 사용한다.

　㉡ 1clo

　　• 기온이 21.2℃, 상대습도가 50%, 기류가 0.1m/s인 실내에서 착석하여, 휴식상태의 쾌적 유지를 위한 의복의 열저항을 말한다.

　　• 실온이 약 6.8℃ 낮아질 때마다 1clo의 의복을 겹쳐 입는다.

(2) 온열환경

① **쾌적지표의 개념** ··· 실내의 쾌적한 환경에 영향을 미치는 온도, 습도, 기류, 복사열의 4가지 요소 중에서 몇 가지를 조합해서 하나의 지표로 표시하는 것을 말한다.

② **쾌적지표의 종류**

　㉠ **유효온도(ET* : Effective Temperature)**

　　• 요소 : 온도, 습도, 기류의 3가지 요소를 조합한다.

　　• 체감을 표시하는 척도이다.

　　• 기준 : 상대습도(RH) 100%, 풍속(V) 0m/s일 때의 임의의 온도를 기준으로 정의한다.

　　• 단점 : 복사열이 고려되지 않으며, 낮은 온도에서 습도의 영향이 과장된다.

　　• 감각온도, 효과온도, 체감온도라고 불리어진다.

　㉡ **수정유효온도(CET : Corrected Effective Temperature)**

　　• 조합요소 : 기온, 습도, 기류, 복사열의 영향을 동시에 고려한다.

　　• 건구온도 대신에 글로브 온도(GT)를 이용해서 복사열에 대한 영향을 고려했다.

　　• 무감지표라고도 불리어진다.

　㉢ **신유효온도(ET* : New Effetive Temperature)** : 유효온도에서 상대습도에 대한 과다평가 100%를 50%로 낮춘 것이다.

◎ 쾌적지표를 나타낸 표 ◎

온도	기호	기온	습도	기류	복사열
유효온도	ET	O	O	O	
수정유효온도	CET	O	O	O	O
신유효온도	ET*	O	O	O	O
표준유효온도	SET	O	O	O	O
작용온도	OT	O		O	O
등가온도	E_qT	O		O	O
등온감각온도	$E_{qw}T$	O	O	O	O
합성온도	RT	O		O	O

(3) 결로

① 종류

   ㉠ 내부결로 : 벽체내부 각 층의 온도가 습한 공기의 노점보다 낮으면 수증기가 응결되는 것을 말한다.

   ㉡ 외부결로 : 재료의 표면이(벽·천장·유리창 등) 노점온도 이하가 되었을 때 재료의 표면에 수증기가 응결되는 것을 말한다.

② 결로의 발생원인

   ㉠ 건축물의 시공불량

   ㉡ 실내와 실외의 온도 차이

   ㉢ 건축재료의 열적 특성

   ㉣ 환기의 부족

③ 결로의 방지대책

   ㉠ 환기를 계획적으로 잘한다.

   ㉡ 실내에서 발생하는 수증기는 외부로 방출시킨다.

   ㉢ 벽체의 표면온도를 실내공기의 노점온도보다 크게 하도록 한다.

   ㉣ 방습층을 설치하도록 한다.

   ㉤ 난방에 의한 수증기를 만들지 않도록 한다.

④ 단열방법과 결로

   ㉠ 내단열 : 실내측에 면한 단열은 낮은 열용량을 가지고 있으며 빠른 시간에 더워지므로 간헐난방을 하는 곳에 사용된다. 단열재 밖은 내부결로가 발생하기 쉽다. 외단열에 비해 실내온도의 변화 폭이 크며 타임랙이 짧다.

   ㉡ 중단열 : 내부벽체의 표면은 온도가 높기에 결로가 발생하지 않으나 밖은 발생하기 쉽다. 그러므로 고온측(내측)에 방습막을 설치하는 것이 좋다. 우리나라에서 가장 일반적이다.

   ㉢ 외단열 : 내부결로의 위험감소. 단열의 불연속부분이 없다. 구조체의 열적변화가 적어서 내구성이 크게 향상된다.

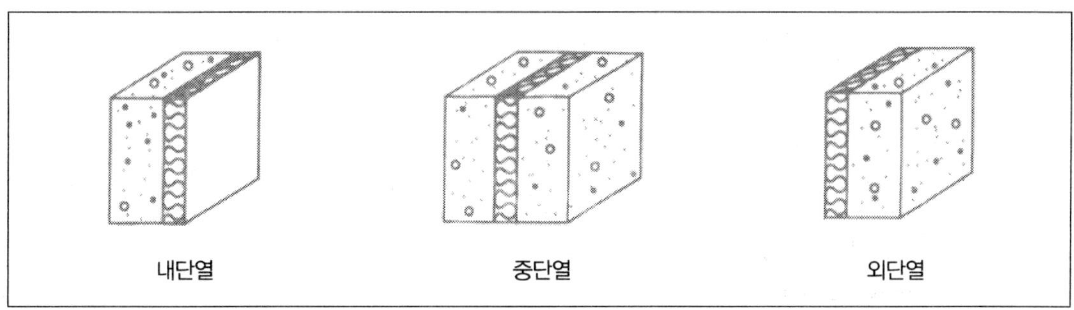

(4) 기본용어

① **현열** … 물질의 온도변화과정에서 흡수되거나 방출된 열에너지

② **잠열** … 물질의 상태변화 과정에서 온도의 변화없이 흡수되거나 방출된 열에너지

③ **열전달** … 고체 내부에서는 전도에 의해 열이 이동하지만 고체표면에서는 대류나 복사에 의하여 열이 이동된다. 따라서 벽 표면에서는 경계층 내의 공기의 열전도와 경계층 밖의 공기의 대류 및 복사에 의한 열이 전달된다.

④ **열전달률** … 벽 표면과 유체 간의 열의 이동정도를 표시하며 벽 표면적 1㎡, 벽과 공기의 온도차 1K일 때 단위시간 동안에 흐르는 열량 (W/㎡ · K)

⑤ **열전도율** … 물체의 고유성질로서 전도에 의한 열의 이동정도를 표시하며 두께 1m의 재료 양쪽 온도차가 1K일 때 단위시간 동안에 흐르는 열량 (W/m · K)

⑥ **열전도** … 고체벽 내부의 고온측에서 저온측으로 열이 이동하는 현상

⑦ **열전도율** … 두께 1m의 균일재에 대하여 양측의 온도차가 1℃일 때 1㎡의 표면적을 통해 흐르는 열량. 단위는 kcal/m · h · ℃ 또는 W/mK

⑧ **열전도비저항** … 콘크리트나 동, 목재 등처럼 두께가 일정하지 않은 재료의 열전도저항을 표시할 수 없을 경우 두께가 정해지지 않았어도 균일한 재료에서는 단위두께의 열저항으로 표현하는데 이를 열전도비저항이라고 한다.

⑨ **열관류** … 고체로 격리된 공간(예를 들면 외벽)의 한쪽에서 다른 한쪽으로의 전열을 말하며 열통과락도 한다.

⑩ **열관류율** … 표면적 1㎡인 구조체를 사이에 두고 온도차가 1℃일 때 구조체를 통해 전달되는 열량. 단위는 kcal/㎡ · h · ℃ 또는 W/㎡K이며 이 값이 작을수록 열성능상 유리하다.

◎ 용어와 단위 ◎

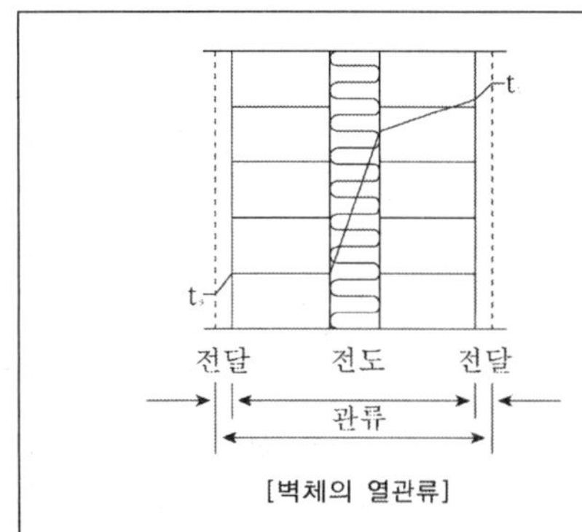

- 열전도율(λ) : kcal/m · h · ℃ 또는 W/mK
- 열관류율(K) : kcal/㎡ · h · ℃ 또는 W/㎡K
- 열전달률(α) : kcal/㎡ · h · ℃ 또는 W/㎡K
- 비열 : kJ/kg · k
- 절대습도 : kg/kg' 또는 kg/kg(DA)
- 엔탈피 : kJ/kg
- 난방도일 : ℃/day

(5) 건물형태의 외피면적과 열에너지

① 건축물의 외피면적은 원통형이 동일체적에 대한 외피면적비가 가장 크다. (사각형인 건물들 중에서 정육면체가 동일한 체적에 대한 외피면적이 가장 큰 것은 아니다.)

② 건물 체적에 대한 외피면적비는 같은 체적이지만 형태가 다른 건물의 열환경을 비교하기 위해 사용될 수 있다.

③ 높고 좁은 건물은 상대적으로 건물 체적에 대한 외피면적비가 높다. (직관적으로 볼 때 같은 부피인 경우 높고 좁을수록 닿는 면적이 넓어진다.)

④ 건물 체적에 대한 외피면적비는 외피로 둘러싸인 공간이 재실자를 위하여 유용한 공간을 제공하는지를 평가하는 지표로 사용되는 것은 아니다. (관련성이 적다.)

⑤ 이글루형(반구형)은 외피면적이 작아서 열보존에 유리하다.

⑥ 일사에 의한 열적효과를 극대화하기 위해서는 1 : 1.5의 장방형으로 동서로 형태가 긴 것이 유리하다.

◎ 건물형태와 난방요구량의 상호관계 ◎

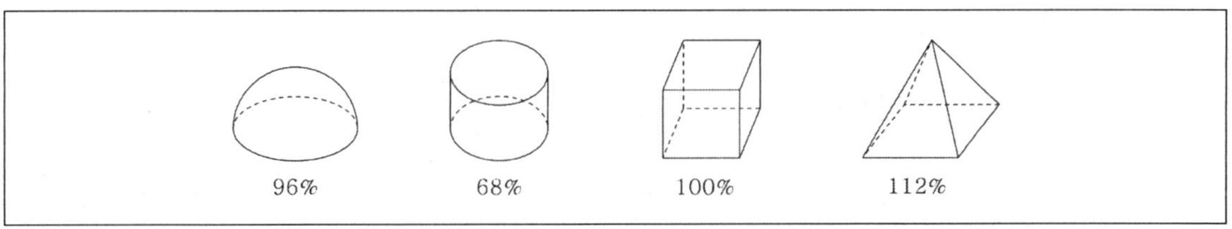

◎ 건물의 장단변비와 열손실률의 관계도 ◎

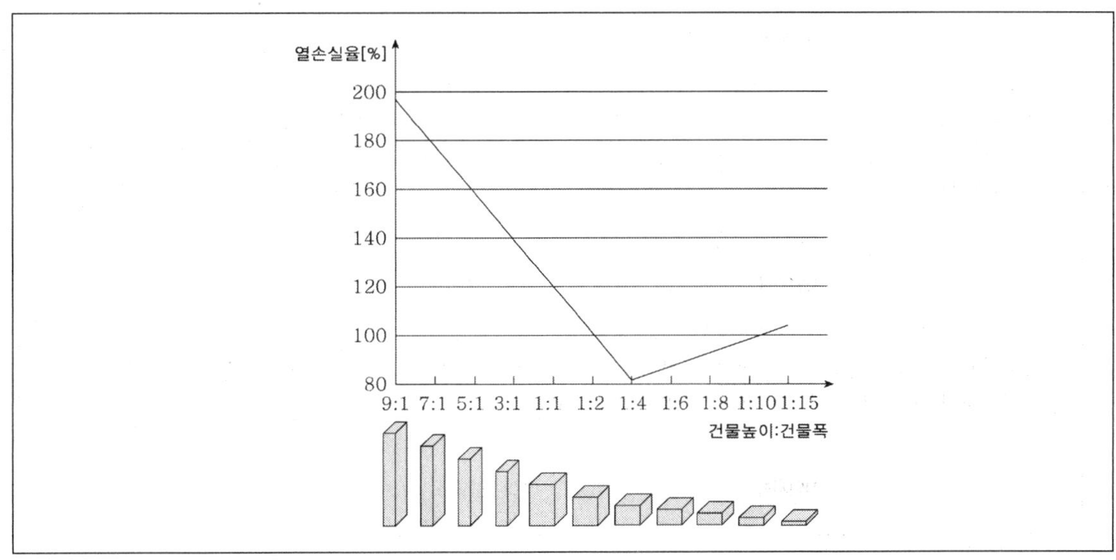

(6) 건물의 난방부하를 줄이기 위한 설계기법

① 외벽의 열관류율을 가능한 한 작게 한다.

② 건물의 창호는 가능한 한 작게 계획하고, 특히 북측의 창면적은 최소화한다.

③ 거실의 층고 및 반자 높이는 실의 용도와 기능에 지장을 주지 않는 범위 내에서 가능한 낮게 한다.

④ 가능한 외단열시공을 하는 것이 좋다.

(7) 지중건축물

① **지중건축물의 정의**⋯땅속의 특수한 조건을 이용하여 건물을 지상이나 지하에 짓되 건물표면의 전부 또는 일부를 흙으로 덮는 형태의 건축물을 말한다. 지중 건축물은 창호의 크기와 형태에 따라 무창형, 중정형, 입면형, 관통형 등으로 구분할 수 있다.

무창형(chamber type)은 출입구와 환기구를 제외한 건물의 외피가 지상에 노출되지 않는 형태로 자연채광 및 자연환기는 어렵지만 건물의 노출표면이 최소가 되어 에너지절약면으로는 다른 형태보다 우수하다고 볼 수 있다.

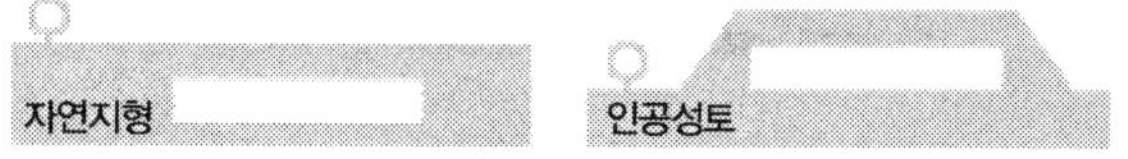

중정형(atrium or court yard type)은 평지에 적합한 형태로 중앙에 중정을 두고 그 주위에 실을 배치하여 각실의 창호를 면하게 하여 출입, 채광, 환기를 해결하는 방식이다.

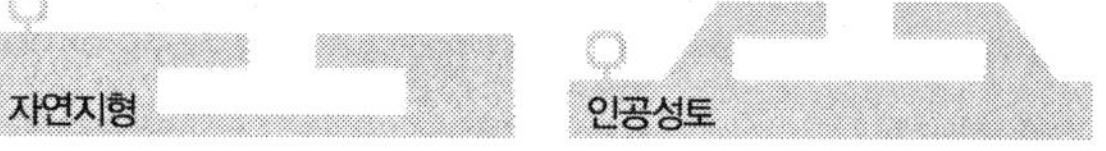

입면형(elevation type)은 가장 일반적인 지중건축물의 형태. 한면은 외부에 노출하고 나머지면은 흙에 덮인 형태로 경사지에 적합하다. 채광, 환기, 출입의 기능을 노출면에, 나머지 실은 후면에 배치하여 에너지효율성을 높이도록 한다.

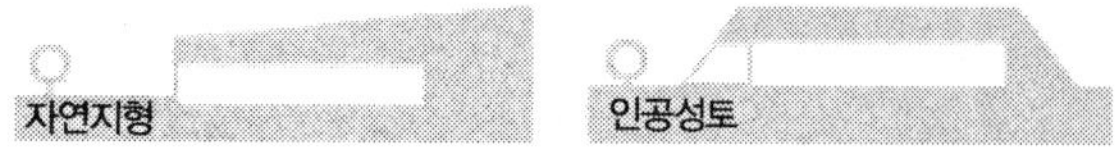

관통형(penetration type)은 입면형을 평지에 적합한 형태로 변형한 것으로 지중건축물의 장점을 일부 취하는 형태이다. 창호 및 평면배치가 상대적으로 자유롭다.

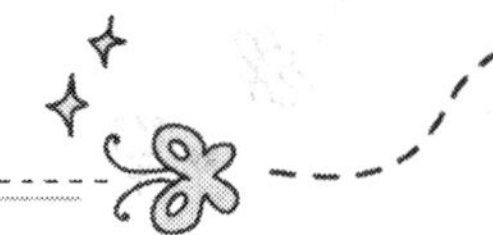

② **지중건축물의 특징**

  ㉠ **지중온도의 이용** : 지중온도의 변화는 지상온도의 변화보다 늦게 반영된다. 이러한 시간지연 (time-lag)효과로 지중온도변화는 심도가 높아질수록 큰 폭으로 감소하게 된다.

  ㉡ **단열효과** : 지중건축물의 외피를 감싸고 있는 흙이 단열재 역할을 하게 된다. 습윤상태의 흙은 건조상태의 흙보다 열전도율이 크게 증가한다는 점에 유의하여야 한다.

  ㉢ **축열효과** : 지중건축물의 열적 성능은 단열효과보다는 축열성능에 크게 좌우된다. 흙의 축열효과는 에너지절약 외에도 건물을 일정온도를 유지케 하여 구조물의 수축팽창을 줄여 주는 효과가 있다.

  ㉣ **기타** : 지중건축물의 두터운 외피는 태풍, 일사, 소음, 진동 등 외부의 재해로부터 건축물과 인간을 보호해줄 수 있으며, 지표면 하의 공간을 활용함으로써 토지의 효율성을 높일 수 있다.

(8) 이중외피시스템

※ 이중외피의 계절별 운영방법

  ㉠ 이중외피시스템은 50㎝의 중공층 내부의 부력을 이용하여 통풍이 원활히 이루어지도록 하는 시스템으로 실내공간을 최대로 활용할 수 있을 뿐 아니라 일사를 차단하고 자연환기를 도입함으로써 냉방에너지의 소비를 최소화할 수 있다.

  ㉡ **봄·가을철** : 부분적으로 냉방부하 및 난방부하가 동시에 발생한다. 부하가 발생하지 않는 시간에는 창문을 개방하여 직접 외부로부터 외기를 최소한으로 도입한다.

  ㉢ **여름철** : 중공층 내에서 열정체현상이 발생하여 중공층의 기온이 외기온보다 높아질 수 있다. 이러한 현상은 상대적으로 냉방부하를 증가시키는 요인으로 작용할 수 있으며 이러한 문제점을 해결하기 위해 중공층의 온도가 외기온보다 높아지면 외기를 직접 실내로 유입한다.

  ㉣ **겨울철** : 일사의 영향으로 인해 중공층 내의 온도가 외기온에 비해 높을 것으로 예상된다. 따라서 중공층 내부의 공기를 직접 실내로 유입하여 자연환기를 수행하여 환기 및 난방효과를 극대화한다.

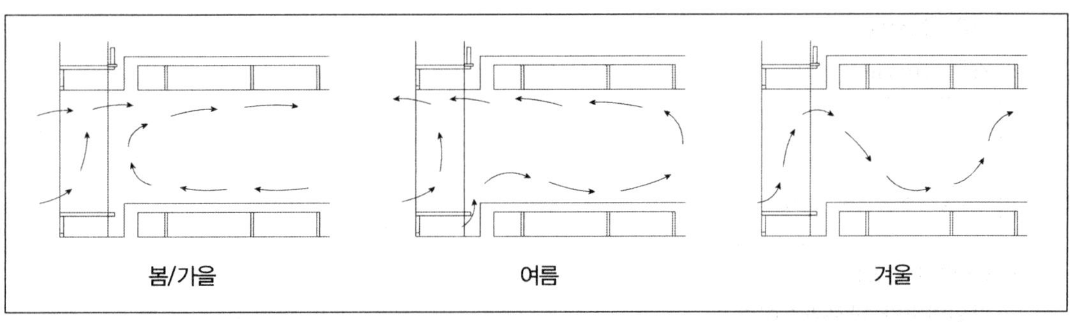

③ 빛환경

(1) 빛의 개요

① 빛의 개념
㉠ 적외선과 자외선 사이에 있는 약 380 ~ 780nm 파장범위의 가시광선이다.
㉡ 인간의 눈은 가시광선의 파장에 의해서 각각의 다른 색을 지각하게 된다.

② 빛의 현휘
㉠ 인간의 시야 내에서 눈이 순응하고 있는 휘도보다 휘도 대비가 크거나 현저하게 높은 휘도의 부분이 있을 때 발생하는 현상이다.
㉡ 보는 데 방해가 되고 눈부심 현상이 일어나 불쾌감을 느끼게 된다.

③ 빛의 단위
㉠ 광속(F)
- 단위시간당 흐르는 빛의 에너지량이다.
- 단위 : lumen(lm)
- 차원 : [lm]

$$F = K_m \int \Phi(\lambda)\, V(\lambda)\, d\lambda$$

- $\Phi(\lambda)$: 방사속
- $V(\lambda)$: 표준비, 시감도
- K_m : 최대 시감도(680lm/w)

㉡ 광속의 면적밀도
- 조도(E)
- 단위면적당 입사광속이다.
- 단위 : lux(lx)
- 차원 : [lm/㎡]

$$E = \frac{dF}{dS}$$

- S : 수조면의 면적

- 광속발산도(R)
- 단위면적당 발산광속이다.
- 단위 : radlux(rlx)
- 차원 : [lm/㎡]

$$R = \frac{dF}{dS}$$

- S : 발산면의 면적

ⓒ 발산광속의 입체각 밀도(광도 : I)
- 점광원으로부터 단위입체각의 발산광속이다.
- 단위 : candela(cd)
- 차원 : [lm/sr](sr은 입체각의 단위이다)

$$I = \frac{dF}{dw}$$

- w : 입체각

ⓔ 광도의 투명면적밀도(휘도 : B)
- 발산면의 단위투영면적당 단위입체각의 발산광속이다.
- 단위 : candela/㎡ · nit(cd/㎡ · nt)
- 차원 : [lm/(㎡ · sr)]

$$B = \frac{dI}{dS}$$

★TIP 빛의 단위에서 각 측광량에 따른 단위와 단위 약호를 주의 깊게 보도록 한다.

(2) 주체조명방식

① **조명설계의 순서** … 설치해야하는 광원의 개수 $= \dfrac{\text{작업면의 평균조도} \times \text{방의 면적} \times \text{감광보상률}}{\text{사용광원 1개의 광속} \times \text{조명률}}$

㉠ 소요조도의 결정
㉡ 전등 종류의 결정
㉢ 조명방식과 조명기구의 선정
㉣ 조명기구의 배치계획
㉤ 조명계산
㉥ 소요전등의 결정

② **조명방식의 분류**
㉠ 조명방식은 조명기구의 배광, 배치, 의장 등에 따라서 분류될 수 있다.

ⓛ 배광에 의한 조명방식(인공조명방식)

명칭	직접조명	반직접조명	전반확산조명	반간접조명	간접조명
기구					
상향 광속	0 ~ 10%	10 ~ 40%	40 ~ 60%	60 ~ 90%	90 ~ 100%
하향 광속	90 ~ 100%	60 ~ 90%	40 ~ 60%	10 ~ 40%	0 ~ 10%
장점	• 조명률이 좋다. • 먼지에 의한 감광이 적다. • 벽 · 천장의 반사율의 영향이 적다. • 일반적으로 설비비가 싸다. • 시계에 어둠 · 밝음의 차이가 적다.		직접조명과 간접 조명의 중간형태 이다.	• 조도가 균일하다. • 음영이 적다. • 연직물건에 대한 조도가 높다.	• 조도가 균일하다. • 음영이 없다. • 연직물건에 대한 조도가 높다.
단점	• 글로브를 사용하지 않을 경우는 추한 조명으로 되기 쉽다. • 기구의 선택을 잘못하면 눈부심을 준다. • 소요전력이 크다. • 음영이 있다. • 효율이 좋다.			• 조명률이 낮다. • 조명 효율이 나쁘다. • 먼지에 의한 멸광이 많다.	• 천장면 마무리의 양부에 영향을 준다. • 물건에 입체감을 주지 않는다. • 음침한 감을 주기 쉽다.

③ **조명기구의 능률**

㉠ 배광곡선 : 기구에 어느 정도의 %가 흡수되고 나머지 %는 어떠한 방향과 비율로 광속을 내는가를 표시한 곡선을 말한다.

구분	직접	간접	전방확산	반간접	반직접
백열등					
형광등					
배광곡선					

㉡ 기구능률 : 전구에서 나오는 광속 중에서 기구자체에 흡수되는 비율을 뜻하며 보통 60 ~ 80% 정도이다.

ⓒ 유지율 : 전구가 쇠퇴해졌거나 기구가 더러워져 조명계산을 할 때 안전을 보는 비율을 뜻하며 직접조명은 약 80%, 간접조명은 50% 정도이다.

④ **건축화 조명**

㉠ 개념

- 조명기구의 형태를 취하지 않고 건물 중에 일체로 하여 조합시키는 형식을 말한다.
- 기둥, 벽, 천장 등의 건축부분에 광원을 만들어 특별한 조명기구 없이 실내계획을 하는 조명방식이다.

㉡ 장점

- 발광면이 넓고 눈부심이 적다.
- 명랑한 느낌을 준다.
- 조명기구가 보이지 않으므로 현대적인 감각을 준다.

㉢ 단점 : 구조계획상 비용이 많이 든다.

㉣ 종류

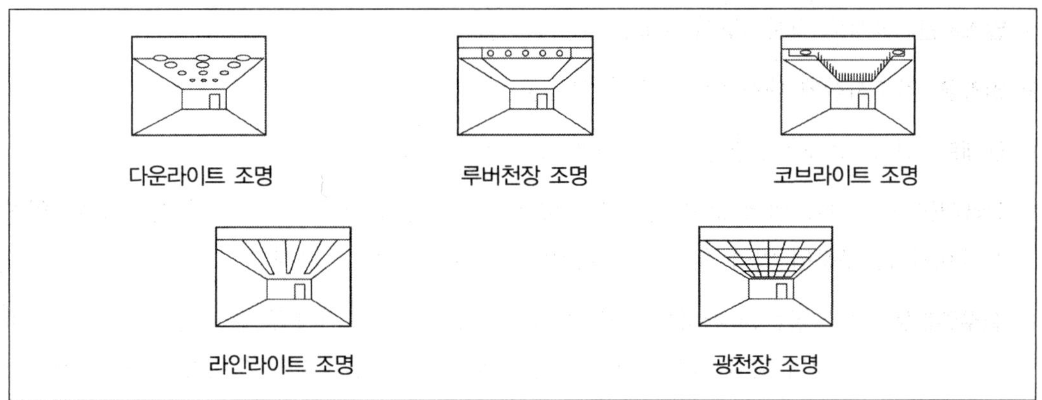

㉤ **좋은 조명의 조건**

- 눈부심이 없는 것
- 적당한 조도를 내는 것
- 색을 식별할 필요가 있을 때의 적절한 광원의 선택
- 벽, 기타 주위의 휘도, 작업장소의 휘도가 적당한 대비를 하는 것

(3) 기본용어정리

① **일사량** : 단위시간에 단위면적당 받는 열량으로 표현하며 단위는 W/㎡를 사용한다.

② **전천공일사** : 일사는 크게 직달일사와 천공일사로 나눌 수 있으며 양자를 합하여 전천공일사라고 한다. (천공광은 하늘이 맑을 때의 청천공과 흐릴 때의 담천공으로 구분된다.)

③ **직달일사** : 태양으로부터 방사되어 지구에 도달하는 빛 중 대기층을 투과하여 지표면에 직접 도달하는 빛

④ **천공일사**(확산일사) : 태양으로부터 복사되어 비교적 파장이 짧은 것은 공기분자 먼지 등에 의해 산란을 일으켜 천공전체로부터 방향성이 없이 지상에 도달하는 빛

⑤ **반사일사** : 직달일사와 천공일사가 지연으로부터 다시 반사되어 받는 일사이다.

⑥ **주광** : 직사일광과 천공광을 합친 것이다.

⑦ **주광률** : 주광에 대한 실내조도의 비율이다.

$$주광률 = \frac{실내 한 지점의 조도}{담천공으로부터의 전천공조도} \times 100\%$$

⑧ **가조시간** : 장애물이 없는 장소에서 청천 시에 일출부터 일몰까지의 시간

⑨ **일조시간** : 실제로 직사일광이 지표를 조사한 시간

⑩ **일조율** : 가조시간에 대한 일조시간의 백분율

⑪ **균제도** : 휘도 · 조도 · 주광률의 평균치에 대한 최소치의 비

⑫ **글레어**(현휘) : 시야 내에 눈이 순응하고 있는 휘도보다 현저하게 휘도가 높은 부분이 있거나 휘도대비가 큰 부분이 있어 잘 보이지 않거나 불쾌감을 느끼는 현상

⑬ **실루엣현상** : 밝은 창문을 배경으로 한 사람의 얼굴이 잘 보이지 않는 현상이다. 실내에서 창문 쪽으로 흐르는 빛의 양을 증대하여 얼굴면의 휘도와 창면의 휘도의 비가 0007을 초과하면 해소가 된다.

⑭ **창가모델링** : 창가에서 실외로부터 들어오는 빛이 너무 강하면 창쪽의 얼굴면은 너무 밝게 보이고 안쪽의 얼굴면은 너무 어둡게 보이는 현상이다. 창가 모델링도 실내에서 실외로 흐르는 빛을 늘려 창쪽의 조도와 실안쪽의 조도비가 10보다 작으면 해소된다.

(4) 일사의 조절

① 우리나라의 경우 일사 조건상 동서로 긴 남향 배치가 유리하다

② 건물의 최적형태는 동서축의 건물(남향)로 장 · 단변비가 1 : 1.5 정도로 동서로 긴 형태가 좋다. (정사각형 건물은 최적의 형태로 볼 수 없다.)

③ 평지붕보다 경사(박공)지붕이 유리하다.

④ 남향의 급구배지붕이 가장 유리하며 동서향 급구배지붕은 불리하다.

(5) 주광설계 지침사항

① 주광을 높은 곳에서 사입시키기 위해 창문 높이를 실 깊이의 1/2이상이 되도록 한다.

② 주광과 부근 벽면 간의 심한 대비현상을 막기 위해 2면 이상의 창으로부터 주광을 사입 시킨다.

③ 천장 부근은 현휘를 감소시키기 위해 밝은 색이나 흰색으로 마감한다.

④ 면적이 같다면 1개의 큰 창보다는 넓게 분포된 여러 개의 창이 효과적이다.

⑤ 천연광(자연채광)은 색온도가 높고 자외선 포함률이 높다.

⑥ 주요한 작업 면에는 가능한 한 반사광을 받도록 계획해야 한다.

⑦ 천장의 반사율을 벽보다 높게 한다.

⑧ 가능한 한 높은 곳에서 주광을 유입시킨다.

⑨ 천장 부근은 현휘를 감소시키기 위해 밝은 색으로 마감한다.

(6) 광원의 종류와 특성

① **백열등** : 휘도가 높으며 열방사가 많은 단점이 있으나 배광제어가 용이하고 점등에 이르는 시간이 짧다.

② **형광등** : 연색성(인공조명에 의한 물체의 색보기 비율을 말한다. 기준은 천연 주광이고 이것에 가까울수록 충실하게 보인다.)이 좋고 휘도가 낮으며 열방사가 적고 소비전력이 적으나 점등까지 시간이 걸린다. 수명이 백열등보다 10배 정도 길다.

③ **HID램프** : 고강도방전등(수은등, 메탈할라이드, 고압나트륨등)

④ **수은등** : 연색성이 좋지 않고 점등에 10분 정도의 시간이 걸린다. 수명이 길며 실내 및 상점, 공장, 체육관, 도로조명 등 다양한 곳에 사용된다.

⑤ **메탈할라이드 램프** : 연색성이 좋으며 수명이 길고 실외 및 실내 광원으로도 사용된다.

⑥ **고압나트륨등** : 등황색의 빛을 발하며 실내조명에는 부적합하다. 도로 조명에 주로 사용된다.

⑦ **LED 조명** : 장수명, 고효율의 특성을 가지고 있다.

	백열전구	형광등	HID		
			(고압)수은등	메탈힐라이드등	고압 나트륨등
크기[W]	30 ~ 2000	20 ~ 220	40 ~ 1000	125 ~ 2000	150 ~ 1000
효율[lm/W]	나쁨	양호	양호	좋음	매우 좋음
수명	짧음	긺	긺	긺	긺
연색	좋음	좋음	나쁨	좋음	나쁨
용도	조명전반, 각종 특수용도용으로 만들어지기도 함	조명전반, 각종 특수용도용으로 만들어지기도 함	천장 높은 옥내·옥외조명, 도로조명·상점·공장·체육관	천장 높은 옥내, 연색성이 요구되는 미술관, 상점, 사무실	천장 높은 옥내·옥외조명, 도로조명
기타	• 빛은 집광성 • 높은 휘도 • 높은 표면온도 • 높은 열 발생	• 빛은 확산성 • 낮은 휘도 • 온도에 따른 효율의 변화	점등 때 안정되기까지 10분 소요	점등 때 안정되기까지 10분 소요	• 빛은 확산성 • 높은 휘도 • 점등 때 안정되기까지 10분 소요

조 명	권장조도(lx)	작업의 종류
그다지 많이 사용하지 않는 장소나, 보이기만 하면 되는 장소의 전반조명	25	주변이 어두운 공공장소
	30	
	50	
	75	짧은 시간의 출입을 위한 장소
	100	
	150	
	200	수납공간, 입구, 홀
작업실내의 전반조명	300	간단한 작업이 이루어지는 작업실
	500	집중을 요하지 않는 기계작업, 강의실
	750	
	1000	보통의 기계작업, 사무실
	1500	
	2000	조각, 직물공장의 검사
정밀한 시작업을 위해 추가하는 조명	3000	장시간에 걸친 정밀 시작업
	5000	세밀한 전자부품이나 시계조립
	7500	
	10000	극히 미세한 전자부품조립
	15000	
	20000	외과수술

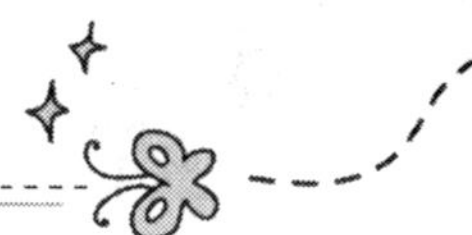

④ 음환경

(1) 음의 종류

① **표준음**(Hz)

　㉠ 대표적인 음 : 63, 125, 500, 1,000, 2,000, 4,000Hz의 주파수를 갖는 순음

　㉡ 음의 고저

　　• 저음 : 진동수가 적은 음으로 125Hz

　　• 중음 : 실내나 재료 등의 음향적 성질표시시의 표준음으로 500Hz

　　• 고음 : 진동수가 많은 음으로 2,000Hz

　㉢ 1,000Hz : 청각을 고려하는 표준음

② **악음** ··· 구성된 음파가 규칙적이고 주기성이 있어 그 진동수를 정확하게 측정할 수 있는 성질의 것을 뜻한다.

③ **진음** ··· 높이가 어느 범위 내를 급속하게 오르내리는 세기가 일정한 악음을 뜻한다.

④ **소음** ··· 사람이 듣기에 시끄럽고 듣기 싫은 음을 뜻한다.

> **★TIP** 실내 허용 소음레벨
> 　㉠ 스튜디오 : 25 ~ 30db
> 　㉡ 음악당, 소극장 : 30 ~ 35db
> 　㉢ 병원, 교실, 강당 : 35 ~ 40db
> 　㉣ 회의실, 소사무실 : 40 ~ 45db
> 　㉤ 레스토랑 : 50 ~ 55db
> 　㉥ 주택, 호텔 : 35 ~ 40db

(2) 잔향

① **잔향** ··· 발생한 음원이 정지가 된 후에도 음이 남는 현상을 말한다.

② **잔향시간**

　㉠ 음원으로부터 소리의 발생이 끝난 후 음압 레벨이 60db 감소하는 데 걸리는 시간이다.

　㉡ 실의 형태와는 관계가 없이 실의 흡음력과 용적에 따라 결정된다.

③ **에코**(Echo : 반향) ··· 음원으로부터의 직접음과 반사음이 도달하는 시간이 $\frac{1}{15} \sim \frac{1}{20}$초 이상의 차이가 있을 때 귀가 이 음을 분리하여 듣는 현상을 뜻한다.

④ Sabine의 잔향시간식

$$T = 0.162\frac{V}{A}$$

- V : 실의 용적(m³)
- A : 실내의 총 흡음력(sa) = 실내의 표면적 × 흡음률

> ★TIP 흡음력이 큰 실내에서는 오차가 발생할 수 있다.

⑤ 최적의 잔향시간

　㉠ 실내에 일정한 세기의 음을 발생 시킨 후 그 음이 중지된 때로부터 음의 세기 레벨이 60dB 감쇠하는데 소요된 시간을 잔향시간이라 한다.

　㉡ Sabine의 잔향시간 T = 0.16V/A (V : 실의 체적, A : 바닥면적)이다.

　㉢ 평면계획에서 타원이나 원형의 평면은 음의 집중이나 반향 등의 문제가 발생하기 쉬우므로 피한다.

　㉣ 강연과 연극 등 언어를 주 사용목적으로 할 경우 음성명료도가 중요하므로 잔향시간이 짧아야 하고 오케스트라, 뮤지컬 등은 음악의 음질을 우선시 하므로 길어야 한다.

　㉤ 다목적용 오디토리엄에서는 강연용과 음악용의 적정한 잔향시간이 서로 다르며, 강연용의 경우 짧은 잔향시간이 필요하다.

　㉥ 직접음과 반사음의 거리를 되도록 짧게 하는 것이 좋다.

　㉦ 스튜디오의 연습실은 인접되는 벽면을 확산처리해야 하며 어떠한 벽도 평행하지 않게 해야 한다. (플러터에코 현상을 방지하기 위함) 벽과 측벽은 객석 후면의 음을 보강하는 역할을 하며, 특히 확성장치가 없는 오디토리엄에서 유용하게 이용된다.

　㉧ 잔향시간의 크기

종교음악 > 일반음악 > 학교강당 > 실내악 > 영화관 > 강당

(3) 음의 전파현상

① **회절**(diffraction) ··· 음이 진행 중에 장애물이 있으면 파동은 직진하지 않고 그 뒤쪽으로 돌아가는 현상으로서 장벽(칸막이) 뒤의 소리가 들리는 것은 회절현상에 의한 것이다.

② **간섭**(interference) ··· 2개 이상의 음파가 동시에 어떤 점에 도달하면 서로 강화하거나 약화시키거나 한다. 이것을 소리의 간섭이라고 한다.

③ **울림**(echo) ··· 진동수가 조금 다른 두 음의 간섭에 의해 생기는 현상이다.

④ **공명**(resonance) ··· 입사음의 진통수가 벽이나 천장 등의 고유진동수와 일치되어 같이 소리를 내는 현상이다.

⑤ **확산**(diffusion) ··· 음파가 요철표면에 부딪쳐 여러 개의 작은 파형으로 나뉘는 것으로 효과적인 확산은 echo를 방지하고 실내음압분포를 고르게 하여 음악홀 등의 음향조건이 좋아진다.

⑥ **반사**(reflection) ··· 음은 흡수 투과 또는 반사의 성질을 갖고 있으며 각각의 비율은 재료에 따라 다르다. 또한 입사각과 반사각은 같다.

(4) 음압레벨, 음의 세기레벨, 음의 크기레벨

① **음압** ··· 음파에 의해 공기진동으로 생기는 대기 중의 변동으로서 단위면적에 작용하는 힘

② **음의 세기** ··· 음파의 방향에 직각되는 단위면적을 통하여 1초간에 전파되는 음 에너지양

③ **음의 크기** ··· 청각의 감각량으로써 음의 감각적 크기를 보다 직접적으로 표시한 것

④ **음압레벨** ··· 2×10^{-5}N/m²를 기준값으로 하여 어떤 음의 음압이 기준음압의 몇 배인가를 대수로서 표시한 것이다.

$$SPL = 20\log\frac{P}{P_o}(dB)$$

⑤ **음의 세기레벨** ··· 10^{-12}W/m²을 기준값으로 하여 어떤 음의 세기가 기준음의 몇 배인가를 나타낸 것이다.

$$IL = 10\log\frac{I}{I_o}(dB)$$

⑥ **음의 크기레벨** ··· 1손(sone)은 40폰(phone)에 해당하며 손(sone)값을 2배로 하면 10phone씩 증가하게 된다. (1손은 40폰이며 2손은 50폰이 되고 4손은 60폰이 된다.)

(5) 점음원과 선음원

① **점음원**

  ㉠ 측정거리에 비해 음원의 크기가 충분히 작으면 점음원으로 취급된다.

  ㉡ 자유음장에서 점음원의 음파는 구의 형태로서 모든 방향으로 일정하게 확산된다.

  ㉢ 음파가 점음원일 때는 거리가 2배 될 때마다 3dB씩 감소한다.

② **선음원**

    ㉠ 선음원은 점음원의 집합이라고 생각할 수 있고 그 음파는 원통형태로 확산된다.

    ㉡ 음파가 선음원일 때는 거리가 2배 될 때마다 3dB씩 감소한다.

(6) 음향 장애현상

① **에코(echo)** … 직접음이 들린 후에 뚜렷이 분리하여 반사음이 들리는 경우가 있는데 이것을 에코(반향)라고 한다. 이것은 일반적으로 직접음과 반사음과의 행정차가 17m 이상 즉 시간차가 1/20초 이상될 때 일어난다.

② **플러터 에코 (flutter echo)** … 박수 소리나 발자국 소리가 천장과 바닥면 및 옆벽과 옆벽 사이에서 왕복 반사하여 독특한 음색으로 울리는 현상이다.

③ **속삭임의 회랑** … 음원으로부터 나온 음이 커다란 요철면을 따라 반사를 되풀이함으로써 속삭임과 같은 작은 소리라도 먼 곳까지 들리는 현상이다.

④ **음의 접점** … 음이 중첩되어 주변부보다 상대적으로 진폭이 커지게 되는 점이다.

⑤ **음의 사점** … 음이 중첩되어 주변부보다 상대적으로 진폭이 작아지게 되는 점이다.

(7) 흡음재료

① 흡음률이 0.3이상이면 흡음재이다.

② 표면의 상태는 차음성과는 관계가 없고 흡음성과 관계가 있다.

③ 흡음률은 백분율이므로 완전 반사이면 흡음률이 0이 되고, 완전 흡음이면 1이 되며, 그 사이를 100으로 분할하여 주파수의 관계로 나타낸다. 흡음률이 0이란 100% 음이 반사되어 전혀 흡음이 되지 않는 상태를 말하며, 흡음률 1이란 100% 흡음되는 경우라 볼 수 있다. 흡음률이 1이 되는 경우를 Open Window Unit이라고 하며 이는 창이나 문을 완전히 열어놓아 반사가 전혀 되지 않는 상태이다.

④ 다공질 흡음재는 특히 높은 주파수에서 높은 흡음률을 나타낸다. (저주파수의 흡음률을 증가시킬 수 있다. 표면이 다른 재료에 의하여 피복되어 통기성이 저해되면 중, 고주파수에서의 흡음률이 저하된다.)

⑤ 판진동 흡음재의 흡음판은 막진동하기 쉬운 얇은 것일수록 흡음효과가 크다. 또한 중량이 큰 것을 사용할수록 공명주파수 범위가 저음역으로 이동한다.

⑥ 공동(천공판)공명기는 음파가 입사할 때 구멍부분의 공기는 입사음과 일체가 되어 앞뒤로 진동하며 동시에 배후공기층의 공기가 스프링과 같이 압축과 팽창을 반복한다. (특히 공명주파수 부근에서는 공기의 진동이 커지고 공기의 마찰점성저항이 생겨 음에너지가 열에너지로 변하는 양이 증가하여 흡음률이 증가한다.) 배후 공기층의 두께를 증가시키면 최대 흡음률의 위치가 저음역으로 이동한다.

⑦ 가변흡음구조는 실의 용도에 따라 잔향시간을 조절할 수 있으므로 다목적용 오디토리엄, 방송 스튜디오, 시청각실 등에 이용되고 있다.

⑧ 2중벽에서 중공층의 두께는 최소한 100㎜ 이상이 되어야 공기층에 의한 결함을 차단하고 공명주파수가 가청주파수 이하로 될 수 있다.

⑨ 2중창의 유리는 가능한 가벼운 것을 쓰며, 양쪽 유리의 두께를 같게 하여 일치효과의 주파수를 변화시키는 방법이 있다.

⑩ 바닥구조는 충격성 소음을 줄이기 위해 중간에 완충재를 삽입하고, 바닥표면 마무리는 카펫, 고무타일, 고무패드 등 유연한 탄성재를 사용하면 효과적이다.

⑪ 문은 가능한 무거운 재료(solid-core panel)를 사용하여 만들고, 개스킷(gasket) 처리 등으로 기밀화하는 방법이 있다.

⑫ **이중벽의 차음** … 단열벽의 투과손실은 벽두께를 2배로 하여도 최대 6dB밖에 커지지 않는다.

⑬ **일치효과** … 벽체의 임계주파수에서 차음성능이 갑자기 떨어지는 현상으로 중공벽에서 많이 일어난다.

(8) 층간소음을 경감시키기 위한 방법

① 경량화를 위하여 슬래브 두께를 줄인다.

② 표준바닥 구조의 흡음재 두께를 증가시킨다.

③ 슬래브 위에 방통콘크리트 타설 시 바닥흡음재 및 바닥완충재, 측면 완충재를 시공한다.

④ 라멘구조의 적용으로 벽체를 줄인다.

⑤ 색채환경

(1) 색의 3속성

① 색상

    ㉠ 색상환의 분할(먼셀의 색입체) : 우선 기본 5색상(적=R, 황＝Y, 녹＝G, 청＝B, 자＝P)의 각 색을 원주상에서 같은 간격으로 배치한다.

    ㉡ 각 색의 중간에 주황, 황록, 청록, 청자, 적자를 두어 10개의 색상으로 분할한다.

② 명도 … 무채색을 축으로 이상적인 백색을 10, 이상적인 흑색을 0으로 정하고 그 사이를 9단계로 분할하여 모두 합계 11단계로 번호를 붙인 것을 말한다.

③ 채도

    ㉠ 무채색을 0으로 색상별 색의 순도가 증가함에 따라 1, 2, 3 ～ 10, 12 등으로 숫자를 높인다.

    ㉡ 숫자의 크기에 따라서 고채도, 중채도, 저채도라 한다.

(2) 먼셀 표색계

① 의미 … 색상, 명도, 채도에 해당하는 특성을 각각 휴(Hue), 밸류(Value), 크로마(Chroma)라 하여 이들을 원통좌표계에서 인접하는 색채가 등각도로 분할하여 표시한다.

◉ 휴, 밸류, 크로마의 표시 ◉

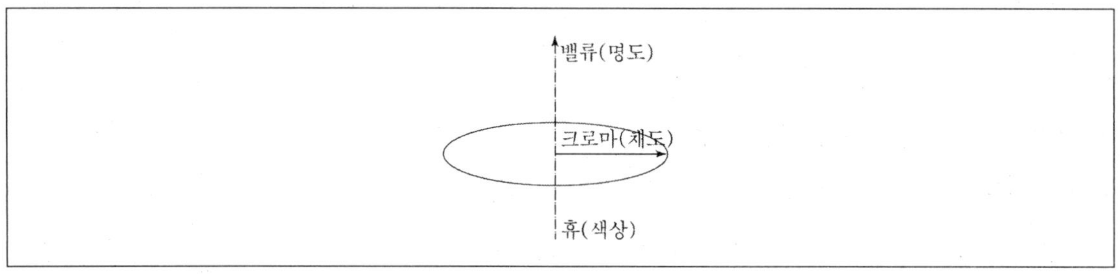

② 먼셀 색 표시법

    ㉠ 유채색 : 색상(H), 명도(V), 채도(C)로 표시한다.

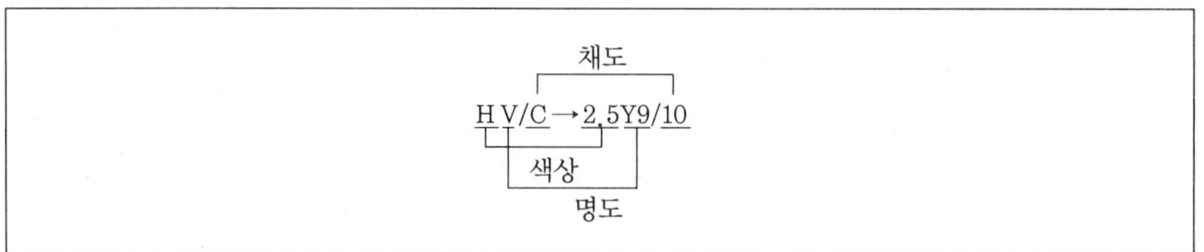

ⓛ **무채색** : 채도, 색상이 없고 명도만을 표시한다.

```
                    5.5N
                     ↑  └──── 무채색을 의미
                    명도
```

ⓒ **순색**
- 빨강(5R4/14)
- 파랑(5B4/18)
- 노랑(5Y8/12)

※ 먼셀계의 색분할 ※

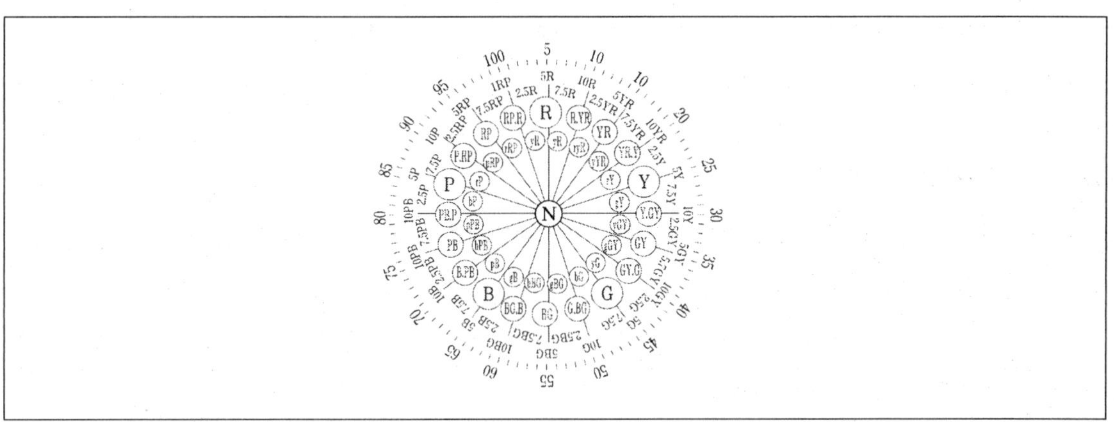

※ 먼셀 색입체 ※

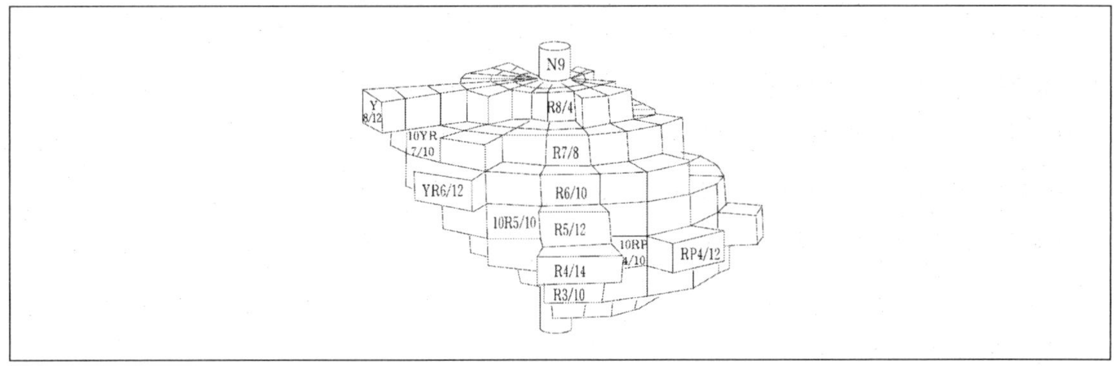

(3) 색채이론 기본용어

① **색료의 기본 3원색** … 일반적으로 마젠타(magenta)와 노랑(yellow) 그리고 시안(cyan)을 말한다.

② **보색** … 두 가지 색을 섞어서 회색이 될 때의 색의 관계 (색상환에서 180도)

③ **면적효과** … 면적의 크기에 따라 색이 달라 보이는 현상 (면적이 작은 색은 어둡게 보임)

④ 높은 명도, 따뜻한 색일수록 진출하고 팽창하는 느낌을 준다.

⑤ **색채의 비중** … 일반적으로 물건을 고를 때, 심리학자들은 사람이 물건을 고를 때 80%가 색채를 선택하고 20%가 형상이나 선을 본다고 한다. 이와 같이 색채는 환경에 매우 큰 영향력을 미치고 있으며, 특히 설계과정에서 색채에 대한 주의를 기울일 필요가 있다.

⑥ **항상성** … 여러 가지 조건이 바뀌어도 친숙한 대상은 항상 같게 지각되는 현상

⑦ 색상표시 5R / 4 / 14: 5R은 색상, 4는 명도, 14는 채도를 나타낸다.

⑧ **계시대비** … 두 개의 색 자극을 동시에 주지 않고 시간차를 두어 제시함으로써 일어나는 현상으로 눈이 가지고 있는 잔상이라는 특수한 현상 때문에 생기는 색의 대비

⑨ **색상대비** … 색상이 다른 두 색이 서로의 영향으로 인하여 색상차가 크게 보이는 현상이다.

(4) 건축색채계획의 기본원리

① 건축색채는 그 존재를 느끼지 않도록 하는 것이 현대건축의 일반적 원칙이다.

② 기능과 위치에 따라 자극적이고 화려한 배색이 필요한 경우도 있으나 건축색채의 기본은 '차분함' 또는 '포근함', '따뜻함' 등의 느낌을 주도록 하는 것이다. 건축색채는 전경과 배경의 관계에서 사람이나 물건을 돋보이게 해야 하므로 배경이 되는 경우가 대부분이다.

③ 건축에 있어서 중요도의 선택순위는 형태, 재료, 색채 순서로 이루어지는 것이 원칙이다.

④ 건축색채는 건물자체만을 강조하기보다는 자연환경 및 주변건축물과 조화되어야 한다.

⑤ 외장색은 유리면이나 간판 등을 실내의 경우는 가구나 장식 등을 고려하여 주조색, 보조색, 악센트색으로 구분, 계획하도록 한다.

⑥ 건축물을 기능별, 구역별로 구분할 때는 이들 각 부분들은 상호유기적인 관계를 갖도록 색채계획에서도 조절되어야 한다.

02 출제예상문제

1 5G8/1, 5G6/1의 차이는 무엇인가?

① 명도
② 색상
③ 채도
④ 하중
⑤ 크로마

> **note** 5는 색상, G8, G6은 명도, 1은 채도를 나타낸다.

2 다음 중 건축가가 인위적으로 고려하여 바꿀 수 없는 것은?

① 코어의 계획
② 건축물의 방향
③ 지역토속재료
④ 공간의 분리
⑤ 건축물, 공간의 크기

> **note** 그 지역의 일조, 일사, 강수량 등은 자연 그대로의 것들이기 때문에 건축가가 인위적으로 바꿀
> 수는 없으나 건축물에 들어오는 일조량이나 일사량 등은 개구 등을 줄이거나 늘리거나 해서
> 변화를 줄 수 있다.

3 우리나라의 연교차는 1년 중 어느 달의 평균온도차를 말하는가?

① 최한월(1 ~ 2월경)과 최난월(5 ~ 6월경)
② 최한월(1 ~ 2월경)과 최난월(6 ~ 7월경)
③ 최한월(1 ~ 2월경)과 최난월(7 ~ 8월경)
④ 최한월(12 ~ 1월경)과 최난월(7 ~ 8월경)
⑤ 최한월(11 ~ 12월경)과 최난월(7 ~ 8월경)

> **note** 연교차 … 1년 중 1 ~ 2월경(최한월)과 7 ~ 8월경(최난월)의 기온차를 말한다.

Answer 1.① 2.③ 3.③

4 다음 중 일교차에 관한 설명으로 옳지 않은 것은?

① 지방의 지리적 조건 등에 의해서는 변화하지 않는다.

② 해안쪽에서 내륙쪽으로 갈수록 일교차는 커진다.

③ 최고기온은 오후 1~2시경의 기온을 말한다.

④ 최저기온은 일출 전 오전 5~6시경의 기온을 말한다.

⑤ 일교차는 최고기온과 최저기온의 차를 뜻한다.

> **note** 일교차
> ㉠ 최고기온(오후 1~2시경의 기온)과 최저기온(일출 전 오전 5~6시경의 기온)의 차를 말한다.
> ㉡ 지방의 지리적 조건에 따라서 영향을 받는다.
> ㉢ 해안에서 내륙으로 갈수록 일교차는 커진다.
> ㉣ 위도가 낮을수록 일교차는 커진다.
> ㉤ 고산이나 고공에서는 작다.
> ㉥ 초지의 일교차는 작고 사지의 일교차는 크다.

5 대기의 물리적인 현상으로 지표의 위에서 시시각각 변화하는 것은?

① 기후인자　　　　　　　　② 기상

③ 기온　　　　　　　　　　④ 기후요소

> **note** ① 기후요소의 지리적 분포
> ③ 대기의 온도
> ④ 기온, 습도, 비, 바람, 일조 등

6 다음 중 기후요소가 아닌 것은?

① 해안　　　　　　　　　　② 바람

③ 습도　　　　　　　　　　④ 일조

⑤ 기온

> **note** 기후요소 … 기온, 습도, 비, 바람, 일조
> ※ 기후인자 … 기후요소의 지리적 분포(예 해안, 평야, 경사지, 고지 등)

Answer　4.①　5.②　6.①

7 다음 중 주간시수에 대한 설명으로 옳은 것은?

① 주간시수는 $\dfrac{\text{그 지방의 일조시수}}{\text{가조시수}} \times 100$이다.

② 태양이 구름 등에 의해서 차단되지 않고 지표에 내리쬐지는 시간을 말한다.

③ 그 표시는 연, 월, 일의 총시수로 한다.

④ 일출에서 일몰까지의 시간수를 의미한다.

✿ **note** ①②③ 일조시수

8 다음 중 일조율을 구하는 식으로 알맞은 것은?

① $\dfrac{\text{그 지방의 가조시수}}{\text{일조시수}} \times 100$

② $\dfrac{\text{그 지방의 주간시수}}{\text{일조시수}} \times 100$

③ $\dfrac{\text{그 지방의 일조시수}}{\text{가조시수}} \times 100$

④ $\dfrac{\text{그 지방의 주간시수}}{\text{가조시수}} \times 100$

✿ **note** 일조율(%) $= \dfrac{\text{그 지방의 일조시수}}{\text{가조시수}} \times 100$

9 다음은 태양의 복사선을 파장에 따라 분류한 것이다. 이 중 옳지 않은 것은?

① 자외선 : 3,600A° 이하

② 가시선 : 3,800 ~ 7,200A°

③ 적외선 : 7,700A° 이상

④ 도르노(Dorno) : 3,200A°

✿ **note** 태양의 복사선

구분	파장
자외선	3,800A° 이하
가시선	3,800 ~ 7,200A°
적외선	7,700A° 이상
도르노(Dorno)	3,200A°

❦ **Answer**　　7.④　8.③　9.①

10 먼지의 양이 몇 mg/㎥일 때 사람이 위험한가?

① 5 　　　　　　　　　　　　　② 10
③ 20 　　　　　　　　　　　　④ 30
⑤ 35

　　　　note　먼지의 유해도

먼지량(mg/㎥)	파장
5 이하	중등
10 이하	허용
20 이하	불쾌
30 이하	위험

11 다음 중 자연환기에 대한 설명으로 옳지 않은 것은?

① 실외의 풍속이 크면 그에 따라서 환기량도 증가한다.
② 환기횟수 = 소요공기량($㎥$)/실용적($㎥$)이다.
③ 콘크리트조의 환기량은 목조주택에 비해 작다.
④ 실내에 바람이 없을 때에는 실내와 실외의 온도차가 낮아야 환기량이 많아진다.
⑤ 중력에 의한 환기는 통풍과는 무관하게 발생한다.

　　　　note　④ 실내에 바람이 없을 때에는 실내와 실외의 온도차가 높아야 환기량이 많아진다.

12 다음은 건축법상의 실내 공기기준을 표시한 것이다. 옳지 않은 것은?

① 환기에 필요한 개구부의 면적은 바닥면적의 1/30 이상으로 규정한다.
② CO(일산화탄소)는 10ppm 이하이어야 한다.
③ 1인당 최소 20㎥/h의 환기량이 요구된다.
④ CO_2(이산화탄소)는 1,000ppm 이하이어야 한다.

　　　　note　① 건축법상 환기에 필요한 개구부의 면적은 바닥면적의 1/20 이상으로 규정한다.

13 실용적이 2,000㎡이고 정원이 400명인 대강당의 1시간당 필요한 환기횟수는 얼마인가? (단, 1인당 필요한 공기량은 25㎡/h)

① 2회 ② 3회

③ 4회 ④ 5회

⑤ 6회

> **note** 환기횟수(N) = $\dfrac{\text{소요공기량}(\text{m}^3)}{\text{실용적}(\text{m}^3)} = \dfrac{25 \times 400}{2,000} = 5회$

14 실내 쾌적지표에 영향을 미치는 요소가 아닌 것은?

① 복사열 ② 습도

③ 기류 ④ 온도

⑤ 음향

> **note** 실내환경에 영향을 미치는 요소
> ㉠ 온도 : 열적 쾌적감에 가장 크게 영향을 미치는 요소이다.
> ㉡ 습도 : 너무 높거나 낮지 않는 한 쾌적온도나 생리적 조절범위 내에서는 거의 영향을 미치지 않는다.
> ㉢ 기류 : 기온이 일정할 경우에는 기류만으로 열적 효과를 발생한다.
> ㉣ 복사열 : 기온 다음으로 쾌적한 환경에 가장 영향을 미치는 요소이다.

15 다음 중 1clo의 조건이 아닌 것은?

① 실내의 기류가 0.1m/s일 때 착석한다.

② 실내 상대습도의 조건은 50% 정도이다.

③ 기온 21.2℃의 실내에서 착석한다.

④ 실온이 약 5.8℃ 내려갈 때 1clo의 의복을 걸쳐 입는다.

> **note** 기온(21.2℃), 상대습도(50%), 기류(0.1m/s)의 실내에서 착석하여 휴식한 상태의 쾌적유지를 위한 의복의 열저항을 1clo라고 하며 실온이 약 6.8℃ 내려갈 때마다 1clo의 의복을 걸쳐 입는다.

16 다음 중 결로의 발생원인이 아닌 것은?

① 건축재료 자체의 열적인 특성　　　　② 실내·외의 온도차

③ 잦은 환기　　　　　　　　　　　　④ 건축물의 시공불량

　　note 계획적으로 환기를 하여 실·내외의 온도차를 줄여서 결로를 방지하도록 한다.

17 다음 중 빛의 기호로 잘못 연결된 것은?

① 광속 $-F$　　　　　　　　　　　② 조도 $-E$

③ 광도 $-I$　　　　　　　　　　　④ 휘도 $-C$

⑤ 광속발산도 $-R$

　　note ④ 휘도는 B이다.

18 다음 중 빛의 단위로 바르게 짝지어진 것은?

① 광속 $-$ lx　　　　　　　　　　② 조도 $-$ rlx

③ 광속발산도 $-$ cd　　　　　　　④ 휘도 $-$ cd/㎡nt

　　note 빛의 단위
　　　　ㄱ 광속(lumen) : lm
　　　　ㄴ 조도(lux) : lx
　　　　ㄷ 광속발산도(radlux) : rlx
　　　　ㄹ 광도(candela) : cd
　　　　ㅁ 휘도(candela/㎡nit) : cd/㎡nt

19 조명계획에서 기구의 능률이라 함은 전구에서 나오는 광속 중 기구자체에 흡수되는 비율을 뜻한다. 이때의 비율은 어느 정도인가?

① 20 ~ 30%　　　　　　　　　　② 30 ~ 50%

③ 50 ~ 60%　　　　　　　　　　④ 60 ~ 80%

⑤ 70 ~ 80%

　　note 기구능률 … 전구에서 나오는 광속 중에서 흡수되는 비율로 보통 60 ~ 80% 정도이다.

20 다음 중 건축화 조명의 장점으로 옳지 않은 것은?

① 조명기구가 보이지 않아서 현대적인 감각을 준다.

② 명랑한 느낌을 준다.

③ 눈부심이 적고 발광면이 넓다.

④ 비용이 적게 든다.

> **note** 건축화 조명은 구조계획상 비용이 많이 든다.

21 청각을 고려하는 표준음은 몇 cycle인가?

① 63

② 125

③ 500

④ 1,000

⑤ 2,000

> **note** 표준음 … 63, 125, 500, 1,000, 2,000, 4,000의 사이클의 순음이 있으며 청각을 고려한 표준음은 1,000cycle이다.

22 다음 중 각 실내의 허용 소음레벨을 나타낸 것으로 옳지 않은 것은?

① 소극장 : 30 ~ 35db

② 회의실 : 40 ~ 45db

③ 주택 : 35 ~ 40db

④ 스튜디오 : 35 ~ 40db

⑤ 병원 : 35 ~ 40db

> **note** 실내 허용 소음레벨
> ㉠ 스튜디오 : 25 ~ 30db
> ㉡ 음악당, 소극장 : 30 ~ 35db
> ㉢ 병원, 교실, 강당 : 35 ~ 40db
> ㉣ 회의실, 소사무실 : 40 ~ 45db
> ㉤ 레스토랑 : 50 ~ 55db
> ㉥ 주택, 호텔 : 35 ~ 40db

Answer   20.④ 21.④ 22.④

23 다음 네모칸 중 잔향시간이 긴 순서대로 알맞게 표기한 것은?

> ㉠ 강당　　　　　　　　　　㉡ 실내악
> ㉢ 영화관　　　　　　　　　　㉣ 종교음악
> ㉤ 일반음악　　　　　　　　　㉥ 학교강당

① ㉠ > ㉡ > ㉢ > ㉣ > ㉤ > ㉥　　　② ㉡ > ㉥ > ㉢ > ㉣ > ㉠ > ㉤
③ ㉣ > ㉤ > ㉥ > ㉠ > ㉢ > ㉡　　　④ ㉣ > ㉤ > ㉥ > ㉡ > ㉢ > ㉠
⑤ ㉤ > ㉥ > ㉡ > ㉠ > ㉣ > ㉢

note 잔향시간의 크기 … 종교음악 > 일반음악 > 학교강당 > 실내악 > 영화관 > 강당 순이다.

24 다음 중 잔향에 관한 설명으로 옳지 않은 것은?

① 잔향시간은 음원으로부터 소리의 발생이 끝난 후 음압레벨이 80db 감소하는 데 걸리는 시간을 말하는 것이다.
② 강의, 강연 등과 같이 청취를 목적으로 하는 경우에는 실내잔향이 1초 정도로 짧아야 좋다.
③ 잔음이라 함은 세기가 일정하고 높이가 어느 범위 내를 급속하게 오르내리는 악음을 말하는 것이다.
④ 같은 용도로 사용되는 실이라 하여도 용적이 큰 실일수록 잔향시간이 길다.

note ① 잔향시간은 음원으로부터 소리의 발생이 끝난 후 음압레벨이 60db 감소하는 데 걸리는 시간을 말하는 것이다.

25 강의, 강연 등의 연설을 할 때 잔향시간으로 적당한 것은?

① 0.1초　　　　　　　　　　② 1초
③ 3초　　　　　　　　　　　④ 5초
⑤ 10초

note 강의, 강연 등과 같이 청취를 목적으로 하는 경우에는 실내잔향이 1초 정도로 짧아야 좋다.

Answer　　23.④　24.①　25.②

26 색채계획의 내용으로 가장 옳지 않은 것은?

① 색은 동일 조건에서 면적이 클수록 명도가 높아 보인다.

② 색은 동일 조건에서 면적이 작을수록 채도가 낮아 보인다.

③ 색상표에 의해 실내계획을 할 때는 목표 색채보다 약간 높인 색상표를 선택하는 것이 좋다.

④ 먼셀의 색입체에서 동일 색상의 경우 위로 올라갈수록 명랑한 느낌을 주게 된다.

> **note** 색상표에 의해 실내계획을 할 경우 목표색상보다 약간 낮춘 색상표를 선정해야 한다.

27 일사조절 방법 중 고정 돌출차양 설치에 관한 설명으로 옳지 않은 것은?

① 여름에 햇빛을 차단하고 겨울에 가능한 한 많은 빛을 받아들일 수 있도록 계획한다.

② 남측창에는 수평차양을 설치한다.

③ 동서측창에는 수직차양을 설치한다.

④ 주광에 의한 조명효과를 높이기 위해 돌출차양의 밑면은 어두운 색으로 한다.

> **note** 고정돌출 차양설치에 있어 주광에 의한 조명효과를 높이기 위해서는 돌출차양의 밑면은 밝은
> 색 계통으로 처리하는 것이 좋다.

28 두 개의 색 자극을 동시에 주지 않고 시간차를 두어 제시함으로써 일어나는 현상으로 눈이 가지고 있는 잔상이라는 특수한 현상 때문에 생기는 색의 대비는?

① 보색대비　　　　　　　　② 채도대비

③ 계시대비　　　　　　　　④ 색의 동화

> **note** 계시대비에 관한 설명이다.

29 실내상시보조인공조명(PSALI) 구역의 인공조명 조도수준을 계산하는 경험식은?

① E = 200 DF [lux]　　　　② E = 300 DF [lux]

③ E = 400 DF [lux]　　　　④ E = 500 DF [lux]

> **note** 실내상시보조인공조명(PSALI) 구역의 인공조명 조도수준을 계산하는 경험식 : E = 500 DF [lux]

Answer　　26.③　27.④　28.③　29.④

30 건축물의 빛 환경에 대한 설명 중 옳지 않은 것은?

① 대형공간의 천창은 측창에 비하여 상대적으로 균일한 실내조도 분포를 확보할 수 있다.

② 색온도는 광원의 색을 나타내는 척도로서, 그 단위는 캘빈(K)을 사용한다.

③ 휘도란 광원 또는 조명된 면이 특정한 방향으로 빛을 방사하는 세기의 정도를 의미하며, 그 단위로는 루멘(Lumen)을 사용한다.

④ 실내의 평균조도를 계산하는 방법인 광속법은 실내 공간의 필요 조명기구의 개수를 계산하고자 할 때 사용할 수 있다.

> **note** 휘도 … 일정한 넓이를 가진 광원 또는 빛의 반사체 표면의 밝기를 나타내는 양을 말하며 단위는 스틸브(sb) 또는 니트(nt)를 쓴다.

31 먼셀(Munsell)의 색채표기법에 대한 설명 중 옳지 않은 것은?

① 색상은 색상환에 의해 표기되며, 기준색인 적(R), 청(B), 황(Y), 녹(G), 자(P)색 등 5종의 주요색과 중간색으로 구성된다.

② 명도는 완전흑(0)에서 완전백(10)까지의 스케일에 따른 반사율 및 외관에 대한 명암의 주관적 척도이다.

③ 채도의 단계는 흑색과 가장 강한 색상 사이의 색상변화를 측정하는 단위이다.

④ 5R−4/10은 빨강의 색상5, 명도4, 채도10을 나타낸다.

> **note** 흰색과 검은색은 채도가 없기 때문에 무채색이라 불린다.

32 주광율에 대한 설명으로 옳지 않은 것은?

① 실내 한 지점의 주광조도와 옥외 천공광(天空光) 조도의 비율을 뜻한다.

② 주광율은 채광계획을 위한 지표로 사용된다.

③ 돌출창은 실내의 주광율을 떨어뜨린다.

④ 수평창보다 수직창이 주광율 상승에 유리하다.

> **note** 주광율은 외부조도에 대한 실내조도의 비이므로 돌출창의 경우 직접적으로 주광율을 떨어트리지는 못한다.

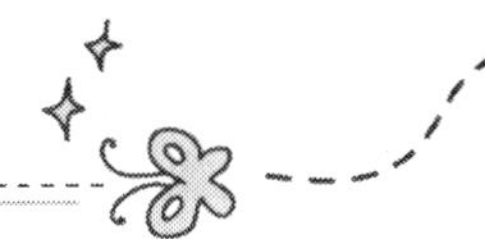

33 먼셀 표색계 7.5Y 5/10이라는 색의 표시 중 3속성이 잘못 기술된 것은?

① 7.5Y는 황색 계열의 색상이다.   ② 5/10은 색상 표시이다.

③ 10은 채도 표시이다.   ④ 5는 명도 표시이다.

> **note** 색상표시는 7.5Y이다.

34 보일의 법칙으로 옳은 것은? (단, P : 압력, V : 체적, C : 상수)

① $PV = C$ ② $PC = V$

③ $CV = P$ ④ $P/V = C$

> **note** 보일의 법칙 … 동일한 온도에서 압력과 체적의 곱은 일정하다.

35 어느 건물의 취득열량이 현열 35,000kcal/hr, 잠열 15,000kcal/hr이었다. 실내온도를 26℃, 습도를 40%로 유지하고자 할 때 현열비는?

① 0.3   ② 0.5

③ 0.7   ④ 0.9

> **note** $\dfrac{35000}{35000 + 15000} = 0.7$

36 건물의 결로에 대한 설명 중 가장 부적합한 것은?

① 다층구성재의 외측(저온측)에 방습층이 있을 때 결로를 효과적으로 방지할 수 있다.

② 온도차에 의해 벽 표면 온도가 실내공기의 노점온도보다 낮게 되면 결로가 발생하며, 이러한 현상은 벽체내부에서도 생긴다.

③ 구조체의 온도변화는 결로에 영향을 크게 미치는데, 중량구조는 경량구조보다 열적 반응이 늦다.

④ 내부결로가 발생되면 경량콘크리트처럼 내부에서 부풀어 오르는 현상이 생겨 철골부재와 같은 구조체에 손상을 준다.

> **note** 다층구성재의 경우 내측(고온층)에 방습층이 있을 경우 결로현상을 방지할 수 있다.

Answer   33.②   34.①   35.③   36.①

37 주택의 에너지 절약을 위한 방안으로 적절하지 않은 것은?

① 실내온도는 겨울에는 약간 저온으로, 여름에는 약간 고온으로 설정한다.

② 내부 공간의 배치에 있어 상주하는 거실, 방 등을 남향으로 위치할수록 효율적이다.

③ 대지 면적이 충분하지 못한 경우도 가능한 한 남쪽을 비워두어 일사를 확보한다.

④ 평면형은 정방형보다 요철이 많은 평면이 열손실이 적다.

> **note** 평면에 요철이 많아질 경우 벽체 단면적이 증가하므로 열손실이 커지므로 정방형에 가까운 평면 형태로 구성하는 것이 좋다.

38 열에 대한 설명으로 옳지 않은 것은?

① 열은 에너지의 일종으로 물체의 온도를 올리거나 내리게 하는 효과가 있다.

② 현열(sensible heat)은 온도계의 눈금으로 나타나지만 잠열(latent heat)은 나타나지 않는다.

③ 물 1kg을 14.5℃에서 15.5℃로 높이는데 필요한 열량을 1kcal라 한다.

④ 온도를 상승시키는 열을 잠열(latent heat)이라 하고 동일 온도에서 물체의 상태만을 변화시키는 열을 현열(sensible heat)이라 한다.

> **note** 온도를 상승시키는 열은 현열이며 상대변화만 일으키는 열은 잠열이다.

39 이중외피에 대한 설명으로 옳지 않은 것은?

① 자연환기를 적용함으로써 기존의 기계적인 환기로 인한 에너지 소비를 최소화할 수 있다.

② 외부환경과 실내환경 사이에 완충공간인 중공층(cavity)으로 인해 새로운 열획득 및 열손실 증가의 원인이 되므로 주의해야 한다.

③ 이중외피를 계획하는 가장 큰 이유는 자연환기를 도입하여 건물의 냉방부하를 감소시키기 위함이다.

④ Second-skin Facade는 태양열의 최적이용, 자연채광, 외부의 환경조건 변화에 순응하도록 디자인된 이중외피 구조이다.

> **note** ②번은 이중외피와는 전혀 관련이 없는 사항이다.

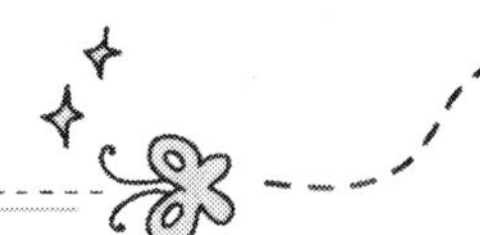

40 실내에서 인체의 온열 감각에 영향을 미치는 4가지 요소로 옳은 것은?

① 기온, 습도, 기압, 복사열 ② 기온, 습도, 기류, 복사열
③ 열관류, 열전도, 복사열, 대류열 ④ 기온, 습도, 기류, 압력

> **note** 인체의 온열 감각에 영향을 미치는 4가지 요소 … 기온, 습도, 기류, 복사열

41 건물 내부의 결로방지를 위한 방법으로 옳지 않은 것은?

① 외부 벽체의 열관류 저항을 크게 한다.
② 실내의 외기 환기 횟수를 늘린다.
③ 외단열을 사용하여 벽체 내의 온도를 상대적으로 높게 유지한다.
④ 외부 벽체의 방습층을 실외 측에 가깝게 한다.

> **note** 외부 벽체의 방습층을 실내 측에 가깝게 하는 것이 좋다.

42 음환경에 대한 설명 중 가장 부적합한 것은?

① 간벽의 차음성능은 투과율과 투과손실 등에 의해 표시된다.
② 흡음률 값은 0 ~ 1.0 사이에서 변화하는데, 흡음률이 0이 되는 것은 모든 개구부를 완전히 열어 놓았을 때의 경우로서, 이를 오픈 윈도(open window) 단위라고 한다.
③ 측벽은 객석 후면의 음을 보강하는 역할을 하며, 특히 확성 장치를 하지 않은 오디토리엄에 있어서는 유용하게 이용된다.
④ 다목적용 오디토리엄에서는 강연용일 경우와 음악용일 경우에 적정한 잔향시간이 서로 다른데 강연을 위해서는 짧은 잔향 시간이 필요하다.

> **note** 흡음률 … 음파가 물체에 의하여 반사될 때 입사에너지에서 반사에너지를 뺀 것과 입사에너지와의 비 (0은 모두 반사한 것이고 1은 모두 흡수한 것이다.) 그러므로 개구부를 완전히 열어놓은 경우 음의 벽면 등으로의 흡수정도와는 관련성이 적다.

43 건축공간에서 음의 효과적인 확산은 반향을 방지하고 실내음압 분포를 고르게 하며, 음악이나 음성에 적당한 여운을 주어 자연성을 증가시킨다. 효과적인 음의 확산 방법 중 옳지 않은 것은?

① 벽, 기둥, 창문, 보, 격자천장, 발코니, 조각, 장식재 등 불규칙한 표면을 형성하는 건축적 요소를 효과적으로 이용한다.

② 흡음재와 반사재를 적절하게 배치한다.

③ 평행되거나 대칭으로 된 벽을 사용한다.

④ 측벽에 의한 지연반사음이 예상되는 경우 불규칙한 표면처리나 흡음재를 부착한다.

> **note** 음을 확산시키는 방법
> ㉠ 불규칙한 표면을 건축요소로 많이 사용한다.
> ㉡ 흡음재와 반사재를 불규칙적으로 분산 배치한다.
> ㉢ 평행 대향벽을 피한다.
> ㉣ 확산체의 크기는 확산효과를 기대할 수 있는 치수로 정한다.

44 잔향시간에 관한 설명으로 옳은 것은?

① 잔향시간이란 정상상태에서 80dB의 음이 감소하는데 소요되는 시간을 말한다.

② 잔향시간은 실의 체적에 비례한다.

③ 잔향시간은 재료의 평균 흡음율에 비례한다.

④ 음악을 연주하는 홀은 강연을 위한 실보다 짧은 잔향시간이 요구된다.

> **note** ① 잔향시간이란 정상상태에서 60dB의 음이 감소하는데 소요되는 시간을 말한다.
> ③ 잔향시간은 재료의 평균 흡음율에 반비례한다.
> ④ 음악을 연주하는 홀은 강연을 위한 실보다 긴 잔향시간이 요구된다.
> ※ Sabine의 잔향식
>
> $$RT = K \cdot \frac{V}{A} = 0.16\frac{V}{A}$$
>
> • RT : 잔향시간(초)
> • V : 실의 용적(m^3)
> • A : 실내의 총 흡음력(m^2)으로서 실의 표면적과 흡음률의 곱

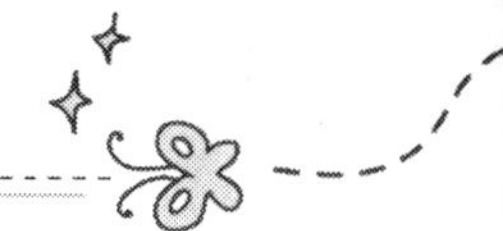

45 실내 음환경에서 잔향시간에 대한 설명 중 옳은 것은?

① 잔향시간은 음성전달을 목적으로 하는 공간이 음향청취를 목적으로 하는 공간보다 짧아야 한다.

② 잔향시간을 길게 하기 위해서는 실내공간의 용적이 작아야 한다.

③ 실의 흡음력이 클수록 잔향시간은 길어진다.

④ 잔향시간은 흡음재료의 사용 위치에 따라 달라진다.

> **note** 잔향시간…스튜디오 안에는 직접 귀에 들어오는 소리를 들을 수 있지만 점차 벽에 반사한 음이 합쳐져서 음의 크기가 일정치에 이르기까지 증대된다. 이 일정치가 음의 평형상태이다. 평형에 도달한 후 급히 음을 멈추면 반사파만이 남는데 이것이 이른바 잔향이다. 이 잔향의 크기가 평형 후의 음의 크기보다 60데시벨이 낮아질 때까지의 시간을 잔향시간이라고 한다. 이것은 스튜디오의 크기, 형태, 음의 종류에 따라 달라지는 것이며 음의 청탁을 크게 좌우한다.

46 공연장 내부 음향실험에서 고음이 너무 많이 들리는 것으로 결과가 나와 이를 줄이고자 한다. 가장 적절한 흡음재의 재질은?

① 합판재　　　　　　　　　② 섬유재

③ 아스팔트 루핑재　　　　　④ 금속패널재

> **note** 유리섬유나 암면과 같은 다공성 흡음재료는 중·고주파수의 흡음률이 크다.

47 실내음향계획에 대한 설명으로 옳지 않은 것은?

① 실내에 일정한 세기의 음을 발생 시킨 후 그 음이 중지된 때로부터 음의 세기 레벨이 60 dB 감쇠하는데 소요된 시간을 잔향시간이라 한다.

② Sabine의 잔향시간(Rt)의 값은 '0.16×실의 용적/실내의 총 흡음력' 으로 구한다.

③ 일반적으로 음원에 가까운 부분은 흡음성, 후면에는 반사성을 갖도록 계획한다.

④ 평면계획에서 타원이나 원형의 평면은 음의 집중이나 반향 등의 문제가 발생하기 쉬우므로 피한다.

> **note** 프로시니엄 홀과 같이 음원과 청취자 쪽이 명확히 분리되어 있는 경우에는 무대쪽을 반사성으로 하고 객석 뒷부분을 흡음성으로 하는 것이 원칙이다.

48 음환경에 대한 설명으로 옳지 않은 것은?

① 담장 뒤에 숨어 있어도 음이 들리는 것은 음이 담장을 돌아 나오기 때문이고, 이를 회절현상이라 하며 주파수가 높은 음일수록 회절현상을 일으키기 쉽다.

② 사람이 음을 지각할 수 있는 것은 음의 크기, 높이, 음색의 미묘한 조합의 차이를 판단하기 때문이고, 이 3가지 조건을 음의 3요소라 한다.

③ 진동수가 같다면 음의 크기는 진폭이 클수록 큰 음으로 지각된다.

④ 이상적인 선음원일 경우는 거리가 2배가 되면 음의 세기는 1/2배가 되고, 음압레벨은 3dB 감소한다.

> **note** 음의 회절현상은 음이 전달될 때 장애물 뒤쪽에도 음이 전파되는 현상으로 고주파는 멀리 전송할 수 있지만 회절이 작고, 저주파가 회절이 크다.

49 흡음재료 및 구조의 특성에 대한 설명으로 옳은 것은?

① 다공질 흡음재는 특히 저주파수에서 높은 흡음률을 나타낸다.

② 판진동 흡음재의 흡음판은 막진동하기 쉬운 얇은 것일수록 흡음효과가 적다.

③ 공동공명기는 배후 공기층의 두께를 증가시키면 최대 흡음률의 위치가 고음역으로 이동한다.

④ 가변흡음구조는 실의 용도에 따라 잔향시간을 조절할 수 있으므로 다목적용 오디토리엄, 방송스튜디오, 시청각실 등에 이용되고 있다.

> **note** ① 다공질 흡음재 : 중, 고주파수의 흡음률이 높다.
> ② 판진동 흡음재 : 저주파수의 흡음률이 높다.
> ③ 공동공명기의 흡음재 : 모든 주파수의 영역을 균등하게 흡음한다.

50 굴뚝효과(stack effect)에 대한 설명으로 옳지 않은 것은?

① 온도차에 의한 효과에 의존한다.

② 바람이 불지 않는 날에는 굴뚝효과가 생기지 않는다.

③ 환기경로의 수직높이가 클 경우 더 잘 발생한다.

④ 화재 시 고층건물 계단실에서 나타날 수 있다.

> **note** 굴뚝효과는 온도차에 의해 발생되는 것이므로 바람이 불지 않는 날이라도 발생할 수 있다.

Answer 48.① 49.④ 50.②

Chapter 03

제1편 총론

건축설비

1 건축설비의 종류

① 급수설비

(1) 급수방식

① **수도직결방식** … 수도본관에서 인입관을 따내어 급수하는 방식이다.
　㉠ 정전 시에 급수가 가능하다.
　㉡ 급수의 오염이 적다.
　㉢ 소규모 건물에 주로 이용된다.
　㉣ 설비비가 저렴하며 기계실이 필요없다.

② **고가(옥상)탱크방식** … 수도본관의 인입관으로부터 상수를 일단 저수조에 저수한 후, 펌프를 이용하여 옥상 등 높은 곳에 설치한 고가수조에 양수하여 중력에 의해 건물 내의 필요한 곳에 급수하는 방식이다.
　㉠ 일정한 수압으로 급수할 수 있다.
　㉡ 단수, 정전 시에도 급수가 가능하다.
　㉢ 배관부속품의 파손이 적다.
　㉣ 저수량을 확보하여 일정 시간 동안 급수가 가능하다.
　㉤ 대규모 급수설비에 가장 적합하다.
　㉥ 저수조에서의 급수오염 가능성이 크다.
　㉦ 저수시간이 길어지면 수질이 나빠지기 쉽다.
　㉧ 옥상탱크의 자중 때문에 구조검토가 요구된다.
　㉨ 설비비, 경상비가 높다.

③ **압력탱크방식** … 수조의 물을 펌프로 압력탱크에 보내고 이곳에서 공기를 압축, 가압하며 그 압력으로 건물 내에 급수하는 방식으로 탱크의 설치위치에 제한을 받지 않고 국부적으로 고압을 필요로 하는 곳에 적합하며 옥상에 탱크를 설치하지 않아 건축물의 구조를 강화할 필요가 없다.

그러나 급수압이 일정하지 않으며 펌프의 양정이 커서 시설비가 많이 들며 정전이나 단수 시 급수가 중단된다.

㉠ 옥상탱크가 필요 없으므로 건물의 구조를 강화할 필요가 없다.

㉡ 고가 시설 등이 불필요하므로 외관상 깨끗하다.

㉢ 국부적으로 고압을 필요로 하는 경우에 적합하다.

㉣ 탱크의 설치 위치에 제한을 받지 않는다.

㉤ 최고·최저압의 차가 커서 급수압이 일정하지 않다.

㉥ 탱크는 압력에 견뎌야 하므로 제작비가 비싸다.

㉦ 저수량이 적으므로 정전이나 펌프 고장 시 급수가 중단된다.

㉧ 에어 콤프레서를 설치하여 때때로 공기를 공급해야한다.

㉨ 취급이 곤란하며 다른 방식에 비해 고장이 많다.

④ **탱크가 없는 부스터방식** … 수도본관으로부터 물을 일단 저수조에 저수한 후 급수펌프 만으로 건물 내에 급수하는 방식으로 부스터 펌프 여러 대를 병렬로 연결하고 배관 내의 압력을 감지하여 펌프를 운전하는 방식이다.

㉠ 옥상탱크가 필요 없다.

㉡ 수질오염의 위험이 적다.

㉢ 펌프의 대수제어운전과 회전수제어 운전이 가능하다.

㉣ 펌프의 토출량과 토출압력조절이 가능하다.

㉤ 최상층의 수압도 크게 할 수 있다.

㉥ 펌프의 교호운전이 가능하다.

㉦ 펌프의 단락이 잦으므로 최근에는 탱크가 있는 부스터 방식이 주로 사용된다.

조건과 급수방식	수도직결식	고가탱크식	압력탱크식	부스터방식
수질오염가능성	거의 없다	많다	보통이다	보통이다
급수압변화	수도본관의 압력에 따라 변화한다	거의 일정하다	수압변화가 크다	거의 일정하다
단수시 급수	급수가 안 된다	저수조와 고가탱크에 남아있는 수량을 이용할 수 있다	저수조에 남아있는 물을 이용할 수 있다	압력탱크식과 같다
정전 시 급수	관계없다	고가탱크에 남아있는 수량을 이용할 수 있다	발전기를 설치하면 가능하다	압력탱크식과 같다
설비비	싸다	조금 비싸다	보통이다	비싸다
유지관리비	싸다	보통이다	비싸다	조금 비싸다

② 급탕설비

(1) 급탕방식

① 개별식(국소식) 급탕

- ㉠ 필요한 개소에 탕비기를 설치하여 소요의 장소에 온수를 공급하는 방식으로 소규모 급탕에 적합하다.
- ㉡ 배관설비 거리가 짧고 배관 및 기기로부터 열손실이 적다.
- ㉢ 급탕개소가 적을 경우 시설비가 저렴하다.
- ㉣ 용도에 따라 필요한 개소에서 필요한 온도의 양을 비교적 간단히 얻을 수 있다.
- ㉤ 완공 후에도 급탕개소의 증설이 비교적 쉽다.
- ㉥ 주택 등에서는 난방 겸용의 온수보일러를 이용할 수 있다.
- ㉦ 급탕 개소마다 가열기의 설치공간이 필요하다.

② 중앙식 급탕방식

- ㉠ 지하실 등 일정한 장소에 급탕장치를 설치해 놓고 배관에 의해 필요한 각 사용 장소에 공급하는 방법으로 대규모 급탕에 적합하다.
- ㉡ 연료비가 적게 든다. (석탄 중유 가스 사용)
- ㉢ 열효율이 좋다.
- ㉣ 관리상 유리하다.
- ㉤ 총 열량을 작게 할 수 있다. (기구의 동시사용을 고려)
- ㉥ 배관에 의해 필요 개소에 어디든지 급탕할 수 있다.
- ㉦ 초기투자비(공사비)가 많이 든다.
- ㉧ 전문 기술자가 필요하다.
- ㉨ 배관 도중 열손실이 크다.
- ㉩ 시공 후 기구 증실에 따른 배관 변경 공사가 어렵다.

구분	직접가열식	간접가열식
가열장소	온수보일러	저탕조
보일러	급탕용 보일러와 난방용 보일러를 각각 설치	난방용 보일러로 급탕까지 가능
보일러내의 스케일	많이 낀다	거의 끼지 않는다
보일러내의 압력	중소규모 건물	대규모 건물
저탕조내의 가열코일	불필요	필요
열효율	유리	불리

③ 배수통기설비

(1) 트랩의 종류

① **트랩** ··· 배수관 속의 악취, 유독가스 및 벌레 등이 실내로 침투하는 것을 방지하기 위하여 배수
계통의 일부에 봉수를 고이게 하는 기구이다. 봉수의 깊이는 트랩의 구경에 관계없이 50 ~ 100
㎜가 일반적이다.

트랩	용도	특징
S트랩	대변기, 소변기, 세면기	• 사이펀 작용이 심하여 봉수파괴가 쉬움 • 배관이 바닥으로 이어짐
P트랩	위생 기구에 가장 많이 쓰임	• 통기관을 설치하면 봉수가 안정됨 • 배관이 벽체로 이어짐
U트랩	일명 가옥트랩, 메인트랩이라고 하며 하수가스 역류방지용	• 가옥배수 본관과 공공하수관 연결부위에 설치 • 배수관 최말단에 위치하여 유속을 저하시키는 단점이 있음
벨트랩	욕실 등 바닥배수에 이용	• 종 모양으로 다량의 물을 배수 • 찌꺼기를 회수하기 위해 설치
드럼트랩	싱크대에 이용	• 봉수가 안정 • 다량의 물을 배수
그리스트랩	호텔, 식당 등 주방바닥	• 주방 바닥 기름기 제거용 트랩 • 양식 등 기름이 많은 조리실에 이용
가솔린트랩	주유소, 세차장	휘발성분이 많은 가솔린을 트랩 수면 위에 띄워 토익관을 통해서 휘발시킴
샌드트랩	흙이 많은 곳	
석고트랩	병원 기공실	치과기공실, 정형외과 기브스실에서 배수시 사용
헤어트랩	이발소, 미장원	모발 제거용 트랩
런드리트랩	세탁소	단추, 끈 등 세탁 오물 제거용 트랩

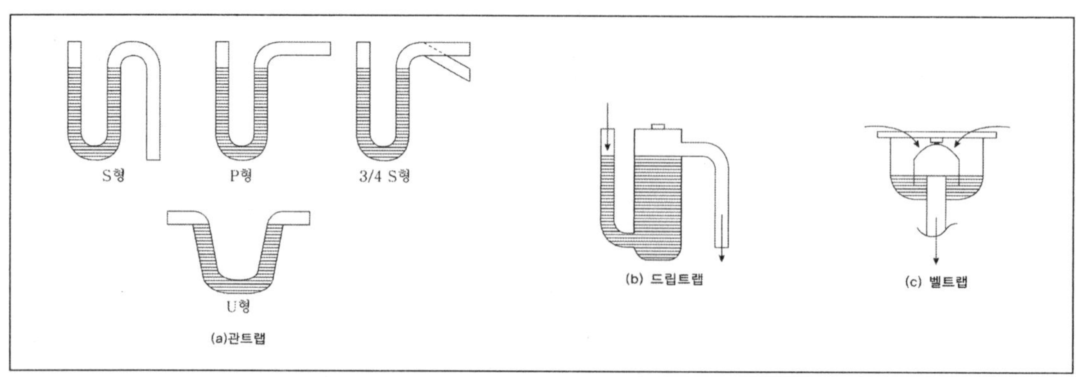

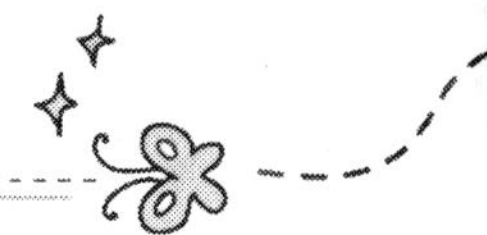

(2) 트랩의 파괴와 대책

트랩파괴의 원인	방지책	원인
자기사이펀 작용	통기관 설치	만수된 물이 일시에 흐르게 되면 물이 배수관 쪽으로 흡인되어 봉수가 파괴되는 현상
감압에 의한 흡인작용 (유인 사이펀 작용)	통기관 설치	배수 수직주관 가까이 있는 트랩의 경우 다량의 물을 주관으로 배수될 때 진공상태가 되어 봉수가 흡입된다.
역압에 의한 분출작용	통기관 설치	배수 수직주관 가까이에 있는 트랩의 경우 바닥 횡주관에 물이 정체되어 있고 수직관에 다량의 물이 배수될 때 중간에 압력이 발생하여 봉수가 실내 쪽으로 분출하게 된다.
모세관 현상	거름망 설치	트랩 출구에 머리카락, 천조각 등이 걸렸을 경우 모세관 현상에 의해 봉수가 파괴된다.
증발	기름방울로 유막형성	사용빈도가 적거나 건물을 장기간 비울 시 봉수가 자연히 증발하는 현상이다.
자기운동량에 의한 관성작용	유속감소	스스로의 운동량에 의해 트랩의 봉수가 빠져나가는 현상이다.

(3) 통기관

① **통기관** … 트랩의 봉수를 보호하고 배수의 흐름을 원활하게 하며 신선한 공기를 유통시켜 관내 청결을 유지하기 위해 설치하는 설비이다.

② **통기관의 종류**

종류	특기사항	관경
각 개통기관	• 가장 이상적인 방법 • 각 개통기관과 동수구배선 • 설비비가 비쌈	접속하는 배수관경의 1/2이상 또는 32mm이상
루프통기관 (회로통기관)	• 1개의 통기관이 2개 이상 기구보호 • 회로통기 1개당 설치기구 8개 이내 • 통기수직관 또는 신정통기관에 연결 • 통기수직관에서 7.5m이내 • 길이는 7.5m이내	접속하는 배수관경의 1/2이상 또는 40mm이상
도피통기관	• 배수수직관과 배수수평관과의 연결 • 최하류 기구 바로 앞에 설치 • 회로통기관의 기구수가 많을 경우 통기를 도움	접속하는 배수관경의 1/2이상 또는 40mm이상
결합통기관	• 배수수직관과 통기수직관을 연결 • 5개층마다 설치	50mm이상
신정통기관	• 배수수직관의 상부에 설치 • 옥상에 개구 • 가장 단순하고 경제적	
습윤통기관	• 최상류 기구에 설치 • 배수관 + 통기관 역할	

◎ 통기관의 명칭과 배수관의 관계 ◎

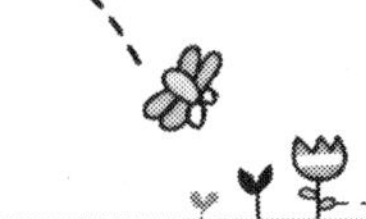

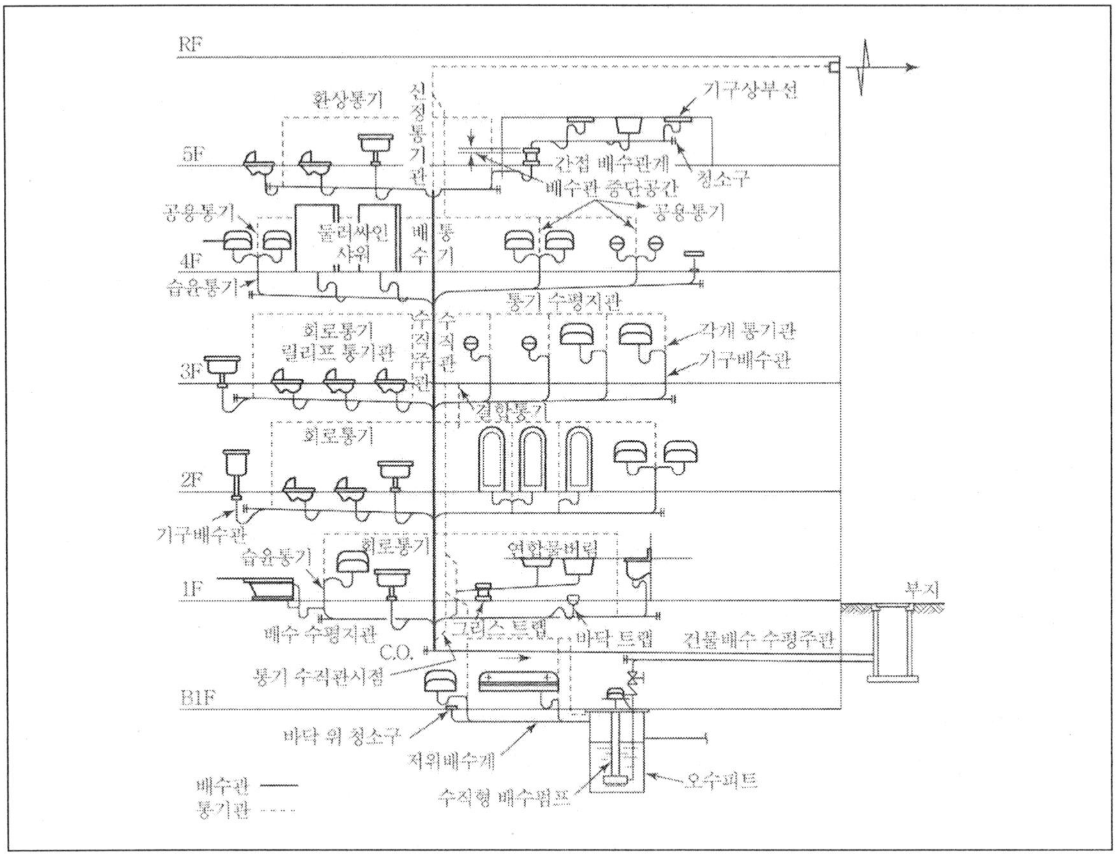

④ 오물정화설비

① **오물정화조의 정화순서** … 오물의 유입 → 부패조 → 산화조 → 소독조 → 방류

② **부패조**

㉠ 2개 이상의 부패조와 예비 여과조로 구성한다.

㉡ 제1, 제2 부패조와 예비 여과조의 용적비는 4 : 2 : 1 또는 4 : 2 : 2로 한다. 공기(산소)를 차단하여 혐기성균(10℃ ~ 15℃에서 활동이 가장 활발)으로 하여금 오물을 소화시킨다.

㉢ 오수 저유깊이는 1.2m 이상 3m 이내로 한다.

㉣ 부패조의 유효용량은 유입 오수량의 2일분 (48시간) 이상을 기준으로 한다.

③ 산화조

　　㉠ 산소의 공급으로 호기성균에 의해 산화(분해) 처리시킨다.

　　㉡ 살수통의 밑면과 쇄석층의 윗면과의 거리는 10㎝, 쇄석층의 두께는 90㎝ 이상 2m 이내 쇄석
　　　층 밑면과 정화조의 바닥과의 간격은 10㎝ 이상으로 한다. 배기관의 높이는 지상 3m 이상으
　　　로 한다.

　　㉢ 산화조는 살포여과상식으로 하고 배기관 및 송기구를 설치하여 통기설비를 한다.

　　㉣ 산화조의 밑면은 소독조를 향해 1/100 정도의 내림구배로 한다.

④ 소독조

　　㉠ 산화조에서 나오는 오수를 멸균시킨다.

　　㉡ 소독액 차아염소산나트륨, 표백분

　　㉢ 약액조의 용량 : 25L이상 (10일분 이상)

⑤ 소화설비

(1) 소화방법의 종류

① **제거소화법** … 가연물을 연소구역으로부터 제거하는 방법 (⑳ 산림 화재 시 불이 진행하는 방향
을 앞질러 벌목하여 진화하는 방법)

② **질식소화법** … 산소를 공급하는 산소 공급원을 연소계로부터 차단시켜 연소에 필요한 산소의 양
을 16% 이하로 하여 연소를 억제시켜 진화하는 방법 (⑳ 무거운 불연성 기체(CO_2)로 가연물을
덮는 방법)

③ **냉각소화법** … 점화원을 냉각시킴으로써 가연물을 발화점(착화점) 이하로 낮추어 연소진행을 막
는 소화방법 (⑳ 물을 뿌려서 진화하는 방법)

④ **희석소화** … 가연성 가스의 산소농도, 가연물의 조성을 연소 한계점 이하로 소화하는 방법 (⑳
공기 중의 산소 농도를 CO_2가스로 희석하는 방법)

⑤ **부촉매소화법** … 가연물의 순조로운 연쇄반응이 진행되지 않도록 연소반응의 억제제인 부촉매약
제를 사용하는 방법 (⑳ 하론소화기를 사용하는 방법)

⑥ **유화소화법** … 소화약제를 방사하여 유류 표면에 유화층의 막을 형성시켜 공기의 접촉을 막아 소
화하는 방법

(2) 소방시설의 분류

구분		소방용 설비의 종류
소방에 필요한 설비	소화설비	• 물, 그 밖의 소화약제를 사용하여 소화를 행하는 기구나 설비 • 소화기 및 간이 소화용구, 자동식 소화기 • 옥내소화전 설비 • 스프링클러 설비 및 간이스프링클러설비 • 물분무소화설비 · 포소화설비 · 이산화탄소 소화설비 · 할로겐화합물 소화설비 · • 분말소화설비(물분무 등 소화설비) • 옥외소화전설비
	경보설비	• 화재발생 사실을 통보하는 기계, 기구 • 비상경보설비 • 비상발송설비 • 누전경보기 • 자동화재탐지설비(감지기, 수신기, 발신기 등) • 자동화재속보설비
	피난설비	• 화재가 발생할 경우 피난하기 위하여 사용하는 장치 • 피난기구(미끄럼대, 공기안전매트, 완강기, 피난교, 피난밧줄 등) • 인명구조기구(방열복, 공기호흡기 등) • 피난구유도등, 통로유도등, 유도표지, 비상조명등
소화용수설비		• 화재를 진압하거나 인명 구조 활동을 위하여 사용하는 설비 • 소화수조 · 저수지 기타 소화용수 설비 • 상수도 소화용수 설비
소화활동설비		• 화재를 진압하거나 인명구조활동을 위하여 사용하는 설비 • 제연설비 • 연결송수관설비 • 연결살수설비 • 비상콘센트설비 • 무선통신보조설비 • 연소방지설비

(3) 소화설비 종류와 방화대상

방화대상	물분무 소화설비	포소화설비	이산화탄소 소화설비	할로겐화합물 소화설비	분말 소화설비
비행기격납고		○			○
자동차수리, 정비공장		○	○	○	○
위험물저장 · 취급소, 주차장, 기계식 주차장 (20대 이상)	○	○	○	○	○
발전기실, 전기실, 통신기계실, 전산실			○	○	○

(4) 소화설비 설치기준

구분	연결송수관	옥외소화전	옥내소화전	스프링클러	드렌처
표준방수량(L/min)	800	350	130	80	80
방수압력(MPa)	0.35	0.25	0.17	0.1	0.1
수원의 수량(㎥) N : 동시개구수 ( ) : 최대기구수	−	7N (2)	2.6N (5)	1.6N	1.6N
설치거리(m)	50	40	25	1.7 ~ 3.2	2.5

(5) 스프링클러의 종류

① **폐쇄형** … 폐쇄형 스프링클러헤드의 사용

  ㉠ 습식배관방식 : 가압된 물이 스프링클러 배관의 헤드까지 차 있어 화재 시에는 헤드의 개구와 동시에 자동적으로 살수되며 알람밸브가 이를 감지하여 경보를 울리고 스프링클러 펌프를 가동하여 헤드에 급수하게 된다.

  ㉡ 건식배관방식 : 스프링클러 배관에 물 대신 압축공기가 차 있어 화재의 열로 헤드가 열리면 배관내의 공기압이 저하되며 건식밸브가 이를 감지하여 경보를 울리고 스프링클러 펌프를 가동하여 헤드에 급수하게 된다. 이 방법은 화재 시 소화활동시간이 다소 지연되기는 하지만 물이 동결할 우려가 있는 한랭지에서 사용되고 있다.

  ㉢ 준비작동식 : 스프링클러 배관에 대기압상태의 공기가 차 있으며 화재감지기가 화재를 감지하게 되면 준비작동밸브를 개방함과 동시에 경보를 울리고 스프링클러 펌프를 가동하여 헤드에 급수하게 된다. 이 방식은 물이 동결할 우려가 있는 한랭지에서 많이 사용되고 있으며 주차장 등에 사용되는 스프링클러 설비는 대부분 이 방식이다.

② **개방형** … 개방형 스프링클러 헤드의 사용

  ㉠ 스프링클러 헤드에 가용합금편이 없는 개방형 헤드를 사용하므로 화재감지기를 설치해야 하

며 이 화재감지기가 화재를 감지하면 일체 개방밸브를 개방함과 동시에 경보를 울리고 스프링클러 펌프를 가동하여 헤드에 일체살수식으로 급수하게 된다. 이 방식은 무대부처럼 천정이 높아 화재 시에 결기류가 옆으로 흘러 폐쇄형 스프링클러 헤드로는 효과를 기대할 수 없는 경우에 사용된다. 천장이 높은 무대부를 비롯하여 공장, 창고, 준위험물 저장소 등 급격한 화재확산의 우려가 있는 곳에 채택하면 효과적이다.

⑥ 가스설비

(1) LNG와 LPG

① LNG(액화천연가스)

　㉠ 메탄을 주성분으로 하는 천연가스를 냉각하여 액화시킨 것이다.

　㉡ 1기압 하, −162℃에서 액화하며 이 때 체적이 1/580 ~ 1/600으로 감소한다.

　㉢ 공기보다 가볍기 때문에 누설이 된다고 해도 공기 중에 흡수되어 안정성이 높다.

　㉣ 작은 용기에 담아서 사용할 수가 없고 반드시 대규모 저장시설을 갖추어 배관을 통해서 공급해야 한다.

② LPG(액화석유가스)

　㉠ 석유정제과정에서 채취된 가스를 압축냉각해서 액화시킨 것이다.

　㉡ 액화하면 체적이 1/250이 된다.

　㉢ 주성분은 프로판, 프로필렌, 부탄, 부틸렌, 에탄, 에틸렌 등이다.

　㉣ 무색무취이지만 프로판에 부탄을 배합해서 냄새를 만든다.

　㉤ 발열량이 크지만 비중이 공기보다 크므로 인화폭발의 염려가 있어 배관설계와 기기 사용 시 특별한 주의가 요구된다. 연소 시 소요공기량이 많으며 LNG보다 공해가 심하다.

(2) 가스배관

① 배관재료로는 2인치 이하는 가스관(강관)을 사용하고 3인치 이상은 주철관을 사용한다.

② 수평배관은 100분의 정도의 구배를 주고 낮은 곳에는 수취기를 설치한다.

> ★TIP 가스배관의 매설깊이
> 　㉠ 차량이 통행하는 폭 8m 이상의 도로 : 120㎝이상
> 　㉡ 폭 8m 이하의 도로 또는 공동주택 외의 부지 : 100㎝이상
> 　㉢ 공동주택 등의 부지 내 : 60㎝이상
> 　㉣ 유량표기는 도시가스의 경우 m³/h, 액화석유가스일 때는 kg/h가 유리하다.
> 　㉤ 가스미터기는 전기미터기에서 60㎝ 이상 떨어지도록 한다.
> 　㉥ 가스용기는 옥외에 두고 2m이내에 화기의 접근을 금하며 40℃ 이하로 보관한다.

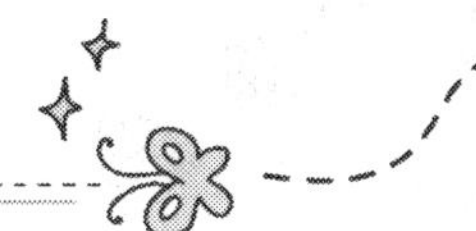

⑦ 배관용재료

(1) 배관의 재료별 분류

① 주철관

　㉠ 다른 관에 비해 내식성, 내구성, 내압성이 우수하다.

　㉡ 오배수관에 주로 사용한다.

　㉢ 접합방법 : 소켓접합, 플랜지접합, 메카니컬조인트, 빅토릭 조인트

② 강관

　㉠ 주철관에 비해 가볍고 인장강도가 크다.

　㉡ 충격에 강하고 굴곡성이 좋다.

　㉢ 관의 접합시공이 비교적 용이하다.

　㉣ 1MPa 이하의 증기, 물, 기름, 가스, 공기 등을 사용하는 배관에 쓰인다.

　㉤ 접합방법 : 나사접합, 플랜지접합, 용접접합

③ 연관(납관)

　㉠ 굴곡성이 크고 유연하여 시공하기가 용이하다.

　㉡ 산에는 강하나 알칼리에 약하다.

　㉢ 가격이 비싸고 쉽게 변형된다.

④ 동관 및 황동관

　㉠ 수명이 길고 가벼우며 마찰손실이 작다.

　㉡ 염류, 산, 알칼리 등에 대하여 상당한 내식성을 갖고 있다.

　㉢ 용도: 급수관, 급탕관, 난방관, 냉온수관

　㉣ 접합방법 : 납땜접합, 압축접합, 용접접합

⑤ 경질염화 비닐관

　㉠ 가격이 싸고 가벼우며 마찰손실이 작다.

　㉡ 내식성도 풍부하나 충격과 열에 약하다.

　㉢ 용도 : 급수관, 배수관, 통기관

　㉣ 접합방법 : 냉간공법, 열간공법

⑥ 스테인레스 강관

　㉠ 내식성이 우수하여 위생적이다.

　㉡ 강관에 비해 기계적 성질이 우수하고 두께가 얇아 운반 · 시공이 쉽다.

    ⓒ 용도 : 급수관, 급탕관, 냉온수관

    ⓔ 접합방법 : 나사접합, 용접접합, 프레스접합

⑦ **콘크리트관, 도관**

    ㉠ 주로 배수관으로 쓰임

    ㉡ 콘크리트관은 접합방법에 칼라, 키볼트, 심플렉스, 모르타르 조인트가 있다.

(2) 용도별 배관재질

구분	스테인레스관	동관	강관		주철관	PVC관
			백관	흑관		
급수관	O	O	△			O
급탕관	O	O	△			
오배수관					O	O
통기관			O			O
가스관			O			
소화관		△	O			
냉온수관	O	O	O			
냉각수관			O			
증기관			O	O		

종류	배관 식별색	종류	배관 식별색
물	청색	산	회자색
증기	진한 적색	알칼리	회자색
공기	백색	기름	진한 황적색
가스	황색	전기	엷은 황적색

(3) 밸브의 종류

① **슬루스밸브** … 게이트 밸브라고도 하며 마찰저항(국부저항 상당관길이)이 가장 작다. 급수 및 급탕용으로 가장 많이 사용되는 밸브이다.

② **글로브밸브** … 스톱밸브, 구형밸브라고도 하며 마찰저항(국부저항 상당관길이)이 가장 크다.

③ **앵글밸브** … 글로브 밸브의 일종으로 유체의 입구와 출구가 이루는 각이 90°가 되는 밸브이다.

④ **콕** … 원추형의 꼭지를 90° 회전하여 유로를 급속히 개폐하는 장치

⑤ **역지밸브** ··· 유체를 한 방향으로만 흐르게 하는 역류방지용 밸브로 수평관에만 사용할 수 있는 리프트형과 수평, 수직관 어디에서도 사용가능한 스윙형이 있다. 유량을 조절하는 기능은 없다.

⑥ **스트레이너** ··· 밸브류 앞에 설치하여 배관내의 흙, 모래, 쇠부스러기 등을 제거하기 위한 장치이다.

⑦ **버터플라이밸브** ··· 주로 저압공기와 수도용이며 밸브몸통이 유체 내에서 단순회전하므로 다른 밸브보다 구조가 간단하고 압력손실이 적으며 조작이 간편하다.

⑧ **공기빼기밸브** ··· 배관 내의 유체 속에 섞여 있던 공기가 유체에서 분리되어 굴곡배관이 높은 곳에 체류하면서 유체의 유량을 감소시키는데 이를 방지하기 위해 굴곡배관 상부에 공기빼기 밸브를 설치하여 분리된 공기와 기체를 자동적으로 빼내는데 사용된다.

⑨ **볼밸브** ··· 통로가 연결된 파이프와 같은 모양과 단면으로 되어 있는 중간에 위치한 둥근 볼의 회전에 의하여 유체를 조절하는 밸브이다.

⑩ **감압밸브** ··· 고압배관과 저압배관 사이에 설치하여 압력을 낮추어 일정하게 유지할 때 사용하는 것으로 다이어프램식, 벨로우즈식, 파이롯트식 등이 있다.

⑪ **안전밸브** ··· 증기, 압력수 등의 배관계에 있어 그 압력이 일정한도 이상으로 상승했을 때 과잉압력을 자동적으로 외부에 방출하여 안전을 유지하는 밸브로서 증기보일러, 압축공기탱크, 압력탱크 등에 설치한다.

⑫ **전동밸브** ··· 모터의 작동에 의해 자동으로 밸브를 조절개폐시킴으로써 각종 증기, 물, 오일 등의 온도, 압력, 유량 등을 자동제어하는데 사용된다.

⑬ **플러시밸브** ··· 대소변기의 세정에 주로 사용되며 한 번 누르면 밸브가 작동되어 0.07MPa이상의 수압으로 일정량의 물이 한꺼번에 나오며 서서히 자동으로 잠기는 밸브이다.

⑭ **전자밸브** ··· 온도조절기 또는 압력조절기 등에 의해 신호전류를 받아 전자식의 흡인력을 이용하여 자동적으로 밸브를 개폐시키는 것으로 증기, 물, 기름, 공기, 가스 등 광범위하게 사용되고 있다.

⑮ **플로트밸브** ··· 보일러의 급수탱크와 용기의 액면을 일정한 수위로 유지하기 위해 플로트를 수면에 띄워, 수위가 내려가면 플로트에 연결되어 있는 레버를 작동시켜서 밸브를 열어 급수를 한다. 또 일정한 수위로 되면 플로트도 부상하여 레버를 밀어내려 밸브가 닫히는 구조이며 일종의 자력식 조절밸브이다.

⑯ **방열기밸브** ··· 증기용, 온수용 두 가지가 있으며 증기난방용 디스크밸브를 이용한 스톱밸브형이다. 이 밸브로는 방열량 조절(온수의 경우)도 가능하다. 유체흐름방향에 따라 앵글형, 직선형, 코너형으로 분류된다.

⑧ 난방설비

(1) 난방방식의 종류

① **증기난방** … 보일러에서 생산된 증기를 방열기로 보내 증기의 응축잠열을 이용하는 난방방식이다.
  ㉠ 방열면적이 온수난방보다 작아도 된다.
  ㉡ 온수의 경우보다 가열(예열)시간 및 증기순환이 빠르다.
  ㉢ 열 운반능력이 크다.
  ㉣ 주관의 관경이 작아도 된다.
  ㉤ 설비비가 싸다.
  ㉥ 방열기의 방열량 제어가 힘들다.
  ㉦ 방열기의 표면온도가 높아 쾌적성은 온수난방보다 못하다.
  ㉧ 난방개시할 때 스팀햄머에 의한 소음을 발생 시킬 경우가 있다.
  ㉨ 응축수배관이 부식되기 쉽다.
  ㉩ 증기트랩의 고장 및 응축수 처리에 배관 상 기술을 요한다.
  ㉪ 분류 : 배관환수방식 – 단관식, 복관식 / 응축수 환수방식 – 중력환수식, 기계환수식, 진공환
    수식 / 환수주관의 위치 – 습식환수, 건식환수

② **온수난방** … 현열을 이용한 난방으로, 보일러에서 가열된 온수를 복관식 또는 단관식의 배관을
  통하여 방열기에 공급하여 난방하는 방식이다.
  ㉠ 난방부하의 변동에 따른 온도조절이 용이하다.
  ㉡ 현열을 이용한 난방이므로 쾌감도가 높다.
  ㉢ 방열기 표면온도가 낮으므로 표면에 부착한 먼지가 타서 냄새가 나는 일이 적다.
  ㉣ 보일러 취급이 용이하고 안전하다.
  ㉤ 예열시간은 길지만 잘 식지 않으므로 환수관의 동결 우려가 적다.
  ㉥ 증기난방에 비해서 방열면적과 배관의 관경이 커야 하므로 설비비가 약간 비싸다.
  ㉦ 공기의 정체에 따른 순환 저해 원인이 생기는 수가 있다.
  ㉧ 예열시간이 길어서 간헐운전에 부적합하다.
  ㉨ 열용량은 크나 열운반능력이 작다.
  ㉩ 방열량의 조절이 용이하다.
  ㉪ 소음이 적고 쾌감도가 높은 편이다.
  ㉫ 분류 : 온수의 온도 – 저온수난방, 고온수난방 / 순환방법 – 중력환수식, 강제순환식 / 배관방
    식 – 단관식, 복관식 / 온수의 공급방향 – 상향공급식, 하향공급식, 절충식

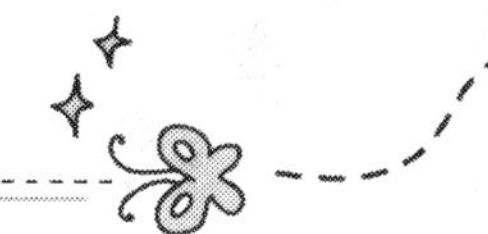

구분	증기	온수
표준방열량	650kcal/㎡h	450kcal/㎡h
방열기면적	작다	크다
이용열	잠열	현열
열용량	작다	크다
열운반능력	크다	작다
소음	크다	작다
예열시간	짧다	길다
관경	작다	크다
설치유지비	싸다	비싸다
쾌감도	나쁘다	좋다
온도조절 (방열량조절)	어렵다	쉽다
열매온도	102℃ 증기	85 ~ 90℃ 100 ~ 150℃
고유설비	방열기트랩 (증기트랩, 열동트랩)	팽창탱크 (개방식 : 보통온수, 밀폐식 : 고온수)
공동설비	공기빼기 밸브, 방열기 밸브	

③ **복사난방** … 방을 구성하는 바닥, 천장 또는 벽체에 열원을 매설하고 온수를 공급하여 그 복사열로 방을 난방하는 방법이다.

  ㉠ 실내의 수직온도분포가 균등하고 쾌감도가 높다.

  ㉡ 방을 개방상태로 해도 난방효과가 높다.

  ㉢ 바닥의 이용도가 높다.

  ㉣ 대류가 적으므로 바닥면의 먼지가 상승하지 않는다.

  ㉤ 외기의 급변에 따른 방열량 조절이 곤란하다.

  ㉥ 시공이 어렵고 수리비, 설비비가 비싸다.

  ㉦ 매입배관이므로 고장요소를 발견할 수 없다.

  ㉧ 열손실을 막기 위한 단열층을 필요로 한다.

  ㉨ 바닥하중과 두께가 증가한다.

④ **온풍난방** … 온풍로로 가열한 공기를 직접 실내로 공급하는 난방방식이다. 증기·온수난방 방식에 비해 시스템 전체의 열용량이 적다.

  ㉠ 장치가 간단하며 설비비도 적게 든다.

  ㉡ 예열시간이 짧아 실온상승이 빠르다.

  ㉢ 온도 조절, 풍량 조절, 습도 조절, 환기도 가능하다.

  ㉣ 소음과 온풍로의 내구성이 문제가 된다.

ⓜ 취출 온도차가 35 ~ 50℃나 되어 정밀한 온도제어가 곤란하다.

ⓑ 쾌감도가 좋지 않다.

(2) 지역난방

① **지역난방의 정의** … 도시 혹은 일정 지역 내에 대규모 고효율의 열원플랜트를 설치하여 여기에서 생산된 열매(증기 또는 온수)를 지역 내의 각 주택 상가 사무실, 병원 등 수용가에 공급함으로써 효율적인 에너지 사용을 도모하는 난방방식을 말한다.

② 폐열을 이용한 에너지 이용률 증대 – 화력발전소 효율 35%를 열병합발전을 이용해 70 ~ 80%로 증대된다.

③ 대용량 기기의 사용에 따른 기기효율이 상승된다.

④ 연소폐기물의 집중화에 의한 대기오염 감소된다.

⑤ 연료저장 및 수송의 일원화로 도시재해 방지 및 비용이 절감된다.

⑥ 도시 미관 보호 및 공해방지를 통한 자연보호효과를 기대할 수 있다.

⑦ 인건비 및 연료비 절약 열원설비를 집중관리함으로 관리인원 감소 연료의 대량구매를 통한 비용이 절감된다.

⑧ 각 건물의 설비면적을 줄이고 유효면적을 넓힐 수 있다.

⑨ 초기시설 투자비가 많아진다.

⑩ 열원기기의 용량제어가 어렵다.

⑪ 배관에서의 열손실이 많다.

⑫ 고도의 숙련된 기술자가 필요하다.

(3) 보일러의 종류

① **주철제 보일러**

㉠ 조립식이므로 용량을 쉽게 증가시킬 수 있다.

㉡ 반입이 자유롭고 수명이 길다.

㉢ 파열 사고 시 피해가 적다.

㉣ 내식 – 내열성이 우수하다.

㉤ 사용압력은 증가용은 0.1MPa이하로 제한된다.

㉥ 사용압력은 온수용은 수두 50m이하로 제한된다.

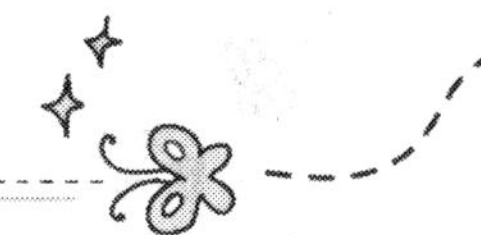

ⓐ 인장과 충격에 약하고 균열이 쉽게 발생한다.

ⓞ 고압 - 대용량에 부적합하다.

② **노통 연관 보일러**

㉠ 부하의 변동에 대해 안정성이 있다.

㉡ 수면이 넓어 급수조절이 쉽다.

㉢ 수처리가 비교적 간단하다.

㉣ 현장공사가 거의 필요치 않다.

㉤ 기동시간이 길다.

㉥ 주철제에 비해 가격이 비싸다.

ⓐ 사용압력은 0.4 ~ 1MPa정도이다.

③ **수관 보일러**

㉠ 기동시간이 짧고 효율이 좋다.

㉡ 고가이며 수처리가 복잡하다.

㉢ 다량의 증기를 필요로 한다.

㉣ 고압의 증기를 필요로 하는 병원, 호텔 등에 적합하다.

㉤ 지역난방의 대형 원심냉동기의 구동을 위한 증기터빈용으로 사용된다.

④ **관류 보일러**

㉠ 증기 발생기라고 한다.

㉡ 하나의 관내를 흐르는 동안에 예열, 가열, 증발, 과열이 행해진다.

㉢ 보유수량이 적기 때문에 시동시간이 짧다.

㉣ 부하변동에 대한 추종성이 좋다.

㉤ 수처리가 복잡하고 소음이 높다.

⑤ **입형 보일러**

㉠ 설치면적이 작고 취급이 간단하다.

㉡ 소용량의 사무소, 점포, 주택 등에 쓰인다.

㉢ 효율은 다른 보일러에 비해 떨어진다.

㉣ 구조가 간단하고 가격이 싸다.

⑥ **전기 보일러**

㉠ 심야전력을 이용하여 가정 급탕용에 사용한다.

㉡ 태양열이용 난방시스템의 보조열원에 이용된다.

⑨ 공기조화설비

(1) 공기조화방식의 분류

열매의 종류에 따른 분류	종류	특징
전공기방식	단일덕트방식 이중덕트방식 멀티존유닛방식	• 실내의 공기오염이 적다. • 외기냉방이 가능하다. • 실내의 유효면적이 증가한다. • 실내에 배관으로 인한 누수의 우려가 없다. • 큰 덕트스페이스가 필요하다. • 팬의 동력이 크다. • 공조실이 넓어야 한다.
공기 – 수방식	각층유닛방식 유인유닛방식 팬코일유닛 – 덕트겸용방식 복사패널 덕트병용식	• 덕트스페이스가 작다. • 조닝이 용이하다. • 수동으로 각 실의 온도제어를 쉽게 할 수 있다. • 열운반동력이 전공기식에 비해 작다. • 실내공기가 쉽게 오염된다. • 실내배관의 누수가 우려된다. • 유닛의 방음, 방진에 유의해야 한다. • 유닛이 실내에 설치되므로 건축계획 상 지장을 줄 수 있다.
전수방식	팬코일유닛방식 복사냉난방방식	• 열운반동력이 작다. • 개별제어가 용이하다. • 덕트스페이스가 필요 없다. • 실내공기가 오염될 수 있다. • 신선한 외기인입이 불가능하다. • 실내배관의 누수가 우려된다. • 유닛의 방음, 방진에 유의해야 한다. • 유닛이 실내에 설치되므로 건축계획 상 지장을 줄 수 있다.
냉매방식	패키지 타입 에어컨 타입	• 온도조절기를 내장하고 있어 개별제어가 용이하다. • 부분별 운전이 가능하다.

(2) 각종 공조방식의 특징

① **정풍량방식** ⋯ 공조기에서 1개의 주덕트를 통하여 냉·온풍을 각 실로 보낼 때 송풍량은 항상 일정하며, 실내부하에 따라서 송풍온도만을 변화시켜 실내의 온습도를 조절하는 가장 기본적인 공조방식이다.

  ㉠ 실내에 송풍량이 가장 많이 취해져 외기의 취입이나 환기에 유리하다.

  ㉡ 외기냉방이 가능하고 설치비가 싸며 유지관리가 용이하다.

  ㉢ 큰 덕트가 필요해 천장 속에 충분한 덕트공간이 요구된다.

  ㉣ 각 실에서의 온습도 조절이 곤란하다.

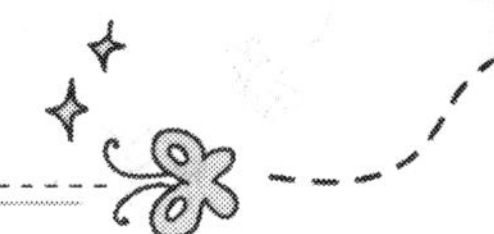

② **가변풍량방식** … 각 실별로 또는 존별로 덕트 말단에 가변풍량유닛을 설치하여 송풍온도는 일정하게 유지하고 실내부하의 변동에 따라 송풍량만 변화시키는 방식이다.

ㄱ 부하변동을 정확히 파악하여 실온을 유지하므로 에너지의 손실이 적다.

ㄴ 각 실별 또는 존별로 온습도의 개별제어가 용이하다.

ㄷ 전부하시 풍량이 감소되어 송풍기를 제어함으로써 동력을 절약할 수 있다.

ㄹ 동시부하율을 고려하여 공조기 및 관련 설비 용량을 작게 할 수 있다.

ㅁ 사용하지 않는 실의 송풍을 정지할 수 있다.

ㅂ 변풍량유닛의 설치로 인해 설비비가 증가한다.

ㅅ 부하가 작아지면 송풍량이 작아져 환기량의 확보가 어렵고 실내공기가 오염되기 쉽다.

③ **이중덕트방식** … 냉풍과 온풍을 각각의 덕트로 보낸 후 말단의 혼합상자에서 냉·온풍을 열부하에 알맞은 비율로 혼합해 각 실에 송풍하는 방식이다.

ㄱ 냉·난방을 동시에 할 수 있으며 계절마다 냉·난방의 전환이 필요하지 않다.

ㄴ 각 실별로 또는 존별로 온습도의 개별제어가 가능하다.

ㄷ 복잡한 조닝에 적합하여 칸막이나 공사비의 증감에 따라 융통성 있는 계획이 가능하다.

ㄹ 운전비가 많이 들며 혼합유닛으로 인해 설비비가 증가한다.

ㅁ 덕트가 이중이므로 차지하는 면적이 넓다.

ㅂ 공기혼합에 의한 혼합손실(에너지손실)이 크다.

ㅅ 여름철에도 보일러의 운전이 필요하다.

④ **멀티존유닛방식** … 공조기 1대로 냉·온풍을 동시에 만들어 공조기 출구에서 각 존마다 필요한 냉·온풍을 혼합한 후 각각의 덕트로 송기하는 방식이다.

ㄱ 각 존별로 온습도의 개별제어가 가능하다.

ㄴ 배관이나 조절장치를 한 곳에 집중시킬 수 있다.

ㄷ 에너지의 손실이 크다.

ㄹ 덕트스페이스가 커진다.

⑤ **각층유닛방식** … 외기처리용 중앙공조기(1차공조기)가 있어 1차로 처리가 된 외기를 각 층에 설치한 각층 유닛(2차공조기)에 보내면 이곳에서 필요에 따라 가열 및 냉각을 하여 실내에 송풍하는 방식으로 외기처리 공조기와 각층유닛이 함께 설치된 방식이다.

ㄱ 중앙공조기나 덕트가 작아도 된다.

ㄴ 외기냉방이 가능하며 각 층마다 부분운전과 온습도 조절이 가능하다.

ㄷ 덕트가 슬래브를 통과하지 않는다.

ㄹ 공조기가 각 층에 분산되므로 유지관리가 어렵고 효율이 낮다.

ㅁ 공조기수가 많아지며 시설비가 비싸고 유지관리비가 높다.

ⓑ 각 층마다 공조기 설치공간이 요구되며 공조기에 의해 소음과 진동이 발생한다.

⑥ **유인유닛방식** … 중앙공조실에서 외기의 1차 공기를 실내에 설치된 유닛에 공급하여 실내의 2차 공기를 유인하여 혼합하는 방식으로 중간 규모 이상의 사무실, 호텔, 아파트, 병원 등에 적합하다.

ⓐ 중앙공조기가 소형으로 되어 기계설치 스페이스가 작고 덕트스페이스도 작게 된다.

ⓑ 각 실별로 제어가 가능하며 실내유닛에는 송풍기나 전동기 등의 구동기계가 없어 전기배선이 필요치 않다.

ⓒ 부하변동에 대응하기가 용이하며 유닛에 동력장치가 불필요하다.

ⓓ 유닛의 실내설치로 인한 건축계획상 지장이 있으며 노즐이 쉽게 막힌다.

ⓔ 유닛의 가격이 비싸며 소음이 발생하고 유닛의 수량이 많아 유지관리가 어렵다.

⑦ **팬코일유닛방식** … 냉각과 가열코일, 그리고 송풍용 팬이 내장된 유닛에 중앙기계실에서 보낸 냉·온수를 이용하여 실내의 공기를 조화하는 방식이다.

ⓐ 장래의 부하증가에 대해 팬코일유닛의 증설만으로 용이하게 대응할 수 있다.

ⓑ 각 유닛의 개별제어가 가능하며 덕트가 불필요하고 동력비가 적게 든다.

ⓒ 유닛이 실내에 설치되고 개구부 바로 아래에 위치하므로 건축계획상 지장을 줄 수 있다.

ⓓ 다수의 유닛이 분산 설치되어 유지관리가 어렵다.

ⓔ 소량의 송풍이 가능하므로 송풍능력이 약하며 고성능필터를 사용하기 어렵다.

ⓕ 실내용 소형공조기이므로 고도의 공기처리가 불가능하다.

ⓖ 설비비와 보수관리비가 고가이며 외기공급을 위한 별도의 설비가 요구된다.

⑧ **복사패널 덕트병용방식** … 바닥, 천장, 벽면을 복사면으로 하여 실내 현열부하의 60%정도를 처리하도록 하며 나머지 부하는 중앙의 공조기로부터 덕트를 통해 공급되는 공기로 처리하는 방식이다.

ⓐ 현열부하가 큰 경우 효과적이며 쾌감도가 높고 외기부족현상이 적다.

ⓑ 냉방 시에 조명부하나 일사열 부하를 쉽게 처리할 수 있다.

ⓒ 바닥에 기기를 배치하지 않아도 되므로 이용공간이 넓어진다.

ⓓ 덕트스페이스와 열운반동력을 줄일 수 있다.

ⓔ 건물의 축열효과를 기대할 수 있다.

ⓕ 단열시공이 철저히 이루어져야 하며 시설비가 많이 든다.

ⓖ 실의 평면 등을 변경할 때 융통성을 확보하가 어렵다.

ⓗ 냉방 시에는 패널에 결로의 우려가 있으며 누수의 우려가 있고 풍량이 적다.

⑨ **패키지유닛방식** … 냉동기를 포함한 공기조화설비의 주요부분이 일체화된 방식으로 냉방만을 위

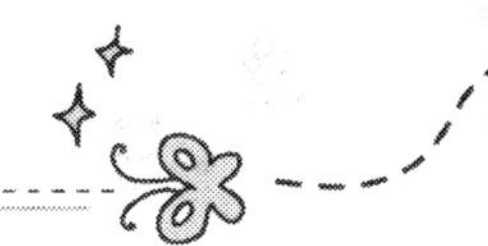

한 유닛과 냉난방이 모두 가능한 히트펌프형 유닛이 있다.

㉠ 공장생산방식으로 생산되어 시공과 취급이 간단하며 설비비가 저렴하고 온도조절이 용이하다.

㉡ 유닛의 추가가 용이하며 기계실면적과 덕트스페이스가 작다.

㉢ 덕트가 길어지면 송풍이 곤란하며 소음이 크고 대규모인 경우 유지관리가 어렵다.

(3) 공조방식별 용도

전공기방식	중소규모의 건물 내부존, 극장의 관객석, 병원의 수술실, 공장의 클린룸에 사용
공기수방식	사무소, 병원, 호텔 등의 외부존에 사용
수방식	관, 주택 등 주거인원이 적고 틈새 바람에 의한 외기 도입이 가능한 건물에 사용
냉매방식	고장 시 다른 것에 영향이 없고 융통성(flexibility)이 풍부한 개별 공조방식으로 많은 풍량과 높은 정압이 요구되는 공장이나 극장과 같은 대형건물에 사용
정풍량방식	중대형사무소건물의 내부존, 극장이나 공장 등 단일대공간, 백화점
가변풍량방식	발열량 변화가 심한 내부존, 일사량변화가 심한 외부존, OA사무소건물
이중덕트방식	고급 사무소건물, 냉난방부하 분포가 복잡한 건물
각층유닛방식	대규모 사무소건물, 백화점과 같이 층마다 열부하특성이 크게 다른 건물
유인유닛방식	방이 많은 건물의 외부존, 사무실, 호텔, 병원 등
팬코일유닛방식	호텔의 객실, 병원의 입원실 및 사무실 (극장과 같은 대공간에는 부적당하며 유닛이 실내에 설치되므로 방송국 스튜디오에는 부적합하다. 팬코일유닛만으로는 외기인입이 불가능하므로 대부분 단일덕트방식과 병용하여 사용되고 있으며 이를 덕트병용 팬코일유닛방식이라 한다.)
패키지유닛방식	소규모건물, 점포빌딩 등 구분소유관리건물, 전산실 등 특수부분

	수직층류방식	수평층류방식	난류방식	클린튜브방식	터널방식
청정도(Class)	1 ~ 100	100	1000 ~ 10000	1	1 ~ 100
작업 중 청정도	작업자로부터의 영향은 적은 편이다.	상류발진이 하류에 영향을 미친다.	작업자로부터 영향이 큰 편이다.	작업자로부터 영향이 큰 편이다.	작업자로부터 영향은 적은 편이다.
초기투자비용	높다	보통	낮다	낮다	보통
운전비용	높다	보통	낮다	낮다	보통
보수	쉽다	어렵다	쉽다	어렵다	어렵다
유지관리	쉽다	쉽다	쉽다	어렵다	쉽다
확장성	어렵다	어렵다	가능하다	어렵다	쉽다
정밀제어	실 전체 제어를 위해 실내의 불균형이 약간 있다.	상류발진이 하류에 영향을 끼친다.	상당한 불균형이 있다.	고청정도가 유지된다.	작업부마다 고정밀도의 제어가 가능하다.

⑩ 냉동 및 기타열원설비

(1) 압축식 냉동기와 흡수식 냉동기

① 압축식 냉동기

   ㉠ 압축기, 응축기, 팽창밸브, 증발기로 구성된다.

> - 압축기 : 냉매가스를 압축하여 고압이 되도록 한다.
> - 응축기 : 냉매가스를 냉각·액화하며 응축열을 냉각탑이나 실외기를 통하여 외부로 방출
> - 팽창밸브 : 냉매를 팽창하여 저압이 되도록 한다.
> - 증발기 : 주위로부터 흡열하여 냉매는 가스상태가 되며 주위는 열을 빼앗기므로 냉동 또는 냉각이 이루어진다.

   ㉡ 압축→응축→팽창→증발의 사이클을 가진다.

   ㉢ 액체냉매를 뚜껑이 열린 용기에 넣어 방열된 공간에 방치하면 액체냉매는 끓으면서 공간으로부터 열을 흡수하는 원리를 이용한다.

   ㉣ 흡수식에 비해 운전이 용이하고 낮은 온도의 냉수를 얻을 수 있다.

   ㉤ 흡수식에 비해 전력소비가 많은 단점이 있다.

② 흡수식 냉동기

   ㉠ 증발기, 흡수기, 재생기, 응축기로 구성된다.

   ㉡ 증발→흡수→재생→응축의 사이클을 가진다.

   ㉢ 낮은 압력에서는 물이 저온에서도 쉽게 증발하고, 이때 주위 열을 빼앗아 온도가 떨어지는 원리를 이용한 것이다.

   ㉣ 증발기에서 넘어온 수증기는 흡수기에서 수용액에 흡수되어 수용액은 점점 묽어지며 이 묽어진 수용액은 재생기로 넘어간다.

   ㉤ 압축식에 비해 전력소비가 적다. (도시가스를 주연료로 사용하므로)

   ㉥ 압축식에 비해 소음진동이 적다.

   ㉦ 냉각탑이 크며 낮은 온도의 냉수를 얻기가 곤란하다.

   ㉧ 여름에도 보일러를 가동해야 한다.

   ㉨ 냉매로는 물이 사용되고 흡수제로는 리튬브로마이드(LiBr)가 사용된다.

> - 증발기 : 6.5mmHg 정도로 낮은 압력인 증발기 내에서 물이 증발하며 냉수코일 내의 물로부터 열을 빼앗으므로 냉수가 얻어진다. 증발된 물, 즉 수증기는 흡수기로 넘어간다.
> - 흡수기 : 증발기에서 넘어온 수증기는 흡수기에서 수용액에 흡수되어 수용액은 점점 묽어진다. 묽어진 수용액은 발생기(재생기)로 넘어간다.
> - 발생기(재생기) : 흡수기에서 넘어온 묽은 수용액에 증기 등으로 열을 가하거나 연료를 연소시켜 직접 가열하연 물은 증발하여 수증기로 된 후 응축기로 넘어가고 나머지 진한 용액은 다시 흡수기로 내려간다.
> - 응축기 : 발생기에서 응축기로 넘어온 수증기는 냉각수에 의해 냉각되어 물로 응축된 후 다시 증발기로 넘어간다.

★**TIP** 흡수기에서는 LiBr수용액이 증발기에서 들어오는 수증기를 연속적으로 흡수하여 증발기가 고도의 진공을 유지할 수 있게 하여 준다.

(2) 빙축열 시스템

① **빙축열 시스템의 정의** … 빙축열 시스템은 전력요금이 싸고 전력부하가 작은 야간(23:00~09:00)의 심야전력을 이용하여 얼음을 생성 저장하였다가 주간에 이 얼음을 녹여서 건물의 냉방에 활용하는 시스템으로서 주로 얼음의 융해열(335kJ/kg)을 이용한다.

② 주야 간의 전력불균형을 해소할 수 있다.

③ 적은 비용으로 쾌적한 환경을 조성할 수 있다.

④ 심야전력 이용으로 전력운전비가 감소된다.

⑤ 냉동기 및 열원설비 용량을 줄일 수 있다.

⑥ 수전설비 용량의 축소 및 계약전력이 감소된다.

⑦ 축열로 열공급이 안정되며 냉동기를 고효율로 운전할 수 있다.

⑧ 초기투자비가 비싸다.

⑨ 축열조 설치를 위한 면적이 필요하다.

(3) 열병합발전 시스템

① **열병합발전 시스템의 정의** … 고온의 증기로 터빈을 돌려 전기를 생산함과 동시에 물을 가열하여 그 온수로 난방을 하는 방식이다. 전기생산과 열의 공급, 즉 난방을 동시에 진행하여 종합적인 에너지 이용률을 높이는 발전이다.

② 발전 시 폐열 이용에 따른 에너지를 절감할 수 있다.

③ 에너지 소비량 감소에 따른 환경오염 물질의 발생이 감소된다.

④ 연료의 다원화에 따른 에너지 수급계획의 합리화와 에너지 가격 저감효과가 있다.

⑤ 24시간 가동하므로 실내 온도에 변화가 없다.

⑥ 초기투자비가 비싸다.

⑦ 열병합발전소 주변지역의 민원이 발생할 수 있다.

⑪ 전기설비

(1) 수전용량의 추정

$$\text{최대수용전력}(VA) = \text{부하설비용량}(VA) \times \text{수용률}$$

$$\text{수용률} = \frac{\text{최대수용전력}(kW)}{\text{부하설비용량}(kW)} \times 100\%$$

$$\text{부등률} = \frac{\text{각 부하의 최대수용전력의 합계}(kW)}{\text{합계부하의 최대수용전력}(kW)} \times 100\%$$

$$\text{부하율} = \frac{\text{평균수용전력}(kW)}{\text{최대수용전력}(kW)} \times 100\%$$

(2) 배선

① 배선방식

    ㉠ **나뭇가지식** : 배전반에 나온 1개의 간선이 각 층의 분전반을 거치며 부하가 감소됨에 따라 점차로 간선 도체 굵기도 감소되므로 소규모 건물에 적당한 방식

    ㉡ **평행식** : 용량이 큰 부하, 또는 분산되어 있는 부하에 대하여 단독의 간선으로 배선되는 방식으로 배전반으로부터 각 층의 분전반까지 단독으로 배선되므로 전압 강하가 평균화되고 사고 발생 시 파급되는 범위가 좁지만 배선의 혼잡과 동시에 설비비가 많이 든다. 대규모 건물에 적합하다.

    ㉢ **나뭇가지 평행식** : 나뭇가지식과 평행식을 혼합한 배선방식

② 배선공사

    ㉠ **합성수지몰드공사** : 접속점이 없는 절연 전선을 사용하여 전선이 노출되지 않도록 하며, 전선을 합성수지몰드안에 넣어 설치한다. 건조한 노출 장소에 설치할 수 있다.

    ㉡ **금속몰드공사** : 금속제 몰드 홈에 전선을 넣고 뚜껑을 덮어 배선하는 방법으로 건조한 노출장소 및 철근 콘크리트 건물의 기설 금속관 배선에서 증설배선하는 경우 이용한다.

    ㉢ **금속관공사** : 철근콘크리트조의 매입공사에 가장 많이 사용되며 습기나 수분이 있는 장소에 사용하는 경우 방습장치를 해야 하고 금속관에는 제3종 접지공사를 해야 한다.

    ㉣ **플로어덕트공사** : 콘크리트 바닥 속에 설치하여 커튼월 설치 시나 선풍기, 전화기 등의 이용에 편리하도록 한 옥내 배선방법이다.

    ㉤ **버스덕트공사** : 빌딩, 공장 등 비교적 큰 전류의 저압배전반 부근 및 간선에 이용된다.

(3) 피뢰설비

① **피뢰설비의 구성** … 돌침부, 피뢰도선, 접지극으로 구성된다.

② 접지극은 각 인하 도선에 1개 이상 접속한다.

③ 낙뢰의 피해를 안전하게 보호할 수 있는 범위는 일반 건축물의 경우 $60°$, 위험물(화약류포함)을 저장한 건축물의 경우 $45°$ 이하여야 한다.

④ 돌침은 건축물의 맨 윗부분으로부터 최소 25㎝이상 돌출시켜야 한다.

⑤ 높이 20m 이상의 건축물 또는 낙뢰의 우려가 있는 건축물은 의무적으로 설치한다.

⑥ 측면 낙뢰방지설비는 높이 60m를 초과하는 건축물은 의무적으로 설치해야 한다.

⑦ 높이의 4/5지점부터 상단부까지 측면에 수뢰부를 설치해야 한다.

⑧ 위험물저장 및 처리시설의 경우 보호등급이 2급 이상이어야 한다.

⑨ 인하도선은 전기적 연속성이 보장되어야 하며 건축물 금속 구조체 상하단부 사이의 전기 저항값은 0.2옴 이하여야 한다.

보호등급	그림	사용해야 하는 곳
완전보호		• 피보호물을 연속된 망상도체나 금속판으로 싸는 방법이다. 어떠한 뇌격에 대해서도 완전히 보호되는 방식으로 피뢰의 실패가 있어서는 안 될 장소에 적용한다. • 관측소, 휴게소, 매점, 골프장의 독립휴게소에 사용한다.
증강보호		• 건축물 측면에 수평도체를 밀착시켜 설치하는 방법이다. • 뇌격을 받을 만한 곳에 수평도체를 배치하는 방식이다. • 중요건축물로서 케이지 방식의 채용이 어려운 건축물에 사용한다.
보통보호		• 금속재를 피보호물에서 돌출시켜 수뢰부로 하는 방법이다. • 피보호물 전체가 돌침의 보호각 속에 들어간다. • 철근 콘크리트 건축물로서 옥상에 난간이 있을 경우 사용한다.
간이보호		• 수평도체를 건축물과 이격시켜서 설치하는 방법이다. • 높이 20m 이하의 건물에 자주적인 피뢰설비를 시설할때 사용한다.

⑫ 승강운송설비

(1) 엘리베이터의 구성장치

① **권상기** … 회전력을 로프에 전달하는 기기

　㉠ 제동기 : 전기적 제동기, 기계적 제동기

　㉡ 감속기 : 기어식, 직류직결식

　㉢ 균형추 : 권상기부하를 줄이고자 카의 반대측 로프에 장치함

② **승강카** … 승객 또는 화물을 운반하는 용기

③ **안전장치**

　㉠ 전자브레이크 : 전동기의 토크손실이 생겼을 때 엘리베이터를 정지시킨다.

　㉡ 조속기 : 케이지가 과속했을 때 작동한다.

　㉢ 비상정지버튼 : 케이지 안에 있는 것으로 비상시엔 급정지시킨다.

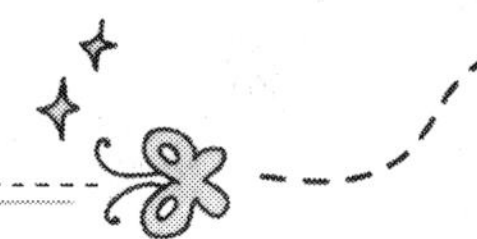

 ㉣ **종점스위치(스토핑스위치)** : 최상층이나 최하층에서 케이지를 자동적으로 정지시킨다.

 ㉤ **리미트스위치(제한스위치)** : 스토핑 스위치가 작동하지 않을 때 제2단의 작동으로 주회로를 차단한다.

 ㉥ **도어 안전스위치** : 자동 엘리베이터에 있어서 닫히고 있는 문에 몸이 접촉되면 도로 문이 열린다.

 ㉦ **완충기** : 비상 정지 장치가 작동하지 않아 케이지가 미끄러져 떨어지거나 초과부하로 브레이크가 듣지 않아 케이지가 미끄러져 떨어질 때 승강로 밑바닥으로 격돌하는 것을 방지한다.

 ㉧ **리타이어랭 캠** : 카의 문과 승차장의 문을 동시에 개폐한다.

	직류 엘리베이터	교류 엘리베이터
기동토크	크다	작다
속도조정	변동 무	변동 유
승강기분	크다	작다
착상오차	1mm이내	수mm
전효율	60 ~ 80%	40 ~ 60%
가격	교류의 1.5~2.0배	염가
속도	90m/min, 105m/min, 150m/min, 180m/min, 210m/min, 240m/min	30m/min, 45m/min, 60m/min

(2) 에스컬레이터

① 에스컬레이터의 특징

 ㉠ 수송능력이 엘리베이터의 약 10배로 단거리 대량수송에 적합하다.

 ㉡ 기다리는 시간이 없고 연속적으로 수송한다.

 ㉢ 점유면적이 작고 기계실이 필요 없으며 피트가 간단하다.

 ㉣ 건축에 걸리는 하중이 각 층에 분담된다.

 ㉤ 에스켈레이터의 이용 중에 주위를 볼 수 있어 백화점 등에서는 구매의욕을 불러 일으킨다.

 ㉥ 소비되는 전력량이 적고 전동기의 기동회수는 적으므로 전동기의 시동 시 흐르는 대전류에 의한 부하전류의 변화도 적으므로 건물 내의 전원설비의 부담이 작아진다.

② 에스컬레이터의 설치 시 주의사항

 ㉠ 보나 기둥에 하중이 균등하게 걸리도록 해야 한다.

 ㉡ 사람 흐름의 중심(예를 들어 현관의 중간)에 배치한다.

 ㉢ 에스컬레이터의 바닥면적을 적게 한다.

ⓔ 승객의 시야를 넓게 한다.

ⓜ 주행거리를 짧게 한다.

ⓗ 경사도는 30도 이하로 한다.

ⓢ 디딤바닥의 속도는 30m/min이하로 한다.

ⓞ 양측난간의 상부가 디딤바닥과 동일한 속도로 운동하여야 한다.

⑬ 태양열 및 태양광 설비

(1) 태양열시스템

태양열시스템의 종류 … 태양열시스템은 설비형과 자연형으로 대분된다.

① **설비형**(액티브형) … 설비중심이므로 집열판, 순환펌프, 축열조, 보조보일러가 필요하며 시스템의 중심은 설비시스템이다. (시스템의 중심은 집열장치가 아님에 유의해야 한다.)

② **자연형**(페시브형) … 환경계획적 측면이 큰 것이며 직접획득형과 간접획득형(축열벽형, 분리획득형, 부착온실형, 자연대류형, 이중외피구조형)으로 나뉜다.

ⓐ **직접획득형** : 집열창을 통하여 겨울철에 많은 양의 햇빛이 실내로 유입되도록 하여 얻어진 태양에너지를 바닥이나 실내 벽에 열에너지로서 저장하여 야간이나 흐린 날 난방에 이용할 수 있도록 한다. 일반건물에서 쉽게 적용되고 투과체가 다양한 기능을 갖지만 과열현상을 초래할 수 있다.

ⓑ **간접획득형** : 태양에너지를 석벽, 벽돌벽 또는 물벽 등에 집열하여 열전도, 복사 및 대류와 같은 자연현상에 의하여 실내 난방효과를 얻을 수 있도록 한 것이다. 태양과 실내난방공간 사이에 집열창과 축열벽을 두어 주간에 집열된 태양열이 야간이나 흐린 날 서서히 방출되도록 하는 것이다.

• 축열벽방식 : 추운지방에서 유리하고 거주공간 내 온도변화가 적으나 조망이 결핍되기 쉽다.

• 부착온실방식 : 기존 재래식 건물에 적용하기 쉽고, 여유공간을 확보할 수 있으나 시공비가 높게 된다.

• 축열지붕방식 : 냉난방에 모두 효과적이고, 성능이 우수하나 지붕 위에 수조 등을 설치하므로 구조적 처리가 어렵고 다층건물에서는 활용이 제한된다.

• 자연대류방식 : 열손실이 가장 적으며 설치비용이 저렴하지만 설치위치가 제한되고 축열조가 필요하다.

ⓒ **분리획득형** : 집열 및 축열부와 이음부를 격리시킨 형태이다. 이 방식은 실내와 단열되거나 떨어져 있는 부분에 태양에너지를 저장할 수 있는 집열부를 두어 실내 난방 필요시 독립된 대류작용에 의하여 그 효과를 얻을 수 있다. 즉, 태양열의 집열과 축열이 실내 난방공간과 분리되어 있어 난방효과가 독립적으로 나타날 수 있다는 점이 특징이다.

(2) 태양광 시스템

태양광시스템은 프리즘 – 광덕트방식, 렌즈 – 광섬유방식, 반사거울 – 광섬유방식, 반사거울방식 등이 있다. 이들 시스템은 태양광을 채광하기 위하여 자동 추적하는 구동부를 갖추고 있으며 태양추적장치는 태양의 범위, 고도를 포착하여 태양의 위치에 관계없이 채광을 할 수 있다.

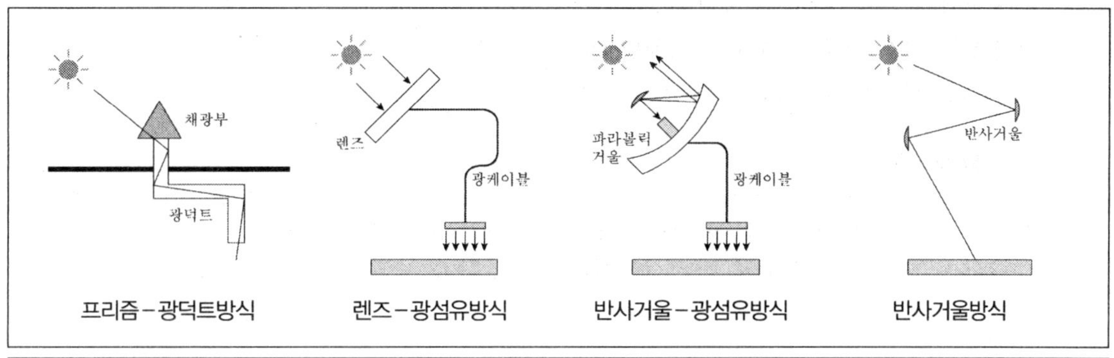

구성부	채광부	• 비접속형 방식 : 프리즘 등을 통해 빛을 수동적으로 받음 • 접속형 방식 : 집광, 즉 거울 등을 이용하여 빛을 적극적으로 모음	프리즘, 거울, 렌즈 등으로 채광(집광)한다.
	추적장치	• Active형 • 1축방식(경사각추적) • 2축방식(방위각, 경사각추적)	렌즈형, 프리즘형, 파라볼릭형이 있다.
		Passive형(추적장치없음)	다면프리즘형, 돔형이 있다.
	전송부	• 프리즘형 광덕트방식 • 렌즈 – 광섬유방식 • 반사거울 – 광섬유방식 • 반사거울방식	광덕트, 광섬유, 거울 등을 통해서 빛을 전송한다.

03 출제예상문제

1 중수(中水)에 관한 설명 중 가장 옳지 않은 것은?

① 연수와 경수의 중간 수(水)를 칭하는 것이다.

② 중수원(中水源)으로는 주방배수, 청소용수, 빗물, 우물물, 하천수 등이 이용되고 있다.

③ 중수도 설치 대상은 「수도법 시행령」에 명시되어 있다.

④ 중수도 설치가 보편화되면 댐 및 수도건설 비용이 절감된다.

> **note** 중수 … 물은 수질에 따라 음용수인 상수, 사용 후 버리는 물인 하수로 나눌 수 있다. 중수란 대소변기 외의 위생기기로부터 배출되는 비교적 오염이 적은 물을 재생처리하여 대소변기 세척, 청소용수, 살수용 등으로 사용하는 물을 말한다. 즉, 상수와 하수의 중간적 성격을 갖는 물이다. 이와 같이 중수를 사용하는 시스템을 중수시스템이라고 한다.

2 건물 내의 급수방식에 대한 설명으로 옳은 것은?

① 압력탱크방식은 급수압이 일정한 것이 장점이다.

② 탱크가 없는 부스터방식은 수도 본관으로부터 물을 받아 물받이탱크에 저수한 후 급수펌프만으로 건물 내에 급수하는 방식이다.

③ 고가탱크방식은 기계실의 면적이 가장 많이 필요한 방식이다.

④ 수도직결방식은 수질오염의 가능성이 큰 것이 단점이다.

> **note** 탱크가 없는 부스터방식
> ㉠ 수조에서 부스터펌프에 의해 고가수조없이 직송된다.
> ㉡ 환경오염과 에너지 절감차원에서 최근 많이 사용된다.
> ㉢ 수질오염의 가능성이 적다.
> ㉣ 정전 시 발전기로 급수가 가능하다.
> ㉤ 펌프용량이 압력제어에 의하므로 압력변동이 적다.
> ㉥ 설치비가 비싸며 고장 시 대처가 어렵다.

Answer 1.① 2.②

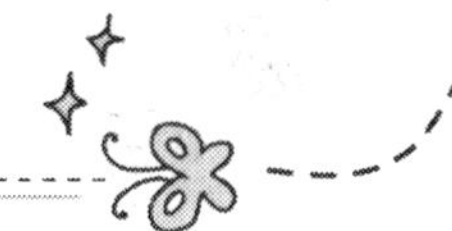

3 급수관의 관경을 결정하는 방법으로 가장 옳지 않은 것은?

① 기구 연결관의 관경에 의한 결정　　② 균등표에 의한 관경 결정

③ 배수부 하단 위에 의한 관경 결정　　④ 마찰저항선도에 의한 관경 결정

> **note** 급수관의 관경을 결정하는 방법은 균등표에 의한 결정, 마찰저항선도에 의한 결정, 기구 연결관의 관경에 의한 결정, 기구 급수부 하단 위에 의한 관경 결정 등이 있다. 배수부 하단 위에 의한 관경 결정은 없다.

4 상수도와 지하수 등을 이용하여 건물 내·외부에 급수하는 급수 방식에 대한 설명으로 옳은 것은?

① 부스터방식은 저수조에 있는 물을 급수펌프만으로 건물 내의 소요 개소에 급수하는 방식으로 급수 사용량에 따라 가동하는 펌프의 개수가 다르다.

② 옥상탱크방식은 탱크의 수위에 따라 급수 압력이 변한다.

③ 압력탱크방식은 급수펌프에 들어오고 나가는 물의 양을 일정하게 조절하므로 압력탱크의 압력은 거의 일정하게 유지된다.

④ 수도직결방식은 물을 끌어오기 위한 양수펌프가 필요하여 정전 시 단수될 수 있다.

> **note** 부스터방식은 급수펌프만으로 건물 내에 급수하는 방식이며 수질오염의 가능성이 적고 고가수조실이 불필요하며 정전 시 발전기로 급수가 가능하고 펌프용량이 압력제어에 의하므로 압력변동이 적다.

5 급탕 설비에 대한 설명으로 옳지 않은 것은?

① 급탕 온도는 80℃를 기준으로 하며, 급탕량 부하를 산정할 경우 $80kcal/l$로 보는 것이 보통이다.

② 급탕배관의 구배는 급구배로 하며, 관은 3~5cm 정도의 보온재를 감싸 준다.

③ 급탕배관의 수압시험은 피복 전에 실시하며, 실제로 사용하는 최고 압력의 2배 이상의 압력으로 10분 이상 유지될 수 있어야 한다.

④ ㄷ자형 배관을 피해야 하며 ㄷ자형 배관이 불가피 할 경우에는 공기 빼기 밸브를 설치한다.

> **note** 급탕부하계산은 보통 급탕온도 60℃를 기준으로 리터당 60kcal로 본다.

6 유체의 흐름에 의한 마찰손실이 적어 물과 증기배관에 주로 사용되며 특히 증기배관의 수평관에서 드레인이 고이는 것을 막기에 적합한 밸브는?

① 글로브 밸브(globe valve)　　　　② 슬루스 밸브(sluice valve)

③ 체크 밸브(check valve)　　　　　④ 앵글 밸브(angle valve)

> **note** 슬루스 밸브에 관한 설명이다.

7 트랩(trap)에 관한 설명으로 옳지 않은 것은?

① 관(pipe) 트랩, 드럼(drum) 트랩, 가옥(house) 트랩 등이 있다.

② 봉수보호를 위해서는 봉수의 깊이가 200㎜ 이상일 필요가 있다.

③ 트랩은 구조가 간단하고 자기세정 작용을 할 수 있어야 한다.

④ 봉수파괴는 자기사이폰 작용, 감압에 의한 흡입 작용 등이 원인이다.

> **note** 봉수의 깊이는 트랩의 구경에 관계없이 50 ~ 100㎜정도가 적합하다.

8 봉수의 파괴원인과 그 대책으로 옳지 않은 것은?

① 모세관 현상 : 정기적으로 이물질 제거

② 자기사이펀 작용 : 트랩의 유출부분 단면적이 유입부분 단면적보다 큰 것을 사용

③ 역사이펀 작용 : 수직관의 낮은 부분에 통기관을 설치

④ 유도사이펀 작용 : 수직관 하부에 통기관을 설치하고 수직배수 관경을 충분히 크게 선정

> **note** 유도사이펀 작용에 대한 대책으로서 수직관 상부에 통기관을 설치한다.

9 배관의 부속품에서 유체의 흐름을 한 방향으로만 흐르게 하고 반대 방향으로는 흐르지 못하게 하는 밸브는?

① 체크 밸브(check valve)　　　　　② 글로브 밸브(globe valve)

③ 슬루스 밸브(sluice valve)　　　　④ 볼 밸브(ball valve)

> **note** 체크밸브(역지밸브)에 관한 사항이다.

10 통기관에 대한 설명으로 옳지 않은 것은?

① 배수관 계통의 환기를 도모하여 관내를 청결하게 유지한다.

② 사이펀 작용 및 배압에 의해서 트랩 봉수가 파괴되는 것을 방지한다.

③ 도피 통기관은 배수 수직관 상부에서 관경을 축소하지 않고 연장하여 대기 중에 개구한 통기관을 말한다.

④ 각개 통기방식은 기능적으로 가장 우수하고 이상적이다.

> **note** 대기 중에 개구하는 형식은 신정통기관이다.

11 오물정화설비에서 정화조의 구성과 내용에 관한 설명으로 옳지 않은 것은?

① 부패조는 호기성균에 의해 분해시키며, 최소 2개 이상의 부패조와 예비여과조로 구성된다.

② 여과조는 오수 중의 부유물을 쇄석층에서 제거한다.

③ 산화조는 살수홈통에 공기를 공급하여 산화처리한다.

④ 소독조는 차아염소산나트륨[NaClO] 등의 소독제를 이용하여 세균을 소독한다.

> **note** 부패조 ⋯ 단독 또는 다른 처리법과 조합시켜 오수 처리를 하는 탱크를 말하며, 오수 중의 부유물을 침전 분리하고, 침전한 오니를 탱크 바닥에 저류하여 혐기성 분해를 한다. 분뇨 정화조 등으로 많이 사용된다.

12 다음 설명에 해당하는 스프링클러 설비는?

> 스프링클러에 감열부가 없는 설비방식으로 물의 분출구가 항상 열려있는 개방형 헤드를 사용하여 화재 감지 시 헤드가 설치된 방수구역 내에 동시에 살수하는 방식이다. 또한 사람이 수동으로 밸브를 개방하여 스프링클러가 설치된 모든 구역에 살수가 가능하다.

① 건식설비(Dry Pipe Sprinkler System)　　② 습식설비(Wet Pipe Sprinkler System)

③ 준비작동식설비(Preaction System)　　④ 일제살수식설비(Deluge System)

> **note** 일제살수식설비에 관한 설명이다.

13 건축물의 소방에 필요한 소화설비의 종류가 아닌 것은?

① 자동화재경보 설비   ② 스프링클러 설비

③ 드렌처(Drencher) 설비   ④ 옥내소화전 설비

> **note** 화재경보설비는 단지 화재발생을 신속하게 전달하기 위한 설비이다.

14 소화설비에 대한 설명으로 옳지 않은 것은?

① 옥내소화전 설비는 연면적 $2,000m^2$ 이상인 소방대상물의 전층에 설치한다.

② 연결송수관 설비는 층수가 5층 이상으로서 연면적 $6,000m^2$ 이상인 건물에 적용한다.

③ 스프링클러 헤드를 설치하는 천장, 반자, 선반 등의 각 부분으로부터 하나의 헤드까지의 수평거리는 2.1m 이하로 하며, 내화구조인 경우에는 2.3m로 한다.

④ 외벽, 창, 지붕 등에 수막을 형성하여 화재 연소를 방지하는 것은 드렌처(Drencher)이다.

> **note** 연면적 $3,000m^2$ 이상이거나 지하층, 무장층 또는 층수가 4층 이상인 것 중 바닥면적이 $600m^2$ 이상인 층이 있는 것은 전층이다.

15 팬 코일 유닛(fan coil unit) 공조방식의 장점이 아닌 것은?

① 각 유닛마다 조절할 수 있으므로 각 실 조절에 적합하다.

② 전 공기식(all air system)에 비해 덕트 면적이 작다.

③ 장래의 부하 증가에 대하여 팬 코일 유닛의 증설만으로 용이하게 계획할 수 있다.

④ 일반적으로 외기 공급을 위한 별도의 설비를 병용할 필요가 없다.

> **note** 팬코일유닛 방식(Fan Coil Units) … 물 – 공기 방식의 공조방식 중 가장 많이 사용되며, 송풍기 · 냉온수 코일 및 공기정화기 등을 내장시킨 유닛을 실내에 설치하고 냉수 또는 온수를 공급해서 냉장된 코일 등의 작용으로 실내 공기를 냉각 · 가열해서 공조하는 방식이다.
> ㉠ 일반적으로 외기공급을 위한 별도의 설비를 병용할 필요가 있다.
> ㉡ 기존건물에 설치하기가 용이하고 각 유닛마다 조절할 수 있으므로 개별제어에 적합하다.
> ㉢ 덕트 스페이스가 없다.
> ㉣ 부하증가 시 팬코일 유닛의 증설만으로 용이하게 계획될 수 있다.
> ㉤ 각실에 수배관이 필요하며 유닛이 실내에 설치되므로 실내 유효면적이 감소한다.
> ㉥ 다수 유닛이 분산설치되므로 보수관리가 곤란하다.
> ㉦ 실내용 소형 공조기이므로 고도의 공기처리를 할 수 없다. (실내청정불량)

16 일반적인 온수온돌 복사난방에 대한 설명으로 옳지 않는 것은?

① 실내의 온도분포가 균등하고 쾌감도가 높다.

② 평균온도가 낮기 때문에 동일 방열량에 대해 손실열량이 크다.

③ 구조체를 덥히게 되므로 예열시간이 길어져 일시적으로 쓰는 방에는 부적당하다.

④ 하자 발견 및 보수가 어렵다.

> **note** 복사난방은 방이 개방상태에서도 난방효과가 있으며, 평균온도가 낮기 때문에 동일 방열량에 대해서 손실 열량이 비교적 적다.

17 건축물의 설비장치에 대한 설명으로 옳지 않은 것은?

① 항공장애 등은 비행기의 안전을 위해 높이 60미터 이상인 건물 및 공작물에 설치하는 것을 기준으로 한다.

② 에스컬레이터는 엘리베이터에 비하여 수송인원이 훨씬 많으므로 백화점에서 유리하다.

③ 난방장치 중 쾌적성이 가장 좋은 것부터 나열하면 온수난방, 복사난방, 증기난방, 온풍난방 순이다.

④ 형광등은 전력소비가 적은 편이고 타 조명방식에 비하여 현휘가 발생하지 않아 사무실용으로 적절하다.

> **note** ㉠ 쾌감도 : 복사난방 > 온수난방 > 증기난방 > 온풍난방
> ㉡ 설비비 : 복사난방 > 온수난방 > 증기난방 > 온풍난방

18 실내를 난방하기 위해 필요한 기기 또는 기구가 아닌 것은?

① 인젝터(injector) ② 컨벡터(convector)
③ 팽창탱크(expansion tank) ④ 조집기(interceptor)

> **note** 조집기는 배수트랩 관련용어이다.

19 클린룸에 대한 설명으로 옳지 않은 것은?

① 비정류방식은 기류의 난류로 인하여 오염입자가 실내에 순환할 우려가 있다.

② 클린룸 청정도의 기준은 $1ft^3$의 공기 중에 $0.5\mu m$ 크기의 입자수로 결정된다.

③ BCR(Biological Clean Room)은 식품공장, 약품공장, 수술실 등의 청정을 목적으로 한다.

④ 수직정류방식은 설치비가 가장 저렴하다.

> **note** 클린룸의 정류방식 중 수직정류방식은 설치비가 비싼 편이다.

20 건물 종류별 공조설비의 적용이 적절하지 않은 것은?

① 임대사무실 건물 – 이중덕트방식(double duct system)

② 백화점 매장 – 유인유닛방식(induction unit system)

③ 호텔의 객실 – 팬코일유닛방식(fan coil unit system)

④ 극장 – 단일덕트방식(single duct system)

> **note** 백화점 매장은 규모가 크므로 단일덕트방식이 적합하다. 유인유닛방식은 유닛의 실내설치로 인하여 건축계획상 지장이 있으며 소음이 발생하기 쉬우므로 방이 많은 건물의 외부존, 사무실, 호텔, 병원 등에 적합한 방식이다.

21 공기조화방식에 대한 설명으로 옳지 않은 것은?

① 2중 덕트 방식은 중앙식 공조기에서 냉ㆍ난방이 동시에 이루어지므로 계절에 따라 교체, 조닝할 필요가 없다.

② 패키지 유닛방식은 유닛을 각 실 및 존에 1대씩 설치하여 공조를 행하는 방식으로 일부는 덕트를 병용하는 경우도 있다.

③ 복사패널, 덕트 병용 방식은 실내에 유닛류를 설치하지 않으므로 바닥면적을 넓게 이용할 수 있으며, 현열부하가 큰 방송국 스튜디오에 적합하다.

④ 변풍량방식은 건축의 규모, 종별에 관계없이 가장 많이 사용되며, 타방식에 비하여 설비비가 저렴하다.

> **note** 변풍량방식은 설비비가 증가한다.

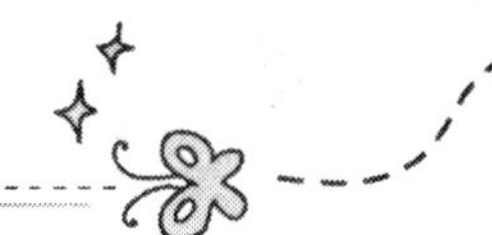

22 건축전기설비에서 변전설비용 기기에 해당하지 않는 것은?

① 변압기   ② 차단기

③ 콘덴서   ④ 발신기

> **note** 발신기는 변전설비용 기기가 아닌 신호전송기기이다.

23 발전기실의 위치 및 구조에 관한 설명으로 옳지 않은 것은?

① 기기의 반출입이나 운전, 보수가 용이한 곳이 좋다.
② 발전기실은 진동 시 문제가 발생하므로 기초와 연결하는 것이 바람직하다.
③ 배기 배출기에 가깝고 연료보급이 용이한 곳이 좋다.
④ 부하 중심 가까운 곳에 둔다.

> **note** 발전기실의 위치 : 변전실과 가까운 곳, 부하중심에 가까운 곳, 기초와 이격시킬 것

24 피뢰설비에 관한 설명으로 옳지 않은 것은?

① 돌침은 건축물의 맨 윗부분으로부터 25cm 이상 돌출시켜 설치하되, 건축물의 구조기준 등에 관한 규칙에 따른 설계 하중에 견딜 수 있는 구조이어야 한다.
② 피뢰설비는 한국산업표준이 정하는 피뢰레벨 등급에 적합해야 한다.
③ 피뢰설비의 재료는 최소 단면적이 피복이 없는 동선을 기준으로 수뢰부, 인하도선 및 접지극은 50㎟ 이상이거나 이와 동등 이상의 성능을 갖추어야 한다.
④ 건축물의 설비기준 등에 관한 규칙에 따르면 지면상 10m 이상의 건축물에는 반드시 피뢰설비를 설치하도록 규정하고 있다.

> **note** 건축물에 설치하는 피뢰설비는 건축물에 접근하는 벼락(낙뢰)을 확실하게 흡인해서 안전하게 대지로 방류함으로써 건축물 및 내부의 사람이나 물건을 안전에서 지키기 위한 것으로 피뢰침은 수뢰부, 피뢰도선 및 접지극으로 이루어져 있다.

25 자연형 태양열 시스템의 적용방법상의 분류로 옳지 않은 것은?

① 직접 획득형 　　　　　　　　　② 간접 획득형
③ 집열판 획득형 　　　　　　　　④ 분리 획득형

> **note** 집열판을 통해 획득하는 형식은 설비형 시스템(Active System)에 속한다.

26 태양열 시스템에 대한 설명으로 옳은 것은?

① 설비형 태양열 시스템의 중심이 되는 것은 집열장치이다.
② 설비형 태양열 시스템의 효율에 가장 큰 영향을 미치는 것은 축열기이다.
③ 자연형 태양열 시스템의 하나인 축열벽형(또는 트롬월형 : trombe wall system)은 직접획득형(direct gain system)의 하나이다.
④ 자연형 태양열 시스템의 필수적인 요소인 축열체의 주성분으로 가장 흔히 쓰이는 물질은 콘크리트나 벽돌 등의 조적조와 물이다.

> **note** ㉠ 설비형 태양열 시스템의 중심이 되는 것은 순환펌프이다.
> ㉡ 설비형 시스템의 효율에 가장 큰 영향을 미치는 것은 집열기이다.
> ㉢ 자연형 태양열 시스템의 하나인 축열벽형은 간접획득형의 하나이다.

27 자연형 태양열시스템 중 축열지붕방식에 대한 설명으로 옳은 것은?

① 추운 지방에서 유리하고 거주공간 내 온도변화가 적지만 조망이 결핍되기 쉽다.
② 일반건물에서 쉽게 적용되고 투과체가 다양한 기능을 갖지만 과열현상이 초래된다.
③ 기존 재래식 건물에 적용하기 쉽고 점유공간을 확보할 수 있지만 시공비가 비싸다.
④ 냉난방에 모두 효과적이고 성능이 우수하지만 구조적 처리가 어렵고 다층건물에는 활용이 제한된다.

> **note** 축열지붕방식은 지붕자체가 집열기 역할을 한다. 건물 높이에는 제한이 있으나 방위나 평면계획이 자유롭다. 지붕연못은 거리에서 외관상 눈에 나타나지 않는 장점이 있다. 그러나 구조적 처리가 어렵고 다층건물에는 활용이 제한된다.

28 태양광 설비에 대한 설명으로 옳지 않은 것은?

① 태양광 채광시스템은 채광부와 태양추적장치, 전송부, 조사부로 이루어져 있다.

② 태양광을 채광하기 위하여 자동추적하는 구동부를 갖추고 있다.

③ 전송부의 구성방식에는 반사경방식, 더블반사경방식, 프리즘 반사경 병용방식 등이 있다.

④ 태양추적장치는 태양의 범위, 고도를 포착하여 태양의 위치에 관계없이 채광한다.

> **note** 태양광설비는 태양광을 집광하여 전송한다. 집광하는 방식은 반사거울방식, 프리즘(광파이프) 방식, 프리즘·거울 병용방식, 렌즈·광섬유방식으로 구분되고 전송방식은 광덕트, 광섬유 등으로 구성된다. 따라서 지문의 반사경 등의 방식은 집광방식을 설명하고 있다.

Answer 28.③

주거건축

Chapter 01 주택의 일반 및 단독주택

1 개요 및 기본계획

① 주택의 개요

(1) 현대건축의 요구조건

① **1차적인 요구조건** … 식사, 생산, 휴식, 배설 등의 육체적 요구

② **2차적인 요구조건** … 오락, 사교, 교육 등의 정신적 요구

(2) 현대건축의 설계방향

① **쾌적성** … 내부 · 외부 환경이 균등함을 이룰때 쾌적성을 느낄 수 있다.

② **가족본위** … 가장중심에서 주부중심으로 변화되면서 주부의 가사노동 경감을 위해 주부동선을 굵고 짧게 하도록 한다.

③ 주거를 단순화한다.

④ 좌식과 입식을 혼용한다.

(3) 주택의 분류

① **형식에 의한 분류**

　㉠ **독립주택** : 1호의 주택이 평면, 입면적으로 독립된 건물을 갖는 것

　㉡ **공동주택** : 2호 이상의 주택

　　• **연립주택** : 단층이나 중층으로 각각의 주호가 수평적으로 2호 이상 결합된 건물

　　• **아파트** : 단층이나 복층으로 구성된 주호가 복도, 계단, 홀 등을 공용의 통로로 하여 수평, 수직으로 결합된 건물

　㉢ **단독주택** : 단독택지 위에 단일가구를 위해 건축하는 형식

② **기능 · 목적에 의한 분류**

　㉠ **전용주택** : 주거를 전용으로 하는 주택

　㉡ **병용주택** : 주택과 다른 용도가 병용된 주택(상업병용, 농업병용, 공장병용)

③ **지역에 의한 분류**

　㉠ **도시주택** : 도시에 입지한 주택

　㉡ **농 · 어촌 주택** : 농촌, 어촌에 입지한 주택

　　　★TIP 지역에 의한 분류는 구조, 평면의 차이가 아니라 어디에 위치했느냐에 따라서 구분된다.

④ **평면에 의한 분류**

　㉠ **편복도형** : 주택이 복도와 한쪽으로 면한 방식

　㉡ **중복도형** : 복도의 양쪽에 주택이 면한 방식

　㉢ **회랑복도형** : 여러 실의 외측에 복도를 두루 배치하는 방식

　㉣ **중앙홀형** : 복도가 아닌 홀을 이용하여 각 실에 접속하는 방식

　㉤ **코어형** : 계단, 설비시설 등을 집중시켜 배치하고 주호는 코어를 통해 접속하는 방식

　　　★TIP 코어형의 종류
　　　　　㉠ **설비적 코어형** : 설비부분을 건물의 일부에 집약시켜서 설비공사비를 감소시키는 방식
　　　　　㉡ **평면적 코어형** : 홀, 계단 등을 건물의 중심적 위치에 두고 그 밖의 것들의 유효면적을 증대시키는 방식
　　　　　㉢ **구조적 코어형** : 건물의 일부에 내진벽을 집약하여서 건물의 전체 강도를 높이는 방식

　㉥ **일실형** : 주택구성에서 필요로 하는 각 실을 하나의 공간으로 처리하는 방식

　㉦ **분리형** : 주생활의 행동에 따라서 공간을 분리하는 방식

　㉧ **중정형** : 건물의 내부에 중정을 두는 방식

◉ **주택의 평면형** ◉

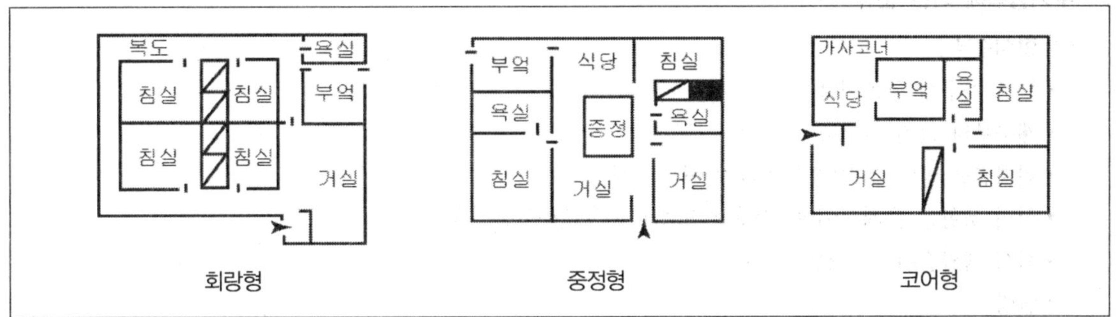

⑤ **입면에 의한 분류**

　㉠ **단층형** : 1층 건물이다.

　㉡ **중층형** : 2층 이상의 건물이다.

ⓒ 스킵플로어형(Skip floor type) : 대지가 경사지인 경우 실의 바닥 높이가 단면상 계단참 정도로 되어 계단실과 마주하는 실의 단면층고에 차이가 나도록 하여 전면은 중층, 후면은 단층이 되는 형식이다.

ⓔ 취발형
  • 한 건물 안에서 일부는 단층, 일부는 중층이 되는 형식이다.
  • 보통 거실의 층고를 높이기 위해서 2개 층을 관통하여 사용한다.

ⓜ 필로티형
  • 1층은 기둥만으로 지지하여 개방적 공간을 구성하고, 2층이상을 실로 사용하는 방식이다.
  • 1층을 주차장으로 사용하기 위해 현재 많이 사용된다.

◎ 주택의 입면형 ◎

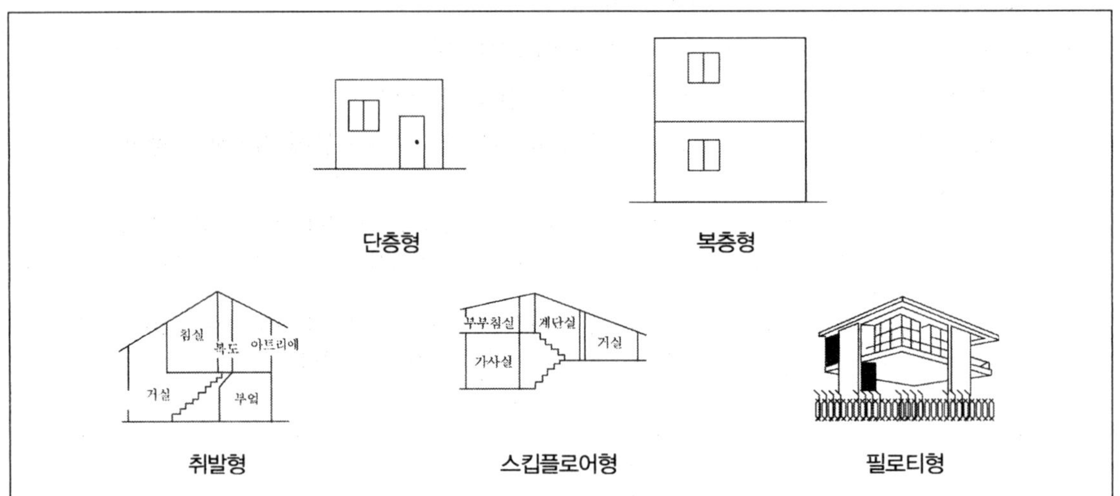

⑥ **주거양식에 의한 분류**

  ㉠ **한식주택**
  • 목조 가구식 구조이다.
  • 개구부의 크기가 크다.
  • 위치별로 방이 분화되어 있다.(안방, 사랑방 등)
  • 실의 조합은 은폐적이며, 사용목적에 따라 다용도로 이용된다.
  • 좌식 생활습관을 가진다.
  • 난방
  – 복사난방이다.
  – 온돌마루 : 일정 층고가 높아도 되며 문을 열어 놓아도 좋다.
  • 바닥이 높다.
  • 가구는 부차적인 존재로 가구배치는 덜 중요시 한다.

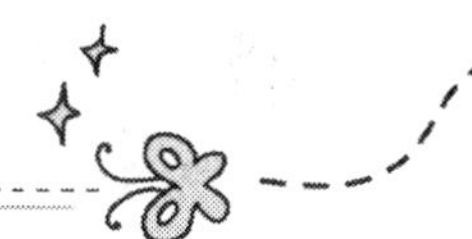

    ⓛ 양식주택

- 조적식 구조이다.
- 실은 개방적으로 분화되었으며, 단일용도(침실, 공부방 등)로 이용한다.
- 입식 생활습관을 가진다.
- 난방
- 대류난방이다.
- 라디에이터를 사용하며, 문을 열어 놓으면 춥다.
- 가구는 주요 내용물이다.

⑦ **전통 주거양식에 의한 분류**

    ㉠ 서울형 : ㄱ, ㄴ, ㅁ형이 많다.

    ㉡ 북부형 : 田형이 많다.

    ㉢ 서부형 : 방 앞에 좁은 툇마루를 설치한다.

    ㉣ 남부형 : 일반적으로 ㅡ자형을 사용한다.

    ㉤ 제주도형 : 방 뒤에 폭이 좁은 광을 설치한다.

(4) 주거기준(1인당 주거면적)

① **주생활수준 기준** … 주택 연면적에서 공용부분 면적을 제한 주거면적으로 나타낸다.

② **주거와 공용의 면적비** … 5 : 5 ~ 6 : 4

③ **1인당 점유 바닥**(주거)면적 … 최소 10㎡/인, 표준 16.5㎡/인

④ **숑바르 드 로브의 기준**

    ㉠ 병리 : 8㎡/인

    ㉡ 최소 : 10㎡/인

    ㉢ 한계 : 14㎡/인

    ㉣ 표준 : 16㎡/인

⑤ **국제주거회의 기준** : 15㎡/인

⑥ **코르노 기준** : 16㎡/인

② 주택의 기본계획

(1) 대지의 선정 및 입지조건

① 자연적 조건

    ㉠ 일조, 전망, 통풍이 양호한 곳

    ㉡ 소음이 적고 공기가 청정한 곳

    ㉢ 구배가 심하지 않은 곳(1/10이 넘지 않는 곳)

⊛ 경사진 부지에서의 배치 ⊛

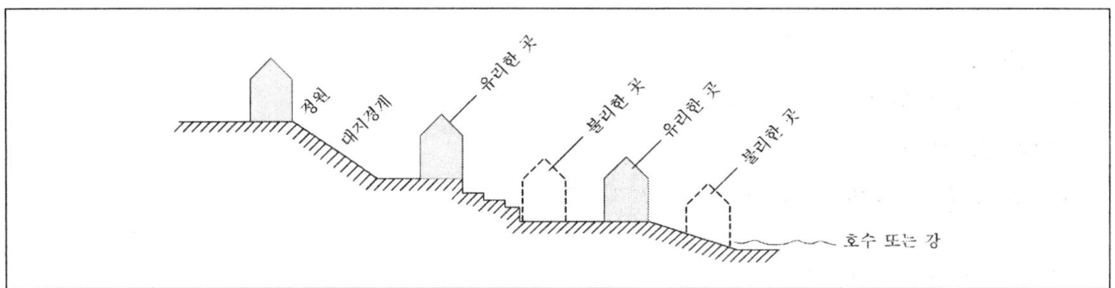

    ㉣ 배수가 잘 되고 지반이 견고한 곳

    ㉤ 대지의 형태가 정형, 구형인 곳

    ㉥ 대지면적이 건축면적의 3 ~ 5배가 되는 곳

② 사회적 조건

    ㉠ 교통이 편리한 곳

    ㉡ 공공시설, 편의시설, 제반시설의 이용이 편리한 곳

    ㉢ 법규적 조건이 맞는 곳

(2) 배치계획

① 배치계획의 조건

    ㉠ 건물의 연소방지 시설이 배치되어야 한다.

    ㉡ 거실의 채광, 일조, 통풍, 소음방지가 되어야 한다.

② 주동 배치계획(인동간격 준수)

    ㉠ 법적기준

      • 법적으로 규정되어 있는 인동거리를 유지해야 한다.

      • 공동주택의 경우 일조가 가장 열악한 동지를 기준으로 연속 일조 4시간 이상을 규정한다.

ⓛ **계획적인 면**
- 주요 개구부의 인동간격은 높이의 2배를 이격시킨다.
- 측벽간의 이격은 주동길이의 1/5만큼 이격시키는 것이 적당하다.

ⓒ **채광** : 채광방향을 이격시킨다.

ⓔ **통풍** : 측면을 이격시킨다.

ⓜ 방화 및 연소의 방지를 고려한다.

ⓗ **방위각 고려** : 방향을 기준으로 하여 동쪽 18° 이내, 서쪽 16° 이내가 양호하다.

ⓢ 주접근로, 현관, 차고와의 관계를 고려한다.

ⓞ 옥외, 옥내 가사작업 공간과의 관계를 고려한다.

③ **인동간격**

ⓐ **개념** : 주택을 배치할 때에 주변 주택건물과의 사이를 뜻한다.

ⓛ **인동간격의 결정적 요소**
- 남북 간의 인동간격(D)
  - 기준 : 겨울철 동지 때
  - 각 지방의 위도
  - 일조시간 : 최소 4시간
  - 태양의 고도
  - 앞 건물의 높이
  - 대지의 지형
- 동서 간의 인동간격(d_x) : 건물의 동서 간의 길이

◎ 인동간격 ◎

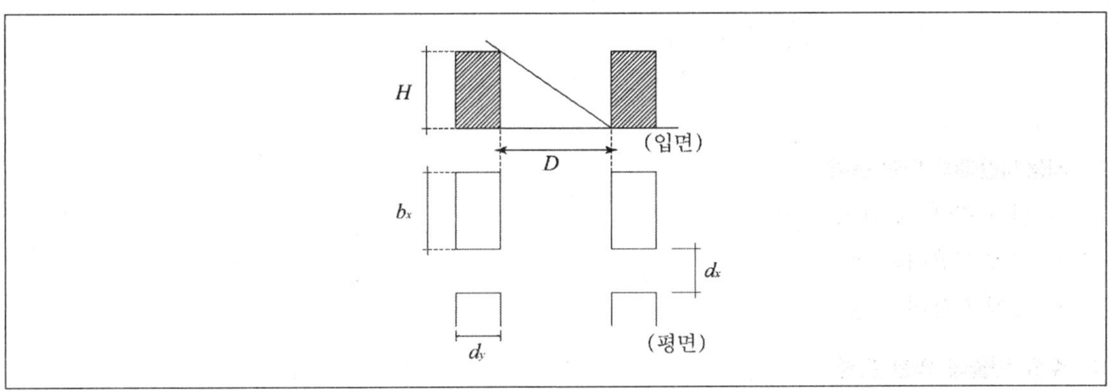

① 평면계획

(1) 조닝(Zoning)의 개념

① 공간을 몇 개의 구역별로 나누는 것을 말한다.

② 융통성과는 정반대의 의미이다.

(2) 조닝방법

① 생활공간에 의한 분류

- ㉠ 개인권 : 침실 등 개인적으로 독립이 필요한 공간
- ㉡ 사회권 : 거실 등 단란한 생활을 필요로 하는 공간
- ㉢ 가사노동권 : 주방, 세탁 등 주부 작업공간

❀ 생활공간의 분류 ❀

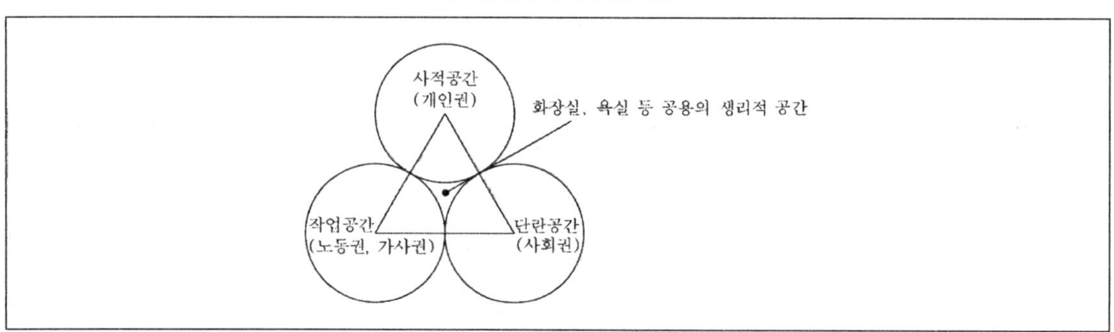

② 사용시간대에 의한 분류

- ㉠ 낮 + 밤에 사용하는 공간
- ㉡ 밤에 사용하는 공간
- ㉢ 낮에 사용하는 공간

③ 주요 인물에 의한 분류

- ㉠ 주부에 의한 공간
- ㉡ 아동에 의한 공간
- ㉢ 주인에 의한 공간

(3) 동선계획

① **동선의 3요소** … 하중, 빈도, 속도

② 단순, 명쾌해야 한다.

③ 중요도 순으로 고려해야 한다.

④ 다른 동선과의 교차, 분리를 피하도록 한다.

⑤ 사용목적 및 시간이 유사한 실은 가까운 곳에 배치한다.

⑥ 이질공간은 될수록 이격하여 배치한다.

⑦ 공간을 두어야 한다.

(4) 방위별 실계획

① **동쪽** … 아침의 햇살은 실내에 깊이 들어오나 오후에는 춥다.

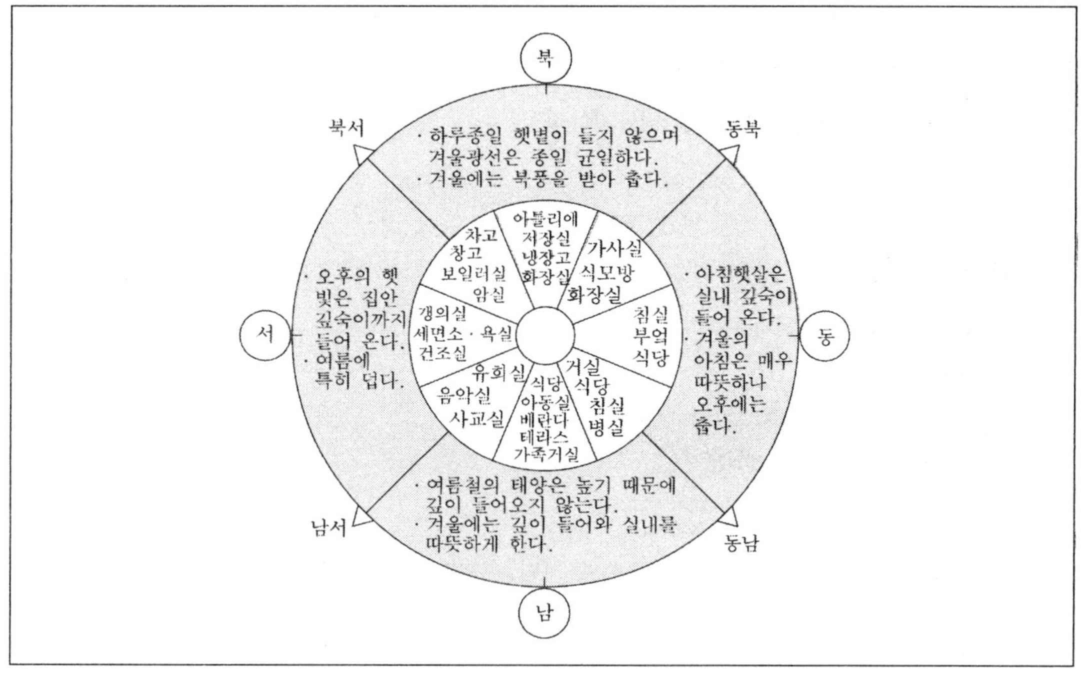

② **서쪽**

   ㉠ 오후에 햇살이 깊이 들어와 오후에는 무덥다.

   ㉡ 여름철에는 무척 더우므로 욕실, 화장실 같은 중요도가 낮은 실을 배치하도록 한다.

   ㉢ 음식물의 부패방지를 위해 음식물 저장창고 등의 사용을 피해야 한다.

③ **남쪽** ⋯ 태양의 고도가 여름은 높고 겨울은 낮으므로 침실 등에 유리하다

④ **북쪽** ⋯ 하루내내 태양이 비치지 않고, 겨울에는 북풍을 받아 추우므로 침실 등은 부적합하다.

② 각 실 세부계획

(1) 현관(Entrance)

① 연면적의 7% 정도로 한다.

② 크기는 폭 1.2m×깊이 0.9m 이상으로 한다.

③ 도로의 위치에 크게 영향을 받는다.

④ 경사도, 대지의 형태에 따라서 영향을 받는다.

⑤ 방위와는 무관하다.

(2) 식당(Dining room)

① **식당 크기의 결정이 되는 기준**

   ㉠ 식사의 인원수

   ㉡ 식탁의 크기와 의자의 배치상태

   ㉢ 식탁 1인당 폭 0.6m, 깊이 0.5m

   ㉣ 주변통로 여유공간

② **분리형 식당** : 거실, 식사실, 부엌이 따로 분리되는 형식

③ **개방형 식당**

   ㉠ 다이닝 키친(Dining kitchen) : 부엌의 일부에 식탁을 놓은 형식

   ㉡ 다이닝 앨코브(Dining alcove) : 거실의 일부에 식탁을 놓은 형식

   ㉢ 리빙 키친(LDK : Living kitchen) : 거실, 식사실, 부엌을 한 공간에 꾸며 놓은 형식

   ㉣ 다이닝 포치(Dining porch), 다이닝 테라스(Dining terrace) : 좋은 날씨나 여름철에 포치나
      테라스에서 식사를 하도록 한 형식

(3) 부엌(Kitchen)

① **위치** … 남쪽이나 동쪽 모퉁이에 위치하는 것이 좋으며 서쪽은 피하도록 한다.

② **크기**

  ㉠ 연면적의 10%(8 ~ 12%) 정도로 한다.

  ㉡ 건물의 규모, 연면적이 클수록 부엌의 크기는 작아질 수 있다. 즉, 100㎡ 이상 규모일 때는 7% 이하도 가능하다.

  ㉢ 크기결정요인 : 가족수, 연면적, 평균작업인수, 생활수준 등

③ **작업순서**

준비 – 개수대(싱크) – 조리대 – 가열대 – 배선대 – 해치 – 식당

> ★**TIP** 작업삼각형 … 냉장고, 개수대, 조리대를 연결하는 삼각형으로 길이는 3.6 ~ 6.6m로 하는 것이 능률적이며, 가장 짧은 변은 개수대와 조리대이다.

🌹 부엌의 작업삼각형 🌹

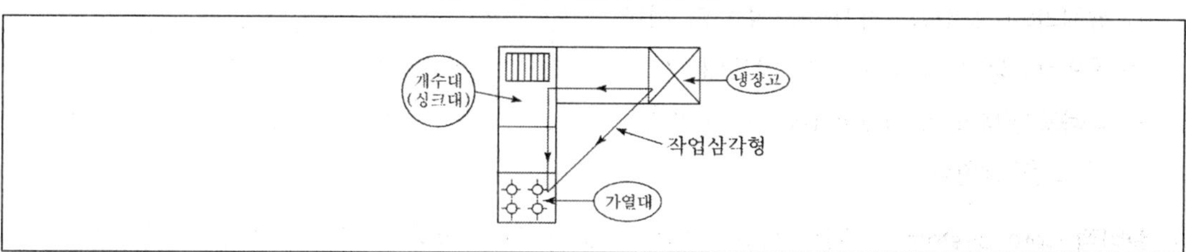

④ **부엌의 유형**

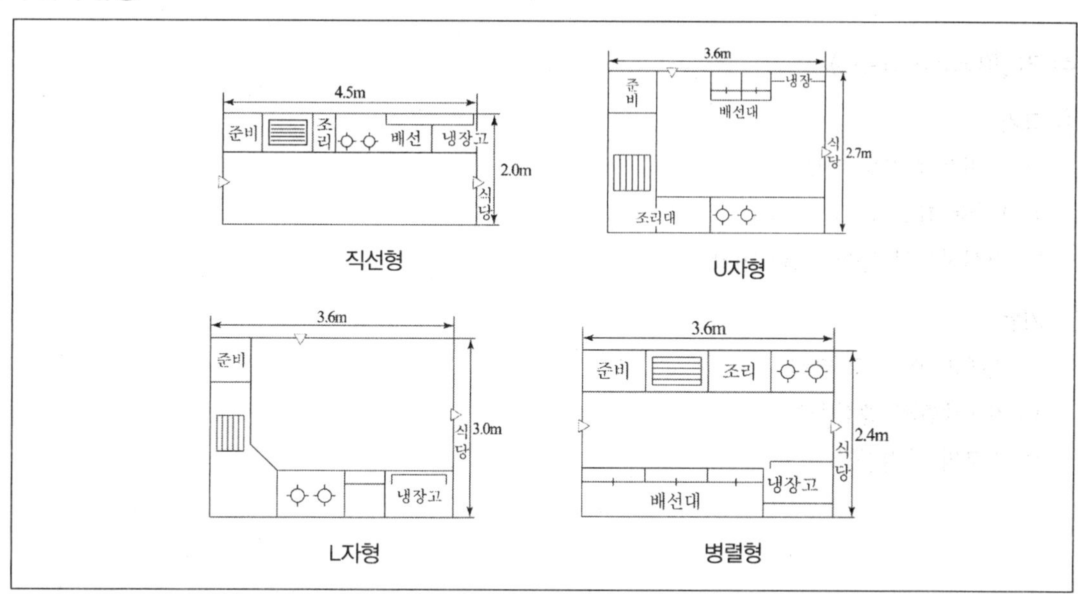

㉠ **직선형** : 동선이 길어지는 一자형으로 좁은 부엌에 알맞고, 동선의 혼란은 없으나 움직임이 많다.

㉡ **U자형** : 이용에 편리한 형으로 양측 벽면이 이용될 수 있으므로 수납공간을 넓게 잡을 수 있어서 편리하다.

㉢ **L자형** : 모서리 부분의 이용도가 낮은 형으로 정방향 부엌에 알맞고, 비교적 넓은 부엌에서 능률이 좋다.

㉣ **병렬형**
  - 직선형에 비해서는 작업동선이 줄어들지만 작업을 할 경우에는 몸을 앞뒤로 바꿔주어야 하므로 불편하다.
  - 식당과 부엌이 개방되지 않고 외부로 통하는 출입구가 필요한 때에 쓰인다.

⑤ **싱크대의 크기** … 폭 0.5 ~ 0.6m, 높이 0.73 ~ 0.83m 정도로 한다.

⑥ **부속공간**

㉠ **팬트리(Pantry)** : 배선실로 규모가 큰 주택의 경우에 부엌과 식당 사이에 식품이나 식기를 저장하기 위해 설치한 실이다.

㉡ **유틸리티(Utility)** : 가사실로 주부의 세탁, 다림질 등의 작업을 하는 공간을 말한다.

㉢ **옥외작업장(Service yard)** : 장독대, 세탁 · 건조장 등 옥외작업에 관계되는 시설을 말한다.

㉣ **다용도실(Multipurpose room)** : 주방과 서비스 발코니 사이의 공간으로 잡품창고, 세탁을 겸한 실을 말한다.

⑦ **설비적 Core system** … 욕실, 식당, 부엌, 화장실 등의 설비적 배관이 필요한 실을 한 곳에 집중하도록 하여 설비비를 절약시키는 시스템으로 주택의 규모가 큰 경우 더 유리하다.

(4) 거실(Living room)

① **크기**

㉠ 연면적의 30% 정도

㉡ 1인당 최소 4 ~ 6㎡ 정도

㉢ 거실천장의 높이 2.1m 이상

② **기능**

㉠ 가족의 휴식 및 단란

㉡ 가족생활의 중심공간

㉢ 주부의 작업공간

③ 위치

　㉠ 다른 실의 중심적 위치로 다른 실과의 접속에 유리한 곳

　㉡ 침실과는 항상 대칭으로 배치

　㉢ 남향이 가장 적당하며, 통풍이 잘 되고 햇빛이 잘 들어오는 곳

　㉣ 통로로 인해서 분할되지 않는 곳

④ **가구와의 관계**

　㉠ 스테레오 청취 최적 각도 : 60°

　㉡ 텔레비전 시청 최적 거리 : 6m×브라운관 폭

◉ 거실의 가구배치 및 스테레오 감상의 최적 거리 ◉

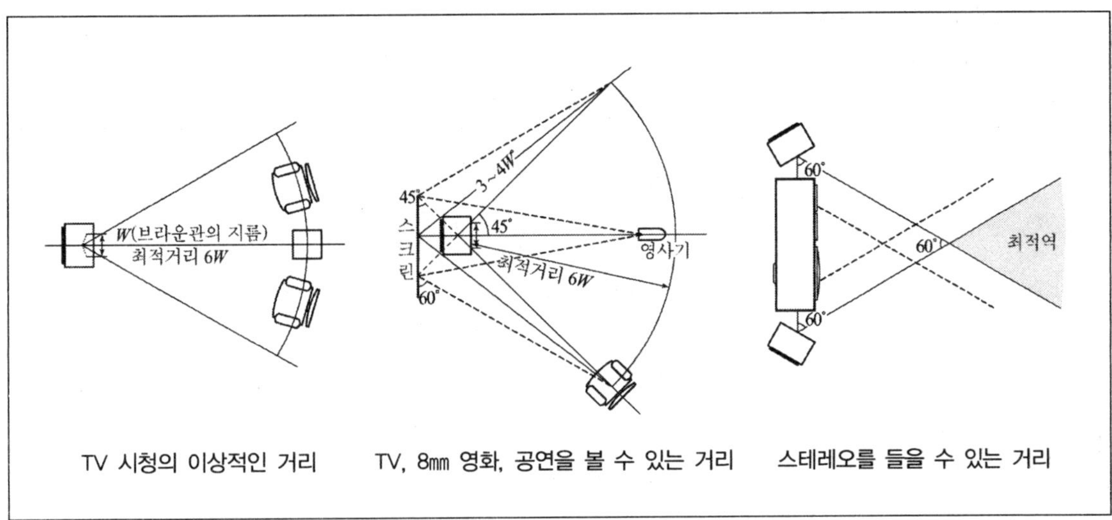

⑤ **평면계획상 고려할 점**

　㉠ 주택의 중심부에 위치하도록 한다.

　㉡ 각 방에서의 출입이 자유롭도록 한다.

　㉢ 정원테라스와 연결하도록 한다.

　㉣ 직접 출입할 수 있도록 한다.

(5) 욕실(Bath room), 화장실(Toilet)

① **위치**

　㉠ 설비상 부엌과 인접한 곳

　㉡ 북쪽에 면한 곳

② 크기

　㉠ 욕실

　　• 최소 : 0.9 ~ 1.8m×1.8m

　　• 보통 : 1.6 ~ 1.8m×2.4 ~ 2.7m

　　• 천장

　　－ 높이 2.1m 이상으로 한다.

　　－ 천장은 습기가 많이 생기므로 적당한 경사를 유지해야 한다.

　㉡ 화장실

　　• 최소 : 0.9m×0.9m

　　• 소변기를 설치할 경우 : 0.8m×0.9m

　　• 양변기를 설치할 경우 : 0.8m×1.2m

　　• 욕조, 세면기, 양변기를 설치할 경우 : 최소 1.7m×2.1m

◎ 화장실의 크기 ◎

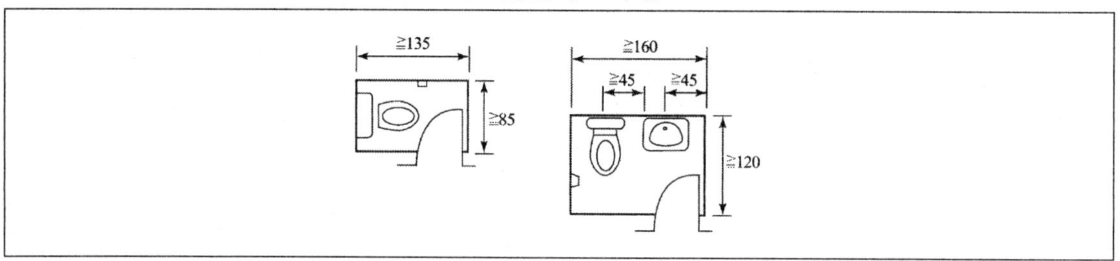

(6) 복도(Corridor)

① 크기

　㉠ 연면적의 10% 정도로 한다.

　㉡ 최소 폭은 90㎝ 이상이며 일반적으로 110 ~ 120㎝ 정도가 적당하다.

② 기능

　㉠ 동선의 이동공간으로 내부통로 역할

　㉡ 선룸(Sun room : 일광욕실)의 역할

　㉢ 어린이 놀이터, 응접실의 역할(1.5m 이상)

③ 소규모 주택에서는 비경제적이므로 사용하지 않는 것이 좋다.

(7) 계단(Stair)

① 계단의 폭은 100 ~ 120㎝ 정도가 적당하다.

② 경사는 29 ~ 35° 이내가 적당하며 보통 30° 정도로 한다.

③ 법적으로 단 높이는 23㎝ 이하, 너비는 15㎝ 이상이다.

◎ 계단의 치수 ◎

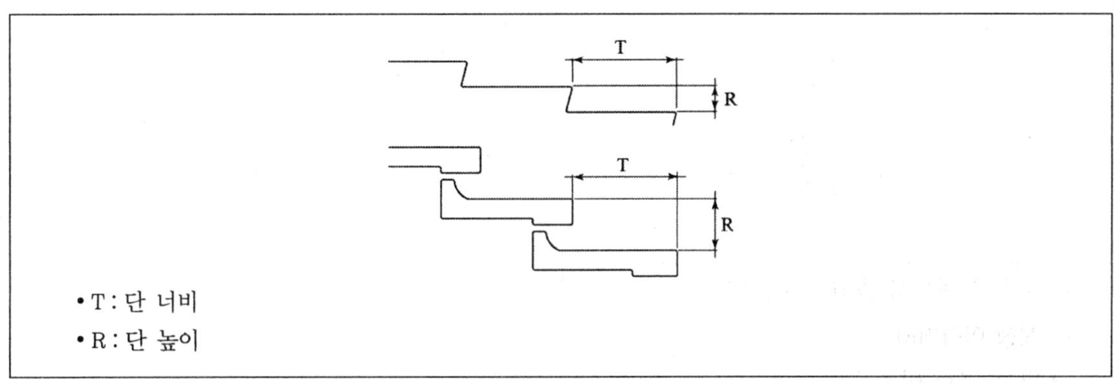

(8) 침실(Bed room)

① **크기** … 사용인원수, 가구의 점유율, 심리 소요기적 등에 따라 달라진다.

② **소요기적**

    ㉠ 1인당 필요로 하는 신선한 공기요구량

      • 성인 : 50㎥/hr

      • 아동 : 25㎥/hr

    ㉡ 보통 실내 자연 환기횟수는 2회/hr를 기준으로 한다.

    Ex 2인 성인이 한 방에 살 경우 방의 최소 면적은? (단, 1시간에 2번 환기하며 방 높이는 2.5m이다)

$$2명 \times 50㎥ / h \div 2번 = 50㎥$$

$$체적 = 면적 \times 높이이므로 \ x^2 \times 2.5 = 50㎥ \quad \therefore \ x = 5m$$

      2인 성인이 한방에 살 경우 방의 최소면적은 가로×세로가 5m×5m가 된다.

    ㉢ 환기량이 많을수록 방은 좁아도 된다.

③ **침대의 크기**

    ㉠ 싱글 : 폭 0.9 ~ 1.0m × 길이 1.95 ~ 2.0m

    ㉡ 더블 : 폭 1.4m × 1.95 ~ 2.0m

④ **침대의 배치방법**

    ㉠ 침대상부 : 머리 쪽은 외벽에 몸은 내벽에 면하도록 한다.

◎ 침대배치 ◎

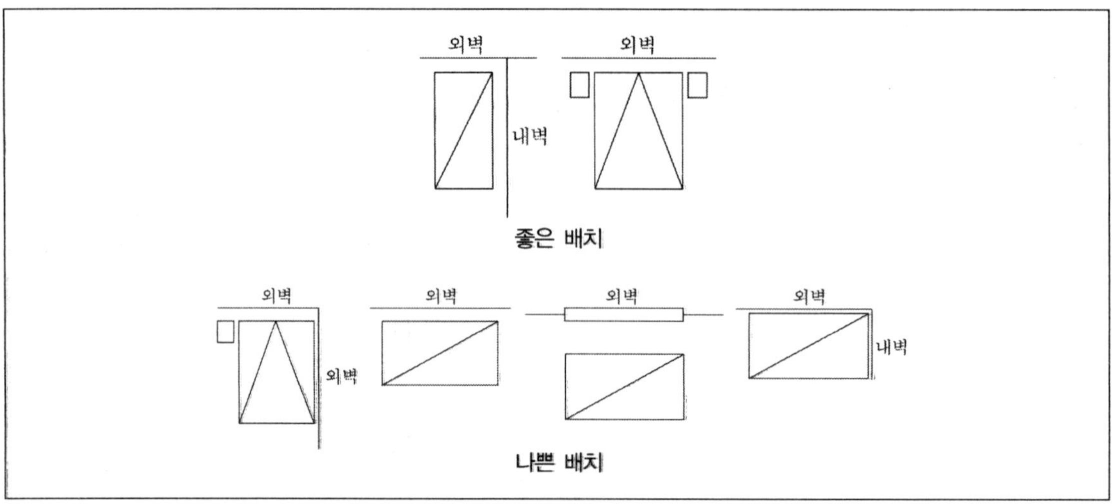

ⓛ 누운 상태에서 출입문이 보이도록 하며 안여닫이로 한다.

ⓒ 적정 이격거리

- 벽 : 0.75m 이상
- 발쪽 : 0.9m 이상
- 주요 통로쪽 : 0.9m 이상

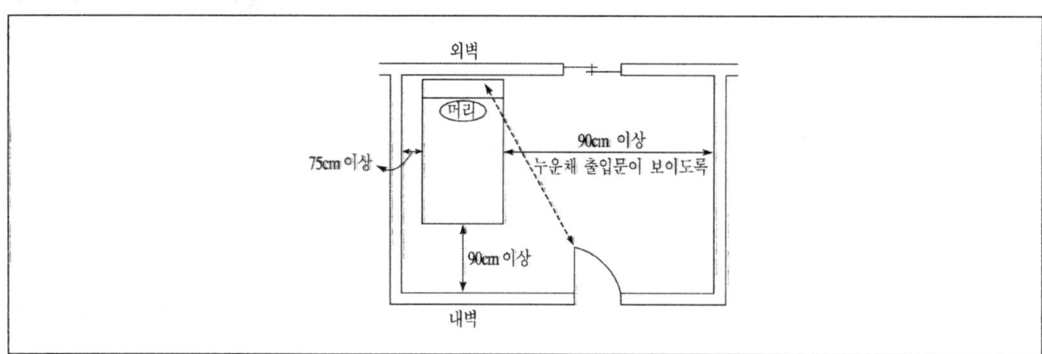

(9) 차고(Garage)

① 크기

㉠ 최소 자동차의 폭과 길이보다 1.2m 더 크게 하도록 한다.

ⓛ 주차 시 차량과 운전석 부분은 90㎝, 보조석은 30㎝, 전·후면 벽과는 60㎝ 정도 이격하여 최소크기를 결정한다.

◈ 주택차고의 최소크기 ◈

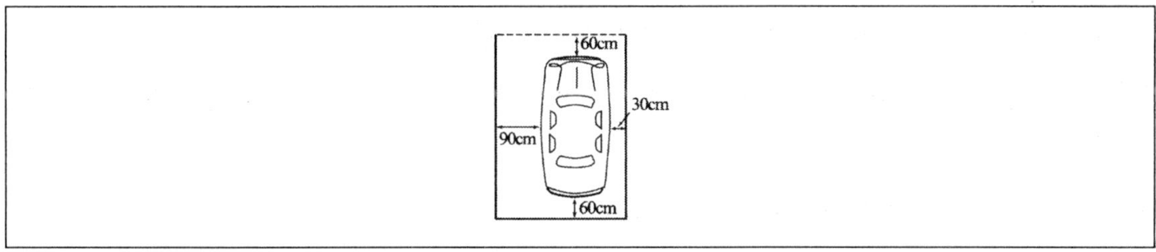

② 배기구는 바닥에서 30㎝ 높이에 설치하고 환기구는 천장상부에 설치하도록 한다.

③ 바닥은 내수재료를 사용하고 배수구를 고려하여 구배를 1/50 정도로 한다.

④ 벽과 천장 등은 방화구조로 하도록 한다.

⑤ 벽체에 2.0m 높이까지는 백색타일을 붙이는 것이 이상적이며 1.5m 높이에는 국부조명을 사용하여 작업의 편리를 고려한다.

③ 현대화된 농·어촌 주택

(1) 농·어촌주택의 문제점과 개선방향

① 보건 위생적인 측면

ㄱ 변소나 축사, 우물의 위생처리시설의 부족은 수질 오염의 원인이 되므로 분뇨종말 처리시설 등을 설치해 수원의 오염을 막고 연료 이용률을 높여야 한다.

ㄴ 침실은 채광, 통풍, 방한이 불량하여 쾌적한 실내환경의 유지가 어렵고 목욕시설이 완비가 되지 못한 상태이므로 각 주거공간을 작업공간 및 부속사와 분리하여 쾌적한 환경을 유지하도록 계획하며 목욕시설 등 설비시설을 고려한다.

② 작업 기능적인 측면

ㄱ 생활공간과 작업공간이 무질서하게 혼용되는 경우가 잦으므로 이 두 공간의 뚜렷한 기능분화가 요구된다.

ㄴ 각종 기구가 무질서하게 배치되어 있으므로 농기구 보관장소는 작업장에 인접하여 둔다.

③ 주거 수준면

ㄱ 실의 기능이 분화되어 있지 않아 프라이버시 확보가 어려우므로 침실분리 등을 통하여 프라이버시를 유지해야 한다.

ㄴ 도시에 비해 문명의 이기 활용 면에서 후진성을 나타내므로 주택 개선을 통하여 최소 주거면적 이상을 확보해야 한다.

(2) 배치계획 시 고려해야 할 사항

① 주택과 작업장 및 생산시설과의 연결을 고려하여 계획한다.

② 도로의 동선은 작업용과 주거용이 교차되지 않도록 하며 주거동선이 작업장을 횡단해서는 안된다.

③ 주거공간과 작업공간을 명확히 분리해야 한다.

④ 작업장의 먼지와 냄새가 침입하지 않도록 풍향을 고려한다.

⑤ 방풍림을 설치해야 한다.

(3) 평면계획 시 고려해야 할 사항

① 도시형과 같은 거실 중심형으로 가족본위의 형태를 추구한다.

② 재래 전통적인 형태의 일자형, ㄱ자형을 방위 및 일조를 고려하여 분화배치하도록 한다.

③ 각 실의 프라이버시를 보장하도록 한다.

④ 부엌에서 되도록 2실 이상의 난방이 이루어질 수 있도록 한다.

⑤ 부엌을 작업공간과 밀접한 공간에 두고 옥외작업장을 설치하도록 한다.

⑥ 부엌에 연료창고와 식품창고를 부속시키거나 인접시킨다.

⑦ 부엌에는 배수설비를 하는 것을 전제로 작업을 일체화하여 실내 출입의 동선을 단축시킨다.

⑧ 주거 전면에 툇마루를 설치하여 출입의 편의를 도모해야 한다.

⑨ 가능한 한 현관을 두고 여기에 변소 및 욕실을 연결하도록 한다.

⑩ 욕실 및 변소는 거주공간 내에 설치하는 것을 원칙으로 하되 추후라도 설치할 수 있도록 계획에 반영해 놓고 우선은 옥외에 설치를 할 수도 있다.

⑪ 옥내작업실은 부속사에 연결된 사랑방과 겸용할 수 있도록 하는 것과 협업농이 가능한 곳에서는 공동작업실을 이용하게 한다.

⑫ 가족의 증가에 따른 공간확장의 필요성을 고려하여 장래 증축이 가능한 평면을 계획 초기부터 다루도록 함이 좋다.

⑬ 주택형은 가능한 한 일자형으로 하는 것이 좋다.

01 출제예상문제

1 다음 중 주택설계 시의 고려사항으로 옳지 않은 것은?

① 식당 크기는 식사의 인원수, 식탁의 크기와 의자의 배치상태에 따라서 결정되어진다.

② 현관은 연면적의 7% 정도로 계획한다.

③ 내부를 화려하게 꾸민다.

④ 주택의 남쪽에는 태양의 고도가 여름은 높고 겨울은 낮으므로 침실 등에 유리하다.

⑤ 이질공간은 될수록 이격하여 배치한다.

> **note** ③ 주택의 내부는 사용하는 사람의 취향 및 기호에 따라 꾸미도록 하며 무조건 화려하게 꾸미는 것은 좋지 못하다.

2 다음 중 주택설계의 방향에 관한 설명으로 옳지 않은 것은?

① 입식으로 해야 한다.

② 생활의 쾌적성이 높도록 한다.

③ 가족본위의 생활을 추구한다.

④ 가사 작업량이 감소되도록 한다.

> **note** ① 현대주택의 설계에서는 입식과 좌식을 혼용하도록 한다.

3 다음 중 국제 주거회에서 결정한 1인당 최소 평균 주거면적은?

① 10m²

② 15m²

③ 16m²

④ 21m²

> **note** 주거면적의 기준
> ㉠ 1인당 최소 주거면적 : 10m²/인
> ㉡ 1인당 표준 주거면적 : 16.5m²/인
> ㉢ 국제 주거회 기준 주거면적 : 15m²/인
> ㉣ 코르노 기준 주거면적 : 16m²/인

4 다음 중 스케일(Scale) 개념에 대한 설명으로 옳지 않은 것은?

① 머릿 속의 이미지와 실물이 갖는 이미지

② 구성재에 관한 적정치수와 설계되는 공간과의 개념

③ 주위환경과 잘 맞는 크기의 개념

④ 구성자재의 크기의 비

> **note** 스케일이란 가상적인 면이 아닌 건축물 또는 구성재의 크기나 치수의 개념을 말한다.

5 다음 중 양식주택의 구조도에 관한 설명으로 옳지 않은 것은?

① 가구가 중요하다.　　　　② 기능에 따라 분화된다.

③ 실이 독립성을 가진다.　　④ 기능을 혼용한다.

> **note** 양식주택은 실이 분화하여 단일용도로 사용한다.
> ④ 한식주택의 특징이다.

6 다음 중 한식주거의 특징을 설명한 것으로 옳지 않은 것은?

① 좌식 생활습관을 가진다.　　② 실은 분화형태의 평면형 구조이다.

③ 주택의 바닥이 높다.　　　　④ 가구식 구조이고 개구부가 많다

> **note** 한식주택의 실의 조합은 은폐적이다.

7 주택의 구역부분(Zoning)의 분석에 대한 설명으로 옳지 않은 것은?

① 주·야간사용에 의한 조닝　　② 주행동에 의한 조닝

③ 가족전체 및 개인에 의한 조닝　④ 코어플랜(Core plan)에 의한 조닝

> **note** 조닝에 의한 분류
> ㉠ 생활공간에 의한 분류
> ㉡ 사용시간대에 의한 분류
> ㉢ 주요 인물에 의한 분류

Answer　4.① 5.④ 6.② 7.④

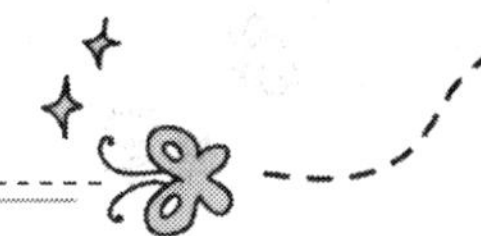

8 한식주택과 양식주택에 대한 비교설명으로 옳지 않은 것은?

① 한식주택의 공간은 은폐적이고 양식주택은 개방적이다.

② 한식주택에서 가구는 실의 기능을 부여하는 주요 내용물이고, 양식주택에서는 장식의 기능물이다.

③ 한식주택은 좌식생활 구조이고, 양식주택은 입식생활 구조이다.

④ 한식주택의 실은 다목적용이고, 양식주택의 실은 단일용도이다.

> **note** ② 한식주택에서 가구는 부차적인 존재로 가구배치는 덜 중요시하고, 양식주택에서의 가구는 주요 내용물로 중요시 된다.

9 다음 중 주택의 각 실 계획에 관한 설명으로 옳지 않은 것은?

① 차고에는 처마 밑에 환기구를 둔다.

② 부엌에서는 대문, 현관, 어린이 놀이터가 바로 보이도록 한다.

③ 거실은 채광과 통풍을 고려하고, 주택 내 중심에 위치하도록 한다.

④ 현관은 주택 외부에서 내부로 통하는 주출입구로 외부에서 쉽게 알아 볼 수 있는 위치에 있어야 한다.

> **note** ① 차고에서 배기구는 바닥에서 30㎝ 높이에 설치하고 환기구는 천장 상부에 설치하도록 한다.

10 다음 중 주택의 평면계획에 관한 설명으로 옳지 않은 것은?

① 노인과 어린이실은 상호인접시킨다.

② 현관의 위치는 방위와 상관없다.

③ 거실은 일반적으로 동서로 긴 것이 좋다.

④ 침대배치는 창가에 머리쪽이 오도록 두는 것이 좋다.

> **note** 침대의 배치방법
> ㉠ 침대 상부 머리쪽은 외벽에 몸은 내벽에 면하도록 한다.
> ㉡ 누운 상태에서 출입문이 보이도록 하고 안여닫이로 한다.
> ㉢ 적정 이격거리
> • 벽 : 0.75m 이상
> • 발쪽 : 0.9m 이상
> • 안쪽 통로 : 0.9m 이상

11 다음 중 다용도실에 관한 설명으로 옳지 않은 것은?

① 유틸리티 또는 가사실이라고도 한다.

② 배치는 부엌에서 가장 먼 곳에 한다.

③ 전기, 수도, 보일러 등의 설비도 설치된다.

④ 세탁, 세탁물 건조, 다림질 등의 작업을 할 수 있는 곳이다.

> **note** 다용도실은 주방과 발코니 사이의 공간으로 잡품의 보관, 세탁을 겸하는 실로서 되도록 부엌에 가까이 배치해야 한다.

12 다음 중 주택의 침실계획에 관한 설명으로 옳지 않은 것은?

① 소규모 주택에서는 손님 침실은 고려하지 않고 소파 등을 이용한다.

② 아동 침실은 정신적, 육체적인 발육에 지장을 주지 않는 안정성이 있는 곳에 둔다.

③ 침실은 소음이 차단되고 안정성 있는 곳에 둔다.

④ 노인실은 가족들에게 소외감을 느끼지 않도록 주택의 중심위치에 둔다.

> **note** 노인실
> ㉠ 아동실에 가깝도록 하고 주거의 중심부에서 조금 떨어진 위치가 좋다.
> ㉡ 세면실, 화장실을 근접시키도록 하며 정원 등을 내다볼 수 있으면 좋다.
> ㉢ 바닥은 노인이 이동시 걸림이 없도록 높낮이가 없어야 한다.

13 다음 중 주택의 설계계획에 관한 설명으로 옳지 않은 것은?

① 대지는 건축면적의 3배로 한다.

② 1인당 주거면적은 적어도 10m^2/인이어야 한다.

③ 계단의 단 높이는 27cm 이하로 한다.

④ 부엌의 면적은 연면적의 8~10% 정도이다.

> **note** 계단의 계획
> ㉠ 계단의 폭은 100~120cm 정도가 적당하다.
> ㉡ 경사는 29~35° 이내가 적당하나 보통 30° 정도로 한다.
> ㉢ 법적으로 단 높이는 23cm 이하, 너비는 15m 이상이다.

14 바닥면적의 얼마 이상이 되어야 거실에서 환기에 필요한 유효 개구부의 면적이 되는가?

① 1/5 이상

② 1/10 이상

③ 1/15 이상

④ 1/20 이상

> **note** 거실환기에 필요한 유효 개구부의 면적은 바닥면적의 1/20 이상이다.

15 부부침실 계획시의 유의사항으로 옳지 않은 것은?

① 갱의실, 욕실을 침실공간에 확보하는 것이 합리적이다.

② 주부와 가장으로서의 독립성이 확보될 수 있도록 한다.

③ 취침과 사실로써의 기능을 다하도록 조용한 곳을 택한다.

④ 가족의 생활권과 이격시켜 독립성을 유지하도록 한다.

> **note** 부부침실은 독립성은 유지하되 가족의 생활 중심권에 위치하도록 하며 취침, 목욕, 갱의, 화장, 의류수납 등의 기능을 동시에 수행할 수 있도록 계획하는 것이 좋다.

16 주택의 각 실과 조합 중 가장 불합리한 것은?

① 아틀리에 – 북향

② 거실 – 동향

③ 가족실 – 남향

④ 식당 – 동남향

> **note** 거실은 겨울에는 햇볕이 깊이 들어와 실내를 따뜻하게 하고, 여름에는 태양이 높아 깊이 들어오지 않는 남향이나 동남향에 위치하는 것이 좋다.

17 다음 중 필요한 환기량을 결정하는 조건으로 옳지 않은 것은?

① 재실자의 수

② 실의 종류

③ 외기의 조건

④ 실의 위치

> **note** ④ 환기량과 실의 위치는 관계가 없다.

Answer 14.④ 15.④ 16.② 17.④

18 주택설계시 5인 가족일 때 표준 주거면적의 합계로 옳은 것은?

① 40m² ② 50m²

③ 75m² ④ 82.5m²

> **note** 표준 주거면적이므로 $16.5 \times 5 = 82.5$m²
> ※ 1인당 주거의 점유 바닥면적
> ㉠ 최소 : 10m²/인
> ㉡ 표준 : 16.5m²/인

19 다음 중 침실의 크기를 결정하는 기준으로서 옳지 않은 것은?

① 창문의 크기 ② 사용인원수

③ 가구의 점유 면적 ④ 침대의 종류

> **note** 침대크기의 결정요소
> ㉠ 사용인원의 수(1인용, 2인용)
> ㉡ 가구의 점유면적(싱글, 더블)

20 다음 중 주택에서 코어시스템을 사용하는 가장 큰 이유로 옳은 것은?

① 외관의 미적인 면에 대해 고려하기 위해

② 설비적 배관비용을 절약하기 위해

③ 일조권 확보를 위해

④ 통로의 최소 면적을 위해서

> **note** 부엌, 변소, 주방을 집중배치하여 설비비를 절약시킨다.

21 다음 중 주택공간 Zoning의 방법으로 옳지 않은 것은?

① 융통성에 의한 구역구분 ② 가족 및 개인에 의한 구역구분

③ 사용시간대에 의한 구역구분 ④ 주 행동에 의한 구역구분

> **note** ① 조닝은 공간을 조건에 따라 몇 개의 구역별로 나누는 것으로 융통성과는 정반대의 의미이다.

Answer 18.④ 19.① 20.② 21.①

22 다음 중 침대배치에 대한 방법으로 옳지 않은 것은?

① 침대 상부 머리쪽은 외벽에 면하도록 한다.

② 침대에 누우면 출입문 쪽이 보이지 않아야 한다.

③ 침대의 발쪽 통로는 90㎝ 이상으로 한다.

④ 프라이버시를 위해 출입문은 안여닫이로 한다.

> **note** ② 침대에 누웠을 때 출입문이 보이도록 해야 한다.

23 주택의 대지선정의 자연적 조건으로 옳지 않은 것은?

① 대지면적이 건축면적의 3 ~ 5배가 되는 곳

② 지반이 견고한 곳

③ 구배가 1/15이 넘지 않는 곳

④ 일조, 전망, 통풍이 양호한 곳

> **note** 대지의 구배는 1/10이 넘지 않는 곳으로 선정한다.

24 경사지에서의 주택 평면계획으로 바닥의 높이차를 이용해서 공간을 효율적으로 사용할 수 있는 주택형식은?

① 중층형 ② 스킵플로어형

③ 필로티형 ④ 취발형

> **note** 주택의 입면에 의한 분류
> ㉠ 단층형 : 1층 건물이다.
> ㉡ 중층형 : 2층 이상의 건물이다.
> ㉢ 스킵플로어형 : 대지가 경사지인 경우 실의 바닥 높이가 단면상 계단참 정도로 되어 계단실과
>   마주하는 실의 단면층고에 차이가 나도록 하여 전면은 중층, 후면은 단층이 되는 형식이다.
> ㉣ 취발형
>   • 한 건물 안에서 일부는 단층, 일부는 중층이 되는 형식이다.
>   • 보통 거실의 층고를 높이기 위해서 2개 층을 관통하여 사용한다.
> ㉤ 필로티형
>   • 1층은 기둥만으로 지지하여 개방적 공간을 구성하고, 2층 이상을 실로 사용하는 방식이다.
>   • 1층은 주차장으로 사용하기 위해 현재 많이 사용된다.

Answer 22.② 23.③ 24.②

25 다음과 같은 경사지에서 주택배치가 가장 불리한 곳은?

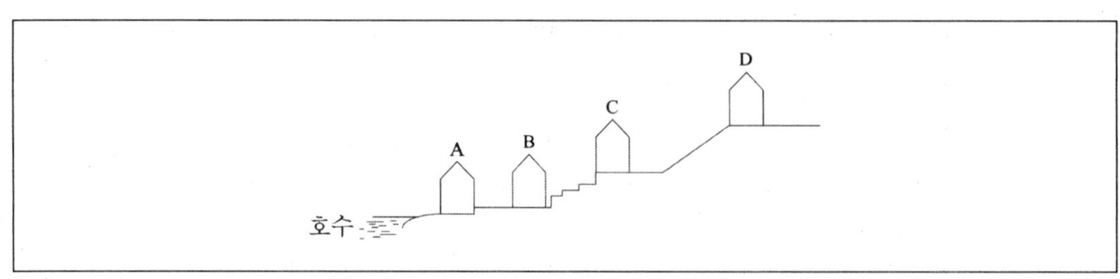

① A   ② B

③ C   ④ D

note 경사진 부지에서의 배치

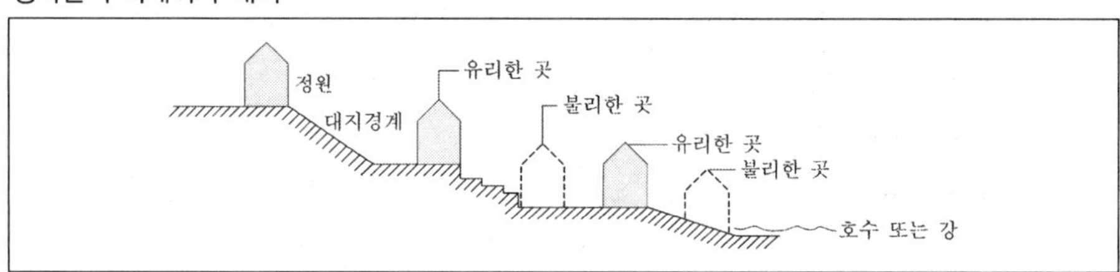

26 다음 중 주택의 거실계획에 관한 설명으로 옳지 않은 것은?

① 거실의 크기는 연면적의 45% 정도로 한다.

② 주택 중심부에 위치하도록 한다.

③ 다른 실과의 접속에 유리한 곳에 계획한다.

④ 남향이 가장 적당하다.

note ① 거실의 크기는 연면적 30% 정도로 한다.

27 다음 중 주택을 설계할 때 가장 큰 비중을 두어야 할 것은?

① 실의 크기   ② 주부의 동선

③ 실의 방향   ④ 부엌의 위치

note 주택을 설계할 때 방향, 위치, 크기, 동선 등을 모두 종합하여야 하지만 가장 큰 비중을 두어 야 할 것은 주부의 동선이다.

Answer   25.②   26.①   27.②

28 다음 중 주택의 평면계획에 관한 설명으로 옳지 않은 것은?

① 거실은 주택의 중심부에 위치하도록 한다.

② 욕실은 설비상 부엌, 변소와 인접한 곳으로 한다.

③ 부엌은 서쪽에 위치함이 가장 이상적이다.

④ 거실이나 아동실은 남측으로 배치하여 겨울에 충분한 일조를 받도록 한다.

> **note** ③ 서쪽은 햇살이 깊이 들어와 오후에도 덥고 여름철에도 매우 덥다. 따라서 음식이 상할 수도 있으므로 부엌은 서쪽에 위치하지 않도록 한다.

29 다음 중 주택의 동선계획에 있어서 옳지 않은 것은?

① 이질동선은 가능한 복합적으로 계획한다.

② 동선은 직선이어야 한다.

③ 다른 동선과의 교차는 피하도록 한다.

④ 동선의 길이는 될수록 짧게 한다.

> **note** ① 이질동선은 될수록 이격하여 배치하고 다른 동선과의 교차는 피하도록 계획하여야 한다.

30 다음 중 주택의 대지조건으로 옳지 않은 것은?

① 방화, 통풍상 건물과 건물의 동서간격은 최소 6m 이상이 되는 대지이어야 한다.

② 일상생활을 함에 있어서 편리한 곳에 위치하여야 한다.

③ 대지는 가능하면 도로보다 낮은 것이 좋다.

④ 대지면적은 건축면적의 3 ~ 5배가 이상적이다.

> **note** ③ 대지는 가능하면 도로보다 높은 것이 좋다.

31 환기량에 의한 실의 면적을 구할 때 성인 3인용 침실의 천정 높이가 3m일 때 소요되는 실면적은? (단, 자연환기 횟수는 2회이다)

① 15㎡

② 20㎡

③ 25㎡

④ 30㎡

⑤ 35㎡

> **note** 성인 1인당 공기 소요량은 50㎡/hr이므로
> 3명×50㎡/hr÷2회＝75㎡
> 75㎡÷3m＝25㎡
> ∴ 환기량에 의한 실의 면적은 25㎡이다.

32 연면적 90㎡의 양식주택에서 복도의 면적은?

① 6㎡

② 9㎡

③ 15㎡

④ 19㎡

④ 21㎡

> **note** 복도의 면적은 연면적의 10%이므로
> 90㎡÷10＝9㎡

33 다음 중 차고계획의 설명으로 옳지 않은 것은?

① 차고의 최소폭은 주차 시 차량과 운전석 부분 60㎝, 보조석 60㎝로 이격시킨다.

② 배기구는 바닥에서 30㎝ 높이에 설치한다.

③ 벽의 1.5m 높이에는 국부조명을 사용한다.

④ 벽과 천장은 방화구조로 하도록 한다.

> **note** 차고의 크기… 최소 자동차의 폭과 길이보다 1.2m 더 크게 하도록 하는데 주차 시 차량과 운전석 부분은 90㎝, 보조석은 30㎝, 전·후면 벽과는 60㎝ 정도 이격시켜 최소 면적을 계획하도록 한다.

34 다음 중 부엌의 크기를 결정하는 요소가 아닌 것은?

① 가족 구성원
② 연료의 종류 및 공급방법
③ 경제적 수준
④ 대지의 면적

> **note** 부엌의 크기는 가족의 수, 경제적 수준, 대지면적, 연료의 종류와 공급방법 등에 의해 결정된다.

35 부엌 작업대의 순서가 알맞은 것은?

① 준비대 → 조리대 → 개수대 → 가열대 → 배선대 → 식당
② 준비대 → 개수대 → 조리대 → 가열대 → 배선대 → 식당
③ 개수대 → 준비대 → 배선대 → 개수대 → 조리대 → 식당
④ 개수대 → 준비대 → 조리대 → 배선대 → 가열대 → 식당

> **note** 부엌에서의 작업순서는 준비대 → 개수대(싱크) → 조리대 → 가열대 → 배선대 → 해치 → 식당 순으로 한다.

36 다음 중 거실의 일부에다 식탁을 꾸미는 것으로서 보통 6 ~ 9㎡ 정도의 크기로 만드는 것은?

① Living kitchen형
② Dining alcove형
③ Dining kitchen형
④ Dining porch형

> **note** 개방형 식당
> ㉠ 다이닝 키친 : 부엌의 일부에 식탁을 놓은 형식
> ㉡ 다이닝 앨코브 : 거실의 일부에 식탁을 놓은 형식
> ㉢ 리빙 키친 : 거실, 식사실, 부엌을 한 공간에 꾸며 놓은 형식
> ㉣ 다이닝 포치, 다이닝 테라스 : 좋은 날씨나 여름철에 포치나 테라스에서 식사를 하도록 한 형식

37 다음 중 동선의 이동공간으로 내부통로의 역할을 하는 것은?

① 계단
② 복도
③ 거실
④ 화장실

> **note** 복도는 동선의 이동공간으로 내부통로, 어린이 놀이터, 응접실의 역할을 할 수 있는 곳이다.

Answer   34.① 35.② 36.② 37.②

38 부엌의 공간에서 팬트리(Pantry : 배선실)는 무슨 용도로 쓰이는가?

① 식품, 식기 등을 저장하는 공간　　　　② 옥외작업공간

③ 다림질, 세탁을 하는 공간　　　　　　④ 잡품창고와 세탁을 겸한 공간

> **note** 부엌의 부속공간
> ㉠ **팬트리** : 배선실로 규모가 큰 주택의 경우에 부엌과 식당 사이에 식품이나 식기를 저장하기 위해 설치한 실이다.
> ㉡ **유틸리티** : 가사실로 주부의 세탁이나 다림질 등의 작업을 하는 공간을 말한다.
> ㉢ **옥외작업장** : 장독대, 세탁·건조장 등 옥외작업에 관계되는 시설을 말한다.
> ㉣ **다용도실** : 주방과 서비스 발코니 사이의 공간으로 잡품창고와 세탁을 겸한 실을 말한다.

39 다음은 침대의 배치를 그려 놓은 것이다. 가장 적당한 배치방법은?

① 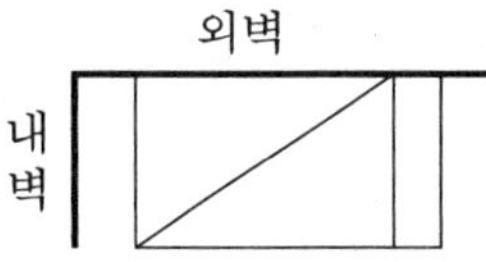

② 

③ 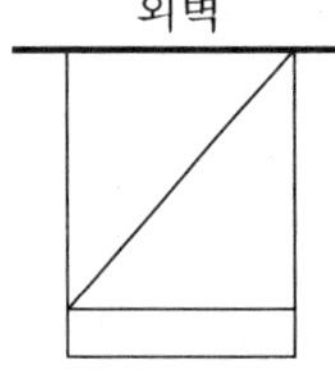

④ 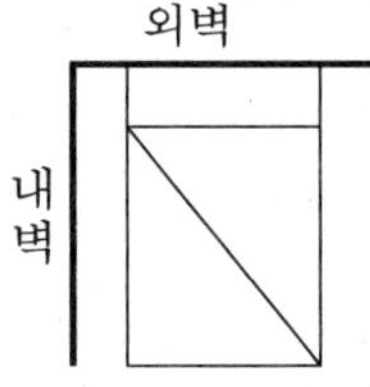

> **note** 침대의 배치방법
> ㉠ 침대의 머리부분은 외벽에 면하도록 한다.
> ㉡ 누웠을 때 출입문이 보이도록 하고 안여닫이로 한다.
> ㉢ 침대 양쪽에 통로를 두도록 하며 한쪽은 75㎝ 이상, 주요 통로쪽은 90㎝ 이상 띄운다.
> ㉣ 발쪽 부분도 90㎝ 이상 띄운다.

Chapter 02 공동주택

---

1 공동주택의 개요 및 종류

① 공동주택의 개요

(1) 공동주택의 장·단점

① **장점**

　㉠ 공기조화, 정화조 등의 설비를 집중화할 수 있다.

　㉡ 어린이 놀이터 등의 공공용지 확보가 용이하다.

　㉢ 1가구당 대지의 점유면적이 절감된다.

　㉣ 동일면적에 대비해서 독립주택에 비해 유지관리비가 절감된다.

② **단점**

　㉠ 단독주택보다 건축을 계획함에 있어 융통성이 적다.

　㉡ 단위면적당 건축비는 증가한다.

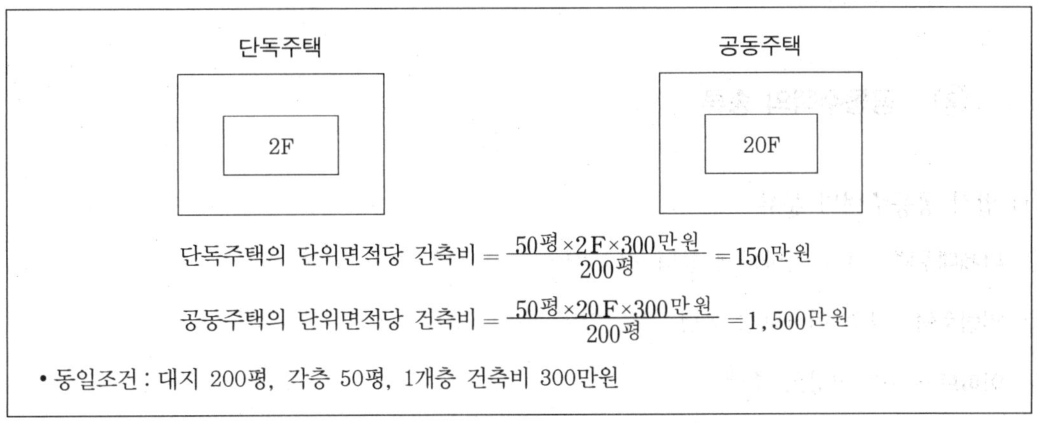

$$\text{단독주택의 단위면적당 건축비} = \frac{50평 \times 2F \times 300만원}{200평} = 150만원$$

$$\text{공동주택의 단위면적당 건축비} = \frac{50평 \times 20F \times 300만원}{200평} = 1,500만원$$

　• 동일조건 : 대지 200평, 각층 50평, 1개층 건축비 300만원

　㉢ 각 가구가 옥외에 접하지 못하므로 전원생활이 자유롭지 못하다.

　㉣ 프라이버시 유지의 어려움이 있다.

(2) 연립주택의 장·단점

① 장점

    ㉠ 지형에 따른 소규모 택지 및 경사지도 이용 가능하다.

    ㉡ 풍요로운 옥외공간을 조성할 수 있다.

    ㉢ 형식마다 차이가 있기는 하나 각 세대마다 전용의 뜰을 가질 수 있다.

    ㉣ 토지의 이용률을 높일 수가 있다.

② 단점

    ㉠ 일조, 통풍, 채광면에서 벽체의 공유로 인해 불리하다.

    ㉡ 프라이버시 유지에 불리하다.

    ㉢ 평면계획상 제약을 받는다.

    ㉣ 불성실한 계획의 경우 단조로운 공간과 외관이 형성될 수 있다.

(3) 아파트의 장·단점

① 장점

    ㉠ 건축비, 대지비, 유지관리비가 절약된다.

    ㉡ 공동설비 및 주위환경 이용의 혜택이 증가된다.

② 단점

    ㉠ 도시에 인구밀도가 증가된다.

    ㉡ 도심지 생활자의 이동성이 발생한다.

    ㉢ 세대 구성원의 인원이 감소된다.

② 공동주택의 종류

(1) 법적 공동주택의 분류

① **다세대주택** ··· 4층 이하로서 동당 건축 연면적이 660㎡ 이하인 주택

② **연립주택** ··· 4층 이하로서 동당 건축 연면적이 660㎡를 초과하는 주택

③ **아파트** ··· 5층 이상의 주택

🌸 **용도별 공동주택의 분류** 🌸

유형	개념
아파트	주택으로 쓰이는 층수가 5개층 이상인 주택
연립주택	주택으로 쓰이는 1개 동의 연면적이(지하주차장 면적 제외) 660㎡를 초과하고, 층수가 4개층 이하인 주택
다세대주택	주택으로 쓰이는 1개 동의 연면적이(지하주차장 면적 제외) 660㎡를 이하이고, 층수가 4개층 이하인 주택
기숙사	학교 또는 공장 등의 학생 또는 종업원 등에 사용되는 것으로서 공동취사용 구조이면서 독립된 주거형식을 갖추지 아니한 것

(2) 연립주택의 분류

① **테라스 하우스**(Terrace house)

　㉠ 경사지에서 적당하게 절토를 하여 그대로의 자연지형에 따라서 건물을 테라스형으로 축조한 것이다.

　㉡ 각 호마다에 전용의 뜰을 가질 수 있다.

② **중정형 하우스**(Patio house) … 건물의 내부에 중정을 갖는 연립주택

　㉠ 중앙에 중정을 두고 이를 거주용 건물이 둘러싼 형식이다.

　㉡ 격자형의 단조로움을 피하기 위해 돌출, 후퇴시킬 수 있다. 입구의 연속적인 효과를 위해 도로나 공공보도에 면해 중정을 배치시켜 중정이 입구가 되게 한다.

　㉢ 높이, 휴식, 수영장 등 커뮤니티시설이나 오픈스페이스를 확보하기 위해 한 세대를 제거할 수 있다.

　㉣ 다양하고 풍부한 외부공간을 구성하기에 유리하다.

　㉤ 일조를 위한 방위조절이 어렵고, 고밀도의 유지도 어렵고 개성 있는 설계나 변형된 평면구성이 어렵다.

　㉥ 일정한 대지에 몇 개의 주거군 건립을 중정을 중심으로 하게 되는데 본인이 이해하는 것처럼 남향 이외의 층이 나올 수밖에 없는 필연적 이유이다.

　㉦ 중정형의 경우 대부분 고층 아파트 형식 보다는 연립주택 유형으로 분류되어 이해하는 것에 따른 고층, 고밀의 한계, 대지를 벗어나지 못하고 그 범주에서 설계하게 되므로 평면구성의 한계가 있을 수밖에 없다.

◎ 중정형 하우스 ◎

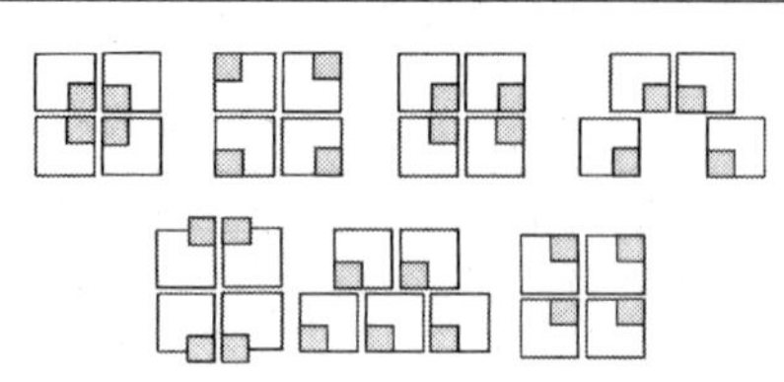

- ☐ : 주호 건물
- ▨ : 중정

③ **타운 하우스**(Town house)

　㉠ 단독주택의 이점을 최대한으로 살린 형식의 주택이다.

　㉡ 인접 가구와의 사이에 경계벽을 두어 주택을 각각으로 구분하여 프라이버시를 확보한 연립주택이다.

　㉢ 공간의 구성

　　• 1층 : 생활공간(거실, 식당, 부엌 등)

　　• 2층 : 휴식 및 수면공간(침실, 서재 등)

　㉣ 특징

　　• 침실은 발코니를 수반한다.

　　• 프라이버시 확보를 위한 적정거리는 25m 정도이다.

　　• 일조 확보를 위한 주동배치는 남향이나 남동향으로 한다.

　　• 각 호별 주차가 용이하다.

　　• 주호를 진출·후퇴하여 배치함으로 해서 배치가 다양해진다.

　　• 층의 다양화를 위해서 단지외곽 또는 양 끝세대 동을 1층으로, 중앙부는 3층으로 하는 등의 기법을 사용한다.

④ **로우 하우스**(Row house)

　㉠ 토지를 효율적으로 이용한다.

　㉡ 공사비를 절감할 수 있다.

　㉢ 단독주택에 비해 높은 밀도를 유지하며 공동시설도 배치할 수 있다.

　㉣ 도시형 주택의 이상형 주택이다.

　㉤ 주거 출입이 홀을 거치지 않고 지면에서 직접 가능하다.

　㉥ 2동 이상의 단위주거가 계벽을 공유한다.

　㉦ 밀도를 높일 수 있는 저층 주거로 3층 이하로 하나 보통 2층이 일반적이다.

　㉧ 경사지의 이용이 가능하다.

　㉨ 벽체의 공유로 일조, 채광, 통풍이 단독주택보다 불리하다.

(3) 형태상 분류

① **단층형**(Plat) ··· 각 호가 한 개층으로 구성된 것이다.

    ㉠ 장점 : 작은 면적에서도 설계가 가능하여 평면구성의 제약이 적다

    ㉡ 단점 : 프라이버시의 유지가 어렵고, 각 호의 규모가 커지면 호당 공용부분 면적이 커진다.

② **복층형**(Maisonnette : Duplex : Triplex)

    ㉠ 각 호가 2개층으로 구성(메조네트, 듀플렉스)되거나, 3개층으로 구성(트리플렉스)된다.

    ㉡ 장점

        • 엘리베이터의 정지층수가 적어지므로 경제적이다.

        • 통로면적이 감소되므로 유효면적이 증대된다.

        • 복도가 없는 층은 남 · 북면의 외기가 원활하여 평면구성이 좋아진다.

        • 독립성이 좋아 프라이버시 확보가 좋다.

    ㉢ 단점

        • 주택 전용면적이 작은 곳은 비경제적이다.

        • 복도가 없는 층은 피난에 불리하다.

③ **스킵플로어형**(Skip floor)

    ㉠ 경사지에서 경사에 따라 단을 지어 층을 구분(반층 높이 차이)하는 형식이다.

    ㉡ 장점

        • 단위주거의 프라이버시가 확보된다.

        • 양면에 개구부를 설치한다.

    ㉢ 단점 : 각 단위주거에 도달할 때 엘리베이터에서 복도를 거쳐 계단을 통해야 하므로 동선이 길어진다.

◎ 형태상의 분류 ◎

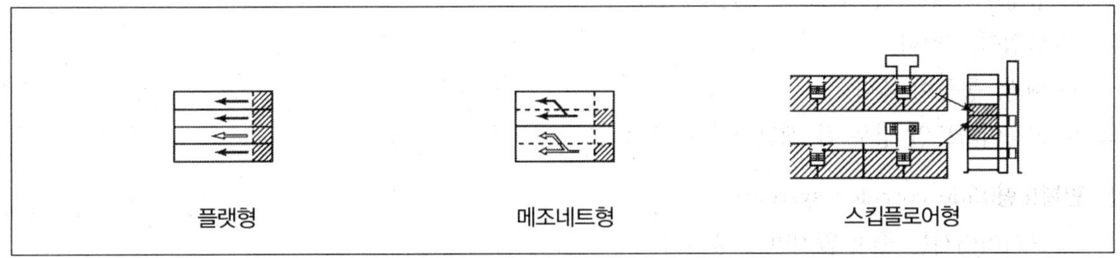

(4) 주동 형식에 의한 분류

① **탑상형** … 건축 외관의 사면성을 강조한다.
  ㉠ 장점
    • 단지의 설계상 랜드마크(Landmark) 역할을 한다.
    • 조망, 경관의 계획이 유리하다.
    • 외부공간의 음영부분이 적어서 정원 등의 관리상 이점이 있다.
    • 방범, 출입통제 등의 관리상 이점이 있다.
  ㉡ 단점
    • 단위주거의 실내조건이 불균등하다.

② **판상형** … 각 주호의 방향의 균일성이 확보된다.
  ㉠ 장점
    • 각 단위주거의 균등한 조건으로 조정이 용이하다.
    • 건물의 시공이 쉽다.
  ㉡ 단점
    • 건물의 그림자가 크게 된다.
    • 대지의 조망 차단이 우려된다.
    • 인동간격에 의해서 배치계획상의 제약을 받는다.

③ **복합형** … 여러가지 형태를 복합한 것으로 H, L형 등 복잡한 형태를 이룬다.

(5) 코어의 평면상 분류

① **홀형**(계단실형 : Direct access hall system)
  ㉠ 독립성이 좋아 프라이버시가 양호하다.
  ㉡ 통행부의 면적이 작으므로 건물의 이용도가 높다.
  ㉢ 출입이 편하다.
  ㉣ 채광, 통풍이 좋다.
  ㉤ 고층아파트일 경우 각 계단실마다 엘리베이터를 설치해야 하므로 설비시설 비용이 많이든다.

② **편복도형**(Side corridor system)
  ㉠ 프라이버시는 좋지 않지만 고층아파트에 적합한 형식이다.
  ㉡ 통풍, 채광이 비교적 양호하다.

③ **중복도형**(Middle corridor system)
  ㉠ 부지의 이용률이 높다.
  ㉡ 프라이버시, 소음, 채광, 통풍이 취약하다.

④ **집중형**(Core system) ··· 계단을 중앙에 배치하고 그 주위에 주호를 연계하는 방식이다.

  ㉠ 대지의 이용률이 높다.

  ㉡ 많은 주호를 집중시킬 수 있다.

  ㉢ 복도의 환기를 위해 고도의 설비 시스템이 필요하다.

  ㉣ 프라이버시가 좋지 않다.

  ㉤ 통풍, 채광, 환기에 매우 불리하다.

  ㉥ 고층이 될 경우 구조, 공사비 면은 유리하다.

> ★TIP 스플릿타입(Split Type) ··· 가위형이라고도 불리우며 한쪽에 침실이 있으면 반대쪽 위쪽에는 거실을 배치한 형식으로 프라이버시상의 문제점을 보완한 방식이다.

<h3 align="center">❀ 코어의 평면상 분류 ❀</h3>

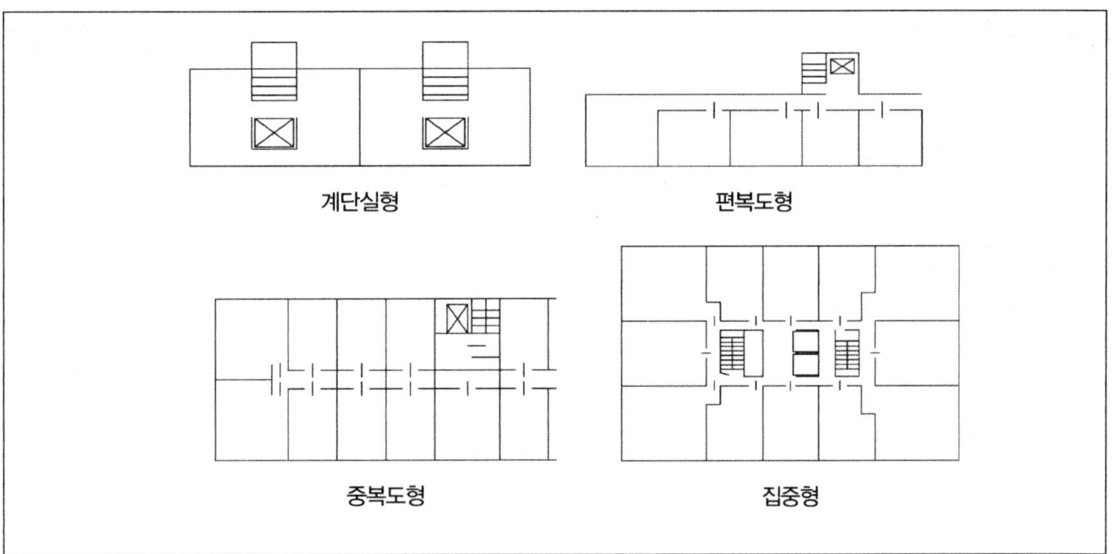

⑤ **평면상 분류에 따른 환경**

구분	홀형	편복도형	중복도형	코어형
일조	○	△	×	△
환기	○	△	×	△
경제성	×	△	○	

> ★TIP 가족구성에 따른 적합한 주택유형
>   ㉠ 독신자 : 중복도형, 집중형
>   ㉡ 가족단위
>   • 저층 : 계단실형
>   • 고층 : 편복도형

(6) 독신자 아파트

① 보통은 중복도식을 사용한다.

② 단위평면 자체 면적은 극소로 제한한다.

③ 단위평면에 보통 부엌, 욕실이 갖추어지지 않는다.

④ 공용공간(식당, 욕실)이 중요하게 계획되어 독신자에게 충분히 제공되어야 한다.

⑤ 적은 비용으로 고밀도 계획을 하도록 한다.

2 공동주택의 계획

① 일반계획

(1) 배치계획

① 사회적, 자연적 환경분석

② 소음 및 프라이버시 고려

③ 건물의 연소방지시설 고려

④ 통풍, 일조, 채광에 따른 인동간격 고려

(2) 평면계획

① **블록플랜**(Block plan)
   ㉠ 각 단위플랜이 2면 이상 외기에 접해야 한다(창문이 2면 이상 뚫려야 한다).
   ㉡ 현관은 계단에서 6m 이내로 멀지 않게 한다.
   ㉢ 모든 실들의 환경이 균등하게 배치한다.
   ㉣ 중요한 거실이 모퉁이에 배치되지 않도록 한다.
   ㉤ 모퉁이에서 다른 가구가 들여다보지 않도록 주의한다.

② **단위플랜**(Unit plan)
   ㉠ 동선이 혼란되지 않도록 단순하게 계획한다.
   ㉡ 거실에 직접 출입이 가능하도록 한다.

ⓒ 침실에는 직접 출입이 가능하도록 한다.

ⓔ 각 실에 출입할 때 타 실을 경유하지 않도록 한다.

ⓜ 부엌, 식사실은 직결하도록 하고 외부에서 출입할 수 있도록 한다.(안 되는 경우는 인공적으로 만들어 주는 경우도 있다)

ⓗ 1인당 4~6㎡의 규모를 갖도록 한다.

③ **측면(동서간)의 인동간격 결정조건**

㉠ 통풍·방화(연소방지상)를 위한 거리 확보

㉡ 동지 때 연속 일조 4~6시간 일조기준(가장 중요 요소이다)

㉢ 소음방지를 위한 적정거리 50m 이상

㉣ 시각 간섭을 피하기 위한 거리 48m 정도(저층에서 시각 간섭이 더 발생할 수 있다)

㉤ 법규적 제한에 의한 것

★TIP 건물의 인동간격

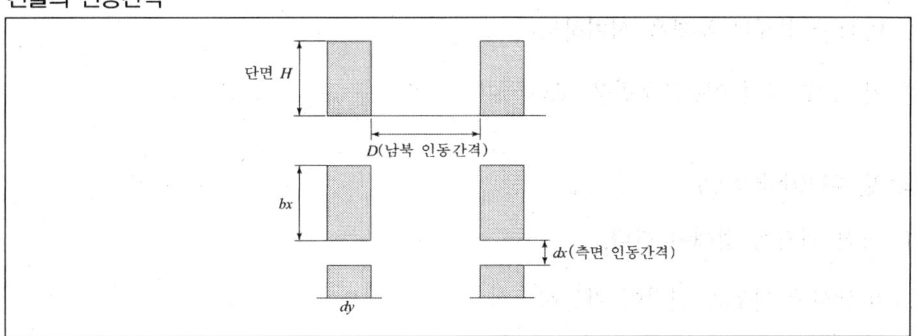

㉠ 1세대 건물 : $dx = bx$(여기서, dx : 측면 인동간격, bx = 건물길이)

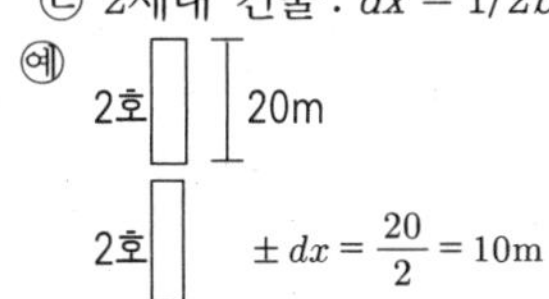

예 1호 10m

1호 $\pm dx = \dfrac{10}{1} = 10\text{m}$

㉡ 2세대 건물 : $dx = 1/2\,bx$

예 2호 20m

2호 $\pm dx = \dfrac{20}{2} = 10\text{m}$

㉢ 다세대건물 : $dx = 1/5\,bx$

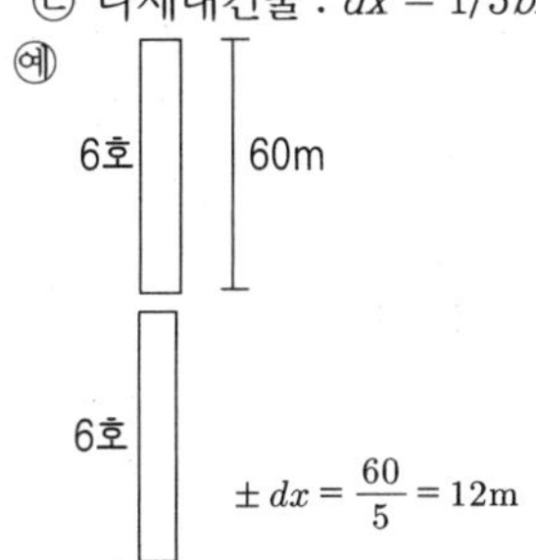

예 6호 60m

6호 $\pm dx = \dfrac{60}{5} = 12\text{m}$

④ 층고의 계획

　　㉠ 최상층은 열차단을 위해서 10 ～ 20㎝ 층고를 높이도록 한다.

　　㉡ 최상층일 경우에 천장 내의 열이 외부에 배출될 수 있도록 고려하여 천장부분에 환기구를 설
　　　치한다.

　　㉢ 거실반자 높이는 최소로 유지한다.

② 각 실의 세부계획

(1) 현관

① 프라이버시상 출입문은 안여닫이로 해야하지만 홀이 좁아지는 것과 피난방향을 생각해서 바깥
　여닫이로 한다.

② 방화상 철제로 문짝을 설치하도록 한다.

③ 가구 및 짐의 이동, 운반을 고려하여 현관의 유효폭은 85㎝ 이상으로 한다.

(2) 발코니(Balcony)

① 직접 외기에 접해야 한다.

② 비상시에 이웃과 연락이 가능하도록 한다.

③ 난간 높이는 1.1m 이상 확보하도록 한다.

④ 유아의 유희, 세탁물 건조장소로 쓰이기도 한다.

(3) 거실, 식당, 부엌

① 다이닝키친, 리빙키친 형식이 대개 사용된다.

② 부엌에 면해서 베란다를 설치하도록 한다.

③ 거실 천장의 높이는 2.4m 이상, 최상층은 일반층보다 10 ～ 20㎝ 정도 높이도록 한다.

(4) 화장실, 욕실

① 화장실은 거실에서 직접 들어가는 것은 피하고 복도나 수세실을 지나 들어가도록 한다.

② 원칙적으로는 욕실과 화장실은 분리시켜야 한다.

③ 욕조의 크기는 폭 80～90㎝, 길이 120～180㎝ 정도로 한다.

④ 세대마다의 화장실의 설치가 어려울 경우에는 공동화장실을 설치해야 한다.

(5) 가구수납의 설치

① 외벽에 설치하면 결로로 인해서 가구가 상하므로 내벽에 설치하도록 한다.

② **수납용 침대**

　㉠ **도어베드**(Door bed)

　　• 침대에 붙여서 작은 방(보통 화장실)을 설치하고 양 실의 사이를 축으로 해서 180° 회전되는 문을 달아준다.

　　• 이 문의 배후에는 접는 침대를 달아 낮에는 침대를 접어 문을 180° 회전시키면 작은 방 속으로 들어가도록 하는 것이다.

　㉡ **레세스베드**(Recess bed) : 침대를 들어올리면 그대로 벽장 속에 들어가는 것이다.

　㉢ **롤러베드**(Roller bed) : 접어서 침대를 세우면 밑에 롤러가 달려 있어 벽장 속에 밀어 넣을 수 있는 것이다.

(6) 복도

① 출입구의 높이는 1.8m 이상으로 한다.

② 기준층의 폭은 1.8～2.1m 정도로 한다.

③ 피난거리는 내화구조에서는 50m, 비내화구조는 30m로 계획한다.

(7) 계단

① 단 높이는 18㎝, 단 너비는 27～30㎝, 물매는 30° 이하, 계단폭은 1.8～2.1m로 한다.(법규상 단 높이는 20㎝ 이하, 단 너비는 24㎝ 이상이다)

② 계단참은 3m 이상의 높이인 경우에 3m 이내마다 1개소씩 설치하도록 한다.

③ 1층에 주거를 만들 때에는 입구의 높이를 보통 0.5m 이상으로 한다.

(8) 엘리베이터

① 6층 이상(고층)일 때 설치한다.

② 배치는 홀형일 경우 홀에 배치하고 복도형일 경우에는 단위플랜에서 30～40m 이내에 설치하도록 한다.

③ 엘리베이터의 조정방식으로는 수동식, 자동식, 신호식이 있다.

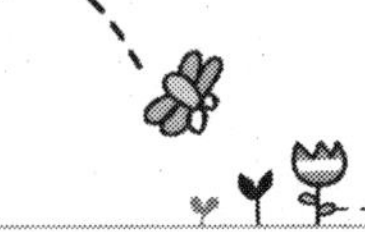

④ **엘리베이터의 수 산출조건**

　ㄱ 2층 이상 거주자의 30%를 15분간 한방향 수송이 가능해야 한다.

　ㄴ 1인이 승강기 탑승에 필요로 하는 시간은 문의 개폐시간을 포함해서 6초로 본다.

　ㄷ 평균 대기시간을 10초로 본다.

　ㄹ 전속도의 80%를 실제 주행속도로 한다.

　ㅁ 정원의 80%를 수용인원으로 한다.

　ㅂ 엘리베이터 1대당 50 ～ 100호가 적당하다.

　ㅅ 10인승 정도의 소규모가 적당하다.

　ㅇ 엘리베이터의 속도는 경제적인 면에서는 저속(50m/min)으로 하나 능률적인 면에서는 중속
　　(70 ～ 100m/min)으로 한다.

　ㅈ 엘리베이터의 박스는 세로 길이를 깊게 해서 화물이 들어가기 쉽도록 한다.(피아노를 똑바로
　　세울 수 있을 정도)

(9) 더스트슈트(Dust chute)

① 복도, 계단창 등에 설치하고 북쪽방향으로 한다.

② **크기**

　ㄱ 2 ～ 3층 : 40㎝×40㎝

　ㄴ 4 ～ 6층 : 50㎝×50㎝

　ㄷ 7 ～ 9층 : 60㎝×60㎝

⑽ 채광 및 기타 설비

① **채광** ⋯ 채광을 위한 개구부의 크기는 거실 바닥면적의 1/10이상이다.

② **급배수**

　ㄱ 급수량 : 1일 1인 100l량 표준(50 ～ 200l)

　ㄴ 배수량 : 1인 1시간 165l/hr

③ **난방**

　ㄱ 저층 : 85 ～ 90℃의 보통온수난방

　ㄴ 고층 : 100 ～ 150℃의 고온수난방

④ **환기** ⋯ 환기를 위한 유효면적은 그 거실의 바닥면적에 대해서 $\dfrac{1}{20}$ 이상이 좋다.

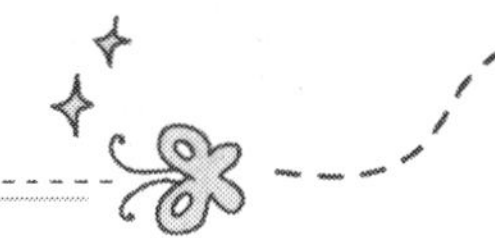

⑤ **파이프 샤프트**

　㉠ 급배수, 냉·난방, 급탕가스 등 배관과 전기, 전화선은 별도로 해야 한다.

　㉡ 만약 같은 곳에 두게 될 경우에는 30㎝ 이상 간격을 띄어야 한다.

⑥ **리프트**(Lift) … 저층에서 고층으로 잡화·식료품 등을 운반하는 시설로 적재량 110kg까지만 허용한다.

　㉠ 전동식 : 3층 이상

　㉡ 수동식 : 3층 이하

③　단지계획

(1) 개요

① 기후, 구조물, 생활권 등의 세부적인 조직체계를 이루도록 하는 것이다.

② 인간이 생활하는데 있어서 불편함이 없도록 모든 환경과 물리적으로 연계시키는 것이다.

③ 건축에서부터 조경, 토목에 이르기까지 경제영역에 속한다.

④ 대형건축물, 즉 쇼핑센터, 극장, 공공시설 등과 같은 건물을 지을 때 항상 요구되는 조건이다.

(2) 단지계획론

① **신도시론**

　㉠ 1898년 에베네저 하워드의 전원도시론에서 시작되었다.

　㉡ 농촌과 도시의 장점을 결합한 신도시의 개념을 확립하였다.

　㉢ 자족적인 도시를 확립해야 한다.

　㉣ 상호적 관계인 위성도시와는 개념이 다르다.

　㉤ 전원도시론의 종류

　　• 내일의 전원도시(1898)

　　• 레치워스 전원도시(1903)

　　• 웰윈 전원도시(1920)

② **근린주구이론 I**

　㉠ 1929년 페리에 의해 제시되었다.

　㉡ 초등학교를 중심으로 하여 초등학교를 1개 수용할 수 있는 인구규모가 적당하다.

　㉢ 초등학교에서 400m의 보행거리를 갖는다.

② 주구 내의 교통량에 비례해서 주구 내를 통과하는 도로를 두어서는 안 된다.

⑩ 주구 내의 경계는 간선도로로 한다.

⑭ 주구 간 간선도로 교차부에 상점, 여가시설 등이 필요하다.

③ **근린주구이론Ⅱ**

㉠ 라이트와 스타인에 의해 제시된 시스템이다.

㉡ **래드번 계획**(H. Wright, C. Stein)

- 자동차 통과교통의 배제를 위한 슈퍼블록의 구성
- 보도와 차도의 입체적 분리
- Cul−de−sac형의 세가로망 구성
- 공동의 오픈스페이스 조성
- 도로는 목적별로 4종류의 도로 설치
- 단지 중앙에는 대공원 설치
- 초등학교 800m, 중학교 1,600m 반경권
- 쿨데삭 : 레드번 계획에서 시도된 것으로 주택 단지 내에 설계되는 도로의 한 유형으로 단지 내 도로의 끝을 막다른 길로 하여 끝에서 자동차가 회차할 수 있는 공간을 주어 설계한 것이다.
  - 외부차단의 효과가 있다.
  - 보행로의 배치가 자유롭다.
  - 보차분리가 이루어져 보행자의 안전에 유리하다.
  - 통과교통이 없어 쾌적한 주거환경을 유지할 수 있다.
  - 부정형한 대지에 적용성이 높다.
  - 슈타인과 헨리 라이트의 가장 중요한 개념으로서 쿨데 자동차는 통과를 금지하고 사람만 통과하는 것

④ **근린주구론에 대한 비판**

㉠ 도시인의 기본동기인 새로운 접촉, 경제적 기회, 익명성 무시

㉡ 근린주구 규모는 자족적 주거단지를 형성하기에는 너무 작음.

㉢ 시대에 다소 뒤떨어지는 개념

㉣ 계층 간, 인종 간 분리를 조장

㉤ 초등학교를 중심으로 계획기준이 설정되어 있어 상호복합적인 활동이 이루어지기에는 부적합

㉥ 다소 농가적인 생활을 배경으로 하고 있다.

㉦ Open Community이론은 근린주구이론을 비판한 이론이다.

⑤ **뉴어바니즘**

㉠ 기존의 어바니즘이 제2차 세계대전 이후의 도시문화(교외화라는 패러다임)가 현대 도시문제의 시작이라는 관점

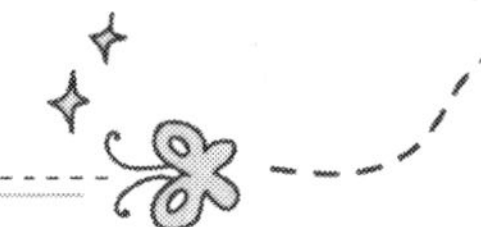

    ⓛ 이들의 대안은 제2차 세계대전 이전의 전통근린주구에 기초함

    ⓒ 이에 따라 도시중심을 복원하고 확산하는 교외를 재구성하여 도시의 커뮤니티, 경제, 환경을 통합적으로 고려함.

    ⓔ 계획기법으로는 전통적 근린개발(TND : Traditional Neighborhoo Development)과 대중교통 중심적 개발(TOD : Transit Oriente Development)을 들 수 있다.

    ⓜ 패더 : 일(day)중심, 주 중심, 월 중심의 단계별 일상생활권의 개념을 확립했다. 단계적인 일상생활권을 바탕으로 자급자족적 소도시를 구상하였다.

    ⓗ 아담스 : 소주택의 근린지 제안 및 중심시설은 공공시설과 상업시설이 위치한다고 하였다. 중심시설은 공민관과 상업시설이다.

    ⓢ 루이스 : 현대도시계획을 제시하였고 어린이의 최대 통학거리를 1km로 산정하였다.

    ⓞ 독시아디스 : 인간정주에 관한 사회이론을 제시하였으며 인간, 사회, 기능, 자연, 덮개를 주요하게 다루었다.

    ⓩ 르 꼬르뷔제 : 아테네 헌장에서의 도시 4대 기능(여가, 주거, 근로, 교통)을 중심으로 도시계획에 관한 이론을 제시하였다.

⑥ **도시 이미지**

    ㉠ 캐빈 린치에 의해 제시된 도시의 이미지 형성에 기여하는 물리적 지표가 있다.

    ㉡ 도시 이미지 요소

      • Path(통로)

      • Edges(접촉부)

      • Landmark(목표)

      • Node(결절점)

      • Districts(구역)

(3) 근린주구 및 주택의 배치

① **근린단위 방식**

    ㉠ 인보구

      • 규모

      − 0.5 ~ 2.5ha

      − 20 ~ 40호

      − 100 ~ 200명

      • 중심시설 : 유아놀이터, 공동세탁장

      ⓛ 근린분구
- 규모
  - 15 ~ 25ha
  - 400 ~ 500호
  - 2,000 ~ 2,500명
- 중심시설
  - 소비시설 : 잡화상, 술집, 쌀가게 등
  - 후생시설 : 공중목욕탕, 약국, 이발관, 진료소, 조산소, 공중변소 등
  - 공공시설 : 공회당, 파출소, 공중전화, 우체통 등
  - 보육시설 : 유치원, 탁아소, 아동공원 등

ⓒ 근린주구
- 규모
  - 100ha
  - 1,600 ~ 2,000호
  - 8,000 ~ 10,000명
- 중심시설 : 초등학교, 병원, 어린이공원, 도서관, 우체국, 소방서, 동사무소

ⓓ 근린지구
- 근린지구 3 ~ 4개 정도
- 규모
  - 400ha
  - 20,000호
  - 100,000명

◎ 근린주구의 개념 ◎

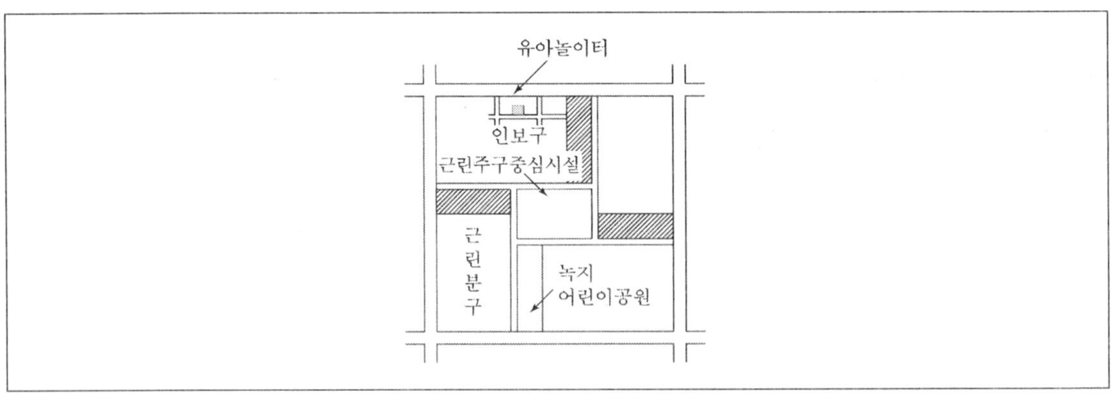

② 도시주택의 배치

　㉠ 중심지

　　• 500인/ha

　　• 고층아파트, RC조

　㉡ 중심 외주부

　　• 300 ~ 400인/ha

　　• 중층아파트

　㉢ 외주부

　　• 200인/ha

　　• 저층아파트, 연립주택

　㉣ 교외

　　• 50 ~ 100인/ha

　　• 단독주택, 목조, 조적조, 블록조

> **TIP 슬럼지**
> ㉠ 600인/ha 이상 밀집된 곳
> ㉡ 불량지역으로 변화되는 곳

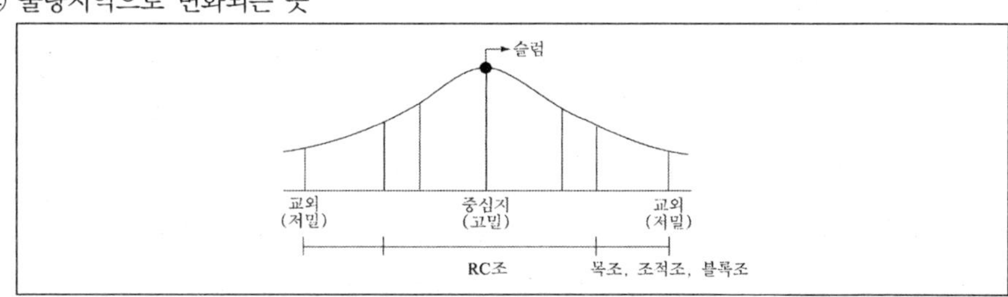

③ 주거밀도

　㉠ 개념

　　• 토지의 경제적이며 쾌적한 환경을 조성하기 위한 지표로써, 토지와 건물, 토지와 인구와의 수량적인 관계를 나타낸다.

　　• 단위면적당 인구밀도, 인구량, 건물량 등으로 나타낸다.

　㉡ 주거밀도를 나타내는 방법

　　• 인구밀도 : 토지와 인구와의 관계를 말한다.

$$인구밀도 = \frac{주거인구}{토지면적} = 호수밀도 \times 세대당\ 평균인원수$$

　　• 총밀도 : 총 대지면적이나 단지 총면적에 대한 밀도를 말한다.

$$총밀도 = 순밀도 \times 주택건축\ 용지율$$

- 순밀도 : 녹지, 교통용지를 제외하고 남은 주거 전용면적에 대한 밀도를 말한다.
- 호수밀도(호/ha) : 토지와 건축물량과의 관계를 말한다.

$$호수밀도 = \frac{주택호수}{단위토지면적}$$

④ **주택의 단지 및 도로조건**

㉠ 가로구획을 폭 25m, 길이 80 ~ 160m(약 100m)로 한다.

㉡ 도로면적은 전체 면적의 13 ~ 17% 정도로 한다.

㉢ 도로의 폭은 소방도로 8m, 가구로 6m, 주택로 4m 정도로 한다.

㉣ 도로의 간격은 300m 정도로 설치한다.

(4) 커뮤니티(Community)

① **개념**

㉠ 도시의 개발과 발전으로 주택지와 인간생활에 편의성은 증진되었으나 질서, 유대감이 저하되고 이질성도 심화되었다.

㉡ 주택지의 균형적인 발전을 이룩하기 위해서 주택지를 지역적으로 통합하여 발전시키려는 근린주구의 개념을 도입하였다.

㉢ 커뮤니티 센터를 중심으로 하여 공동체의 장을 마련하려는 것이다.

② **커뮤니티 센터**(Community center) … 공동생활에 필요한 시설이 형성되는 군을 뜻하며 인간의 유대관계, 정신적인 결합을 하기 위한 공동시설의 체계이다.

③ **공동시설**

㉠ 1차 공동시설

- 기본적 주거시설을 말한다.
- 종류 : 급·배수, 급탕, 난방, 환기, 전화설비, 통로, 엘리베이터, 각종 슈트, 소각로, 구급 설비 등

㉡ 2차 공동시설

- 거주행위의 일부를 공유한다.
- 종류 : 세탁장, 작업시설, 어린이 놀이터, 창고설비, 응접실 등

㉢ 3차 공동시설

- 편의적 시설을 말한다.
- 종류 : 관리시설, 물품판매, 집회실, 체육시설, 의료시설, 보육시설, 채원, 정원 등

㉣ 4차 공동시설

- 공공적 시설을 말한다.
- 종류 : 우체국, 학교, 경찰서, 파출소, 소방서, 교통기관 등

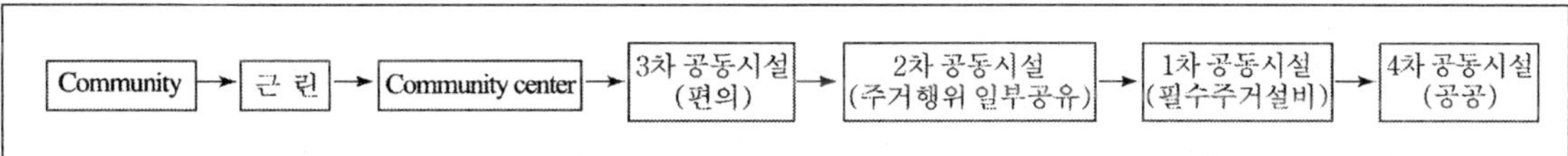

(5) 주거단지의 계획

① 주거환경요소

  ㉠ **자연적인 요소** : 경사도, 식생 등과 같은 지형, 기후, 향, 일조, 조망, 물 등

  ㉡ **인위적인 요소**

- 교통 : 역, 도로, 보행로, 전용도로
- 시설 : 각종 공급시설 및 공공시설
- 입지 : 시설간의 위치 및 관계
- 문화적인 요인에 따른 유산물
- 서비스
- 건축물

② 환경계획요소

  ㉠ 개인 비밀을 위한 프라이버시 및 독자성

  ㉡ 삶의 쾌적성

  ㉢ 공동시설의 편이 및 접근성

  ㉣ 건강을 위한 보건과 안전성

  ㉤ 방향과 영역성

③ 공동시설의 배치계획

  ㉠ 시설의 이용도가 높은 건물은 이용거리를 짧게 배치한다.

  ㉡ 이용자가 편리하게 이용하고 접근하기 쉽게 하여 시설들 간의 인접성을 유지시키도록 해야한다.

  ㉢ 전체 토지의 이용에 대한 효율성에 따라서 시설을 배치시킨다.

  ㉣ 확장, 증설을 감안하여 용지를 확보해둔다.

  ㉤ 주거단지의 중심을 형성할 수 있는 곳에 설치한다.

  ㉥ 공원과 녹지, 학교시설과 관련하여 배치하도록 한다.

④ 보행로의 계획

  ㉠ 보행자의 공간계획

- 통행인의 목적동선은 최단거리가 되게 한다.
- 보행로에 흥미를 부여하여 질감, 밀도, 조경, 스케일에 변화를 준다.

- 활동 결절점은 커뮤니티의 어느 곳에서나 10분 정도의 보행거리 내에 위치하도록 하고 또한 Open space로 한다.

ⓛ **보행자의 동선계획**

- 목적동선은 오르내림이 없도록 유의하여 최단거리로 만들어준다.
- 대지 주변부와 보행자 전용로를 연결하도록 한다.
- 보행자의 동선은 회유동선과 목적동선으로 분류시킨다.
- 공원, 놀이터 등은 오픈된 공간으로 하고 보행자 통로에 연결되도록 한다.
- 생활의 편의시설을 집중배치하도록 하며 반대쪽은 학교시설을 배치한다.

ⓒ **보행자 도로**

- 도로의 폭은 3인이 부딪히지 않고 통과할 수 있을 정도인 최소 2.4m 이상으로 한다.
- 도로의 폭이 10m 이상일 때에는 보도를 설치해야 한다.
- 대형건물의 입구가 직접적으로 연결되지 않아야 한다.
- 자전거 전용도로와의 접근부는 가드레일을 설치하도록 한다.
- 보도는 블록 내에서 연속되어야 한다.
- 다른 시설로부터의 방해요소가 없어야 한다.
- 보도폭은 주간선도로 3m, 보조간선도로 및 샛길은 2m, 통학로는 4m로 한다.

⑤ **교통계획**

㉠ **교통계획의 중요사항**

- 고속도로와 근린주구 단위는 분리시키도록 한다.
- 근린주구 내부에 자동차의 진입을 극소화시킨다.
- 쿨데삭(막힌 골목길 및 보차분리)을 이루게 한다.
- 차도와 보도의 입구는 명백한 특징으로 차이를 만들어준다.
- 통과도로를 다른 도로보다 중요하게 취급하도록 한다.

ⓛ **차량의 교통계획**

- 주거단지와 간선도로를 계획함에 있어서 지형, 기존 도로와의 연결 가능성, 쾌적한 환경 및 시설 등이 결정요소가 된다.
- 공동주택의 차량동선은 9m(버스), 6m(소로), 4m(주거용 진입도로)의 3단계로 구분한다.
- 간선도로계획
  - 횡단보도는 최소 300m마다 설치, 교차지점간격은 400m이상, 교차각 60도 이상이어야 한다.
  - 지선로에 의해서 자주 단속되어서는 안 된다.
  - 공공시설물의 배치는 인접하는 둘 이상의 간선도로에서 보행거리 이내에 설치를 하도록 한다.

구분	기능 / 용도	배치간격
도시고속도로	• 도시 내의 주요지역 또는 도시 간을 연결하는 도로 • 대량교통 및 고속교통의 처리를 목적으로 함 • 자동차 전용으로 이용하는 도로	–
주간선도로	• 도시 내 주요지역 간, 도시 간 또는 주요 지방 간을 연결하는 도로 • 대량 통과교통의 처리가 목적 • 도시의 골격을 형성하는 도로	1000m
보조간선도로	• 주간선도로를 집산도로 또는 주요 교통발생원과 연결하는 도로 • 도시교통의 집산기능을 도모하는 도로 • 근린생활권의 외곽을 형성	500m
집산도로	• 근린생활권의 교통을 보조간선도로에 연결하는 도로 • 근린생활권내 교통의 집산기능을 담당하는 도로 • 근린생활권의 골격을 형성	250m
국지도로	• 가구를 확정하고 대지와의 접근을 목적으로 하는 도로 • 소형기구를 외곽을 형성하고 그 규모 및 형태를 규정하며 일상생활에 필요한 집 앞 공간을 확보하는 도로	장변 : 90~150m 단변 : 30~60m
특수도로	• 자동차 외에 교통에 전용되는 도로 • 보행차 전용도로, 자전거 전용도로	보행로 : 폭 1.5m이상 자전거도로 : 1.1m이상

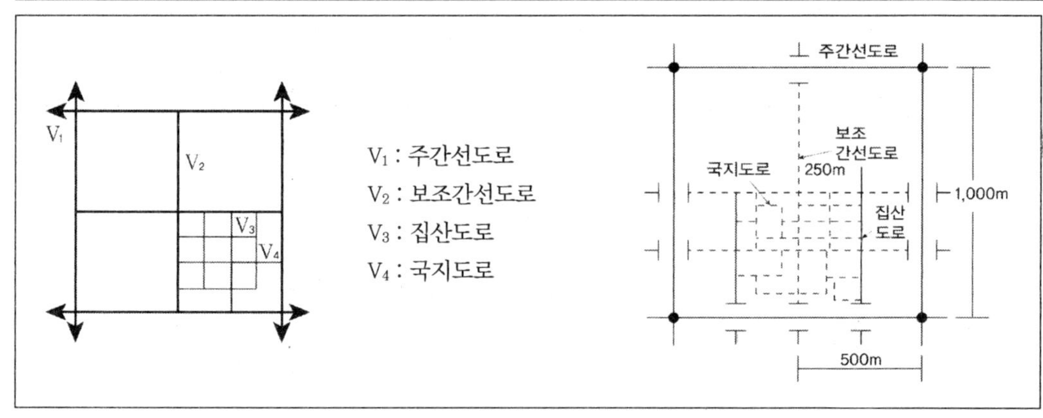

참고) 건교부, 도시계획시설 기준에 관한규칙(2000)

🌸 간선도로의 요소 🌸

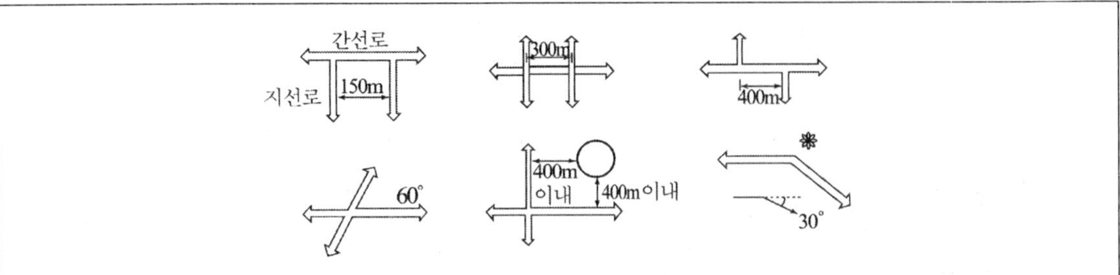

- 단지 내 지선로 계획
  - 단지 내에서 차량속도를 저하시키기 위해 2개의 간선로를 곡선형으로 연결하도록 한다.
  - 주로는 지선로에 연결하도록 한다.
  - 지선로에 건물이 직접 면하지 않도록 배치한다.
- 주구 내 집산로
  - 운전자의 집중과 차량감속을 유도하기 위해 불규칙 커브형태를 계획한다.
  - 가시거리 확보를 위해서 수목을 제거하거나 수목재배치를 계획한다.
  - 주위환경을 개선하기 위해 보도의 시설에 대해서 접근성을 확충한다.
- 주동 접근로
  - 차량과 주동 간의 적당한 완충공간을 확보한다.
  - 환경적으로 가장 나쁜 곳에 주동의 접근로가 위치하도록 한다.
  - 주동의 배열, 오픈공간을 결정한 후에 접근로를 시행하도록 한다.
- 도로의 형식

형식	내용
격자형 도로	• 교통의 균등한 분산 • 넓은 지역까지 서비스 가능 • 교차점은 40m 이상 이격 • 주거지역, 업무지역에 직접 연결 불가능
선형도로	폭이 좁은 단지에 유리
쿨데삭	• 적정길이 120 ~ 300m(단, 300m 이상시에는 중간부에 회전지점 마련) • 2차선 확보 • 보차분리 • 진출입구 교통혼잡 주의
단지순환로	• 도로가 단지주변에 분포시 최소 4 ~ 5m • 완충지 식재 • 단지가 공원 등과 인접시에는 7 ~ 8m 여유를 두고 후퇴배치도 고려

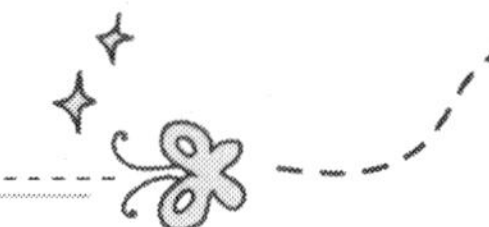

(6) CPTED (환경설계를 통한 범죄예방)

① **CPTED**(Crime Prevention Through Environmental Design)**의 정의**… 건물이나 공원, 가로 등 도시의 환경 설계를 통해 사전에 범죄를 예방하는 것을 말한다. 범죄란 물리적인 환경에 따라 발생빈도가 달라진다는 개념에서 출발한다. 즉, 적절한 설계 및 건축환경을 통해 범죄를 감소시키는데 목적이 있다. 이에 특정한 공간에서 범죄를 예방하는 방법으로는 담장, CCTV, 놀이터 등 시설물 뿐 아니라 도시설계 및 건축계획 등 기초 디자인 단계에서부터 셉테드 개념이 적용되고 있다. 현대 범죄예방 환경설계 이론의 시초로는 제인 제이콥스(Jane Jacobs)를 꼽는다. 이후 레이 제프리(C. Ray. Jeffery)의 1971년 저서 'Crime Prevention Through Environmental Design'(환경 설계를 통한 범죄 예방)과 오스카 뉴먼(Oscar Newman)의 1972년 저서 'Defensible Space'(방어 공간) 등에서 환경설계와 범죄와의 상관관계 연구가 본격적으로 발전했다.

② **CPTED의 지향방향**

   ㉠ **자연적 감시** : 자연적 감시는 건물 · 시설물의 배치에 있어 일반인들에 의한 가시권을 최대화하는 전략이다.

   ㉡ **자연적 접근 통제** : 자연적 접근 통제는 보호되어야 할 공간에 대한 출입을 제어하여 범죄 목표에 대한 접근을 어렵게 하고 범죄 행위의 노출(발각) 가능성을 높이는 설계 원리를 말한다.

   ㉢ **영역성** : 영역성은 주민에게 거시적인 영역의 소속감을 제공하여 범죄에 대한 관심을 높이고 잠재적 범죄자에게 그러한 영역성을 인식시키는 것이다.

   ㉣ **활동의 활성화** : 활동의 활성화는 주민들이 함께 어울릴 수 있는 환경을 조성하여 자연적인 감시 활동을 강화하는 것이다.

   ㉤ **유지 및 관리** : 유지 및 관리의 원리는 시설물을 깨끗하고 정상적으로 유지하여 범죄를 예방하는 것으로 깨진 창문 이론과 그 맥락을 같이 한다.

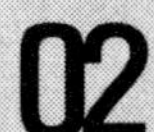

02 출제예상문제

1 공동주택의 상가설계시의 고려사항으로 옳지 않은 것은?

① 시설의 이용거리를 짧게 배치한다.

② 이용자가 편리하게 이용하고 접근하기 쉽게 한다

③ 주거단지의 중심을 형성할 수 있는 곳에 설치한다.

④ 효율성에 따라서 시설을 배치시킨다.

⑤ 내부를 화려하게 꾸민다.

> **note** 공동주택의 상가의 내부는 단조롭고 이용자의 편리를 도모할 수 있도록 해야 한다.

2 다음 중 공동주택의 형식에 관련되는 사항으로 옳지 않은 것은?

① 계단실형 – 각 주호의 독립성이 높지만 고층주택에는 적합하지 못하다.

② 복도형 – 설계의 자유도가 계단실형보다는 높지만 각 주호의 독립성은 좋지 못하다.

③ 메조네트형 – 각 주호의 독립은 높으나 큰 규모의 주호에는 적절하지 못하다.

④ 테라스 하우스형 – 전용의 뜰이 각 호에 있기 때문에 노인이나 어린이들이 있는 주호에 적절한 형이다.

> **note** ③ 메조네트형은 복층형으로써 유효면적이 커지게 되므로 큰 규모의 주호에 적절하고 50㎡ 이하의 주호에는 비경제적이다.

3 다음 중 페리(C. A. Perry)의 근린주구(Neighborhood unit) 이론과 거리가 먼 것은?

① 주구 내에는 통과교통을 두지 않는다.

② 초등학교의 학구를 기본단위로 본다.

③ 중학교와 의료시설은 반드시 갖추어야 한다.

④ 커뮤니티 생활시설을 안전하게 배치한다.

> **note** 근린주구이론(C. A. Perry) ··· 초등학교를 중심으로 하여 초등학교 1개를 수용할 수 있는 인구 규모가 적당하다.

4 아파트 계획에서 복층형(Duplex)에 관한 설명으로 옳지 않은 것은?

① 소규모 주거형식에는 비경제적이다.

② 엘리베이터의 정지횟수가 줄어든다.

③ 전용면적비가 감소된다.

④ 단층형에 비해 독립성을 유지하기가 좋다.

> **note** 복층형(Duplex)의 특징
> ㉠ 장점
> - 엘리베이터의 정지층수가 적어지므로 경제적이다.
> - 통로면적이 감소되어 전용면적이 증대된다.
> ㉡ 단점
> - 주택 전용면적이 작은 곳은 비경제적이다.
> - 복도가 없는 층은 피난에 불리하다.

5 다음 중 아파트 형식에 관한 설명으로 옳지 않은 것은?

① 단층형(Flat type)의 편복도형은 공용부분의 면적이 많아지고 프라이버시 유지가 나쁘다.

② 중복도형 아파트는 일조, 통풍에 난점이 있다.

③ 계단실형 아파트는 4층 정도의 아파트에서 공용부분 면적이 가장 작게 든다.

④ 복층형(Maisonette type)은 1층 부분이 필로티로 구성되어 있는 것을 말한다.

> **note** ④ 복층형은 각 호가 2개층 이상의 층을 구성하는 방식이다.
> ※ 필로티형 ··· 1층은 기둥만으로 지지하여 개방적 공간을 구성하고 2층 이상을 실제로 사용하는 방식이다.

Answer 3.③ 4.③ 5.④

6 다음 중 공동주택의 장점으로 옳지 않은 것은?

① 토지 이용률을 높일 수 있다.

② 견적비, 관리비를 절감할 수 있다.

③ 각종 생활시설의 이용이 편리하다.

④ 개별적 생활 요구공간을 만들 수 있다.

> **note** 공동주택의 장점
> ㉠ 설비의 집중화로 시공비가 절감된다.
> ㉡ 동일면적을 대비해서 독립주택에 비해 유지관리비가 절감된다.
> ㉢ 1가구당 대지의 점유면적이 절감된다.
> ㉣ 주위환경의 이용혜택이 증가된다.

7 계단실형 아파트에 관한 설명으로 옳지 않은 것은?

① 다른 형식에 비해 계단이나 홀에 대한 프라이버시가 불리하다.

② 계단실 또는 엘리베이터 홀에서 직접 각 단위주거로 들어갈 수 없다.

③ 양쪽으로 개구부를 개방할 수 있어 채광, 통풍에 유리하다.

④ 출입에 필요한 통로부분의 면적이 절약된다.

> **note** ① 계단실형(홀형)은 각 계단을 하나의 주호가 사용하므로 계단이나 홀에 대한 프라이버시는 양호하다.

8 다음 중 다세대 주택의 장점으로 옳지 않은 것은?

① 공사비가 절감된다.　　　　　② 출타시 도난방지에 유리하다.

③ 저소득층의 기호에 융합할 수 있다.　　　　　④ 주거환경의 질적 수준을 향상시킨다.

> **note** 다세대 주택의 장점
> ㉠ 공기조화 등 설비적인 면을 집약할 수 있어 공사비가 절감된다.
> ㉡ 어린이 놀이터 등 공공용지의 확보가 유리하다.
> ㉢ 저소득층의 기호나 취향에 융합할 수 있다.
> ㉣ 도난방지에 유리하다.
> ㉤ 1가구당 대지의 점유면적이 절감된다.

9 다음 중 아파트 계획에 관한 설명 중 옳지 않은 것은?

① 편복도형은 통풍 및 채광에 유리하다.

② 중복도형은 대지의 이용도가 높다.

③ 홀형은 각 호의 프라이버시 유지에 유리하다.

④ 집중형은 통풍 및 채광에 유리하다.

> **note** 아파트의 코어 평면상의 분류 중 집중형은 프라이버시, 통풍, 채광, 환기에 불리하며 복도의
> 환기를 위해서는 고도의 설비 시스템을 필요로 한다.

10 아파트의 외관형식을 탑상형과 비교할 때 판상형의 특징으로 옳은 것은?

① 그림자가 적다.

② 계획과 시공이 쉽다.

③ 조망이 양호하다.

④ 단위주거의 환경이 불균등하다.

> **note** 판상형의 장·단점
> ㉠ 장점
> • 각 단위주거의 균등한 조건으로 조정이 용이하다.
> • 건물의 시공이 쉽다.
> ㉡ 단점
> • 건물의 그림자가 크다.
> • 대지의 조망이 차단될 우려가 있다.
> • 인동간격에 의해서 배치계획상의 제약을 받는다.

11 집합주거의 배치개념으로서 고려하는 내용으로 옳지 않은 것은?

① 동지시 4시간 일조확보를 위한 인동간격을 기준으로 판단한다.

② 교통은 가급적 일방통행으로 하고 보차를 분리한다.

③ 어린이 놀이터는 각 주호 영역으로부터 가능한 격리시킨다.

④ 쿨데삭(Cul-de-Sac) 방식은 자동차 교통이 막다른 골목형태로 배치된다.

> **note** ③ 어린이 놀이터의 경우는 항시 눈에 띄는 장소에 위치해야 하므로 각 주호의 영역으로부터
> 가까운 곳에 위치시키도록 한다.

Answer   9.④ 10.② 11.③

12 1단지 주택계획을 인보구, 근린분구, 근린주구의 단위로 구분할 때 그 규모로 옳지 않은 것은?

① 인보구 − 20 ~ 40호

② 근린주구 − 1,600 ~ 2,000호

③ 근린분구 − 2,000 ~ 2,500호

④ 근린주구 − 8,000 ~ 10,000명

> **note** 근린분구의 규모
> ㉠ 15 ~ 25ha
> ㉡ 400 ~ 500호
> ㉢ 2,000 ~ 2,500명

13 다음 중 집합주택계획에서 가장 중요한 것은?

① 통풍과 경관 ② 일조와 통풍

③ 경관과 일조 ④ 통풍과 독립성

> **note** 집합주택을 계획함에 있어서 각 주호간의 프라이버시 및 독립성 정도를 어느 정도 확보했느냐와 통풍, 일조, 경관 등의 환경조건 등이 양호한가를 판단하는 것이 중요하다.

14 다음 중 공동주택의 성립요건으로 옳지 않은 것은?

① 재산증식 수단

② 환경조건 개선과 녹지공간 확보

③ 핵가족화의 세대별 인원감소

④ 도시 생활자들의 유동성

> **note** 공동주택(아파트)의 성립요건
> ㉠ 도시에 인구밀도가 증가되나 세대 구성원의 인원은 감소한다.
> ㉡ 도심지 생활자들의 이동성이 발생한다.
> ㉢ 공동설비 및 주위환경(녹지공간)의 이용의 혜택이 증가된다.
> ㉣ 건축비, 대지비, 유지관리비가 절약된다.

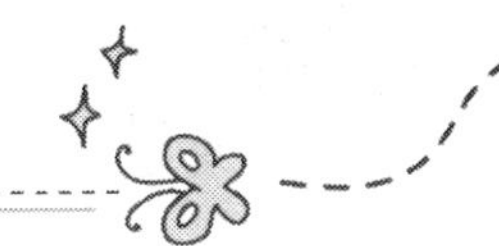

15 다음 중 공동주택을 배치할 경우 중요성이 가장 낮은 것은?

① 주동을 획일적이고 공통으로 위치시킨다.

② 방범문제 등을 고려하여 경비 사각지대가 생기지 않게 한다.

③ 비상 서비스 차량을 위하여 동선을 확보한다.

④ 일조와 통풍조건을 충분히 고려한다.

> **note** 공동주택의 배치계획
> ㉠ 통풍, 일조, 채광에 따른 인동간격을 고려한다.
> ㉡ 건물의 연소방지시설 및 방범시설을 고려한다.
> ㉢ 사회적이나 자연적으로 환경을 분석한다.
> ㉣ 소음 및 프라이버시를 고려한다.
> ㉤ 차량, 보행자, 비상시의 동선을 구분하여 계획한다.

16 다음 중 아파트 건축의 평면형 시공에 관한 설명으로 옳지 않은 것은?

① 계단실형은 유지비용이 적고, 프라이버시가 좋다.

② 복층형은 공유 부분의 접촉 길이가 짧으므로 프라이버시가 좋다.

③ 중복도형은 도심지 독신자 아파트에서 많이 볼 수 있다.

④ 편복도형은 고층 고밀도 지역에서 많이 볼 수 있다.

> **note** ① 계단실형, 즉 홀형은 독립성이 좋고 프라이버시 보호에 있어서는 양호하나 각 계단실마다 엘리베이터를 설치하고 사용하므로 설치비용 및 유지관리비가 많이 든다.

17 아파트 단지계획에서 중심시설에 어린이 놀이터가 들어가는 단위는?

① 근린분구　　　　　　　　　　② 근린주구

③ 인보구　　　　　　　　　　　④ 주동(Block)

> **note** 인보구
> ㉠ 0.5 ~ 2.5ha
> ㉡ 20 ~ 40호
> ㉢ 100 ~ 200명
> ㉣ 중심시설 : 유아 놀이터, 공동세탁장

18 다음 중 메조네트(Maisonnette)형 아파트의 특징과 거리가 먼 것은?

① 구조계획이나 배관계획에 유리하며 대규모 주택에 적당하다.

② 공용 통로면적을 절약할 수 있다.

③ 전망, 일조, 통풍이 좋다.

④ 엘리베이터의 정지층이 감소하게 되어 경제적이다.

> **note** 복층형(Maisonnette)의 장·단점
> ㉠ 장점
> • 엘리베이터의 정지층수가 적으므로 경제적이다.
> • 통로면적이 감소되므로 유효면적이 증대된다.
> • 복도가 없는 층은 남북면의 외기가 원활하여 평면구성이 좋다.
> • 독립성 및 프라이버시 확보가 좋다.
> ㉡ 단점
> • 주택의 전용면적이 작은 곳은 비경제적이다.
> • 복도가 없는 층은 피난에 불리하며 구조나 배관상 불리하다.

19 다음 중 공동주택의 남북간 인동간격 결정요소를 나타낸 것으로 옳지 않은 것은?

① 태양고도　　　　　　　　② 건물 동서간의 길이

③ 대지의 지형　　　　　　　④ 동짓날 정오를 중심으로 4시간 일조

⑤ 각 지방의 위도

> **note** ㉠ 남북간의 인동간격 결정요소
> • 겨울철 동지 때를 기준으로 최소 4시간 일조시간
> • 각 지방의 위도
> • 태양의 고도
> • 앞 건물의 높이
> • 대지의 지형
> ㉡ 동서간의 인동간격 결정요소
> • 건물 동서간의 길이
> • 통풍

20 공동주택의 남북간 인동간격을 결정하는 요소 중 일조의 기준으로 옳은 것은?

① 춘·추분때 1일 4시간 이하

② 춘·추분때 1일 4시간 이상

③ 동지때 1일 4시간 이하

④ 동지때 1일 4시간 이상

> **note** 동지 때 1일 4시간 이상 일조가 되는 것이 공동주택의 남북간 인동간격을 결정할 수 있는 조건이 된다.

21 아파트 4 ~ 6층 계획에서 더스트슈트(Dust chute)의 크기는 어느 정도가 적당한가?

① 30cm×30cm　　　　② 40cm×40cm

③ 50cm×50cm　　　　④ 60cm×60cm

⑤ 70cm×70cm

> **note** 더스트슈트의 크기

아파트 규모	크기(cm)
7 ~ 9층	60×60
4 ~ 6층	50×50
2 ~ 3층	40×40

22 아파트 코어의 평면상 분류 중 통행이 편리하고 독립성이 좋고 통행부의 면적이 감소하여 건물의 이용도가 높은 형식은?

① 홀형　　　　② 편복도형

③ 중복도형　　　　④ 집중형

> **note** 홀형
> ㉠ 통행부의 면적이 작아지므로 건물의 이용도가 높다.
> ㉡ 독립성이 좋아 프라이버시가 양호하다.
> ㉢ 출입이 편하고 채광통풍도 좋다.

23 다음 중 연립주택의 분류에 속하지 않는 것은?

① 타운 하우스   ② 로우 하우스

③ 플랫타입   ④ 중정형 하우스

> **note** 연립주택의 분류
> ㉠ 테라스 하우스
> ㉡ 중정형 하우스
> ㉢ 타운 하우스
> ㉣ 로우 하우스

24 다음 연립주택의 종류 중 경사지를 적당하게 이용하며 각 주호마다 정원을 갖을 수 있는 주택의 형식은?

① 테라스 하우스   ② 중정형 하우스

③ 로우 하우스   ④ 타운 하우스

> **note** ② 건물 내부에 중정을 갖는다.
> ③ 도시형 주택의 이상형 주택이다.
> ④ 인접가구와의 사이에 경계벽을 두어 주택을 각각으로 구분화한다.

25 다음 중 근린분구의 시설이 아닌 것은?

① 파출소   ② 도서관

③ 공중목욕탕   ④ 술집

⑤ 우체통

> **note** ② 근린주구에 속한다.
> ※ 근린분구 시설
> ㉠ 소비시설 : 잡화상, 술집, 쌀가게 등
> ㉡ 후생시설 : 공중목욕탕, 약국, 이발관, 진료소, 조산소, 공중변소 등
> ㉢ 공공시설 : 공회당, 파출소, 공중전화, 우체통 등
> ㉣ 보육시설 : 유치원, 탁아소, 아동공원 등

Answer   23.③   24.①   25.②

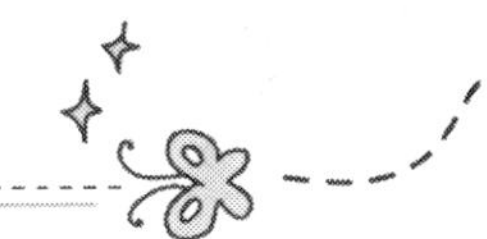

26 다음 중 아파트의 주동형식에 의한 종류가 아닌 것은?

① 타운 하우스

② 탑상형

③ 판상형

④ 복합형

> **note** 주동형식에 의한 분류
> ㉠ **탑상형** : 건축 외관의 사면성을 강조한다.
> ㉡ **판상형** : 각 주호의 방향의 균일성이 확보된다.
> ㉢ **복합형** : 여러가지 형태를 복합한 것이다.

27 다음 중 엘리베이터의 산정조건으로 옳지 않은 것은?

① 한 층에서 승객이 기다리는 시간은 평균 10초로 한다.

② 정원의 80%가 타는 것으로 한다.

③ 실제 주행속도는 전속도의 90%로 한다.

④ 1인 승객이 승강에 필요한 시간은 문 개폐시간을 포함해서 6초로 한다.

> **note** ③ 엘리베이터의 실제 운행속도는 전속의 80%로 한다.

28 집합주택이 300호인 집단에서 필요한 공공시설은?

① 유아 놀이터

② 파출소

③ 도서관

④ 병원

⑤ 공동세탁장

> **note** 집합주택이 300호인 곳은 근린분구에 속하며 근린분구의 공공시설은 공회당, 파출소, 공중전화, 우체통 등이 있다.

29 다음 아파트 평면형식 중 중복도형에 관한 설명으로 옳지 않은 것은?

① 불필요한 복도의 면적이 많다.

② 프라이버시 보호가 안 되고 시끄럽다.

③ 채광, 통풍에 유리하다.

④ 부지의 이용률이 높다.

> **note** 중복도형은 부지의 이용률이 높은 반면에 채광, 통풍, 프라이버시, 소음에 취약하다.

30 다음은 독신자 아파트의 특징을 설명한 것이다. 옳지 않은 것은?

① 욕실은 공동으로 사용할 수 있도록 한다.

② 단위평면에 보통 부엌을 설치해 준다.

③ 보통 복도식을 사용한다.

④ 단위평면 자신의 면적이 극도로 절약되어 공용의 사교적 부분이 충분히 설치되도록 한다.

> **note** ② 보통 부엌, 욕실은 공용공간으로 설치하고 독신자에게 충분히 제공되어야 한다.

31 다음 중 아파트의 블록플랜을 설명한 것으로 옳지 않은 것은?

① 현관은 계단에서 6m 이내로 한다.

② 각 단위평면이 외기에 3면 이상 접해야 한다.

③ 거실이 모퉁이에 배치되지 않도록 한다.

④ 모든 실이 균등하게 배치되어야 한다.

> **note** 블록플랜(Block plan)
> ㉠ 각 단위플랜이 2면 이상 외기에 접해야 한다.
> ㉡ 현관은 계단에서 6m 이내로 멀지 않게 한다.
> ㉢ 모든 실들이 환경에 균등하게 배치되어야 한다.
> ㉣ 거실이 모퉁이에 배치되지 않도록 한다.
> ㉤ 모퉁이에서 다른 가구가 들여다보지 않도록 주의한다.

32 다음 중 아파트의 성립요건으로 옳지 않은 것은?

① 공동설비 이용의 혜택이 증가된다.

② 도시의 랜드마크가 된다.

③ 핵가족화로 인해 세대인원이 감소된다.

④ 도시 근로자가 이동한다.

> **note** 아파트 성립요건
> ㉠ 건축비, 대지비, 유지관리비가 절약된다.
> ㉡ 공동설비 및 주위환경의 혜택이 증가된다.
> ㉢ 도시에 인구밀도가 증가된다.
> ㉣ 도심지 생활자의 이동성이 발생한다.
> ㉤ 세대구성원의 인원이 감소된다.

33 아파트에서 엘리베이터의 정지층수를 적게 할 수 있는 형식은?

① 복층형   ② 홀형

③ 계단실형   ④ 단층형

> **note** 복층형은 한 주호가 2개층에 사는 것으로 엘리베이터의 정지층수가 적어지고 경제적으로도 효율적이다.

34 다음 중 집합주택의 스킵플로어(Skip floor type)에 대한 설명으로 옳지 않은 것은?

① 엘리베이터의 효율이 좋아진다.

② 채광, 통풍, 프라이버시가 좋다.

③ 복도의 면적이 줄어든다.

④ 동선이 짧아진다.

> **note** ④ 스킵플로어형은 엘리베이터에서 복도를 거쳐 계단을 통하여 각 주호에 도달해야 하므로 동선이 길어진다.

35 다음 중 주택단지의 도로의 조건으로 옳지 않은 것은?

① 소방도로의 폭은 10m 정도로 한다.

② 도로의 폭으로 가구로는 6m, 주택로는 4m 정도로 한다.

③ 도로간의 간격은 300m 정도로 설치한다.

④ 도로면적은 전체면적의 13 ~ 17% 정도로 한다.

> **note** ① 소방도로의 폭은 8m 정도로 한다.

36 다음 중 보행자로의 계획을 설명한 것으로 옳은 것은?

① 도로의 폭은 3인 이상이 부딪히지 않아야 하며, 최소 2.6m 이상으로 한다.

② 도로의 폭이 10m 이상이면 보도가 필요하지 않다.

③ 보도는 블록 내에서 연결되어야 한다.

④ 보도의 폭은 주간선도로는 5m, 보조간선도로는 1m로 한다.

> **note** 보행자 도로조건
> ㉠ 도로의 폭은 3인 이상이 부딪히지 않고 통과할 수 있어야 하며 최소 2.4m 이상으로 한다.
> ㉡ 도로의 폭이 10m 이상이면 보도가 필요하다.
> ㉢ 보도는 블록 내에서 연결되어야 하고 다른 시설로부터 방해요소가 없어야 한다.
> ㉣ 대형건물의 입구가 직접적으로 연결되지 않아야 한다.
> ㉤ 보도폭은 주간선도로 3m, 보조간선도로 및 샛길은 2m, 통학로는 4m로 한다.

37 다음 그림에서 아파트의 인동간격으로 알맞은 것은? (단, D : 남북 인동간격, d_x : 측면 인동간격, b_x : 건물길이)

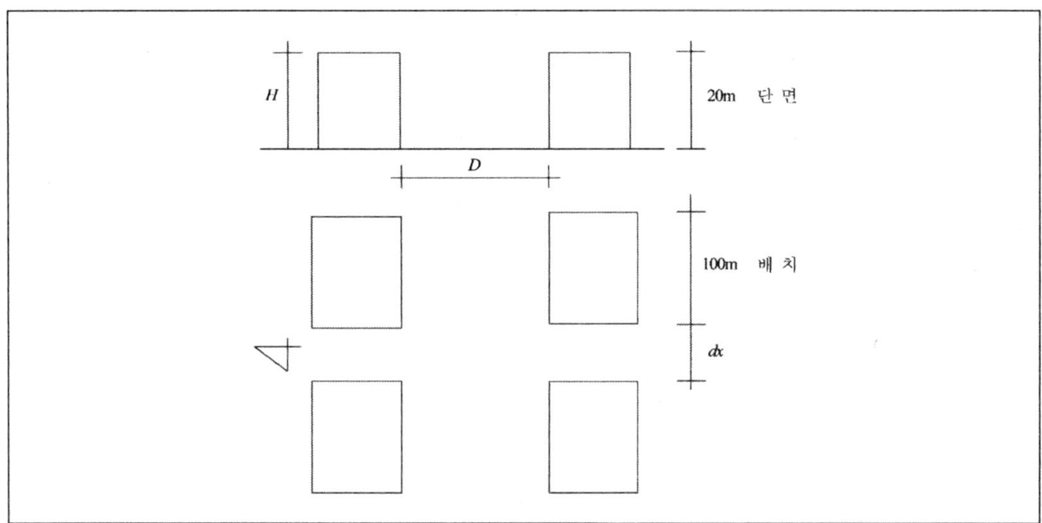

① $D = 10$m, $dx = 10$m

② $D = 20$m, $dx = 10$m

③ $D = 30$m, $dx = 20$m

④ $D = 40$m, $dx = 20$m

⑤ $D = 50$m, $dx = 20$m

> **note** 남북 인동간격 $D = 2H = 2 \times 20 = 40$(m)이며,
>
> 측면간 인동간격에서 아파트는 다세대 건물이므로 $dx = 1/5bx = \dfrac{100}{5} = 20$(m)이다.
>
> ※ 인동간격
> ㉠ 남북 인동간격 : $D = 2H$
> ㉡ 측면간 인동간격
>   • 1세대 건물 : $dx = 1bx$
>   • 2세대 건물 : $dx = 1/2bx$
>   • 다세대 건물 : $dx = 1/5bx$

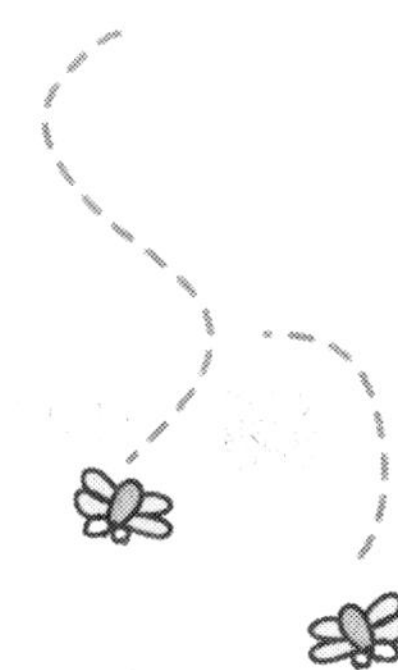

업무시설

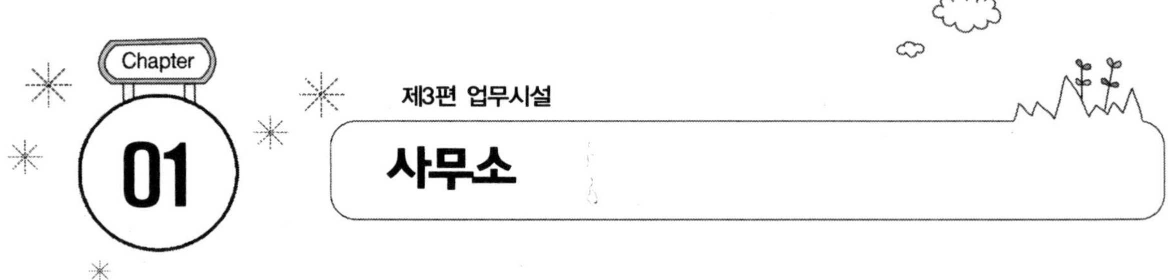

Chapter 01 사무소

1 사무소의 개요

① 사무소의 계획조건 및 분류

(1) 사무소 대지선정의 조건

① 도시의 상업 중심가 지역

> ★TIP 전용사무소의 경우는 도심을 피하는 것이 좋다.

② 교통이 편리한 곳

③ 도로와 2면 이상 접한 곳이나 모퉁이 대지

④ 고층빌딩인 경우 전면도로 폭이 20m 이상인 곳

⑤ 대지의 형태가 직사각형에 가깝고 전면도로에 길게 접한 곳

(2) 배치계획시 조건

① 소음, 공해가 적고 채광조건이 양호할 것

② 건축법상 유리할 것

③ 주차면적이 충분한 곳

④ 도시의 크기, 경제상태, 성격에 따르는 사무소의 규모 고려

> ★TIP 구획사무소
> ㉠ Open floor : 구획을 하지 않은 사무실
> ㉡ 구획된 사무소 크기와 특징

구분	경제불황	유지비	초기 투자비	신축성
큰 구획	불리	작음	작음	좋음
작은 구획	양호	·	큼	불리

(3) 사무소의 분류

① 관리상의 분류

    ㉠ 전용사무소 : 동사무소와 같이 완전히 전용으로 자기가 사용한다.

    ㉡ 준전용사무소 : 몇 개의 회사가 관리운영하고, 공동소유로 입지조건이 좋은 곳에 고층빌딩을 건축해서 이용한다.

    ㉢ 준대여사무소 : 건물의 주요부분은 자가전용으로 하고 나머지는 대여하는 사무소이다.

    ㉣ 대여사무소 : 건물의 전부 또는 대부분을 대여하는 사무소이다.

② 대여계획상의 분류

    ㉠ 개실별 임대 : 기둥간격 단위로 대여한다.

    ㉡ 블록별 임대 : 기준층을 몇 개의 블록으로 나누어 임대한다.

    ㉢ 층별 임대 : 층 단위로 임대한다.

    ㉣ 전층 임대 : 전층을 단일회사에 임대한다.

② 일반계획

(1) 대실면적의 수용인원

① 유효율(Rentable ratio)

$$유효율 = \frac{대실면적}{연면적} \times 100(\%)$$

    ㉠ 전체 건물 연면적에 대해서 70 ~ 75% 정도이다.

    ㉡ 기준층에서는 80% 정도이다.

② 사무실 수용인원수 및 면적

    ㉠ 대실면적 : 6m^2/1인

    ㉡ 연면적 : 10m^2/1인

    ㉢ 임대비율(임대면적/전체 연면적) : 0.70~0.75

    ㉣ 1인당 소용 임대면적 : $10\text{m}^2 \times 0.7 = 7\text{m}^2$

    ㉤ 임대면적 분할 : 공용부분 20%, 개인업무전용 80%

    ㉥ 개인업무전용면적 : $7\text{m}^2 \times 0.8 = 5.6\text{m}^2$

③ **남·녀 비율** … 사무소의 규모, 성격에 따라 차이가 있다.

종류	남	여
일반 사무관계	65 ~ 75%	35 ~ 25%
은행	60 ~ 70%	40 ~ 30%
상점	50 ~ 60%	50 ~ 40%

(2) 사무실 모듈

① 책상, 캐비닛을 기준치수로 이용한다.

② **일방향으로 앉는 배치**(Single layout)

    ㉠ 통로와 책상이 평행일 때 : 1.5m 모듈을 적용한다.

    ㉡ 통로와 직각일 경우 : 1.8m 모듈을 적용한다.

③ **마주 앉는 배치**(Double module) … 1.5m 모듈을 적용한다.

④ **특수배치**

    ㉠ 1.2m 모듈을 적용한다.

    ㉡ 일반적인 배치에는 조화를 이루지 못한다.

⑤ 우리나라에서는 일반적인 대면배치는 1.5m 모듈을 적용한다.

⑥ **우리나라의 일반적인 책상간격**

    ㉠ 최저 3m

    ㉡ 보통 3.2m

(3) 책상의 배치

① **4조 직렬**

    ㉠ 1인당 4.15㎡

    ㉡ 사무능률 및 1인에 대한 책상면적이 적합하다.

    ㉢ 책상배치의 표준이다.

② **3조 직렬**

    ㉠ 1인당 4.47㎡

    ㉡ 4조 직렬보다 기둥간격이 좁은 사무실에 적용된다.

③ **2조 직렬**

ㄱ 1인당 5.28㎡

ㄴ 특수한 경우에 적용한다.

◎ **책상배치** ◎

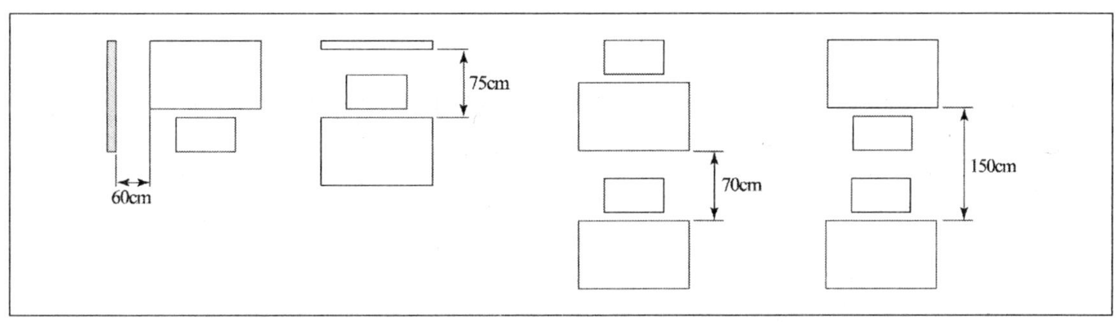

2 평면계획

① **평면형**

(1) 실단위에 의한 분류

① **개실 System**

ㄱ 복도에 의해서 각 층, 각 실의 여러 부분으로 들어가는 형식이다.

ㄴ 독립성, 쾌적성이 좋다.

ㄷ 칸막이 등의 설치로 공사비용이 높다.

ㄹ 방길이에는 변화를 줄 수 있으나 복도로 인해서 깊이에는 변화를 줄 수 없다.

ㅁ 소규모의 사무실이므로 경기불황일때 임대하기가 용이하다.

② **개방식 System**

ㄱ 개방된 큰 방을 만들고 중역들을 위해서 작은 방을 따로 만드는 형식이다.

ㄴ 칸막이 등이 없어 공사비용이 저렴하다.

ㄷ 전체를 유효하게 이용할 수 있으므로 공간이 절약된다.

ㄹ 방의 길이, 깊이에 변화를 줄 수 있다.

ㅁ 중심부에는 자연채광, 인공조명이 필요하다.

ㅂ 소음이 크며 독립성이 떨어진다.

③ **오피스 랜드스케이핑**(Office landscaping)

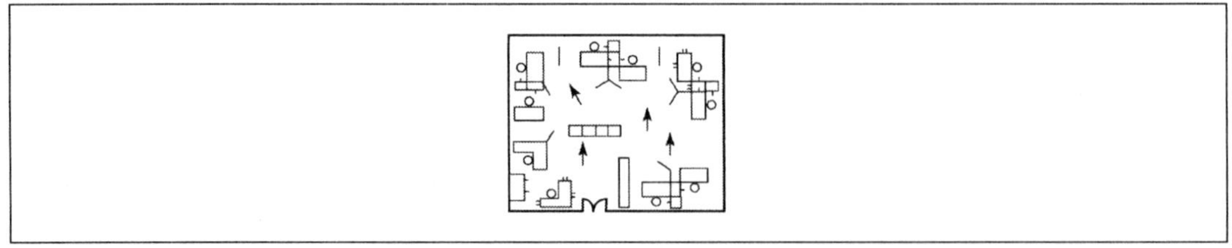

- ㉠ **개념** : 서열, 계급에 대한 획일적이고 기하학적인 배치에서 탈피하여 사무작업, 흐름을 중요시
  하여 효율적인 사무환경의 향상을 위한 배치방법이다.

- ㉡ **장점**
  - 공간이 절약된다.
  - 칸막이 공사비가 절감된다.
  - 의사전달의 융통성이 생긴다.
  - 작업변화에 유리하다.
  - 업무활동이 쾌적해진다.

- ㉢ **단점**
  - 프라이버시가 결여된다.
  - 소음이 발생된다.
  - 대형가구, 사무기기의 소음으로 인해서 별도의 공간이 필요해진다.

> **TIP** 오피스 랜드스케이핑의 계획원칙
> ㉠ 서열, 직위에 의한 배열이 아니라 작업의 흐름, 의사전달에 의해서 계획한다.
> ㉡ 작업의 흐름이 1개의 동선으로 될 수 있도록 배치한다.
> ㉢ 바닥은 소음방지를 위해 카펫을 깔도록 한다.
> ㉣ 자리에 앉은 사람은 통로나 출입구가 시야에서 벗어나게 유도한다.
> ㉤ 칸막이는 합리적으로 최소량이 되도록 배치한다.
> ㉥ 서로 다른 공간이나 동선의 방해를 주지 않게 유도한다.
> ㉦ 밀접한 관계의 공간을 인접하도록 한다.
> ㉧ 주통로는 최소 2m 이상, 부통로는 1m 이상, 책상 사이의 통로는 0.7m 이상, 책상간의
>   거리는 최소 0.7m를 유지하도록 한다.
> ㉨ 회의장소 등은 실작업장과 5 ~ 9m의 간격을 유지한다.
> ㉩ 휴식공간은 직원 누구나 휴게소까지 30m 내의 거리에 위치하도록 한다.

(2) 공용시설 상에 의한 분류

① **복도가 없는 형** … 소규모

② **중복도형** … 중 · 대규모

③ **편복도형** … 중규모

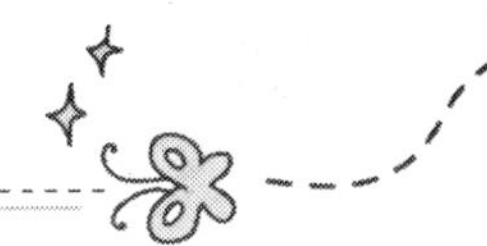

④ **편복도와 중복도의 결합형** … 중규모

⑤ **큰실블록을 편복도로 연결한 형** … 대규모

⑥ **중복도 방사선형** … 20층 이상 대규모

⑦ **공용시설을 채광정측에 택한 형**

    ㉠ 장점 : 부지를 경제적으로 사용할 수 있다.

    ㉡ 단점 : 위생상 좋지 않다.

◎ 기준층의 배치방식 ◎

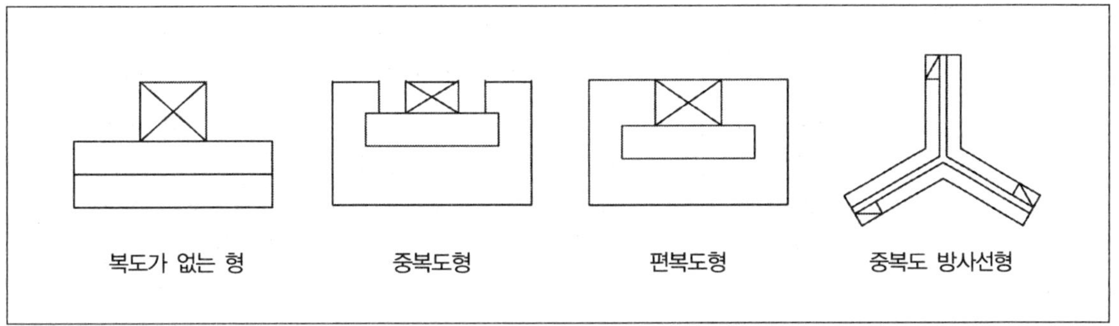

(3) 복도형에 의한 분류

① **단일지역배치**(Single zone layout : 편복도형)

    ㉠ 복도의 한쪽에만 실들이 있는 형식이다.

    ㉡ 자연채광이 좋다.

    ㉢ 경제성보다는 건강, 분위기 등을 더 중요시한다.

    ㉣ 비교적 고가이다.

② **2중 지역배치**(Double zone layout : 중복도형)

    ㉠ 중규모 사무실로 사용하기 적당하다

    ㉡ 주계단, 부계단을 두어 각 실로 출입할 수 있다.

③ **3중 지역배치**(Triple zone layout : 2중 복도형)

    ㉠ 방사선 형태의 평면형식이다.

    ㉡ 주로 고층사무실에 사용한다.

    ㉢ 사무실 내부에 환기설비, 인공조명 등이 필요하다.

    ㉣ 교통시설, 위생설비는 건물 내부의 제3 지역 또는 중심지역에 위치한다.

    ㉤ 사무실은 외벽을 따라 배치한다.

ⓗ 미, 경제, 구조에서 많은 이점이 있다.

ⓢ 대여사무실을 포함하는 건물일 때는 부적당하다.

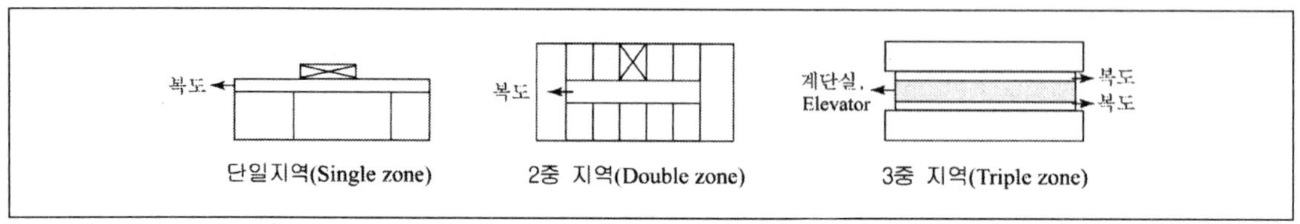

◈ 사무소의 존 ◈

★TIP 사무소 평면조닝

특징 \ 조닝	Sing zone layout	Double zone layout	Triple zone layout
임대비	비싸다	싸다	임대 부적당
경제성	낮다	높다	높다
채광성	좋다	부분 인공조명	대부분 인공조명 사용
규모	소규모	중규모	고층 전용사무실에 적합

② 코어계획(Core plan)

(1) 개념

사무소 건물에서의 코어는 평면, 구조, 설비 등의 관점에서 건물 일부분에 어떤 집약적인 형태로 있는 것을 말한다.

(2) 코어의 특징

① 설비적인 측면에서 비용이 절감된다.

② 화장실, 급탕실, 잡용실을 근접배치시킨다.

③ 수직인 공통된 위치를 갖는다.

④ 엘리베이터, 계단, 덕트를 집중화한다.

(3) 코어의 역할

① 평면적인 역할

ㄱ 공용부분을 한 곳에 집약하므로 유효면적을 높임

ⓛ 실간 계단과의 최단거리를 확보

ⓒ 자유로운 사무소 공간확보

② **구조적인 역할**

㉠ 주내력벽 구조체로 외곽이 내진벽 역할

ⓛ 안전성을 높임

③ **설비적인 역할**

㉠ 설비시설 집약화

ⓛ 설비계통의 순환성 향상

ⓒ 엘리베이터 등 설비시설의 집중화

ⓔ 설비계통의 거리단축

> ★TIP 코어로 인해서 피난동선이 복잡해질 수 있다.

(4) 코어의 종류

① **편심코어형**(평단코어형)

㉠ 바닥면적이 작은 경우에 적합하다.

ⓛ 고층일 경우 구조상 불리하므로 소규모에 적합하다.

ⓒ 바닥면적이 커지면 코어외 별도의 피난설비가 필요하다.(설비샤프트 등)

② **독립코어형**(외코어형)

㉠ 편심코어형에서 발전되어 코어가 외부로 독립되었지만 편심코어형과 거의 동일하다.

ⓛ 코어와 상관없이 사무실 공간을 자유로이 계획할 수 있다.

ⓒ 방재상 불리하다.

ⓔ 내진구조에 불리하다.

ⓜ 바닥면적이 커지면 피난시설을 포함한 부수적인 코어가 별도로 필요하다.(서브코어 등)

ⓗ 외부독립된 코어에서 사무실까지 덕트, 배관을 이어오는데 불리하다.

③ **중심코어형**(중앙코어형)

㉠ 바닥면적이 큰 경우 적합하다.

ⓛ 고층이나 초고층, 대규모 빌딩에 전형적이며 적합한 형식이다.

ⓒ 내진구조로 적합하여 코어외주 구조벽을 내력벽으로 한다.

ⓔ 내부공간과 외관이 일관되기 쉽다.

④ **양단코어형**(분리코어형)

　㉠ 코어가 분리되어 있기에 2방향 피난에 이상적이다.

　㉡ 방재상 유리하다.

　㉢ 하나의 큰 공간을 필요로 하는 전용사무소에 적합하다.

　㉣ 동일층을 분할해서 임대하게 되면 복도가 필요하게 되므로 유효율이 절감된다.

❀ 코어의 종류 ❀

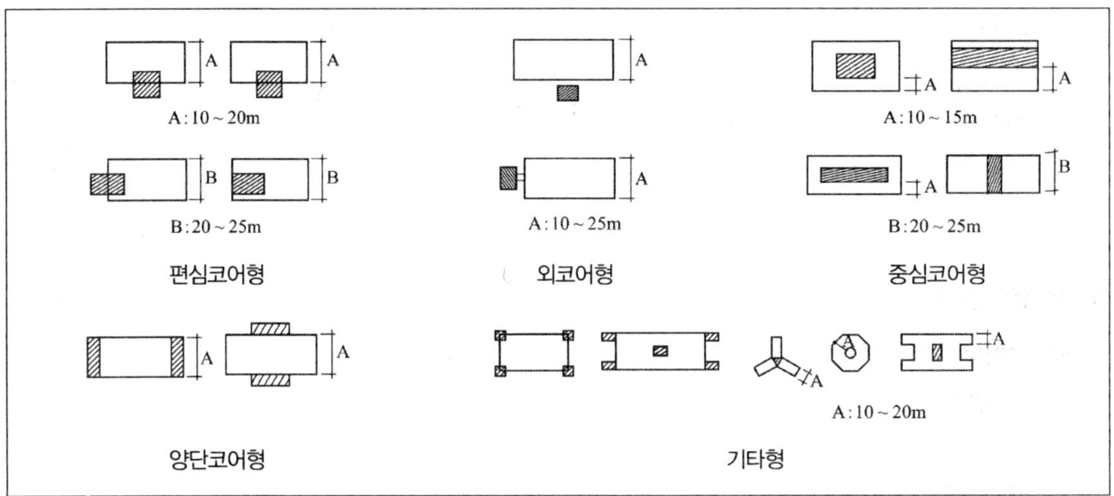

(5) 코어의 계획시 고려사항

① 엘리베이터는 가급적 중앙에 집중설치한다(4대 이하 직선배치, 6대 이상 배면배치).

② 임대사무실과 코어의 동선은 간단해야 한다.

③ 계단, 엘리베이터, 화장실은 가능한 접근시킨다.

④ 코어 내 공간은 각 층마다 공통의 위치에 있어야 하며, 명확한 식별 및 인식이 용이해야 한다.

⑤ 출입구면에 엘리베이터홀이 근접해 있지 않도록 한다.

> ★TIP　코어계획
> 　㉠ 코어계획시 접근시켜야 할 공간
> 　　• 계단, 엘리베이터, 화장실
> 　　• 잡용실, 급탕실, 더스트슈트
> 　　• 메일슈트와 엘리베이터홀
> 　㉡ 코어계획시 반드시 분리시켜야 할 공간 : 엘리베이터홀과 사무실 출입구

(6) 코어 내의 각 공간(전체 코어가 차지하는 면적 25%)

① **통로** … 엘리베이터홀, 복도, 특별 피난계단

② **샤프트** … 엘리베이터, 파이프, 덕트, 메일슈트

③ **실** … 계단실, 변소, 세면실, 잡용실, 급탕실, 공조실

3 실의 계획

① 단면계획

(1) 단면계획의 개요

① **지하층** … 창고, 전기실, 기계실 등

② **주층**(Main floor)
  ㉠ 접근성이 우수한 층
  ㉡ 출입구 부분 : 은행
  ㉢ 고소득 임대비 가능지역

③ **기계실** … 냉·난방, 전기실 등

④ **대실 임대비**
  ㉠ Service 부분 : 30%
  ㉡ Rental 부분 : 70%

(2) 층고(Floor height)

① **결정요소**
  ㉠ 층고와 깊이는 사용목적, 채광, 공사비에 따라 결정된다.
  ㉡ 사무실의 깊이는 채광량, 책상배치 등으로 결정되지만 층고에도 관계된다.

② **1층**
  ㉠ 중층 여부, 입면의장, 용도별 등에 따라 층고를 배치한다.
  ㉡ 소규모 건물은 4m 내외의 높이로 한다.
  ㉢ 영업실, 은행 등의 넓은 상점은 4.5~5.0m 정도로 한다.
  ㉣ 고층건물의 1층은 중2층으로 할 경우 5.5~6.0m 정도로 한다.

③ **기준층**

㉠ 여러 층으로 된 각 층의 평면이 거의 같을 때 표준형으로 기준이 되는 층을 말한다.

> ★TIP 기준층의 계획(평면상)
>   ㉠ 기준층 평면형의 형태 결정조건
>   • 동선 간의 거리
>   • 방화구획 상의 면적
>   • 구조 상 스팬의 한도
>   • 대피 상 최대 피난거리
>   • 덕트, 배선 등 설비시스템의 한계
>   • 자연광의 한계
>   ㉡ 기준층은 면적이 클수록 임대율이 올라간다.
>   ㉢ 동선은 엘리베이터를 중심으로 복잡하지 않으면서 공용부분을 유지시키며 복도는 단순하고 짧게 계획한다.
>   ㉣ 법규상 피난거리, 배연, 방화구획 등을 고려한다.

㉡ 보통 3.3 ~ 4m 높이로 한다.

㉢ 설비방식, 바닥 배선방식에 따라 층고를 결정한다.

㉣ 난방설비, 덕트, 액세플로어 등의 배치상 30㎝ 정도 증가할 수 있다.

> ★TIP 기준층 층고 좌우요소
>   ㉠ 사무실의 사용목적과 깊이
>   ㉡ 공기조화와 냉·난방설비
>   ㉢ 공사비
>   ㉣ 구조방식
>   ㉤ 건물 높이제한과 층수제한

④ **지하층**(주차장)

㉠ 용도, 주차 및 차로의 높이는 2.3m 이상으로 한다.

㉡ 주차부분의 높이는 2.1m 이상으로 한다.

㉢ 중요한 실을 두지 않는 경우에는 높이는 3.5 ~ 3.8m로 한다.

⑤ **기계, 전기실**

㉠ 소규모 난방보일러실의 높이는 4 ~ 4.5m로 한다.

㉡ 냉난방 기계실을 가진 대규모실의 높이는 5 ~ 6.5m로 한다.

⑥ **최상층** … 2중 천장 등으로 기준층보다 30㎝ 높게 한다.

> ★TIP 층고를 낮게 할 경우의 특징
>   ㉠ 장점
>   • 층수가 많아진다.
>   • 공조효과가 향상된다.
>   • 건축비가 절감된다.
>   ㉡ 단점
>   • 엘리베이터 정지 층수가 많아서 비효율적이다.

(3) 기둥간격

① 결정요소

    ㉠ 책상의 배치

    ㉡ 채광상 층고에 따른 안쪽 깊이

    ㉢ 주차의 배치

② 내부기둥의 간격

    ㉠ 철근 콘크리트조 : 5.0 ~ 6.0m

    ㉡ 철골 · 철근 콘크리트조 : 6.0 ~ 7.0m

    ㉢ 철골조 : 7.0 ~ 9.0m

③ 창방향 기둥간격

    ㉠ 기준층 평면결정의 기본요소인 책상배열에 따라 결정한다.

    ㉡ 책상배열에 따라서 5.8m의 스팬이 가장 적당하다.

    ㉢ 지하주차장은 5.8 ~ 6.2m 정도로 보통 6.0m 전후로 한다.

② 각부계획

(1) 사무실 계획

① 출입구

    ㉠ 높이 : 1.8 ~ 2.1m

    ㉡ 폭

      • 0.85m ~ 1.0m

      • 외여닫이 : 0.75m 이상

      • 쌍여닫이 : 1.5m 이상

    ㉢ 피난을 고려할 때 원칙상은 밖여닫이여야 하나 복도의 구조나 면적상 보통 안여닫이로 한다.

② 깊이

    ㉠ 외측에 면하는 $\dfrac{\text{실내의 길이}}{\text{층고비}}$ 는 2.0 ~ 2.4m 정도로 한다.

    ㉡ 채광정측에 면하는 실내의 $\dfrac{\text{길이}}{\text{층고비}}$ 는 1.5 ~ 2.0m 정도로 한다.

◎ 사무실의 안 깊이(L/H) ◎

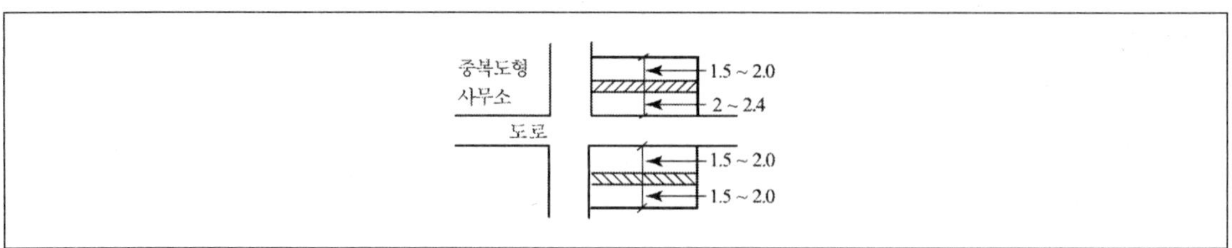

③ **채광**

  ㉠ **자연채광**

   • 바닥면적의 $\dfrac{1}{10}$ 정도

   • 창의 폭은 $1 \sim 1.5$m

   • 창대의 높이는 $0.75 \sim 0.8$m, 고층인 경우 $0.85 \sim 0.9$m

  ㉡ **인공조명**

   • 조도를 충분히 높여야 한다.

   • 균등하게 실내 조도를 유지해야 한다.

   • 장시간 현휘가 없어야 하므로 광원의 휘도를 낮춰야 한다.

(2) 복도와 계단

① **복도**

  ㉠ 편복도의 폭 : 2.0m 정도로 한다.

  ㉡ 중복도의 폭 : $2.0 \sim 2.5$m 정도로 한다.

② **계단**

  ㉠ 주요한 계단은 1층 주출입구 근처에 배치한다.

  ㉡ 엘리베이터홀에 근접시킨다.

  ㉢ 2개소 이상의 계단을 계획한다.

  ㉣ 계단폭은 소규모 사무실인 경우 1.2m이상이어야 한다.

  ㉤ 단의 높이는 $15 \sim 20$cm, 너비는 $25 \sim 30$cm로 한다.

◎ 계단 ◎

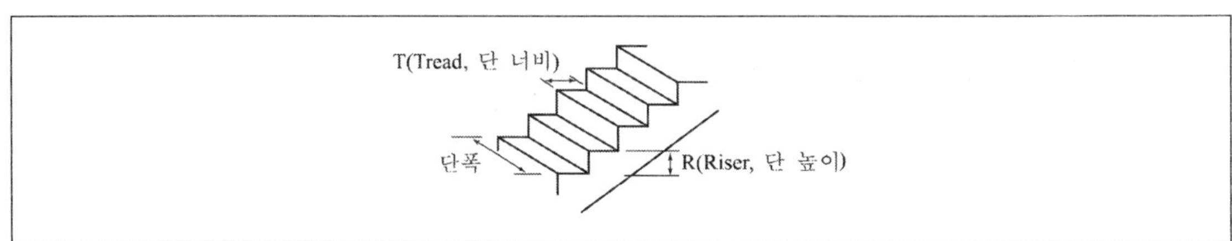

(3) 화장실

① 위치

    ㉠ 각 사무실에서의 동선이 짧은 곳에 둘 것

    ㉡ 각 층의 공통적인 위치에 둘 것

    ㉢ 외기에 접하게 설치하거나 접하지 않을 경우 환기설비 철저

    ㉣ 계단, 엘리베이터홀에 근접하게 설치할 것

② 배치

    ㉠ 남녀를 분리한다.

    ㉡ 복도를 사이에 두고 사무실과 마주보지 않게 배치한다.

    ㉢ 수세실을 지나 화장실에 들어가도록 한다.

③ 대변기의 칸막이 치수

    ㉠ 안여닫이 : 1.4 ~ 1.6m

    ㉡ 밖여닫이 : 1.2 ~ 1.4m

    ㉢ 높이 : 1.8 ~ 2.0m

④ 소변기 간격

    ㉠ 75cm 이상으로 한다.

    ㉡ 격판으로 막을 경우는 안치수 70cm 폭으로 한다.

    ㉢ 화장실이 좁을 경우에는 65cm로 한다.

    ㉣ 소변기의 격판 높이는 1.4m, 깊이는 40 ~ 45cm로 한다.

⊛ 대 · 소변기의 간격 ⊛

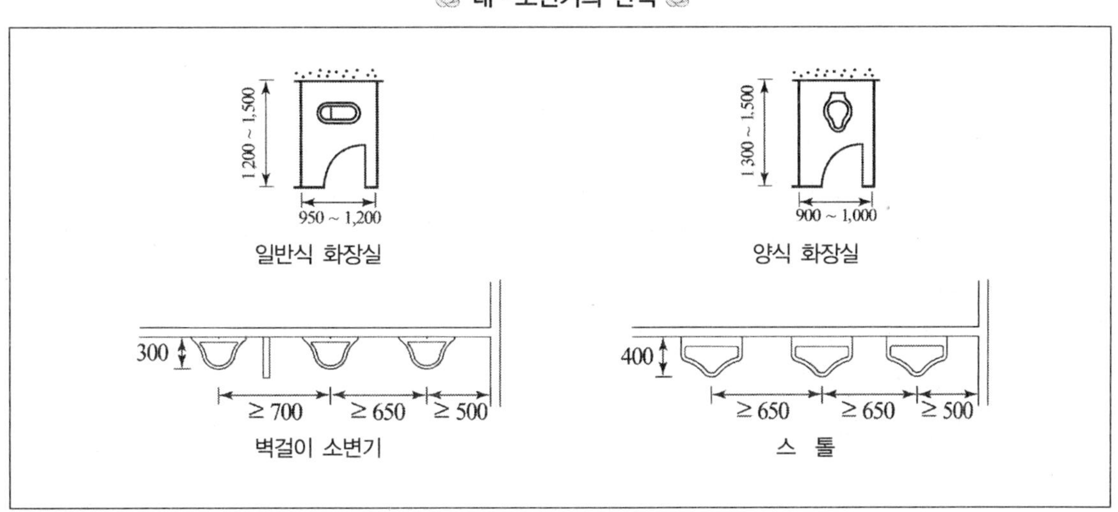

⑤ 변기수의 산정

　㉠ 중규모 이하의 사무실

　　• 수용인원 : 15명

　　• 기준층 바닥면적 : 180㎡

　　• 대실면적 : 120㎡

　㉡ 중규모 이상의 사무실

　　• 수용인원 : 17 ~ 24명

　　• 기준층 바닥면적 : 300㎡

　　• 대실면적 : 200㎡

(4) 주차장

① 주차장의 크기

　㉠ 주차구획과 통로의 폭은 5.8 ~ 6.2m 정도로 고려한다.

　㉡ 일반적인 지하주차장의 크기는 5.8 ~ 6.2m 정도로 한다.

◎ 주차장과 기둥간격 ◎

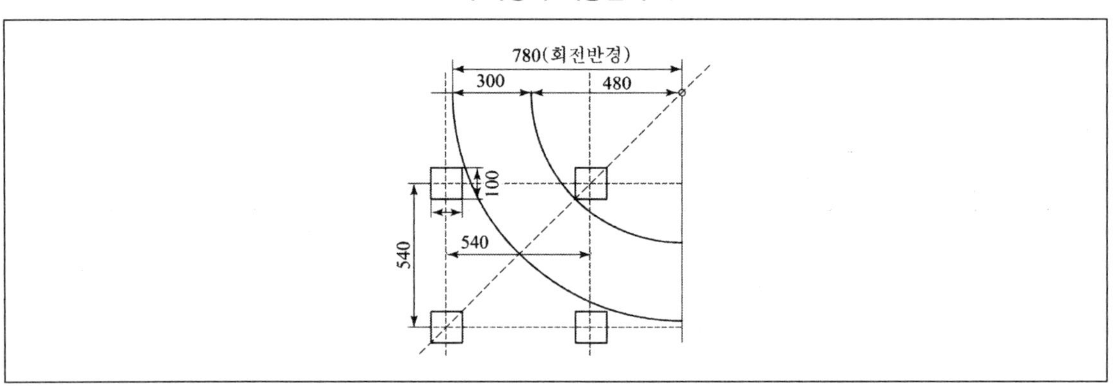

　㉢ 특대형차는 차고 전체 크기가 6.35m이어야 하나 기둥간격이 5.8m이면 충분히 사용할 수 있고 최소 5.4m의 폭에서도 특대형차가 회전할 수 있다.

　㉣ 경사로의 기울기는 1/7~1/8이하이기 때문에 경사로의 평면거리는 대개 Span 5~6m일 때이다.

② 주차장의 계획

　㉠ 법적인 조건에 적절하도록 한다.

　㉡ 기둥간격과 주차방식을 고려한다.

　㉢ 주차구획의 크기를 고려한다.

　　• 직각주차 : 2.3×5.0m

　　• 평행주차 : 2.0×6.0m

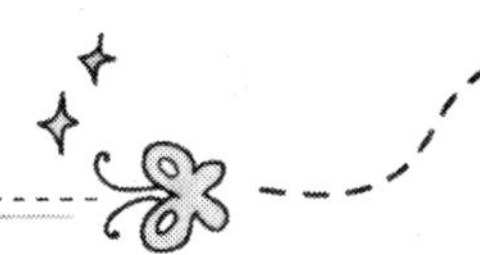

ㄹ 차로는 최소 3.5m 이상 ~ 보통 6m이다.

> **★TIP 주차방식**
>
> ㄱ **직각주차**
> - 1대당 27.2㎡
> - 가장 경제적인 주차방법
> - 지하주차에 적당
> - 주차대수가 가장 큼
>
> ㄴ **60°주차**
> - 1대당 29.8㎡
> - 직각주차상 통로의 폭이 좁을 때 쓰이는 형식
>
> ㄷ **45°주차**
> - 1대당 32.2㎡
> - 지하주차장에는 쓰지 않음
> - 데드스페이스가 많아져 불리
>
> ㄹ **평행주차**
> - 1대당 43.1㎡
> - 주차장 폭이 좁을 때 쓰임
> - 주차대수가 가장 작음

◎ 주차방법 ◎

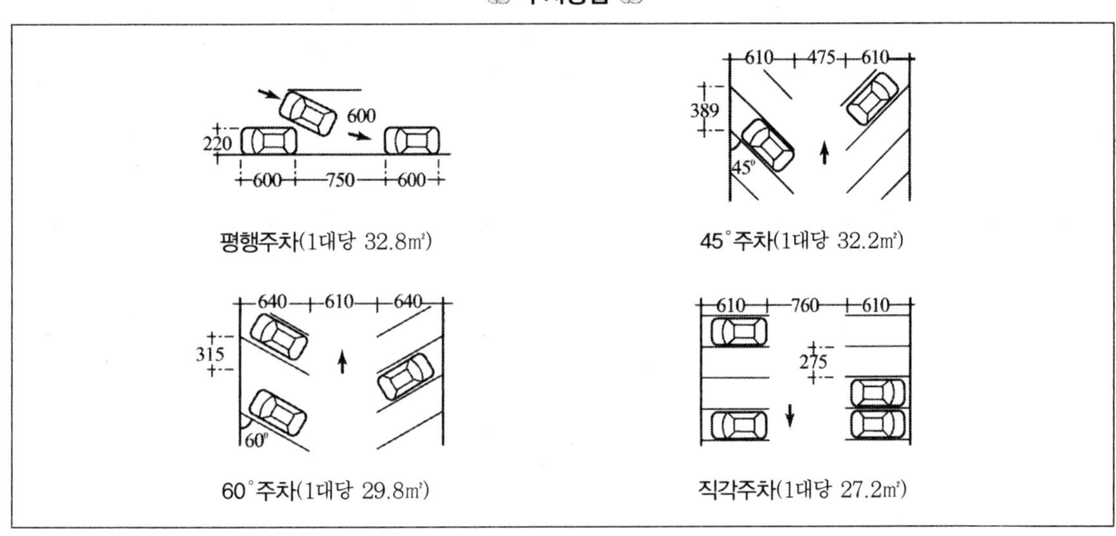

평행주차(1대당 32.8㎡)

45°주차(1대당 32.2㎡)

60°주차(1대당 29.8㎡)

직각주차(1대당 27.2㎡)

(5) 엘리베이터(EV)

① 배치

ㄱ 한 곳에 집중적으로 배치할 것

ㄴ 동선은 짧고 간단하게 할 것

ㄷ 1인 승강자의 소유 넓이는 0.5㎡, 폭은 4m로 할 것

ㄹ 주요 출입구 홀에 직면 배치하도록 할 것

ⓜ 1개소에서 6대까지만 설치할 것

ⓑ 6대 이상일 경우 복도를 사이에 두고 양측에 배치할 것

🌸 엘리베이터 유형별 배치대수 🌸

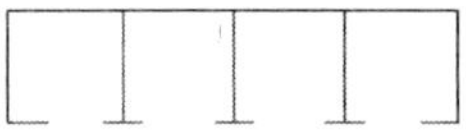

	직선형 : 1뱅크(Bank)는 4대 이하로 하고 5대 이상은 보행거리가 길어서 좋지 않다.
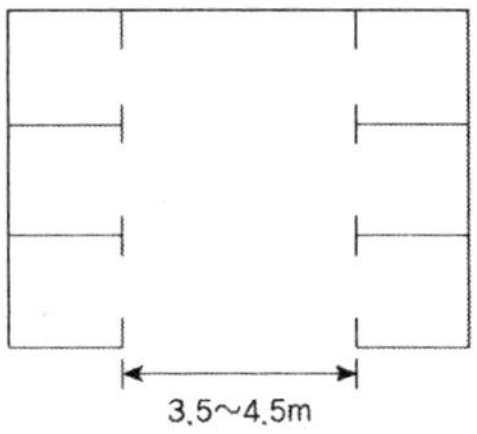 3.5~4.5m	**엘코브형** : 1뱅크는 4~6대로 하고 대면거리는 3.5~4.5m 정도로 한다.
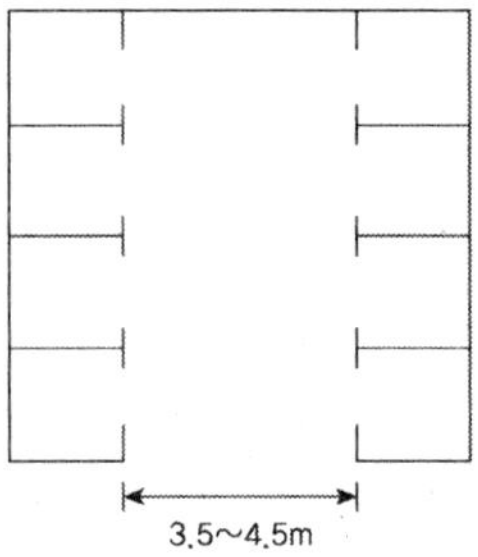 3.5~4.5m	**대면형** : 1뱅크는 4~8대의 대면배치로 하고 대면거리는 3.5~4.5m로 하며 대기 홀을 통과 교통으로 사용하지 않는다. 저층용과 고층용을 직선으로 병렬배치하여 그룹으로 배치하는 것이 좋다.
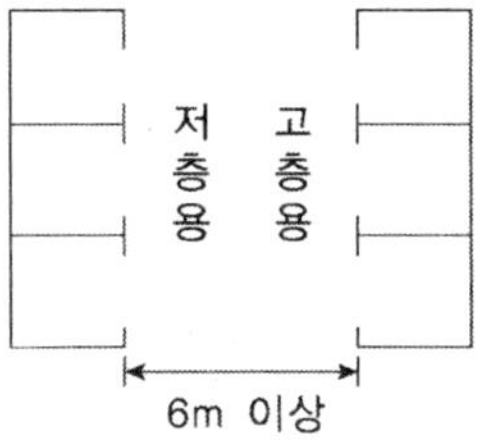 저층용 고층용 / 6m 이상	**대면혼용형** : 저층용과 고층용을 대면배치하는 경우 거리를 충분히 확보한다.

② **엘리베이터 대수 결정조건**

　ㄱ 대수산정의 기본 : 아침 출근시간 5분간의 사용자(전 사용자의 1/3 ~ 1/10)

　ㄴ 1일 사용자가 가장 많은 시간 : 오후 12시 ~ 1시

③ **엘리베이터 대수 약산식**

　ㄱ 유효면적 2,000㎡에 1대 정도

　ㄴ 6층 이상의 연면적 합계 3,000㎡에 1대 정도

④ 엘리베이터 대수 산정

$$S = \frac{60초 \times 5 \times n_0}{T}$$

$$N = \frac{5분간\ 운반해야\ 할\ 인원}{S}$$

- S : 5분간 1대가 운반해야 할 인원수
- n_0 : 정원
- T : 일주시간(초)
- N : 엘리베이터 대수

⑤ 엘리베이터의 크기

　㉠ 승객 1인의 면적 : $0.186m^2$

　㉡ 안내원의 면적 : $0.37m^2$

⑥ EV의 속도

　㉠ 저속 : 50m/min

　㉡ 중속 : 50 ~ 105m/min(6 ~ 9층)

　㉢ 고속 : 120 ~ 150m/min(10 ~ 14층)

⑦ EV Zoning

　㉠ 개념 : 건물 전체를 몇 개의 그룹으로 나누어 서비스하는 방식

　㉡ 목적 : 경제성, 유효면적의 증가, 수송시간의 단축

　㉢ 방식

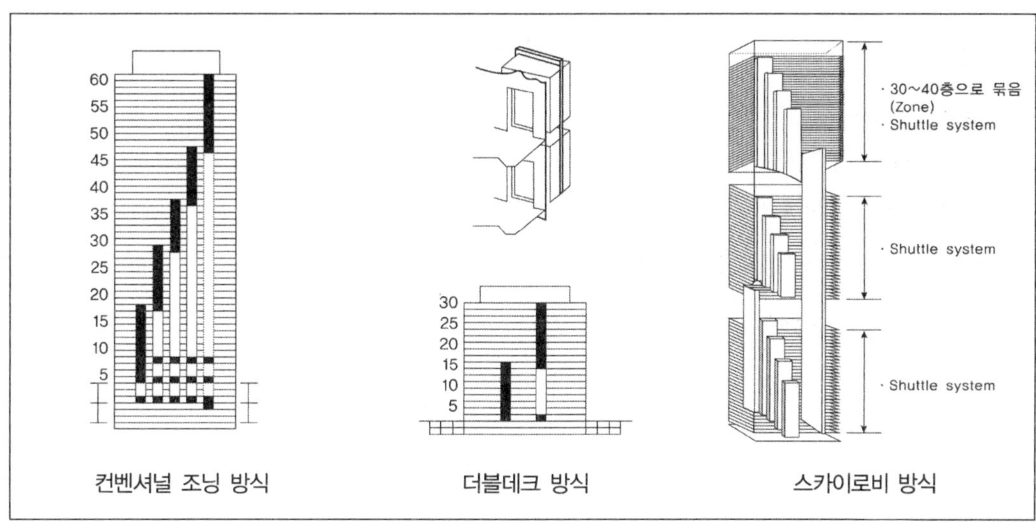

종류	내용
컨벤셔널 조닝 방식 (Conventional zoning system)	• 1Bank의 엘리베이터가 여러 개의 층으로 구성된 1존을 서비스한다. • 1존 서비스 층수는 8~14층 정도이다. • 각 존의 접점은 1~2층을 중복한다.
더블데크 방식 (Double deck system)	• 2층식 엘리베이터를 사용하므로 수송력을 높일 수 있으며, 일반층의 효율을 높인다. • 2대분의 수송력을 가진 승강기가 들어가므로 대수가 절약된다. • 시카고의 Time빌딩에서 최초로 채용되었다.
스카이로비 방식 (Sky lobby system)	100층 정도의 초고층 사무소 건축에 채용하는 방식이다.

ⓐ 조닝의 특징

장점	단점
• 설비비용의 절약 • Zoning수의 증가에 따라 승강로 연면적감소 • 일주시간 단축 • 수송능력의 향상 • 고층부분에 고속향상 • EV의 기계실은 대실면적으로 이용가능 • 급행부의 EV 홀은 금고, 화장실로 이용가능	• 건물 이용시 제약발생 • 임대일 경우 임대의 연속성 결여 • 사용자의 혼란 • 건물 내의 각 부분간 교통편리 저하 • 조닝수가 많아질수록 규모가 감소

(6) 스모크타워(Smoke tower)

① **개념** … 화재가 발생했을 때 넘어온 연기를 배기하기 위해서 비상계단의 전실에 설치한 샤프트를 말한다.

② 복도 → 스모크타워(전실) → 계단실의 경로를 갖도록 한다.

③ **스모크타워의 위치**

　㉠ 배기위치 : 계단실보다 복도쪽에 가깝도록 배치한다.

　㉡ 급기 : 계단실쪽에 가깝도록 배치한다.

④ 계단실이 굴뚝의 역할을 하는 것을 방지한다.

⑤ 전실의 천장은 가급적 높게 설치하도록 한다.

⑥ 전실의 창과는 별도로 스모크타워를 꼭 설치해야 한다.

◉ 스모크타워 ◉

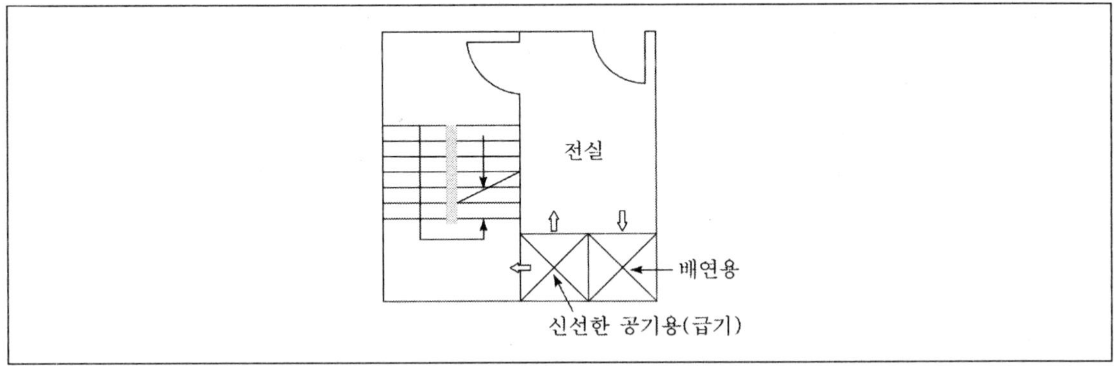

(7) 메일슈트

① 엘리베이터홀에 두도록 한다.

② 내부는 락카, 전면은 유리로 한다.

(8) 급탕실, 소제용 설비실

① 건물 중심 가까이나 엘리베이터홀, 계단, 화장실 등의 근처에 둔다.

② $6 \sim 9\text{m}^2$의 크기로 한다.

③ 급탕량은 1인 1일 $10l$ 정도이다.

(9) 더스트슈트

① 잡용실 내의 편리한 장소에 위치하도록 한다.

② 크기는 최소 단면적 75㎝각으로 한다.

(10) 공기조화 설비

① 바닥면적은 연면적의 $5 \sim 8\%$ 정도로 한다.

② 공기조화 방식에 따라 위치가 다르다.

③ 냉각탑의 경우는 옥상에 설치하도록 한다.

④ 냉·난방 부하를 절감하기 위해서 천장 높이는 낮게 하는 것이 좋다.

⑾ 보일러실

① 크기

ㄱ 공조장치 : 연면적의 2.7 ~ 3.5%(기계실 포함)

ㄴ 증기난방 : 연면적의 1.2%

ㄷ 송풍난방 : 연면적의 3.0%

② 천장고

ㄱ 증기난방 : 3 ~ 4m

ㄴ 온기난방 : 4.2m

⑿ 냉방기계실

① 연면적의 3.5 ~ 6%의 크기를 갖는다.

② 냉·난방 겸용 기계실의 경우는 5.5%의 크기를 갖는다.

⒀ 변전실

천장높이는 변압기, 배전반보다 1m 높게 한다(3.0 ~ 3.5m).

4 고층건물과 정보화 빌딩

① 고층건물의 특징

(1) 고층건물의 장점

① 상층부분은 전망이 좋다.

② 맑은 공기를 얻을 수 있다.

③ 채광이 좋다.

④ 지상의 소음을 방지할 수 있다.

⑤ 업무의 능률이 향상된다.

⑥ 공원 등에 면해서 건축될 경우에 공지의 사용률이 크다.

⑦ 부지 내에 공원, 녹지를 충분히 둘 수 있고, 공공을 위해 개방할 수도 있다.

(2) 고층건물의 단점

① 인접된 건물의 일조, 통풍, 프라이버시, 채광 등에 악영향을 준다.

② 시가지 미관이 숨겨지거나 조잡해질 수도 있다.

③ 적절한 계획에 의해서 건축되지 않으면 건물의 유기성이 상실된다.

④ 공원 등에 면하여 건축을 할 때 계획이 잘 이루어지지 않으면 공지가 폐쇄적인 느낌을 받아서 나쁜 영향을 준다.

② 정보화 빌딩(Intelligent building)

(1) 개념

첨단화되고 다양한 기기에 의해서 네트워크화된 고도의 사무자동화 기능과 기타 보안, 에너지 절약, 빌딩관리시스템을 유기적으로 통합한 건축물을 뜻한다.

(2) 목적

① **쾌적성** … 사무실 사용자에게 쾌적한 업무환경을 제공한다.

② **효율성** … 작업을 편리하고 효율적으로 할 수 있도록 작업의 용이성을 제공한다.

③ **생산성** … 지적 업무활동으로 생산성을 향상한다.

(3) 기능

① **OA**(사무의 자동화 : Office Automation) … LAN에 의해서 다양한 OA기기들의 네트워크를 실현한다.

② **BA**(건물의 자동화 : Building Automation) … 빌딩관리, 안전, 에너지 절약 시스템 등을 자동 조절한다.

③ **TC**(정보통신 : Tele Communication) … 디지털 PBX(구내교환기), 광섬유 등을 이용한 고도의 통신기능을 지닌다.

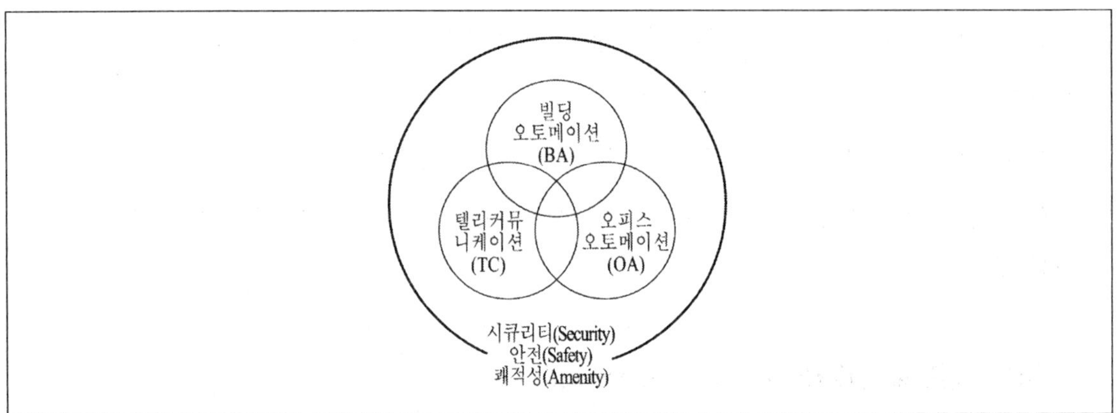

(4) 사회적인 효과

① 정보를 대중화 및 일반화시킨다.

② 관련산업을 발전시킨다.

③ 도시집중을 완화한다.

④ 교통체증을 감소시킨다.

⑤ 도시환경을 재정비한다.

(5) 계획

① 평면계획

　㉠ 정보화, 통신기기 등의 설치나 변경에 지장이 없는 평면
　㉡ 각종 변경을 고려한 기둥간격(10m 이상 정도)

② 공간분할

　㉠ 창은 가능한 외기에 면하도록 한다.
　㉡ 세장형, 다각형 등의 평면형상으로 하고 요철이 반복된 건물의 형태를 도입하도록 한다.

③ 실내환경

　㉠ 쾌적한 환경을 위한 공조, 채광, 조명 등을 고려한다.
　㉡ 소음기기들의 대책방안을 마련한다.

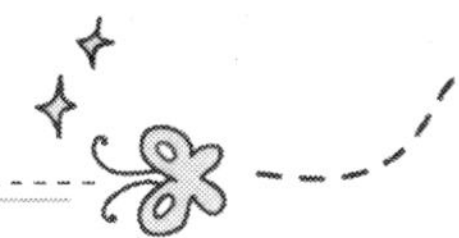

④ **공간계획**

　　㉠ 빌딩 속 오아시스의 계획 : 광정, 아트리움 등

　　㉡ 24시간 업무 가동시의 부속시설 : 욕실, 부엌 등

　　㉢ 건강증진 향상 목적 : 헬스클럽 등

　　㉣ 해방감 및 안락감 : 로비, 홀 등

　　　　TIP 아트리움(Atrium)

　　　　　㉠ **개념**
　　　　　　• 일반인에게 공개되는 도심 속 휴식처의 역할
　　　　　　• 건물의 안에 뜰이나 중정을 마련함
　　　　　　• 실내에 옥외공간을 마련하여 자연환경을 실내에 유입시킴

　　　　　㉡ **특성**
　　　　　　• 실내기후 조절가능
　　　　　　• Open space
　　　　　　• 건물의 상징적인 의미부여

01 출제예상문제

1 다음 중 사무실의 개방형 배치에 관한 설명으로 옳지 않은 것은?

① 독립성이 좋다.

② 공사비용이 싸다.

③ 방의 길이, 깊이에 변화를 줄 수 있다.

④ 소음이 크다.

⑤ 개방된 큰 방을 만들고 중역들을 위해서 작은 방을 따로 만드는 형식이다.

> **note** ① 개방형은 칸막이 등이 없어서 공사비용은 적게 드나 소음이 크고 개인 프라이버시의 침해율이 높아 독립성이 좋지 못하다.

2 Office landscaping에 관한 설명으로 옳지 않은 것은?

① 공기조절 등 설비적인 면에서 좋은 방법이다.

② 설비비용이 적게든다.

③ 사무소 공간을 모듈에 의해서 일정한 크기로 할 수 있다.

④ 창이나 기둥의 방향에 관계없이 사무실을 구성할 수 있다.

> **note** Office landscaping은 서열, 계급에 대한 획일적이고 기하학적인 배치에서 탈피하여 사무작업이나 흐름에 따라 효율적으로 배치하는 방식으로 칸막이를 막지 않는 개방식이다.

Answer 1.① 2.③

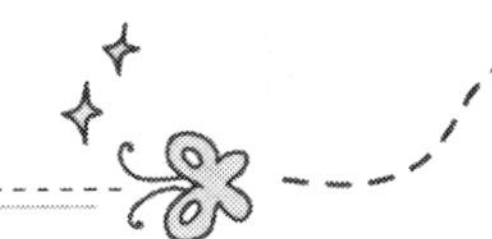

3 다음 중 주로 하나의 큰 공간을 필요로 하는 전용 사무소 빌딩 등에 쓰이는 코어형은?

① 중앙코어형   ② 양단코어형

③ 외코어형   ④ 편심코어형

> **note** ① 바닥면적이 큰 경우 적합하며 고층이나 초고층, 대규모 빌딩에 전형적으로 사용되는 형식이다.
> ③ 코어가 외부로 독립되어 자유로이 사무실 공간을 계획할 수 있으나 코어에서 사무실까지 덕트, 배관을 이어오는 데 불리하다.
> ④ 바닥면적이 작을 경우에 적합하며 고층일 경우 구조상 불리하므로 소규모에 사용한다.

4 다음 중 오피스 랜드스케이핑의 장점으로 옳지 않은 것은?

① 융통성이 있어 변경가능   ② 최대 조경면적의 확보

③ 사무 능률의 향상   ④ 시설비와 유지비의 절감

> **note** 오피스 랜드스케이핑의 장·단점
> ㉠ 장점
> • 공간의 절약
> • 칸막이공사 절감
> • 의사전달의 융통성
> • 작업변화에 유리
> • 업무활동의 쾌적
> ㉡ 단점
> • 프라이버시 결여
> • 소음의 발생
> • 대형가구, 사무기기의 소음으로 별도의 공간이 필요해짐

5 다음 중 사무실 건축에서 개방식 배치에 관한 설명으로 옳지 않은 것은?

① 공사비용이 적게 들어 경제적이다.   ② 소음이 적고 통기성이 양호하다.

③ 전면적을 유용하게 이용할 수 있다.   ④ 실외 길이나 깊이에 변화를 줄 수 있다.

> **note** 개방식 System은 개방된 큰방을 만들고 중역들은 따로 작은 방을 만들어 주는 형식으로 칸막이가 없어 공사비용이 저렴하고 공간이용이 효율적이다.
> ② 소음이 크고 독립성이 떨어진다.

6 다음 중 고층 사무소 건축의 Core system에 관한 설명으로 옳지 않은 것은?

① 설비부분이 집약되어 경제적이다.

② 건축물의 유효면적을 증가시킬 수 있다.

③ 구조적 이점과 정돈된 외관을 얻을 수 있다.

④ 독립성이 좋아진다.

> **note** 코어 System의 장점
> ㉠ 설비부분의 집약으로 최단거리가 된다.
> ㉡ 서비스적인 부분을 한곳에 집중시킬 수 있다.
> ㉢ 사무소의 유효면적이 증대된다.
> ㉣ 코어의 벽을 내진벽으로 하여 구조적으로 유리하다.
> ㉤ 공간을 융통성 있고 균일하게 계획할 수 있다.

7 고층건축에서 가급적 인접시켜야 하는 공간이 아닌 것은?

① 기계실과 메일슈트 ② 잡용실과 더스트슈트

③ 계단과 엘리베이터 ④ 옥상과 냉각탑

> **note** 코어계획시 접근시켜야 할 공간
> ㉠ 계단, 엘리베이터, 화장실
> ㉡ 잡용실, 급탕실, 더스트슈트
> ㉢ 메일슈트와 엘리베이터홀

8 다음 사무소 건축의 실단위계획 중 개방식 배치의 장점으로 옳지 않은 것은?

① 프라이버시가 양호하다.

② 공간이 절약된다.

③ 전체 면적을 유용하게 이용할 수 있다.

④ 칸막이 등이 없어 공사비가 저렴하다.

> **note** ① 개방된 큰 방에서 모든 일이 이루어지기 때문에 독립성이 떨어지며 소음이 크다.

9 종업원수가 2,000명인 회사가 사무실을 건축할 때 적당한 연면적은?

① 5,000㎡
② 10,000㎡
③ 15,000㎡
④ 20,000㎡

> **note** 사무실 1인당 연면적이 10㎡이므로 2,000×10＝20,000㎡이다.

10 다음 사무소의 종류 중 건물의 중요 부분은 자가전용으로 하고 나머지는 대여해주는 사무소는?

① 전용사무소
② 준전용사무소
③ 준대여사무소
④ 대여사무소

> **note** ① 자가전용으로 사용
> ② 몇 개의 회사가 관리운영하고, 공동소유로 입지조건이 좋은 곳에 고층빌딩을 건축해서 이용
> ④ 건물의 대부분 또는 전부를 대여

11 사무소 설계에 있어서 사무실의 크기를 결정짓는 가장 큰 요소는?

① 사무실의 위치
② 방문객의 수
③ 사용자의 수
④ 책상의 위치

> **note** 사무실의 크기를 결정하는 요소는 사무실의 위치, 사무소의 내용, 책상의 위치 등 많은 것들이 있지만 가장 큰 요소가 되는 것은 사무소 실제 사용자들의 수이다.

12 다음 중 인텔리젠트 빌딩의 기능으로 적절하지 않은 것은?

① 건축기술의 시스템
② 사무자동화시스템
③ 정보통신시스템
④ 빌딩자동화시스템

> **note** 인텔리젠트 빌딩의 기능
> ㉠ 사무자동화시스템(OA)
> ㉡ 빌딩 자동화시스템(BA)
> ㉢ 정보통신시스템(TC)

Answer 9.④ 10.③ 11.③ 12.①

13 다음 중 사무소 코어시스템 계획시 고려사항으로 옳지 않은 것은?

① 코어 내의 공간은 층마다 공통된 위치에 있어야 한다.

② 엘리베이터홀과 사무실의 출입구는 가까운 위치에 두도록 해야 한다.

③ 계단, 엘리베이터, 화장실은 서로 근접시키도록 한다.

④ 엘리베이터는 가급적 중앙에 집중시켜야 한다.

> **note** 코어계획 시 반드시 분리시켜야 할 공간 … 엘리베이터홀과 사무실의 출입구

14 지상 15층인 사무소 건축물에서의 아침 출근시간 엘리베이터 이용자의 5분간 최대 인원수가 250인이고, 1대의 왕복시간(1회)을 2분이라고 할 때 정원 18인승 엘리베이터는 몇 대가 필요한가? (단, 정원은 18인승이나 평균 수송인원은 17인승으로 한다)

① 4대　　　　　　　　　　　　　　② 5대

③ 6대　　　　　　　　　　　　　　④ 7대

> **note** 1대 운반인원 $S = \dfrac{60 \times 5 \times P(\text{평균 수송인원})}{T}$
>
> $$S = \frac{60 \times 5 \times 17}{2 \times 60} = 42.5$$
>
> $$N(\text{대수}) = \frac{5\text{분간 최대 인원수}}{S} = \frac{250}{42.5} = 5.8 = 6\text{대}$$

15 주차장의 지하주차방식 중 1대당 27.2㎡의 면적을 차지하고 가장 경제적인 주차방식은?

① 직각주차　　　　　　　　　　　② 60°주차

③ 45°주차　　　　　　　　　　　④ 평행주차

> **note** 주차방식에 따른 주파면적
>
> | 주차방식 | 1대당 면적(㎡) |
> |---|---|
> | 직각주차 | 27.2 |
> | 60° 주차 | 29.8 |
> | 45° 주차 | 32.2 |
> | 평행주차 | 43.1 |

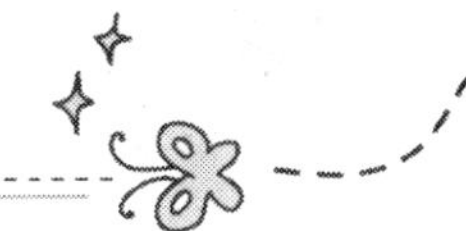

16 다음 중 사무실 건축물의 층고에 대한 설명으로 옳지 않은 것은?

① 최상층을 계획할 때는 기준층보다 30㎝ 정도 낮추어 계획하도록 한다.

② 일반적인 지하층의 경우에는 별로 중요한 실을 설치하지 않으므로 3.5 ~ 3.8m 정도로 많이 한다.

③ 기준층의 경우는 3.3 ~ 4m가 적당하나 환기, 덕트 등을 가리게 하기 위해서 그 이상으로 하는 것이 좋다.

④ 소규모 사무소의 1층은 4m 정도가 좋으나 은행 등의 영업실을 갖출 경우에는 3.5 ~ 5m 정도가 요구된다.

> **note** ① 최상층은 복사열 등이 들어오므로 2중 천장 등으로 하고 기준층보다 30㎝ 높게 하도록 한다.

17 다음 중 사무소 건축에 관한 설명으로 옳지 않은 것은?

① 고층사무소에서의 기준층 코어면적은 통상적인 기준층 면적의 20% 정도이다.

② 사무소의 임대면적은 70 ~ 75% 정도가 좋다.

③ 개방식은 전면적을 유용하게 사용할 수 있으나 소음이 심하고 독립성이 좋지 않다.

④ 개실시스템은 독립성이 뛰어나고 공사비도 절감된다.

> **note** ④ 개실시스템은 복도에 의해서 각 실로 들어가는 형식으로 칸막이 설치로 공사비가 많이 든다.

18 다음 중 사무소 건축의 코어시스템에 관한 설명으로 옳지 않은 것은?

① 코어는 각 층마다 동일한 위치에 있어야 한다.

② 공용 공간이 줄어들어서 유효율이 높아진다.

③ 코어는 평면 내에서 분산하여 배치하도록 한다.

④ 지진이나 풍압 등에 대한 내력 구조체가 된다.

> **note** ③ 코어는 한 곳에 집약하여 설치하도록 한다.

19 다음 중 사무소 건축에서 기둥간격을 결정하는 요소가 아닌 것은?

① 주차의 단위　　　　　　　　　② 책상의 배치

③ 근무자의 수　　　　　　　　　④ 채광창 층고에 따른 안쪽 깊이

> ★note　기둥간격의 결정요소
> ㉠ 책상의 배치
> ㉡ 채광창 층고에 따른 안쪽깊이
> ㉢ 주차의 단위

20 다음 중 인텔리젠트 빌딩의 목적이 아닌 것은?

① 쾌적성　　　　　　　　　　　② 생산성

③ 효율성　　　　　　　　　　　④ 분포성

> ★note　인텔리젠트 빌딩(Intelligent building)의 목적
> ㉠ 쾌적성 : 사무실 사용자에게 쾌적한 환경을 제공
> ㉡ 효율성 : 작업의 용이성 제공
> ㉢ 생산성 : 생산성 향상

21 다음 중 화재가 발생했을 때 넘어온 연기를 배기하기 위해서 비상계단의 전실에 설치하는 샤프트는?

① 스모크타워　　　　　　　　　② 메일슈트

③ 더스트슈트　　　　　　　　　④ 클로크룸

> ★note　② 우편물을 보관하는 장소로 엘리베이터홀에 두도록 한다.
> ③ 잡용실 내에 편리한 장소에 위치시킨다.
> ④ 귀중품·외투 등을 맡겨 놓는 곳이다.

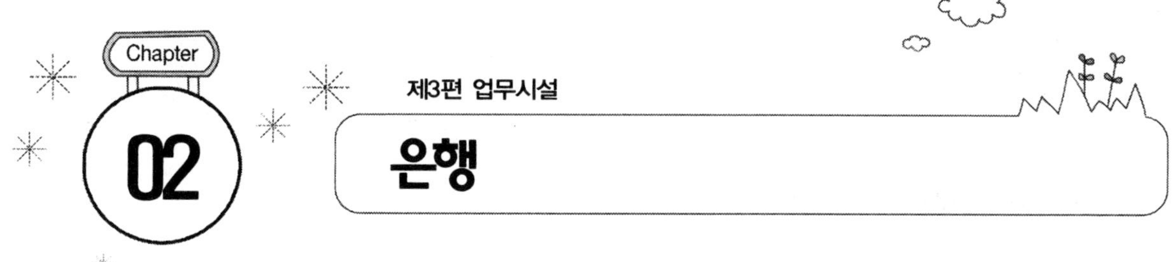

은행

1 은행의 개요

① 기본계획

(1) 기본방향

① 업무의 능률성, 신속성, 신뢰감, 안정감, 친근감, 쾌적감 등을 부여한다.

② 사무자동화를 고려한다.

③ 종업원 후생복리를 고려한다.

④ 색채, 의장, 소음, 각종 설비와의 조화를 고려한다.

(2) 입지조건

① **부지의 형태**

　㉠ 정사각형, 직사각형이 가장 이상적이다.

　㉡ 폭에 비해 깊이가 깊은 곳이 적합하다.

　㉢ 부정형은 피해야 한다.

② **부지의 방위** … 남쪽이나 동쪽, 동남의 가로 모퉁이가 가장 이상적이다.

③ **부지선정의 고려사항**

　㉠ 교통이 편리한 곳

　㉡ 인구밀집지역

　㉢ 지역개발의 장래성이 보이는 곳

　㉣ 사람 눈에 잘 띄는 곳

> **TIP** 본점과 지점의 고려사항
> ㉠ 본점 : 중앙관청 고려, 접근성
> ㉡ 지점 : 충분한 주차장, 확장대비, 번화가

② 평면계획

(1) 기본평면계획

① 고객대기실, 영업실의 중심 동선을 고려한다.

② 고객동선과 은행원의 동선은 교차하지 않도록 한다.

③ 전면도로에 통행하는 사람의 동선을 고려해서 주현관의 위치를 결정하도록 한다.

④ **기본평면의 종류**

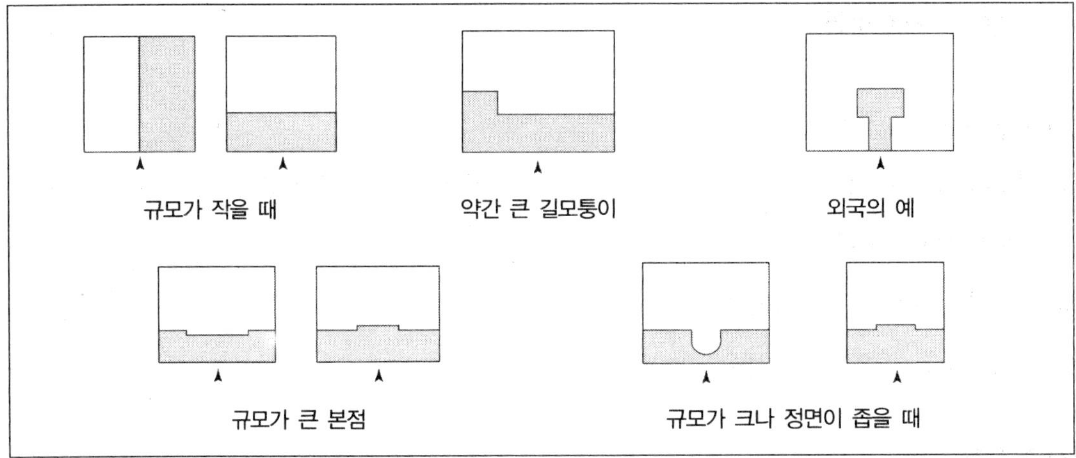

(2) 규모의 계획

① **규모의 결정요소**

   ㉠ 부근 인구의 밀집도 : 내방고객의 수

   ㉡ 은행원의 수

   ㉢ 고객을 위한 서비스 시설의 규모

   ㉣ 장래 여비공간

② **일반적인 지점의 시설규모**(연면적)

$$연면적 = 은행원의\ 수 \times 16 \sim 26 \text{m}^2$$
$$= 은행실의\ 면적 \times 1.5 \sim 3배$$

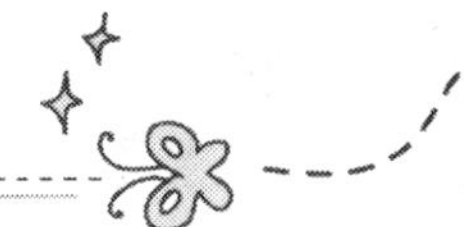

③ **은행실의 면적**

　㉠ 영업실의 면적＝은행원수×10㎡

　㉡ 고객용 로비의 면적＝1일 평균 고객수×0.13～0.2㎡

　㉢ 기계화 추진점포의 경우는 좀 더 큰 규모로 한다.

④ **고객용 로비와 영업실 면적의 비**

　㉠ **고객용 로비 : 영업실＝1 : 0.8～1.5**

　㉡ 고객용 로비와 영업실의 면적비가 종래에는 일반적으로 30 : 70이었으나 최근에 들어서는 50 : 50으로 변화되고 있다.

(3) 동선의 계획

① 고객의 동선은 짧아야 한다.

② 직원과 고객의 출입구는 따로 설치한다.(영업시간에 관계없이 열어둔다)

③ 현금반송통로는 관계자외 출입을 금하도록 하고 감시가 용이하도록 한다.

④ 큰 건물의 경우에는 고객 출입구를 되도록 1개소로 하고 안여닫이로 한다.

⑤ 고객의 공간과 업무공간과의 사이는 원칙적으로 구분되지 않아야 한다.

⑥ 고객공간을 1층에 둘 수 없을 경우라도 홀에서 직접 통하는 특별계단, 엘리베이터를 이용할 수 없도록 해야 한다.

(4) 입면의 계획

① 채광창을 크게 설치하되 2중창이나 페어글라스, 글라스블록을 사용하도록 한다.

② 고정창을 기본으로 두나 개폐부분이 있을 경우에는 기밀식 창으로 하는 것이 좋다.

③ 채광창 외부에는 방음용 루버를 설치하도록 한다.

④ 고객용 주차 시설, 영업안내 간판 등을 설치한다.

① 은행실(객장, 영업장)

(1) 현관(주출입구)

① **출입문의 종류**

　㉠ 도난방지상 안여닫이로 설치한다.

　㉡ 전실을 만들어 둘 경우에는 외여닫이 또는 자재문을 사용한다.

② 전실을 두거나 방풍실을 설치한다.

> ★ TIP　방풍실의 역할
> 　㉠ 실내의 온도조절
> 　㉡ 도난방지
> 　㉢ 바람의 차단
> 　㉣ 주출입구를 하나로 집약하여 경비·관리 능률 향상

(2) 고객대기실(객장)

① 최소폭은 3.2m 정도로 한다.

② 살롱같은 분위기를 조성한다.

③ 영업장 : 객장 = 3 : 2(1 : 0.8 ∼ 1.5) 정도의 비율로 한다.

(3) 영업장

① 영업장의 넓이가 은행의 규모를 결정한다.

② 은행원 1인당 4 ∼ 6㎡ 기준(연면적당 16 ∼ 26㎡ 정도)으로 한다.

③ 천장 높이는 5 ∼ 7m 정도로 한다.

④ 책상 위에서 300 ∼ 400lux가 표준이 되도록 조도를 설치한다.

(4) 카운터(Tellers counter)

① 높이

    ㉠ 객장 : 100 ~ 110cm 정도이다.

    ㉡ 영업장 : 90 ~ 95cm 정도이다.

② 폭은 60 ~ 75cm 정도로 한다.

③ 길이는 150 ~ 180cm 정도로 한다.

◎ 카운터 ◎

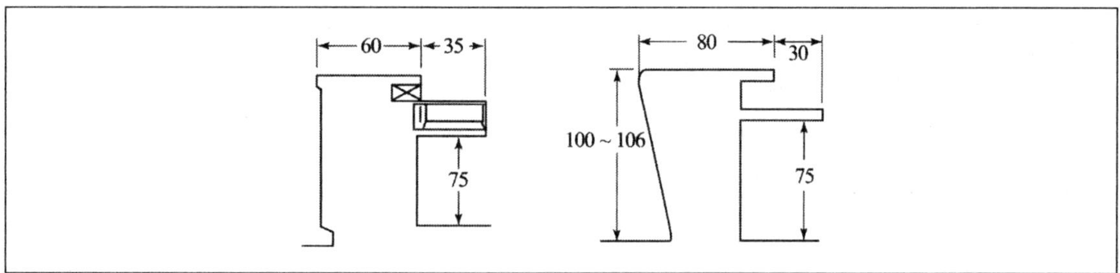

②   금고

(1) 종류

① 현금고, 증권고

    ㉠ 일반적으로 금고실이라고 한다.

    ㉡ 칸막이를 격자로 사용하여 현금고, 증권고를 구분해서 사용한다.

② 보호금고 … 보호예치업무를 위한 금고로 보관증서를 교부하고 고객으로부터 보관물품을 받아둔다.

③ 대여금고

    ㉠ 금고실 내에 대·중·소의 철제상자를 설치해 두고 고객에게 일정금액으로 대여해 주는 금고이다.

    ㉡ 전실, 비밀실, 대여금고실로 구성된다.

    ㉢ 전실에는 넓이 3㎡ 정도의 비밀실(Coupon booth)을 부수해서 설치한다.

④ 야간금고

    ㉠ 은행이 폐점한 후나 휴일에 고객이 금전을 보관할 수 있는 금고이다.

    ㉡ 주출입구 근처에 위치하도록 하고, 조명시설을 완비한다.

⑤ **서고**

　　㉠ 장부를 격납한다.

　　㉡ 법정보존기간 동안 서류를 보관한다.

⑥ **화재고**

　　㉠ 규모가 큰 은행에 설치하는 금고이다.

　　㉡ 철제선반을 금고 내에 두고 큰 귀중품을 보관한다.

(2) 구조

① **철근콘크리트 구조** ··· 벽, 바닥, 철장 모두 철근콘크리트 구조로 한다.

　　㉠ 두께는 30 ~ 45㎝(대규모는 60㎝ 이상) 정도로 한다.

　　㉡ 지름 16 ~ 19㎜의 철근을 15㎝ 간격으로 이중배근한다.

② **금고문, 맨홀문** ··· 문틀 및 문짝면 사이에 기밀성을 유지하도록 한다.

③ Drive in Bank

(1) 개념

교통수단의 발달로 자동차를 탄 채 은행업무를 볼 수 있도록 한 것이다.

(2) 계획시 주의사항

① 외부에 설치될때 비나 바람을 막는 차양시설이 필요하다.

② 자동차의 접근이 쉬워야 한다.

③ 창구는 운전석쪽으로 한다.

④ 드라이브 인 뱅크 입구에는 차단물이 설치되지 말아야 한다.

⑤ 자동차의 주차는 평행되거나 교차되어야 한다.

(3) 평면형

① **아일랜드형** ··· 주옥에서 별도로 출납 소옥을 만든 방식이다.

② **외측주변형** ··· 건물의 외부에 1변, 그 외의 벽면에 창구를 두는 방식이다.

③ **돌출형** ··· 기존 주옥에서 돌출 되거나 증축을 하지 않게 창구를 두는 방식이다.

◎ 평면형의 종류 ◎

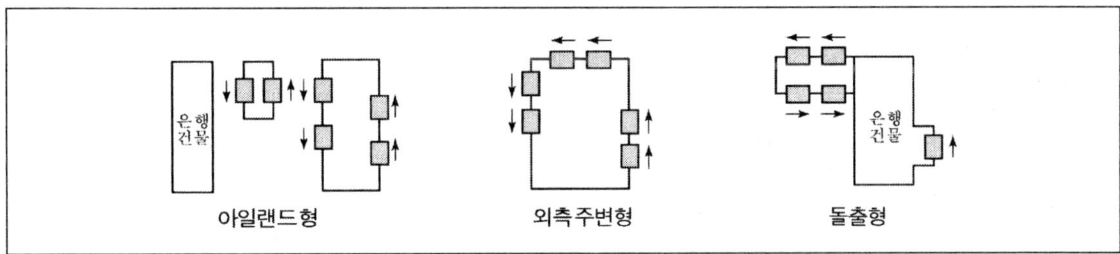

(4) 배치방법

① 1차선의 경우

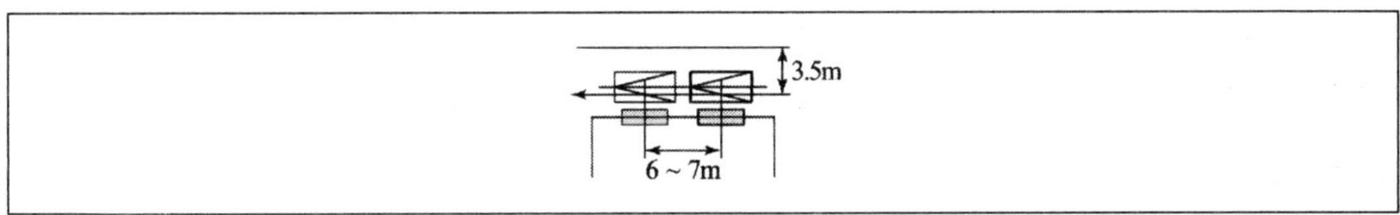

② 2차선의 경우

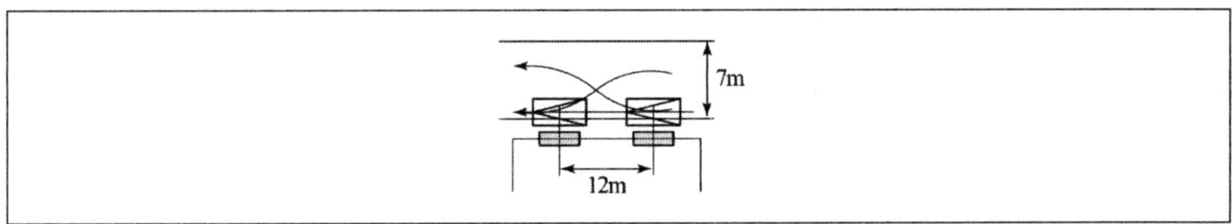

(5) 창구의 소요설비

① 쌍방통화설비를 갖추어야 한다.

② 자동·수동식을 겸용해서 서류를 처리할 수 있도록 한다.

③ 보온장치를 부착한다.

④ 방탄설비를 갖추도록 한다.

⑤ 모든 업무가 드라이브 인 창구 자체에서만 되는 것이 아니므로 영업장과 긴밀한 연락을 취할 수 있는 별도의 시설을 마련한다.

④ 부속실

(1) 화장실

① 여자는 15명에 대변기 1대 정도를 설치한다.

② 남자는 15명에 대·소변기 각각 1대 정도를 설치한다.

(2) 갱의실, 식당, 부엌

① **갱의실**…1인당 폭 30㎝, 깊이 45㎝, 높이 2m 정도의 철제 캐비넷을 설치한다.

② 식당, 부엌은 은행원수의 $\frac{1}{2} \sim \frac{1}{3}$ 을 수용할 수 있을 정도의 크기로 한다.

(3) 지점장실

① 고객상담이 쉬운 위치에 설치한다.

② 집무상태를 감독할 수 있도록 한다.

③ 주위가 다 보이는 안쪽에 위치하도록 한다.

02 출제예상문제

1 드라이브 인 뱅크에 대한 설명으로 옳지 않은 것은?

① 창구는 운전석쪽으로 설치한다.

② 모든 업무가 드라이브 인 창구 자체로만 해결되는 것이 아니기 때문에 영업장과 긴밀한 연락을 취할 수 있도록 별도의 시설도 마련해야 한다.

③ 쌍방통화설비를 갖추어야 한다.

④ 방탄설비를 갖추도록 한다.

⑤ 시내의 혼잡지역의 대로에 설치한다.

> **note** ⑤ 드라이브 인 뱅크는 차량의 접근이 쉬워야 하므로 시내의 혼잡지역은 피하도록 한다.

2 다음 중 은행 영업장에 설치하기 알맞은 조도는?

① 100 ~ 200lux
② 200 ~ 300lux
③ 300 ~ 400lux
④ 400 ~ 500lux
⑤ 500 ~ 600lux

> **note** 은행 영업장의 조도는 책상 위에서 300 ~ 400룩스(lux) 표준이 되도록 설치하는 것이 좋다.

3 다음 중 은행 객장의 창구 카운터에 대한 치수로 옳은 것은? (단위 ㎝, 높이 × 폭 × 길이)

① 110×75×160
② 115×75×130
③ 85×60×120
④ 90×65×150

> **note** 카운터의 크기
> ㉠ 높이 : 100 ~ 110cm(영업장의 경우 90 ~ 95cm)
> ㉡ 폭 : 60 ~ 75cm
> ㉢ 길이 : 150 ~ 170cm

Answer 1.⑤ 2.③ 3.①

4 다음 중 은행건축의 배치계획으로 옳지 않은 것은?

① 부지의 형태로 부정형은 피하는 것이 좋다.

② 부지의 방향은 남측, 동측이 좋다.

③ 부지의 방향은 북서의 가로 모퉁이가 이상적이다.

④ 부지의 형태는 정사각형, 직사각형이 가장 이상적이다.

> **note** ③ 부지의 방향은 남측, 동측, 동남의 가로 모퉁이가 가장 이상적이다.

5 은행계획의 동선에 대한 설명으로 옳지 않은 것은?

① 고객의 동선은 짧아야 한다.

② 고객공간과 업무공간 사이는 원칙적으로 구분되어야 한다.

③ 직원과 고객의 출입구는 따로 두도록 한다.

④ 주출입구는 안여닫이문으로 한다.

> **note** ② 고객공간과 업무공간 사이는 서로간의 의사전달을 위해서 원칙적으로는 구분되지 않아야 한다.

6 다음 중 드라이브 인 뱅크의 계획으로 옳지 않은 것은?

① 드라이브인 뱅크의 입구에는 차단물이 설치되지 말아야 한다.

② 모든 업무를 드라이브 인 창구에서만 처리하도록 한다.

③ 자동차의 접근이 쉬워야 한다.

④ 창구에는 보온장치를 부착한다.

> **note** ② 드라이브 인 뱅크는 교통의 발달로 인해서 자동차에 탄 채로 은행 업무를 볼 수 있도록 만든 것이나 모든 업무를 드라이브 인 창구에서 볼 수 없으므로, 영업장과 긴밀한 연락을 취할 수 있는 별도의 시설이 필요하다.

7 은행 고객대기실의 최소폭은 얼마인가?

① 3.0m 정도　　　　　　　　② 3.2m 정도

③ 3.4m 정도　　　　　　　　④ 3.6m 정도

⑤ 4.0m 정도

> **note** 고객대기실은 최소 3.2m 정도로 하고, 어느 정도의 여유가 있는 공간과 응접용 가구를 배치하여 살롱같은 분위기를 조성해준다.

8 다음 중 은행의 규모를 결정짓는 요소가 아닌 것은?

① 은행원의 수　　　　　　　② 장래의 여비공간

③ 고객의 수　　　　　　　　④ 카운터의 크기

> **note** 은행규모의 결정요소
> ㉠ 내방고객의 수
> ㉡ 은행원의 수
> ㉢ 장래의 여비공간
> ㉣ 고객을 위한 서비스 시설의 규모

9 다음의 그림에서 은행의 부지조건으로 가장 이상적인 곳은?

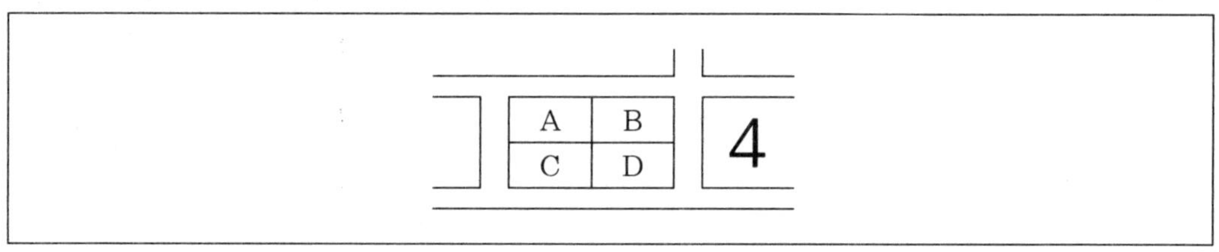

① A　　　　　　　　　　　② B

③ C　　　　　　　　　　　④ D

> **note** 은행의 방향은 동쪽, 남쪽도 좋지만 동남쪽 모퉁이가 가장 이상적이다.

10 다음 은행의 세부계획 중 옳지 않은 것은?

① 영업장의 면적은 은행원 1인당 4 ~ 6㎡

② 영업실의 조도의 표준설치는 500lux

③ 갱의실 캐비넷은 1인당 폭 30㎝, 깊이 45㎝, 높이 2m 정도

④ 대규모 은행의 금고실 구조체 두께는 60㎝ 이상

> **note** ② 영업장의 조도는 책상 위에서 300 ~ 400lux가 표준이 되도록 설치한다.

11 은행건축의 설계에 관한 설명으로 옳지 않은 것은?

① 고객의 대기실은 최소폭 3.2m 이상으로 하고 안락한 분위기를 만든다.

② 정문 출입문의 2중문 중 바깥쪽 문은 외여닫이로 한다.

③ 영업대의 높이는 고객대기실쪽에서 80 ~ 90㎝가 적당하다.

④ 영업장의 면적은 은행원 1인당 4 ~ 6㎡를 기준으로 한다.

> **note** ③ 영업대의 높이는 고객대기실에서 100 ~ 110㎝가 적당하다.

12 다음 그림은 은행의 기본평면 종류이다. (A), (B)에 알맞은 것은?

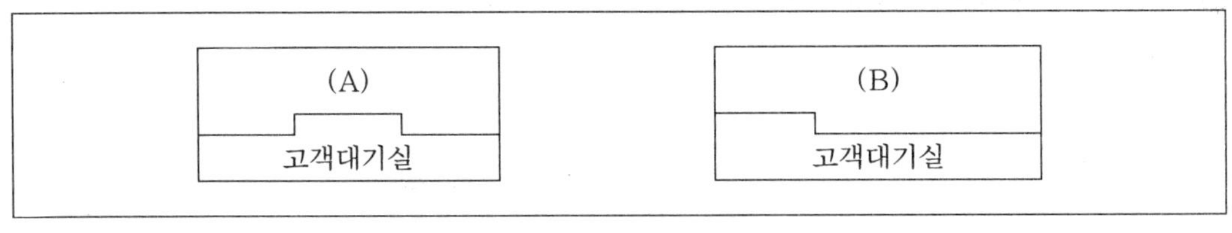

	(A)	(B)
①	규모가 큰 본점	약간 큰 길모퉁이
②	규모가 큰 본점	규모가 크나 정면이 좁을 때
③	큐모가 크나 정면이 좁을 때	규모가 큰 본점
④	약간 큰 길모퉁이	규모가 큰 본점

> **note** (A)는 규모가 큰 본점의 경우이고, (B)는 약간 큰 길모퉁이가 적당하다.

Answer 10.② 11.③ 12.①

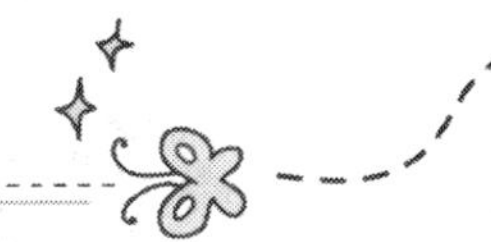

13 다음 중 은행건축에 관한 설명으로 옳지 않은 것은?

① 부지의 형태는 정사각형, 직사각형이 이상적이고, 방위는 동쪽, 남쪽도 좋으나 동남쪽의 가로 모퉁이쪽이 이상적이다.

② 영업실의 면적은 은행원수에 따라서 결정되며, 1인당 4 ~ 6㎡ 정도를 기준으로 한다.

③ 드라이브 인 뱅크를 계획할 때 창구는 조수석쪽으로 해야 한다.

④ 출입구의 안쪽문은 도난방지상 안여닫이로 한다.

> **note** ③ 드라이브 인 뱅크(Drive in Bank)의 창구는 운전석쪽으로 한다.

Chapter 03 산업시설

1 공장 

① 일반계획

(1) 대지의 입지조건

① 국토계획, 도시계획상으로 적합해야 한다.

② 교통이 편리해야 한다.

③ 노동력의 공급과 원료의 공급이 쉽고 풍부해야 한다.

④ 잔류물 및 폐수처리가 쉬워야 한다.

⑤ 유사공업의 집단지이고 관련 공장과의 편리한 점이 있어야 한다.

⑥ 지반이 양호하고 습윤하지 않아야 하며 배수가 편리해야 한다.

⑦ 평탄한 지형으로 정지비용이 적게 들어야 하고, 지가가 저렴해서 토지의 공급이 용이해야 한다.

⑧ 재료, 기후작업에 대해서 기후 풍토가 적합해야 한다.

(2) 작업장의 배치계획

① 부지 내의 종합계획을 하고 그 일부로서 현 계획을 하는 것이 이상적이다.

② 장래계획, 확장계획을 충분히 고려해서 배치계획한다.

③ 동력의 종류에 따라 배치하는 계통을 합리화시키고, 동력시설은 증축 시 지장을 주지 않는 위치를 고려하여 계획한다.

④ 각 건물의 배치는 공장의 작업내용을 충분히 검토한 후에 결정하는 것이 바람직하다.

⑤ 원료, 제품의 운반 및 작업동선을 고려하도록 한다.

⑥ 생산, 관리, 연구, 후생 등의 각 부분별 시설을 명쾌하게 나누거나 결합해야 한다.

⑦ 대공장에서 여러 종류의 작업이 포함되는 경우에 가장 중요한 작업에 대해서 가장 유리하도록 계획한다.

(3) 건축의 형식분류와 특징

① **집중식**(Block type)

    ㉠ 공간 효율성이 높다.

    ㉡ 일반 기계조립공장이나, 단층건물이 많으며, 평지붕의 무창공장에 적합하다.

    ㉢ 내부배치, 변경에 탄력성이 있다.

    ㉣ 건축비가 저렴하다.

    ㉤ 흐름이 단순하여 운반에 용이하다.

② **분관식**(Pavilion type)

    ㉠ 공장의 신설, 확장이 비교적 용이하다.

    ㉡ 통풍 및 채광이 양호하다.

    ㉢ 건축형식이나 구조를 각기 다르게 할 수 있다.

    ㉣ 공장건설을 병행할 수 있으므로 조기완성이 가능하다.

    ㉤ 화학공장, 일반 기계조립공장, 다층공장의 경우이다.

② 평면계획(Layout 계획)

(1) 레이아웃(Layout)

① 공장의 여러 부분(작업장 내의 기계설비, 작업자의 작업구역, 자재나 제품을 두는 곳 등)이 상호위치관계를 가리키는 것을 뜻한다.

② 장래 공장규모의 변화에 대응하여 융통성을 갖도록 한다.

③ 공장의 생산성이 미치고 영향이 크도록 공장의 배치계획, 평면계획시 레이아웃을 건축적으로 종합해야 한다.

(2) 레이아웃의 형식

① **제품중심의 레이아웃**(연속 작업식)

    ㉠ 생산에 필요한 모든 공정의 기계기구를 제품의 흐름에 따라 배치하는 방식을 말한다.

    ⓒ 석유, 시멘트 등의 장치공업, 가전제품의 조립공장 등이 있다.

    ⓒ 공정 간의 시간적, 수량적 균형을 이룰 수 있다.

    ⓔ 상품의 연속성을 유지한다.

    ⓜ 대량생산에 유리하고, 생산성이 높다.

② **공정중심의 레이아웃**(기계설비의 중심)

    ㉠ 다종 소량생산의 경우에 채용한다.

    ㉡ 예상생산이 불가능한 경우, 표준화가 행해지기 어려운 경우에 채용한다.

    ㉢ 생산성이 낮으므로 주문생산공장에 적합하다.

③ **고정식 레이아웃**

    ㉠ 주가 되는 재료나 조립부품은 고정되고 기계나 사람이 이동해 가면서 작업하는 방식을 말한다.

    ㉡ 선박, 건축 등과 같이 제품이 크고 수량이 적은 경우에 적합하다.

④ **혼성식 레이아웃** … 위의 방식들이 혼성된 형식을 말한다.

③   구조계획

(1) 공장의 형태

① **단층** … 기계, 조선, 주물공장 등 무거운 것을 취급하는 공장에 적합하다.

② **중층** … 방직, 제지, 제분공장 등 가벼운 것을 취급하는 공장에 적합하다.

③ **단층과 중층의 병용** … 양조, 방적공장 등에 적합하다.

④ **특수구조** … 제분, 시멘트공장에 적합하다.

◎ 공장의 형태 ◎

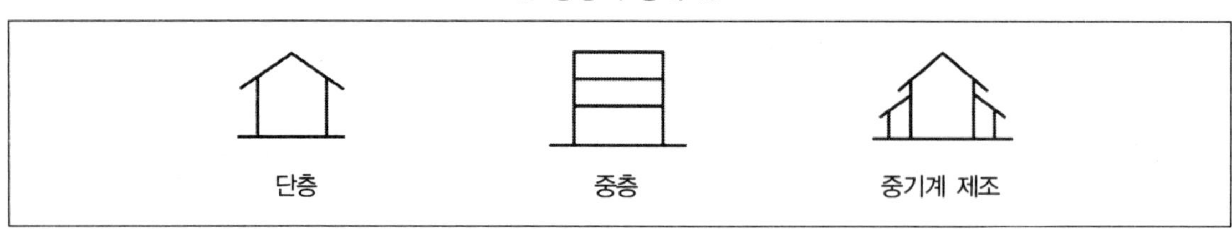

(2) 지붕의 형태

① **평지붕** … 중층식 건물의 최상층 부분이다.

② **뾰족지붕**

　㉠ 동일면에 천창을 내는 방법이다.

　㉡ 어느 정도 직사광선을 허용하는 결점을 가지고 있다.

③ **톱날지붕**

　㉠ 공장 특유의 지붕형태이다.

　㉡ 채광창이 북향으로 종일 변함 없는 조도를 가진 약한 광선을 받아들여 작업능률에 지장이 없
　　도록 한다.

④ **솟을지붕** … 채광 및 환기에 적합한 지붕형태이다.

⑤ **샤렌지붕** … 기둥이 적게 소요된다.

◎ 지붕의 형태 ◎

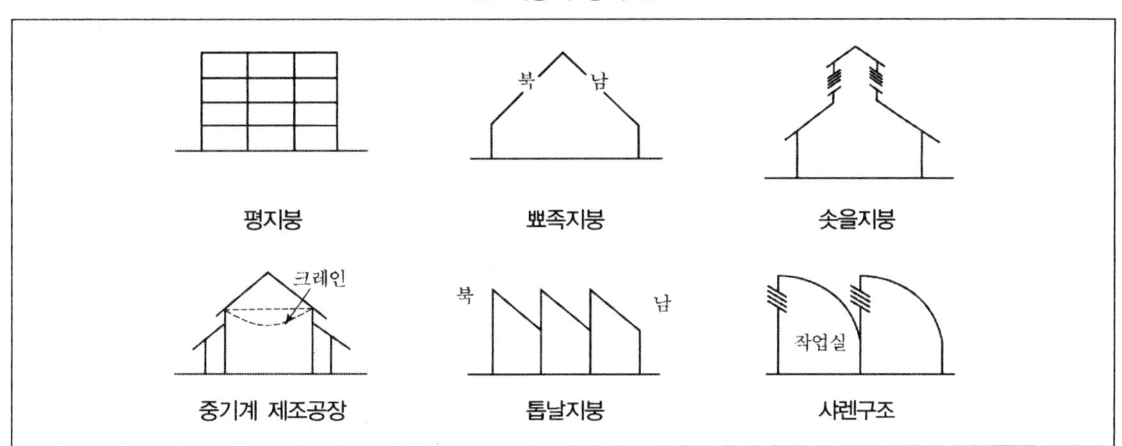

> **TIP** 지붕에 관계되는 요소
> 　㉠ Span의 크기
> 　㉡ 외관
> 　㉢ 환기
> 　㉣ 채광
> 　㉤ 구조형식 및 구조재
> 　㉥ 필요한 유효 높이

(3) 구조재료

① **목조구조**

   ㉠ 소규모 단층공장에 사용된다.

   ㉡ 바닥면적 1,000㎡ 이내 또는 철골을 사용했을 때 녹의 발생 우려가 있을 때 사용한다.

   ㉢ 내화, 내구성이 나쁘다.

   ㉣ 스팬 18m 이하, 천장 높이 6m 이내, 주행 크레인 2t 이하에 적합하다.

② **RC조**

   ㉠ 단층에서는 스팬 10m 이내가 경제적이고 스팬이 6 ~ 8m로 균등하게 해야 한다.

   ㉡ 내풍, 내화, 내구적 구조이다.

   ㉢ 중층공장, 기밀형 공장에 적합하다.

③ **SC조**

   ㉠ 큰 스팬이 가능하다.

   ㉡ 대규모의 단층공장, 처마 높이가 높은 것, 주행 크레인을 가진 것 등에는 많이 채용한다.

   ㉢ 경제적이다.

④ **SRC조**

   ㉠ 철근콘크리트 구조보다 스팬, 층 높이를 크게 할 수 있다.

   ㉡ 고가이다.

⑤ **특수구조**

   ㉠ 셸 구조 : 큰 스팬의 지붕이 가능하며, 증기 배출공장에서는 증기가 결로하는 대책으로 사용한다.

   ㉡ PS 콘크리트 구조 : 공기를 단축할 수 있으며, 스팬이 길다(15m).

(4) 바닥재료

① **목조**

   ㉠ 내화성이 없다.

   ㉡ 보행시 소음, 먼지가 많다.

② **목재콘크리트**

   ㉠ 먼지, 소음이 있다.

   ㉡ 콘크리트의 습기로 인한 나무의 부패가 우려된다.

③ **콘크리트 위 나무벽돌**

   ㉠ 중량이 있는 차 등을 운반하는 데 편리하다.

   ㉡ 마멸될 경우 쉽게 바닥을 교체해야 한다.

④ **벽돌**

⑦ 미끄러지지 않고, 열에 강하다.

⑥ 마멸 또는 훼손시 재시공이 용이하다.

⑤ **흙바닥**

⑦ 위생상 다소 문제가 있다.

⑥ 주물공장에 사용된다.

⑥ **콘크리트**

⑦ 먼지와 소음이 많다.

⑥ 한랭하다.

⑥ 파손되기 쉬운 물품을 생산하는 공장에는 부적당하다.

⑦ **아스팔트 타일바닥**

⑦ 내수적이고 먼지가 생기지 않는다.

⑥ 탄력성이 있고 갈라지지 않으나 유류를 취급할 때는 주의가 필요하다.

④ 환경 설비계획 및 기타

(1) 환기

① **환기계획의 주의사항**

⑦ 공장의 제품생산과정에서 인체에 유해한 먼지가 생기게 되므로 환기를 충분히 고려해야 한다.

⑥ 배기는 호흡기 아래, 급기는 호흡기 약간 위에 설치한다.

⑥ 1시간에 6 ~ 7회를 환기의 표준으로 한다.

② **환기법**

⑦ 전체 환기법

• 자연환기

– 풍력에 의한 방법 : 측창, 천창, 환기통

– 온도차에 의한 방법 : 솟을지붕, 환기통

• 기계환기 : 송풍설비, 배풍설비를 이용한다.

⑥ 국소환기법

• 흡인식 : 먼지, 나쁜 가스의 배출

• 배출식(취입식) : 고온, 유해가스의 배출

◎ 부분적 환기법 ◎

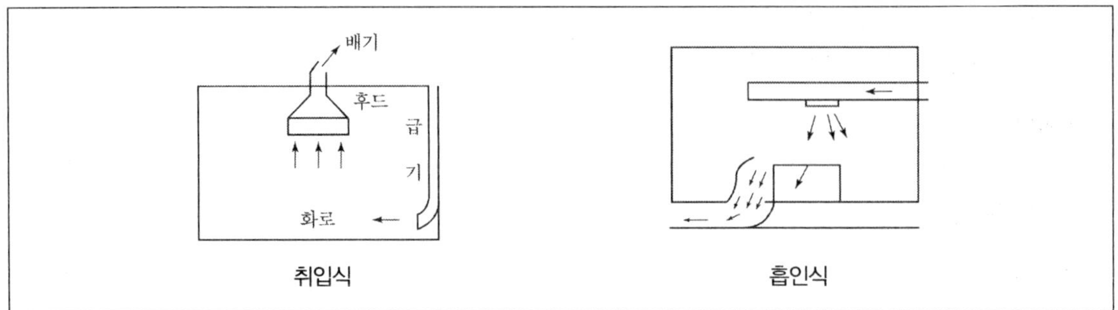

③ **클린룸**(Clean room)

　㉠ **개념** : 부유분진, 유해가스, 미립자 등의 오염물질을 규제기준 이하로 제어한 청정공기를 온도, 습도, 기류, 풍압 등을 조절하여 완전한 인공환경으로 만든 공간을 뜻한다.

　㉡ **종류**

　　• ICR(Industrial Clean Room) : 부유분진을 제어대상으로 하는 것으로 주로 반도체, 우주, 항공, 전자, 정밀산업 등에 해당된다.(공장)

　　• BCR(Biological Clean Room) : 세균이나 곰팡이 등 미생물을 제어대상으로 하는 것으로 주로 제약, 식품, 병원의 무균수술실, 동물 실험실 등에 해당된다.(병원)

(2) 소음

① 종업원의 능률향상과 정신적 면에서 소음을 방지해야 한다.

② **소음방지 방법**

　㉠ 소음의 음원을 제거한다.

　㉡ 소음원을 차음재, 흡음재로 둘러싸 소음을 차단한다.

　㉢ 실내의 벽, 천장에 흡음력을 갖게 하여 소음을 저하시킨다.

(3) 색채

① 공장 전체를 대상으로 한다.

② 쉬운 표지색을 사용하여 공장 내의 위험물, 수송기기 등의 식별을 용이하게 하여 재해를 방지한다.

③ 작업의 의욕을 증진할 수 있도록 작업장에서 변화감 있는 색채 계획을 한다.

④ 피로감에 대해서 고려한다.

⑤ 단조로운 작업할 때를 고려해야 한다.

(4) 채광 · 조명

① 자연채광과 인공조명이 있다.

② 주간에는 자연광선이 보건 · 경제상 유리하다.

③ **인공조명**
- ㉠ 일반조명 : 실내를 균일하게 조명한다.
- ㉡ **국부조명**
  - 기계, 특수한 부분만을 채광하는 것이다.
  - 정밀한 작업에 꼭 필요하다.
- ㉢ **국부일반조명** : 실내의 각 소요부분을 균일하게 조명한다.

④ **지붕을 통한 채광형식**
- ㉠ 톱날지붕채광
- ㉡ 천창채광
- ㉢ 솟을지붕채광
- ㉣ 병용식(천창+솟을)

(5) 화장실

① **남자용**
- ㉠ 대변기 : 1대당 25 ~ 30인
- ㉡ 소변기 : 1대당 20 ~ 25인

② **여자용** … 대변기 1대당 10 ~ 15인

(6) 무창공장

① 방직공장, 정밀기계공장 등에 적합하다.

② 창이 설치되지 않으므로 건설비가 싸게 든다.

③ 인공조명을 이용해서 실내의 조도를 균일하게 할 수 있다.

④ 실내에서의 소음이 크다.

⑤ 공조시에 냉 · 난방 부하가 적게 걸리므로 비용이 적게 들며, 운전하기가 용이하다.

⑥ 외부로부터의 자극이 적어서 작업능률이 향상된다.

① 면적결정의 요인 및 천창의 높이

(1) 면적결정의 요인

① **화물의 성질** … 일반화물, 특수화물

② **화물의 대소** … 포장이 큰 것과 잡화종류와 같이 변화가 심한 것

③ **화물의 다소** … 대량화물이 일시에 들어오는 것과 소량씩 출입하는 것

④ **화물의 빈도** … 입·출고가 빈번한 것과 장기보관을 요하는 것

(2) 천장의 높이

① 주요 화물의 적하고에 하역작업에 필요한 여유 60~90㎝를 더한다.

② 복사열을 방지하기 위해서 최상층은 기준층보다 0.3~0.6m 더 높게 한다.

③ 높이는 1층이 3.6~9m, 다층건물의 기준층은 3~7m 정도로 한다.

② 분류

(1) 소재지에의 한 분류

① **지방창고** … 작은 소비도시에 위치

② **항만창고** … 부두에 가까운 곳에 위치

③ **시중창고** … 대도시 공업도시에 위치

④ **벽지창고** … 지방의 토산품을 보관할 수 있는 곳에 위치

(2) 자가용에 의한 분류

① **단체** … 농협협동조합, 상업조합 등의 창고

② **개인** … 주택, 공장, 사무소, 상점 등의 창고

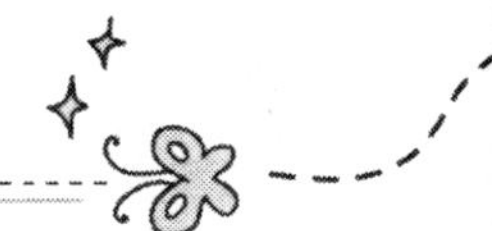

(3) 영업용에 의한 창고

① **영업용** … 창고업자가 직접 경영하는 창고

② **준영업용** … 공공단체나 국가에서 운영하는 창고

③ 하역장

◎ 하역장의 종류 ◎

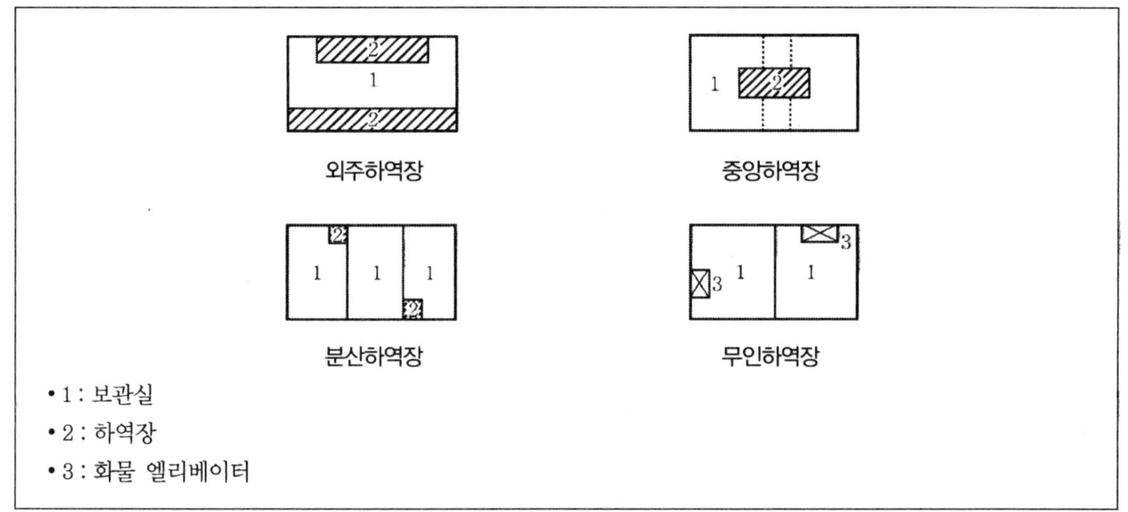

- 1 : 보관실
- 2 : 하역장
- 3 : 화물 엘리베이터

(1) 외주하역장

① 수 · 육운이 편리하다.

② 채광조건이 좋은 장소에서 포장을 고칠 수 있다.

③ 대규모 창고에 적당하다.(해안부두 등)

(2) 중앙하역장

① 각 창고의 하역장까지의 거리가 모두 평준화된다.

② 짐의 처리, 판매가 비교적 빠르다.

③ 채광상 문제는 불리하나 일기에 관계없이 하역할 수 있다.

(3) 분산하역장

소규모 창고에 채용한다.

(4) 무인하역장

① 수용면적이 가장 크다.

② 직접 화물을 창고 내에 반입할 때 기계의 수량도 비교적 많이 필요하다.

03 출제예상문제

1 다음 중 공장계획 시 고려할 사항으로 옳지 않은 것은?

① 인공채광과 자연채광을 이용하여 눈의 피로를 최소화시킨다.

② 공장 내의 위험물, 수송기기 등의 식별을 용이하게 하기 위해 인식하기 쉬운 표지색을 사용하여 재해를 방지하도록 한다.

③ 공장의 환기는 1시간에 6 ~ 7회를 환기의 표준으로 한다.

④ 원료, 제품의 운반 및 작업동선을 고려하도록 한다.

⑤ 단층의 공장은 기계, 조선, 주물공장 등 무거운 것을 취급하는 공장에 적합하다.

> **note** ① 자연채광과 인공채광은 분류하여 사용하도록 해야 한다. 자연채광은 주간시에만 사용하여 보건상의 문제를 해소할 수 있도록 하며, 인공채광은 국부조명 등을 이용하여 작업자의 피로감을 차감시켜주는 데 사용하도록 한다.

2 다음 중 공장건축에서 제품중심의 레이아웃에 관한 설명으로 옳지 않은 것은?

① 생산에 필요한 공정간 시간적, 수량적 균형을 이룰 수 있다.

② 생산에 필요한 공정, 기계종류를 작업의 흐름에 따라 배치한다.

③ 표준화가 행해지기 어려운 경우에 사용되며 주문생산품 공정에 적합하다.

④ 대량생산에 유리하고 생산성이 높다.

> **note** 제품중심의 레이아웃
> ㉠ 생산에 필요한 모든 공정의 기계기구를 제품의 흐름에 따라서 배치하는 방식이다.
> ㉡ 석유, 시멘트 등의 장치공업, 가전제품의 조립공장 등이 있다.
> ㉢ 공정 간의 시간적, 수량적 균형을 이룰 수 있다.
> ㉣ 상품의 연속성을 유지한다.
> ㉤ 대량생산에 유리하고 생산성이 높다.

Answer 1.① 2.③

3 다음 중 건축이나 선박사업 등에 적합한 레이아웃 방식은?

① 특수식 레이아웃

② 변경식 레이아웃

③ 고정식 레이아웃

④ 공정중심의 레이아웃

> note 고정식 Layout
> ㉠ 주가 되는 재료나 조립부품은 고정되고 기계나 사람이 이동해 가면서 작업하는 방식이다.
> ㉡ 선박, 건축 등과 같이 제품이 크고 수량이 적은 경우에 사용한다.

4 공장의 부지를 선정하는 데 있어서의 조건으로 옳지 않은 것은?

① 교통이 편리한 곳

② 노동력과 원료의 공급이 풍부한 곳

③ 지형에 상관 없이 지가가 저렴한 곳

④ 기후의 풍토가 적합한 곳

> note 공장부지 지형…평탄한 곳이 좋으며 정지비용이 적게 들어야 하고 지가가 저렴해서 토지의 공급이 용이해야 한다.

5 다음 중 공장계획에 관한 설명으로 옳지 않은 것은?

① 공장 내의 수송기기나 위험물 등의 식별을 용이하게 하기 위해서 눈에 띄는 표지색을 사용하도록 하여 재해를 방지해야 한다.

② 동선을 계획함에 있어서 견학자의 동선도 고려하도록 한다.

③ 평면의 계획상 공간을 배분할 때는 생산공정의 순서 및 중요도에 일치해야 한다.

④ 공장에서는 대체적으로 작업환경 상에 적당한 습도공급이 필요하다.

> note 공장은 지반이 양호하고 습윤하지 않으며 배수가 편리해야 한다. 또한 기계 등을 많이 사용하기에 습기가 많으면 불리하다.

6 창고의 면적을 결정하는 데 있어서 요소가 될 수 없는 것은?

① 화물의 빈도　　　　　　　② 화물의 크기

③ 화물의 성질　　　　　　　④ 화물의 성능

> ✿ note　창고면적의 결정요소
> ㉠ 화물의 성질
> ㉡ 화물의 대소
> ㉢ 화물의 다소
> ㉣ 화물의 빈도

7 다음은 공장 내의 환경계획에 관한 설명이다. 옳지 않은 것은?

① 환기는 1시간에 10회를 표준으로 한다.

② 작업장의 색채는 작업자에게 피로감을 덜 주도록 고려해야 한다.

③ 주간에는 자연광선을 들여 보건상이나 경제상 유리하도록 한다.

④ 실내의 벽, 천장에는 흡음재를 설치하여 소음을 저하시킬 수 있도록 노력한다.

> ✿ note　공장의 환기
> ㉠ 공장은 제품의 생산과정에서 인체에 해로운 미세먼지 등이 발생하게 되므로 환기를 충분히
>   고려하도록 한다.
> ㉡ 배기는 호흡기 아래쪽, 급기는 호흡기 약간 위에 설치한다.
> ㉢ 1시간에 6 ~ 7회의 환기를 표준으로 한다.

8 여자 300명과 남자 600명을 수용하는 공장의 변소에서 대변기와 소변기의 총 개수는 몇 개인가?

① 대변기 20개, 소변기 24개　　　② 대변기 40개, 소변기 24개

③ 대변기 24개, 소변기 20개　　　④ 대변기 24개, 소변기 40개

> ✿ note　여자용 대변기는 1대당 10 ~ 15인이므로 300÷15 = 20개, 남자용 대변기는 1대당 25 ~ 30인이
> 므로 600÷30 = 20개, 남자용 소변기는 1대당 20 ~ 25인이므로 600÷25 = 24개
> ∴ 여자용 대변기 40개, 남자용 소변기 24개

9 다음 중 무창공장에 관한 설명으로 옳지 않은 것은?

① 방직이나 정밀기계를 생산하는 데 적합하다.

② 실내에서의 소음이 작다.

③ 온도와 습도를 조정함에 있어서 창이 있는 공장보다 어렵다.

④ 창이 없으므로 건설비용이 싸다.

> **note** 무창공장은 창이 없어 실내의 조도, 온도, 습도 등을 인공적으로 해야하므로 조정이 쉽다.

10 공장의 지붕 중 채광 및 환기에 가장 적합한 지붕은?

① 톱날지붕   ② 솟을지붕
③ 평지붕   ④ 뾰족지붕

> **note** 공장지붕의 형태
> ㉠ **평지붕** : 중층식 건물의 최상층 부분
> ㉡ **뾰족지붕** : 동일면에 천창을 내는 방법
> ㉢ **톱날지붕** : 채광창이 북향으로 종일 변함없는 조도를 가진 약한 광선을 받아들여 작업능률에 지장이 없는 형식
> ㉣ **솟을지붕** : 채광과 환기에 적합한 형식
> ㉤ **샤렌지붕** : 기둥이 적게 소요되는 형식

11 공장평면의 레이아웃을 계획함에 있어서 생산에 필요한 기계기구의 공정을 제품의 흐름에 따라 배치하는 방식은?

① 제품중심의 레이아웃   ② 공정중심의 레이아웃
③ 고정식 레이아웃   ④ 혼성식 레이아웃

> **note** 제품중심의 레이아웃
> ㉠ 연속 작업식이라고 한다.
> ㉡ 생산하는 데 있어서 모든 공정의 기계기구를 제품의 흐름에 따라 배치하는 방식이다.
> ㉢ 석유, 시멘트 등 장치공업, 가전제품의 조립공장 등에 쓰이는 형식이다.
> ㉣ 공정간의 시간적, 수량적 균형을 이룰 수 있다.
> ㉤ 상품의 연속성을 유지한다.
> ㉥ 대량생산에 유리하고 생산성이 높다.

Answer   9.③   10.②   11.①

12 다음 중 공장의 Layout 계획에 관한 설명으로 옳지 않은 것은?

① 제품중심의 레이아웃은 대량생산에 유리하고 생산성이 높다.

② 석유, 시멘트 등의 장치공업이나 가전제품의 조립공장 등은 제품 중심의 레이아웃 형식이 적합하다.

③ 공정중심의 레이아웃은 표준화가 행해지기 어려운 경우에 채용하는 것이므로 생산성이 낮은 주문생산공장에 적합하다.

④ 예상생산이 가능할 경우에는 공정중심의 레이아웃을 채용하도록 한다.

⑤ 선박·건축 등과 같이 제품이 크고 고정되어 있으면 기계나 사람이 이동해 가면서 작업하는 방식을 고정식 레이아웃이라 한다.

> **note** 공정중심의 레이아웃
> ㉠ 예상생산이 불가능한 경우
> ㉡ 표준화가 행해지기 어려운 경우
> ㉢ 다종 소량생산의 경우
> ㉣ 생산성이 낮으므로 주문생산공장에 적합

13 다음 중 작업장의 배치계획에 관한 설명으로 옳지 않은 것은?

① 대공장 작업장의 경우 여러 종류의 작업이 포함되었을 때는 가장 중요한 작업에 대해서 유리하도록 계획한다.

② 견학자의 동선도 고려한다.

③ 장래의 확장성을 고려하여 계획한다.

④ 생산, 관리, 연구, 후생 등의 공간은 절대적으로 분리해야 한다.

> **note** ④ 생산, 관리, 연구, 후생 등의 공간은 각 부분별로 명쾌하게 나눌 수도 있고 합리적으로 결합하여 사용할 수도 있다.

14 다음은 공장 작업장의 배치계획에 관한 설명이다. 이 중 옳지 않은 것은?

① 미래의 확장을 충분히 고려해서 배치계획을 세우도록 한다.

② 각 건물의 배치는 공장의 작업내용을 충분히 검토한 후에 알맞게 배치시키도록 한다.

③ 여러 작업이 포함되는 경우에는 가장 중요한 작업을 위주로 하여 유리하게 배치한다.

④ 견학자의 동선은 고려하지 않도록 한다.

⑤ 동력시설은 증축시 지장을 주지 않는 위치를 고려하여 계획하도록 한다.

> **note** ④ 공장은 관리자 · 참견자 · 견학자 등의 관람 동선도 고려해야 한다.

15 다음 그림은 어느 공장 지붕인가?

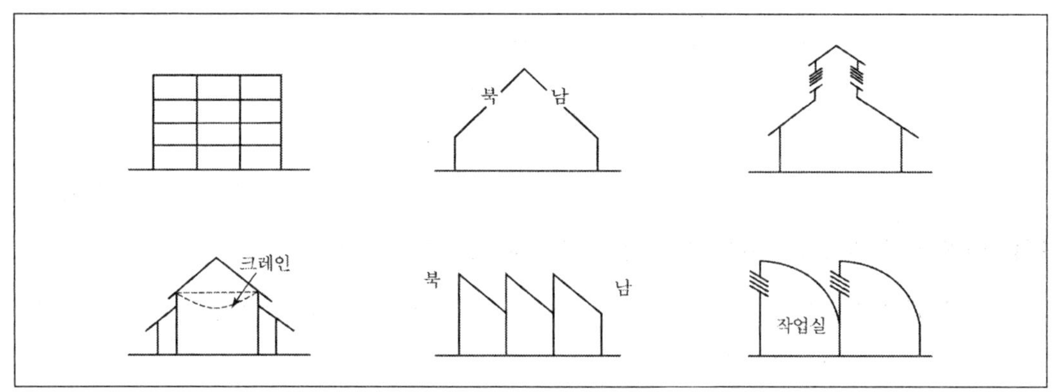

① 뽀족지붕
② 솟을지붕
③ 톱날지붕
④ 평지붕
⑤ 샤렌지붕

> **note** 톱날지붕
> ㉠ 공장 특유의 지붕형태이다.
> ㉡ 채광창이 북향으로 종일 변함없는 조도를 가진 약한 광선을 받아들여 작업능률에 지장이 없도록 한다.

16 공장의 건축형식 중 집중식(Block type)에 관한 설명으로 옳은 것은?

① 공간의 효율성이 떨어진다.

② 무창공장에 적합하다.

③ 통풍 및 채광이 양호하다.

④ 건축비가 비싸다.

⑤ 흐름이 복잡하여 운반하는 데 불편하다.

> **note** 집중식(Block type)
> ㉠ 공간효율성이 높다.
> ㉡ 일반 기계조립공장 · 단층건물 · 평지붕의 무창공장에 적합하다.
> ㉢ 내부의 배치 및 변경에 탄력성이 있다.
> ㉣ 건축비가 저렴하다.
> ㉤ 흐름이 단순하여 운반에 용이하다.

17 다음 공장계획에서 옳지 않은 것은?

① 환기계획을 함에 있어서 배기는 호흡기 약간 위에 급기는 호흡기 아래 설치하도록 한다.

② 실내의 벽, 천장에 흡음력을 갖게 하고 소음의 음원을 제거하여 종업원의 능률을 높이도록 한다.

③ 주간에는 자연광선이 들어오도록 조명계획을 하여 보건상이나 경제상으로 유리하도록 한다.

④ 공장 내에 수송기기, 위험물 등은 식별이 용이하도록 색채계획을 한다.

⑤ 단조로운 작업이 많기 때문에 변화감있는 색채계획을 하도록 한다.

> **note** 공장의 환기계획
> ㉠ 제품생산과정에서 인체에 해로운 먼지가 생기게 되므로 환기를 충분히 고려한다.
> ㉡ 1시간에 6 ~ 7회를 환기의 표준으로 한다.
> ㉢ 배기는 호흡기 아래, 급기는 호흡기 약간 위에 설치한다.

상업시설

1 개요 및 평면계획

① 개요

(1) 대지의 선정

① 고객의 편의를 도모하기 위해 교통이 편리한 곳일 것

② 사람의 통행이 많고 번화한 곳으로 눈에 잘 띄는 곳

③ 가급적 2면 이상 도로에 면한 곳

◎ 부지와 도로 ◎

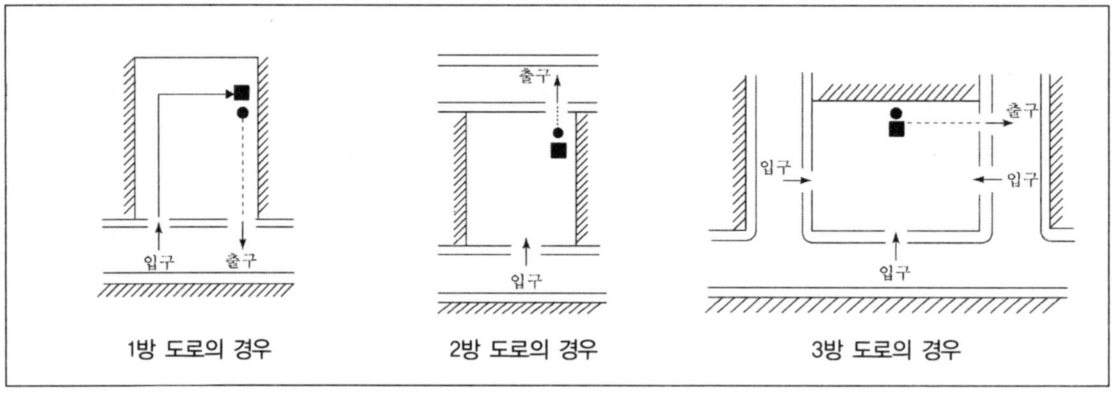

④ 전면도로의 폭이 너무 넓지 않은 곳(보통 8 ~ 12m)

⑤ 같은 종류의 상점이 모여 있는 곳

⑥ 부지의 형은 전면폭과 안깊이가 1 : 2인 것이 유리함

⑦ 대지가 불규칙적이고 구석진 장소는 피해야 함

⑧ 보통 일조, 통풍은 고려하지 않음

(2) 방위(도로와의 관계)

① **양복점, 가구점, 서점** … 일사에 의한 변색·퇴색방지를 위해 가급적 도로의 남쪽, 서쪽을 택하도록 한다.

② **부인용품점** … 오후에 그늘이 지지 않는 방향을 택한다.

③ **음식점** … 도로의 남측이나 좁은 길 옆으로 하는 것이 좋다.

④ **식료품점** … 석양에 의해 상품이 변질되는 것을 고려하여 서향은 피하도록 한다.

⑤ **여름용품** … 도로의 북측을 택해서 남측의 광선을 받도록 한다.(남향에 배치된 상점)

⑥ **겨울용품** … 도로의 남측을 택해서 북측의 광선을 받도록 한다.(북향에 배치된 상점)

⑦ **귀금속점** … 1일 중 태양광선이 직사하지 않는 방향을 택한다.

> **★TIP** 도로 및 방향에 따른 상점의 위치
>
> 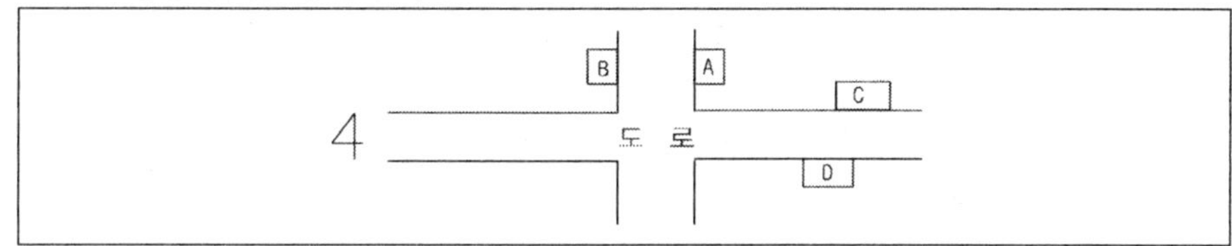
>
>
> ㉠ 음식물 : 서향을 피해야 하므로 도로의 서쪽인 B에 위치시킨다.
> ㉡ 여름용품 : 덥다는 것을 느껴야하므로 도로의 북측인 C에 위치하도록 하여 남측광선을 유입한다.
> ㉢ 겨울용품 : 여름용품과 반대로 춥다는 것을 느껴야하므로 도로의 남측인 D에 위치하도록 하여 북측광선을 유입한다.
> ㉣ 가구, 서점, 양복점 : 일사에 의한 변색을 막기 위해 도로의 남쪽인 D에 위치시킨다.

(3) 광고요소(구매욕구를 충족시키기 위한 것)

① **A**(주의 : Attention) … 주목시킬 수 있는 배려

② **I**(흥미 : Interest) … 공감을 주는 호소력

③ **D**(욕망 : Desire) … 욕구를 일으키는 연상

④ **M**(기억 : Memory) … 인상적인 변화

⑤ **A**(행동 : Action) … 들어가기 쉬운 구성

> **★TIP** 디자인은 광고의 요소에 속하지 않는다.

(4) 상점의 전면형태(Shop front)

① 개방형

    ㉠ 도로에 면한 곳이 전면적으로 개방된 구조이다.

    ㉡ 유리로 막은 곳과 가격이 높지 않은 물건을 파는 곳이나 시장 등과 같이 완전 개방된 곳이 있다.

    ㉢ 서점, 제과점, 철물점 등과 같이 손님 출입이 많은 곳이나 잠시 머무르는 상점에 적합하다.

② 폐쇄형

    ㉠ 출입구 외에는 벽 장식창 등을 이용하여 외계를 차단하는 형식이다.

    ㉡ 미용실, 보석상, 귀금속점 등 손님의 출입이 적고 점포 내에서 비교적 오래 머무르는 상점에 적합하다.

③ 혼용형

    ㉠ 개방형과 폐쇄형을 조합한 형식으로 일반적으로 가장 많이 이용된다.

    ㉡ 종류

      • 개구부의 일부는 개방하고 다른 일부는 폐쇄한 혼합형

      • 길쪽을 개방하고 안쪽을 폐쇄한 분리형

❀ **Shop front** ❀

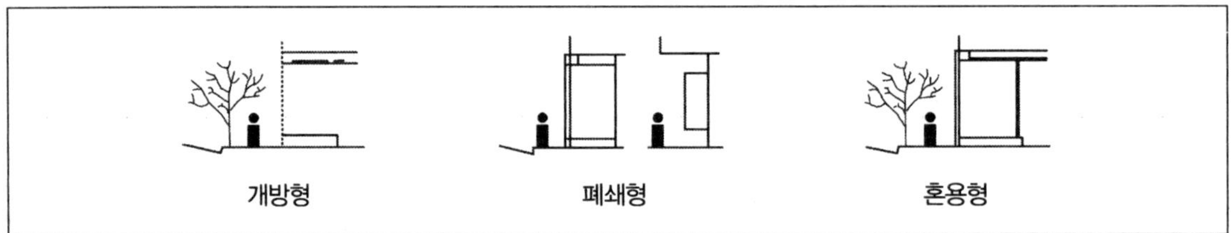

② 평면계획

(1) 상점의 구성

① 판매부분(매장)

    ㉠ 도입의 공간

    ㉡ 통로의 공간

    ㉢ 상품의 전시공간

    ㉣ 서비스 공간

② **부대부분**

　㉠ 판매를 위한 관리부분으로 직접적으로 영업목적달성을 위해 사용하는 부분

　㉡ **부대부분의 구성**

- 식품의 관리공간
- 점원의 후생공간
- 영업의 관리공간
- 시설의 관리공간
- 주차의 공간

(2) 동선의 계획

① 고객동선과 종업원, 물품의 동선이 교차되지 않도록 한다.

② 종업원의 동선은 최대한 짧게 하고 고객의 동선은 길게 유도한다.

③ 가구배치 계획 시에 상점 내의 동선을 길고 원활하도록 한다.

④ 직원과 고객의 동선이 만나는 곳에 카운터를 배치한다.

⑤ 상점 내의 동선을 원활하게 하는 것이 가장 중요하다.

❀ 손님과 점원의 움직임 ❀

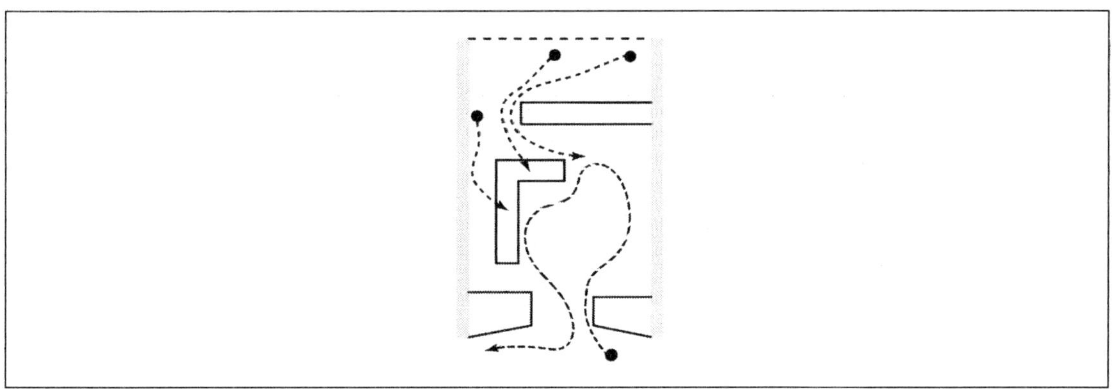

(3) 진열장의 계획

① **진열장 형태에 의한 분류**

　㉠ **평형**

- 가장 일반적인 형식(가구점, 자동차 진열장, 꽃집 등)이다.
- 점두 외면에 출입구를 낸 형식이다.
- 통행인이 많을 경우 전면에 경사를 주어서 처리하기도 한다.

     ⓛ **돌출형**

- 특수소매상에 적용되는 것으로 요즘은 잘 사용하지 않는다.
- 점 내의 일부를 돌출시키는 형식이다.

     ⓒ **만입형**

- 혼잡한 도로에서 마음놓고 진열상품을 볼 수 있게 한 형식이다.
- 점두의 일부를 만입시켜서 진열면적을 증대시킨다.
- 점 내에 들어가지 않아도 품목을 알 수 있다.

     ⓔ **홀형**

- 만입부를 더욱 크게 하여 전면을 홀로 만든 형식이다.
- 만입부와 비슷한 특징을 가진다.

     ⓜ **다층형**

- 2층 이상의 층을 연속하여 취급한 형식(가구점, 양복점)이다.
- 큰 도로, 광장에 접할 때 유리하다.

🌼 진열장의 종류 🌼

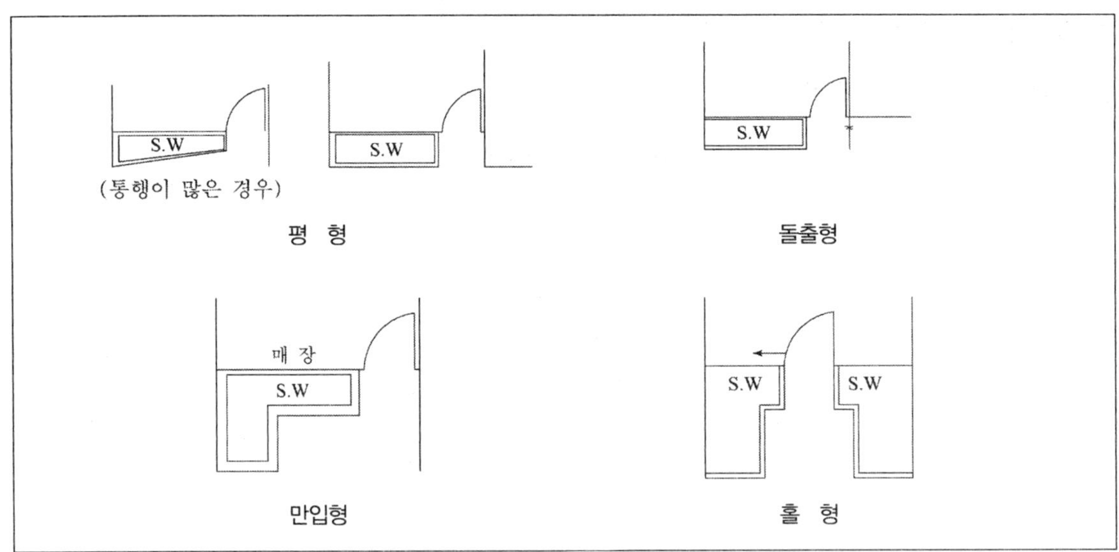

② **진열장 배치시 주의사항**

     ㉠ 점두는 당초에서부터 개조가 가능하도록 계획하는 것이 효과적이다.

     ㉡ 들어오는 고객과 종업원의 시선은 마주치지 않도록 한다.

     ㉢ 고객쪽에서 상품을 효과적으로 볼 수 있도록 한다.

     ㉣ 고객을 감시하기 쉽게하나 고객이 감시당하고 있다는 것을 모르도록 한다.

     ㉤ 고객과 종업원의 동선이 원활하도록 한다.

     ㉥ 다수의 손님이 들어와도 소수의 종업원이 관리할 수 있도록 한다.

(4) 가구의 배치형식

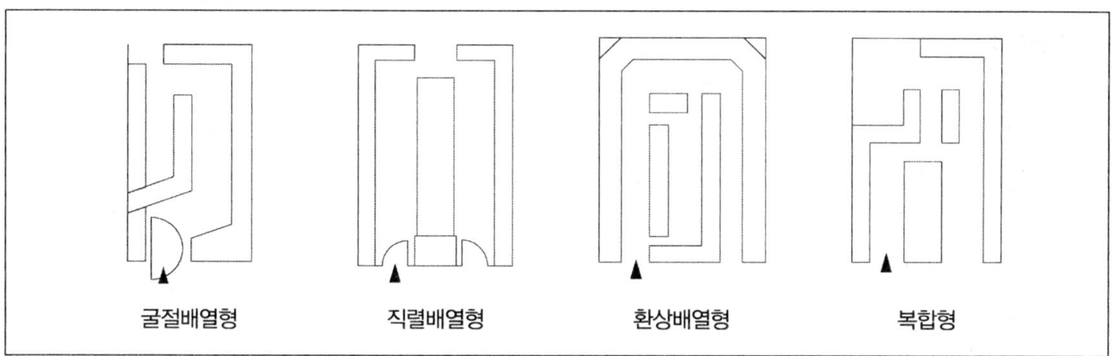

① **굴절배열형**

　　㉠ 진열케이스의 배치와 고객의 동선이 곡선이나 굴절로 구성된 형식이다.

　　㉡ 대면판매과 측면판매의 조합으로 구성된다.

　　㉢ 종류 : 문방구점, 안경점, 양품점 등

② **직렬배열형**

　　㉠ 가장 보편적으로 사용된다.

　　㉡ 통로가 직선이어서 고객의 흐름이 가장 빠르다.

　　㉢ 부분별로 상품진열이 용이하다.

　　㉣ 대량판매의 형식이 가능하다.

　　㉤ 종류 : 서점, 침구점, 식기점, 실용의복점, 가정 전기점 등

③ **환상배열형**

　　㉠ 중앙에 케이스대 등을 직선이나 곡선의 환상부분으로 설치하여, 그 안에 포장대, 금전등록기
　　　 등을 놓는 형식이다.

　　㉡ 중앙환상의 판매부분에는 소형상품과 고액상품을 진열한다.

　　㉢ 벽면부분에는 대형상품 등을 진열한다.

　　㉣ 종류 : 민예품점, 수예품점 등

④ **복합형**

　　㉠ 각 방식을 적절히 조합하여 배치시킨 형식이다.

　　㉡ 후반부는 대면판매나 카운터 접객부분이 된다.

　　㉢ 종류 : 서점, 부인점, 피혁제품점 등

(5) 판매의 형식

① 대면판매

　㉠ **사용처** : 수예품점, 카메라점, 제과점, 화장품점, 시계 · 귀금속점 등

　㉡ **장점**

- 고객과 대면되는 곳에 위치하기 때문에 설명하기가 자유롭고 편리하다.
- 종업원의 정위치를 정하기가 용이하다.
- 포장대가 가려져 있을 수 있으며 포장하기도 편리하다.

　㉢ **단점**

- 판매원의 통로를 만들어야 하므로 진열면적이 감소한다.
- 진열장이 많아지게 되면 상점의 분위기가 딱딱해진다.

② 측면판매

　㉠ **사용처** : 양복점, 양장점, 서점, 운동구점 등(진열상품을 같은 방향으로 보면서 판매하는 형식)

　㉡ **장점**

- 선택, 충동구매가 용이하다.
- 진열면적이 커진다.
- 상품에 대한 친근감이 생긴다.

　㉢ **단점**

- 판매원의 정위치를 정하기가 어렵고 불안정하다.
- 상품의 포장, 설명 등이 불편하다.

---

2 세부계획

① 진열창과 진열장

(1) 진열창(Show window)

① 위치의 결정요소

　㉠ 상점의 위치와 형식

　㉡ 출입구의 위치

　㉢ 보도폭과 교통량

　㉣ 상품의 종류, 크기, 정도

　㉤ 진열방법

② **진열창의 크기**

  ㉠ **결정요소**

- 대지의 조건
- 전면의 길이
- 상점의 종류

  ㉡ 바닥높이 : 상품의 종류에 따라 달라진다.

❀ 진열창의 바닥높이 ❀

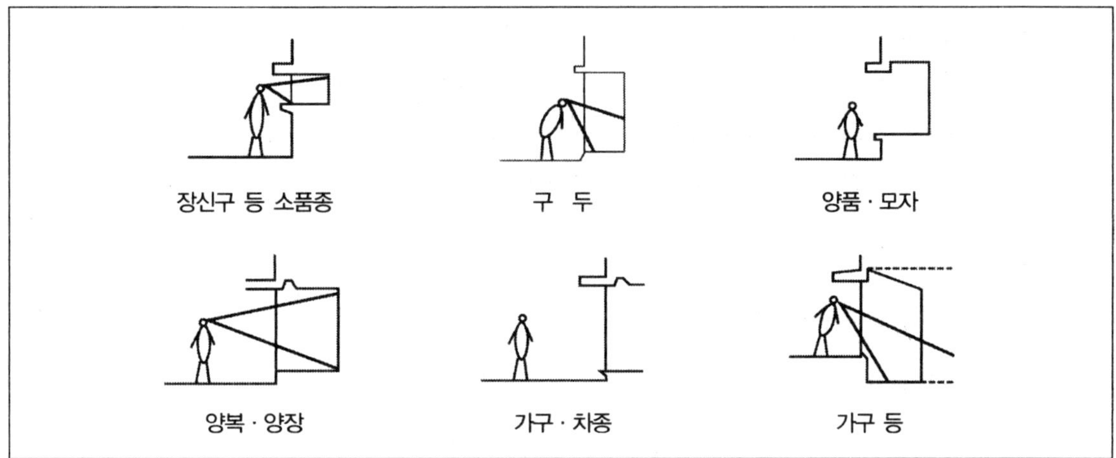

  ㉢ **창대높이**

- 0.3 ~ 1.2m 범위 내에서 한다.
- 보통 0.6 ~ 0.9m 정도가 많이 사용된다.

  ㉣ **유리의 크기**

- 2.0 ~ 2.5m 정도의 범위 내에서 한다.
- 2.5m 이상일 경우에는 진열효과가 없다.

  ㉤ **진열창의 길이**

- 0.5 ~ 4.0m 범위에서 한다.
- 보통 0.9 ~ 2.0m 정도를 사용한다.

③ **진열창의 흐림방지**

  ㉠ 진열창에 외기가 통하도록 한다.

  ㉡ 진열창의 윗벽이 없을 경우 : 창대 밑에 난방장치를 설치해서 내외의 온도차를 작게 해준다.

④ 진열창 반사방지

주간시	야간시
• 진열창의 내부의 조도를 외부보다 높게 하도록 한다.(천공, 인공조명 사용) • 유리면은 경사지게 하거나 곡면을 넣어 처리한다. • 차양을 달아서 외부가 그늘지도록 한다.(만입형이 유리) • 건너편의 건물이 반사되는 것을 가로수를 조정해서 방지한다.	• 광원을 감추도록 한다. • 눈에 입사하는 광속을 적게 하도록 한다.

⑤ **진열창의 내부조명**

　㉠ 전반조명(형광등)과 국부조명(스포트라이트)을 병용하여 사용한다.

　㉡ 바닥면 상의 조도는 최저 150lux가 표준이며, 85㎝ 높이에서 300lux가 적당하다.

　㉢ 주광색의 전구를 필요로 하는 상점 : 약국, 의료품점

(2) 진열장(Show case)

① 인간의 활동치수와 관계된다.

② 이동식 구조가 편리하다.

③ 폭 0.5～0.6m, 길이 1.5～1.8m, 높이 0.9～1.1m 정도로 한다.

◎ 진열장(Show case) ◎

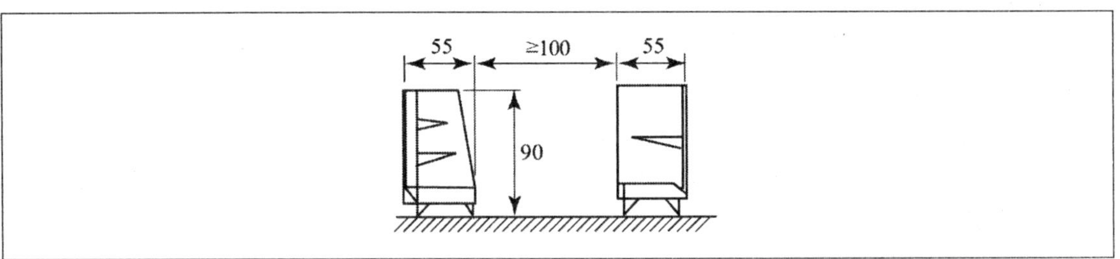

② 출입구와 계단

(1) 출입구

① **위치** … 점두형식, 교통량의 방향, 인접상점과의 관계, 풍향, 방위에 따라 결정된다.

② 출입구가 한쪽일 때는 80～90㎝ 넓이로 한다.

③ 전면이 넓을 때는 2배로 하여 자재문을 설치한다.(1.5～2.0m)

(2) 계단

① 2층 이상의 판매장을 사용할 때는 계단의 위치, 경사도 등이 고객의 흡인력과 밀접한 관계가 있으므로 신중히 고려해야 하며, 장식적 효과로도 사용할 수 있다.

② 계단에 있어서 사람이 느끼기에 일반적으로 올라가는 것보다 내려가는 것을 좋아하기 때문에 올라간다고 느끼지 않도록 계획하는 것이 중요하다.

③ 계단주변의 개방부분의 크기는 설계의도, 상품판매 업종에 따라서 달라지게 됨으로 일정하지 않다.

④ 상점의 깊이가 깊을 때에는 측벽을 따라서 계단을 설치하도록 하고, 정방형에 가까운 평면일 때는 중앙에 설치하도록 하는 것이 좋다.

⑤ 계단의 경사는 매장면적과 관련이 깊으므로 규모에 맞는 경사를 계획하여야 한다.(소규모의 경우 경사도가 낮으면 매장면적이 감소한다)

🌀 계단의 평면형식 🌀

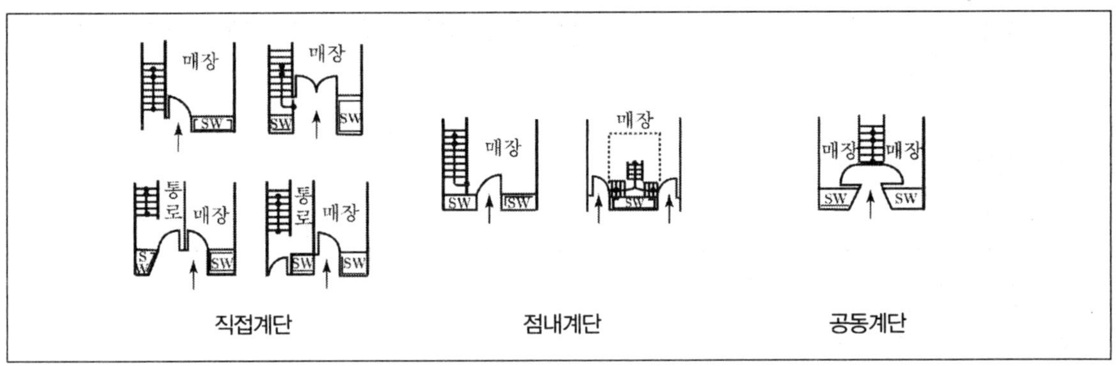

① 개념 및 기본계획

(1) 개념

종합식품을 셀프서비스(Self service)로 판매하는 상점을 말한다.

(2) 배치계획

① 상품 전체를 고객이 충분히 돌아 볼 수 있도록 배열하도록 한다.

② 고객이 많은 쪽을 입구로 하고 넓게 하며, 반대쪽을 출구로 하고 좁게 한다.

③ 매장의 바닥은 고저 차이를 두지 않고 평탄하게 하도록 한다.

④ 식료품과 비식료품일 경우에 입구 근처에는 식료품과 생활필수품을 진열하도록 하여 고객을 많이 끌어들이도록 한다.

(3) 동선계획

① 일방통행이어야 한다.

② 통로는 1.5m 이상으로 해야 한다.

③ 입구와 출구는 분리시키도록 한다.

④ 대면판매의 장소까지는 직선으로 하고, 도입한 후 그 위치에서 각 코너로 분산되도록 한다.

(4) 계획시 고려사항

① 진열장은 이동식으로 한다.

② 카운터는 피크시를 고려해서 대수를 결정한다.

③ 매장 벽면은 요철을 피하도록 한다.

④ 동선은 길게 할 필요가 없다.

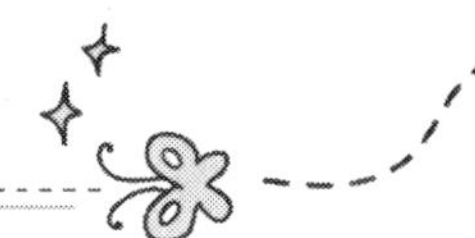

②　시설물

(1) 체크아웃 카운터

① **슈퍼마켓** … 500 ~ 600인당 1대(시간단위)

② **슈퍼스토어** … 400 ~ 500인당 1대(시간단위)

(2) 바구니의 개수

① **개점시** … 총 입장 고객수의 10%의 3배(10%는 상점 앞, 20%는 매장에 보관)

② **개점 이후** … 총 입장 고객수의 10%

(3) 카트(Cart) 대수

약 500㎡ 면적의 매장에서 40대 정도 필요하다.

01 출제예상문제

1 다음에서 설명하는 상점의 가구 진열방식은?

> 중앙에 케이스대 등을 설치하고 설치된 것에 의해 직선 또는 곡선의 환상부분을 형성하여 그 안에 포장대, 금전등록기 등을 놓는 형식으로 민예품점, 수예품점 등에 많이 사용된다.

① 굴절배열형　　　　　　　　　② 직렬배열형
③ 환상배열형　　　　　　　　　④ 복합형
⑤ 만입형

>  **note** ① 진열케이스의 배치와 고객의 동선이 곡선이나 굴절로 구성된 것으로 문방구점, 안경점, 양품점 등에 사용되는 형식이다.
> ② 가장 보편적으로 이용되며, 서점, 침구점, 식기점, 실용의복점, 가정 전기점 등에 쓰여지는 형식이다.
> ④ 각 방식을 적절히 조합하여 배치시킨 형식으로 서점, 부인점, 피혁제품점 등에 사용된다
> ⑤ 혼잡한 도로에서 마음놓고 진열상품을 볼 수 있게 점두의 일부를 만입시킨 진열장 형태이다.

2 북반구 지역에서 수직버티컬을 사용해야 하는 방향은?

① 남쪽과 동쪽　　　　　　　　　② 남쪽과 서쪽
③ 동쪽과 서쪽　　　　　　　　　④ 동쪽과 남쪽
⑤ 서쪽과 남쪽

> **note** 북반구 지역은 남측에서 들어오는 따뜻한 광선을 받는 것이 제일 유리하므로 동측과 서측에 버티칼을 설치하도록 한다.

Answer 　1.③　2.③

3 다음 중 상점 진열창의 현휘를 방지하는 방법으로 옳지 않은 것은?

① 특수한 경우 곡면 유리를 사용한다.

② 눈에 입사하는 광속을 크게 한다.

③ 유리면을 경사지게 한다.

④ 차양을 뽑아 외부를 그늘지게 한다.

> **note** 진열창의 반사방지
> ㉠ 진열창의 내부조도를 외부보다 높게하도록 한다.
> ㉡ 유리면을 경사지게 한다(곡면유리).
> ㉢ 차양을 달아 외부를 그늘지게 한다.
> ㉣ 건너편 건물이 반사되는 것은 가로수를 조정해서 방지한다.
> ㉤ 광원을 감춘다.
> ㉥ 눈에 입사하는 광속을 적게 하도록 한다.

4 점포 내의 진열케이스 배치계획시 가장 먼저 고려해야 할 것은?

① 동선의 원활 ② 상품의 다소

③ 조명의 명도 ④ 천장높이

> **note** 상점 내의 종업원과 고객의 동선을 원활하게 하는 것이 가장 중요하다.

5 다음 중 상점의 출입구 위치를 결정할 때 고려하지 않아도 되는 것은?

① 출입문의 색상 ② 교통량의 방향

③ 점두형식 ④ 인접한 상점과의 관계

> **note** 상점 출입구 위치의 결정요소
> ㉠ 점두형식
> ㉡ 교통량의 방향
> ㉢ 인접한 상점과의 관계
> ㉣ 풍향·방위

Answer 3.② 4.① 5.①

6 다음 중 슈퍼마켓의 계획으로 옳지 않은 것은?

① 매장의 바닥은 고저 차이를 두지 않도록 한다.

② 입구는 넓게, 출구는 좁게 한다.

③ 고객이 구입하고자 하는 물건을 구입하고 나갈 수 있도록 최대한 동선을 단순하고 짧게 한다.

④ 되도록 일방통행이어야 한다.

> **note** 상품 전체를 고객이 충분히 돌아보고 구매할 수 있도록 배열하며 대면판매의 장소까지는 직선으로 하고 도입한 후 그 위치에서 각 코너로 분산되게 한다.

7 다음 그림에서 A부분에 위치할 상점으로 알맞은 것은?

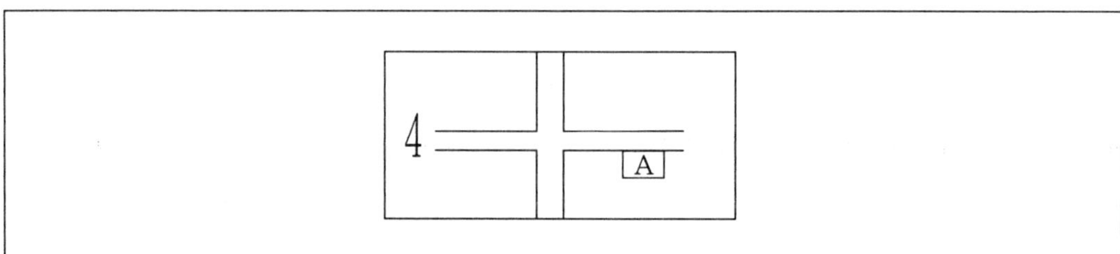

① 음식점 ② 여름용품점

③ 겨울용품점 ④ 가구점

> **note** 겨울용품점은 고객이 상점에 들어와서 쇼핑을 할 때 춥다는 것을 느끼게 해야 하므로, 도로의 남측에 위치하도록 하여 북측광선의 유입을 유도하도록 한다.

8 다음 중 구매욕구를 충족시키기 위한 광고요소가 아닌 것은?

① Attention ② Desire

③ Memory ④ Money

> **note** 광고요소
> ㉠ A(주의 : Attention)
> ㉡ I(흥미 : Interest)
> ㉢ D(욕망 : Desire)
> ㉣ M(기억 : Memory)
> ㉤ A(행동 : Action)

Answer 6.③ 7.③ 8.④

9 다음 그림에서 서점의 위치를 선정할 때 가장 적절한 곳은?

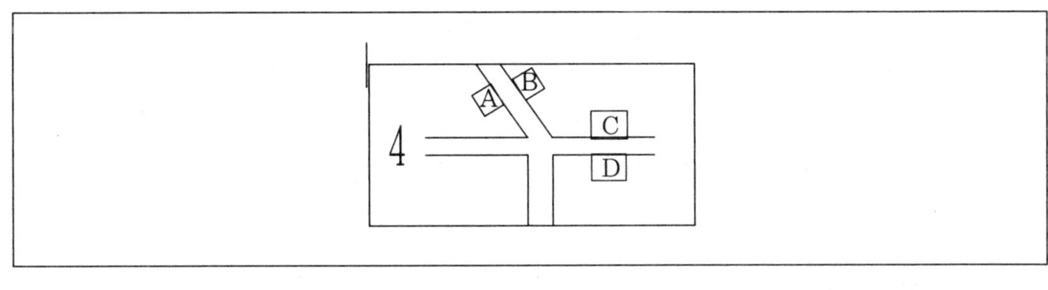

① A   ② B

③ C   ④ D

> ✿**note** 서점은 일사에 대한 변색을 막기 위해서 도로의 남쪽에 위치시키도록 해야한다.

10 상점의 전면형태 중 출입구 외에는 장식장 등으로 외계를 차단하는 형식은?

① 개방형   ② 폐쇄형

③ 반개방형   ④ 혼용형

> ✿**note** 상점의 전면형태
> ㉠ 개방형 : 도로에 면하는 곳이 전면적으로 개방된 구조로 유리로 막는 곳과 완전개방된 곳이 있다.
> ㉡ 폐쇄형 : 출입구 외에는 장식장 등으로 외계를 차단하는 형태이다.
> ㉢ 혼용형 : 개방형과 폐쇄형을 혼합한 형식이다.

11 상점의 대지선정에 있어서 옳지 않은 것은?

① 교통이 편리한 곳이어야 한다.

② 전면도로는 보통 8 ~ 12m 정도의 폭으로 너무 넓지 않은 곳으로 정하도록 한다.

③ 같은 종류의 상점은 경쟁상대가 되므로 같은 종류의 상점이 없는 곳을 정한다.

④ 부지의 형은 전면폭과 안깊이가 1 : 2인 것이 유리하다.

⑤ 대지가 구석지고 불규칙적인 곳은 피하도록 한다.

> ✿**note** ③ 상점의 위치를 선정할 때는 될 수 있으면 같은 종류의 상점이 모여 있는 곳을 선택하도록 해야한다.

12 다음은 상점의 Shop front의 설명이다. 이 중 옳지 않은 것은?

① 개방형은 가격이 높지 않은 물건을 파는 곳이나 시장 등에 적합하다.

② 폐쇄형은 손님의 출입이 적고 점포 내에서 오래 머무르는 상점에 적합하다.

③ 가장 일반적으로 많이 사용되는 형식은 개방형과 폐쇄형을 조합한 혼용형이다.

④ 개방형은 미용실·보석상, 폐쇄형은 서점·철물점 등에 적합한 형식이다.

⑤ 폐쇄형은 출입구 외에는 벽, 장식장 등으로 외부를 차단하는 형식이다.

> **note** 개방형은 시장, 서점, 제과점, 철물점 등 손님 출입이 많고 잠시 머무르는 상점, 폐쇄형은 미용실·보석상·귀금속점 등 손님이 비교적 점포 내에 오래 머무르는 상점에 적합하다.

13 다음 중 상점의 진열장을 계획하는 데 있어서 다음 조건들을 만족시키는 형태는?

> ㉠ 사람 통행량이 많다.
> ㉡ 가게 외면에 출입구를 낼 것이다.
> ㉢ 가구점을 개업할 것이다.

① 평형   ② 돌출형

③ 만입형   ④ 홀형

⑤ 다층형

> **note** 평형 … 가장 일반적인 형식으로써 꽃집, 가구점, 자동차 진열장 등에 사용되며 점두 외면에 출입구를 내는 형식이고 통행인이 많을 경우 전면에 경사를 주어서 처리하기도 한다.

14 다음 중 가구의 배치형식과 상점이 잘못 짝지어진 것은?

① 굴절배열형 – 문방구점, 안경점

② 직렬배열형 – 서점, 침구점, 가정전기점

③ 환상배열형 – 수예품점, 민예품점

④ 복합형 – 실용의복점

> **note** 복합형은 서점, 부인점, 피혁제품점 등에 알맞으며 실용의복점은 직렬배열형이다.

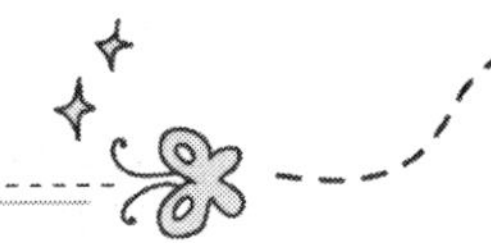

15 측면판매의 장점이 아닌 것은?

① 물건의 선택이 용이하다.　　② 상품에 대한 친근감이 생긴다.

③ 판매원의 정위치를 정하기가 용이하다.　　④ 진열면적이 커진다.

⑤ 충동구매가 용이하다.

> **note** 측면판매의 단점
> ㉠ 판매원의 정위치를 정하기가 어렵고 불안정하다.
> ㉡ 상품의 포장, 설명 등이 불편하다.

16 Show window 위치를 결정하는 요소가 아닌 것은?

① 상점의 종류 및 형식　　② 진열방법

③ 상품의 크기　　④ 상품의 재질

⑤ 출입구의 위치

> **note** 진열창(Show window)의 위치결정요소
> ㉠ 상점의 위치와 형식
> ㉡ 출입구의 위치
> ㉢ 보도폭과 교통량
> ㉣ 상품의 크기 · 종류
> ㉤ 진열방법

17 진열창(Show window)에 관한 설명이다. 옳지 않은 것은?

① 진열창의 크기는 상점의 종류, 전면의 길이, 대지의 조건에 의해 결정되어 진다.

② 진열창의 창대 높이는 보통 0.6 ~ 0.9m 정도로 한다.

③ 유리의 크기가 크면 클수록 진열효과가 크다.

④ 진열창의 유리면에는 약간의 곡면을 넣거나 경사를 두어 반사를 방지하도록 한다.

⑤ 진열창의 길이는 0.5 ~ 4.0m 범위 내에서 하나 보통 0.9 ~ 2.0m 정도를 많이 사용한다.

> **note** 진열창의 유리는 2.0 ~ 2.5m 정도 범위 내에서 하도록 하며 이 이상보다 클 경우에는 진열효과가 없다.

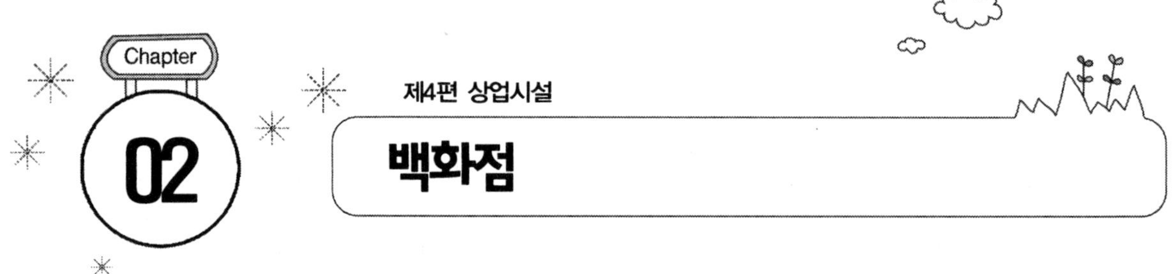

Chapter 02

백화점

① 개요

(1) 백화점의 종류

① 도심지 백화점

　㉠ 대부분 도시의 시중 백화점을 말한다.

　㉡ 대규모의 다양한 상품을 취급한다.

② 쇼핑센타(도시형, 교외형)

　㉠ 교외 주택지의 교통 중심지에 설치되는 백화점을 말한다.

　㉡ 2 ~ 3층의 저층의 대규모로 구성한다.

　㉢ 넓은 주차장을 겸비한다.

③ 터미널 백화점

　㉠ 대도시에 위치한 것으로 교외교통과 시내교통이 접속하는 중심에 자리잡은 상업지구의 백화점을 말한다.

　㉡ 때로는 역사적인 건축물과 결합되는 경우도 있다.

④ 슈퍼마켓 · 슈퍼스토어

　㉠ 단독경영형태이다.

　㉡ 종합 식료품점으로 셀프서비스 방식을 채용한다.

⑤ 드러그스토어(Drug store) … 약, 잡화, 과자, 간이식사 등을 취급하고 있는 약국부분과 잡화부분이 병설된 형태이다.

(2) 기능 및 분류

① 판매를 구성하는 객, 종업원, 상품이 있어야 한다.

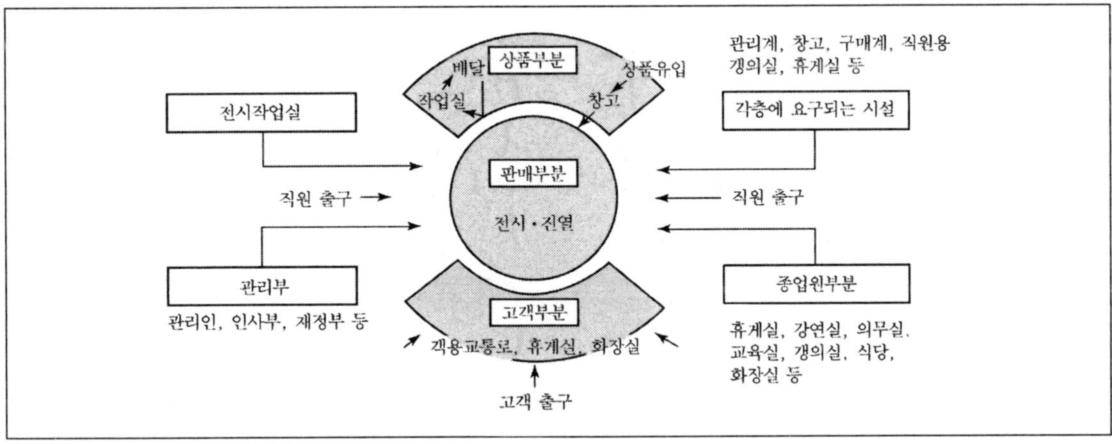

② 대규모, 다종류의 상품으로 다양한 층의 고객에 대응하도록 한다.

③ **주요 동선**(분류에 대한 기능)

분류	기능
고객권	• 고객이 실질적으로 활동할 수 있는 공간 • 고객용 출입구, 식당, 통로, 휴계실 등의 시설부분 • 대부분이 판매권의 매장, 종업원권에 접함
판매권	• 백화점에서 가장 중요한 부분인 매장 • 상품을 전시하여 영업하는 장소
종업원권	• 종업원의 입구, 계단, 통로, 사무실, 식당부분 • 고객권과는 별개로 독립 • 매장 내에 접하고 있고 매장 외에 상품권과도 접함
상품권	• 상품의 반입, 보관, 배달을 행하게 되는 부분 • 판매권과는 접하되 고객권과는 절대 분리시킴

④ **동선의 주의사항**

㉠ 고객권과 상품권은 절대적으로 분리시키도록 한다.

㉡ 고객 출입구와 종업원 출입구를 분리시키도록 한다.

㉢ 종업원권과 고객권은 별도의 계통으로 독립시킨다.

㉣ 종업원수는 연면적 25㎡당 1인 비율로 한다.

㉤ 종업원 남·녀의 비율은 4 : 6 정도로 한다.

㉥ 주요 도로에서 고객의 교통로와 상품의 반입·반송을 위한 교통로는 분리하도록 한다.

㉦ 상품, 종업원, 고객의 반출입이 어느 도로에서 각각의 교통로를 유도시키는가는 주위 도로의
교통량, 부근의 상황 등을 고려하여 결정하도록 한다.

◎ 기능도 ◎

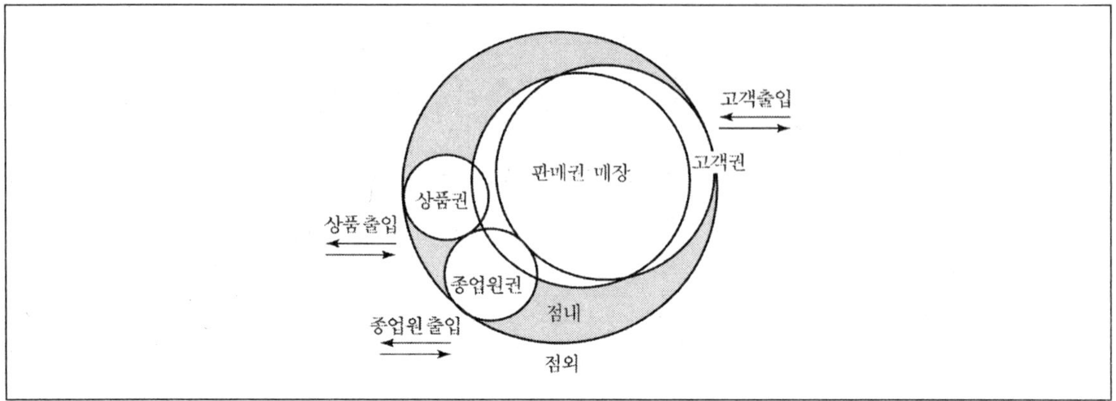

(3) 백화점의 특징

① 백화점은 보다 많은 고객을 받아들여 가능한 많은 상품을 판매하는 데 목적을 둔다.

② 외관은 멀리서 봐도 눈에 띄어야 하고 상업적인 가치를 부여해야 하므로 도로에서는 점내 전체가 밝고 개방적으로 계획하고 또한 그 모습이 신선함을 주며 화려한 모습을 과시할 필요가 있다.

③ 매장은 2 ~ 3년마다 디자인의 변화를 줄 수 있도록 한다.

④ 백화점의 매장, 접객시설은 많은 사람이 모이게 되므로 비상시에 피난 및 재해의 범위를 한정하도록 한다.

⑤ 접객의 부분은 편안하고 밝게 냉·난방설비, 방화설비를 갖추고 있어야 한다.

② 입지계획

(1) 고려사항

① 고객이 될 수 있는 주변 인구의 조사

② 주변 상업상태의 조사

③ 구매력에 대한 예상

④ 교통기관(버스, 택시 등)과 교통량에 대한 조사

⑤ 고객의 생활수준

> **TIP** 백화점에서는 일조, 통풍을 고려하지 않는다.

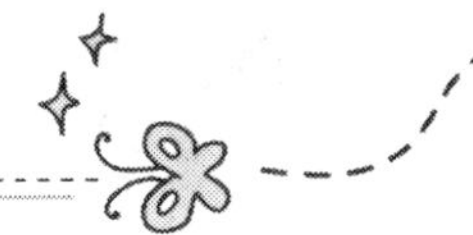

(2) 대지의 형태

① 정방향에 가까운 장방향의 형태가 좋다.

② 긴변이 주요 도로에 면하는 곳으로 하고, 다른 1변, 2변이 상당한 폭원이 있는 도로에 면하는 것이 좋다.

⑥ 대지와 출입구 관계 ⑥

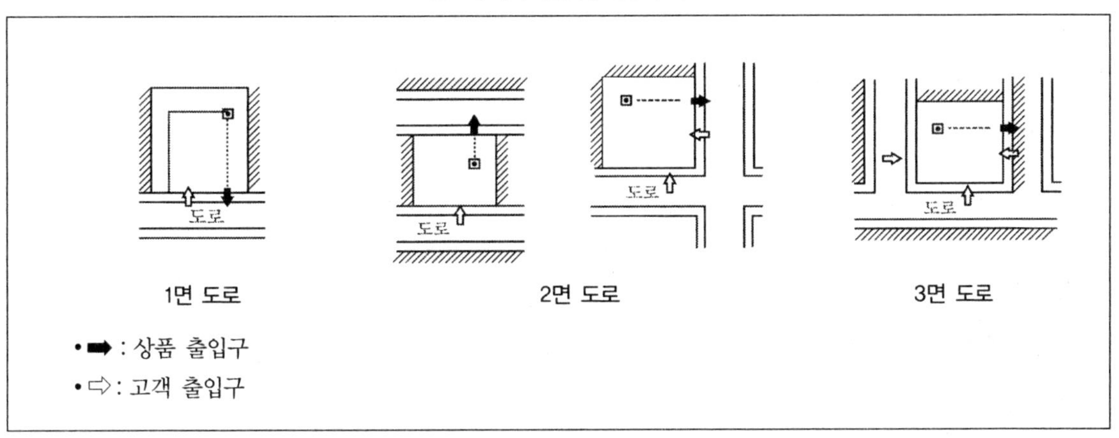

(3) 대지의 규모

① **대규모** … 4,000 ~ 10,000㎡ 정도

② **중·소규모** … 1,000 ~ 4,000㎡ 정도

③ **중규모** … 최소 3,000㎡ 정도

> **★TIP** 대지면적
> ㉠ 중규모 백화점에서 매장의 면적을 15,000㎡로 한 경우
> • 전체 연면적은 약 23,000 ~ 25,000㎡가 된다.
> • 지상 8층, 지하 2층으로 계획하면 건축면적은 2,500㎡가 된다.
> ㉡ 실제로 백화점 입구의 전면공지, 현관 앞의 공지, 건물의 높이제한 등을 따지게 되면 대지면적은 최소한 3,000㎡ 정도가 필요하다.

(4) 입지조건

① 1일 영업에 대해서 판매면적 100㎡ 당 180 ~ 200명 이상의 고객이 있어야 순조로운 경영을 할 수 있다.

② 판매면적이 15,000㎡ 정도의 백화점인 경우에는 하루 고객이 27,000 ~ 30,000명 정도가 되어야 한다.

① 평면계획

(1) 동선
① 고객의 동선

② 종업원의 동선

③ 상품의 동선

(2) 면적의 구성
① **매장의 면적** … 연면적의 60 ~ 70%

② **순매장의 면적** … 연면적의 50%

③ **진열장 및 가구의 면적** … 매장면적의 50 ~ 70%

④ **순수한 통로의 면적** … 매장면적의 30 ~ 50%

⑤ **부대관리부의 면적** … 연면적의 30%

❀ 백화점 면적부의 구성 ❀

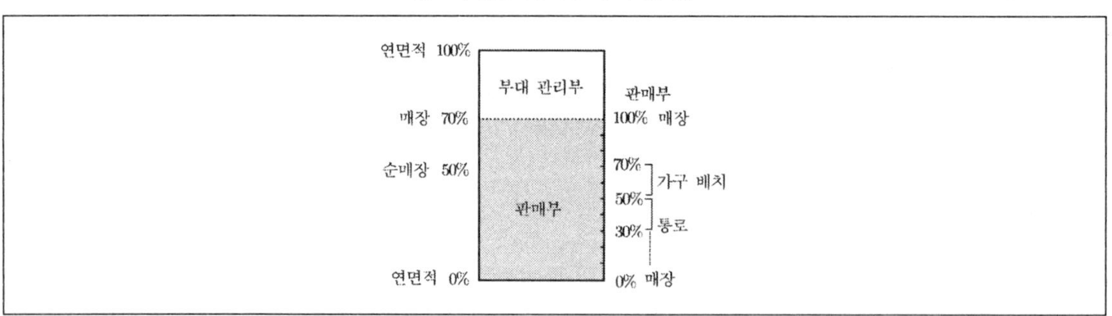

(3) 검토사항
① 비상시의 피난계획

② 인공조명, 환기의 계획

③ 진입도로, 인도, 차도의 분리계획

② 세부계획

(1) 기둥간격의 결정요소

① 진열장(Show case)과 가구배치

② 지하실의 주차단위

③ 에스컬레이터의 배치(거의 실의 중앙에 배치하도록 한다)

④ 매장 내의 통로의 크기

(2) 기둥간격

① 보통 6.0m×6.0m 정도를 사용한다.

② **이상적인 간격**(9, 10, 11m)

    ㉠ 9.15m×9.15m(K. C. Urch의 안)

    ㉡ 10.6m×10.6m(L. Parnes의 안)

    ㉢ 5.7m×5.7m(미국)

★TIP 사무실과 백화점의 기둥간격 결정요소

사무실	백화점
• 책상의 배치	• 가구의 배치
• 채광의 유효	• 에스컬레이터의 배치
• 지하주차의 단위	• 지하주차의 단위

(3) 층고

① 제한된 높이 가운데에서 매장별로 유효하게 분할되어야 한다.

② 최상층의 경우는 식당이나 연회장으로 사용되는 경우가 많으므로 층고를 높게 한다.

③ **적정층고**

    ㉠ 지하층 : 3.4 ~ 5.0m

    ㉡ 1층 : 3.5 ~ 5.0m

    ㉢ 2층 이상 : 3.3 ~ 4.0m

(4) 출입구

① 출입구의 수

- ㉠ 도로에 면하여서 30m에 1개소씩 설치하도록 한다.
- ㉡ 엘리베이터홀, 계단의 통로, 주요한 진열창의 통로를 향하여 출입구를 설치하도록 한다.

② 길이

- ㉠ 진열창의 깊이와 일치되게 한다.
- ㉡ 2중문이나 개방식으로 한다.

③ 크기

- ㉠ 점포의 규모, 위치에 따라 다르다.
- ㉡ 기둥간격, 스팬에도 관계된다.

(5) 매장

① 매장의 종류

- ㉠ 일반매장 : 여러 층에 걸쳐 동일면적에 자유형식으로 설치하는 것이다.
- ㉡ 특별매장 : 일반매장 내에 설치하는 것이다.

② 통로

- ㉠ 주통로는 에스컬레이터 앞, 계단, 로비, 현관을 연결하는 통로로써 통로의 폭은 2.7 ~ 3.0m 정도로 한다.
- ㉡ 부통로는 2.4 ~ 2.6m 정도로 한다.
- ㉢ 고객의 통로의 폭은 진열장 앞에 사람이 서고 그 뒤로 두 사람 이상이 통행할 수 있도록 하여 최소 1.8m 이상으로 한다.

◎ 고객통로의 폭 ◎

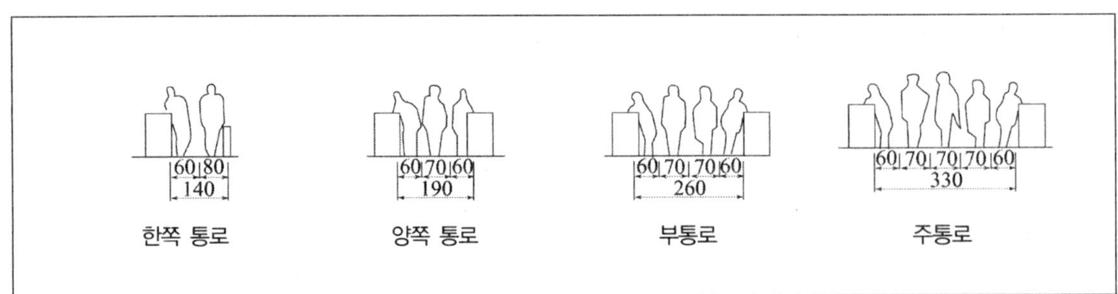

③ 매장의 층별배치

층수	판매물품의 특징	상점의 종류
지하	최종적으로 사는 상품류	식료품, 부엌용품 등
1층	상품선택시 시간이 걸리지 않는 소형 상품류	화장품, 구두, 핸드백, 약품 등
2~3층	매상이 최대가 되는 고가상품류	부인복, 신사복, 시계, 귀금속, 고급잡화 등
4~5층	잡화류	장난감, 문방구, 식기, 침구류, 운동구 등
6층 이상	넓은 면적을 차지하는 상품류	가구, 미술품, 악기 등

(6) 가구의 배치

① **통로의 폭** … 진열장 앞에 손님이 서 있을 때 45~60cm로 하고, 여기에 1인 통행마다 60~70cm를 가산하도록 한다.

② **진열장**

　㉠ 보통 180cm×(60~75cm)(폭)×100cm(높이)로 한다.

　㉡ 카운터의 높이는 75cm로 한다.

③ **가구배치방식의 종류**

　㉠ 직각(직교)배치

　　• 가장 간단한 배치의 방법이다.

　　• 가구와 가구 사이를 직각으로 배치하여 통로가 직교하도록 하는 배치의 방법이다.

　　• 판매면적을 최대한 이용할 수 있어서 경제적이다.

　　• 단조로운 배치이다.

　　• 고객통행량에 따른 통로폭의 변화가 어려우므로 국부적인 혼란을 가져오기가 쉽다.

　㉡ 사행(사교)배치

　　• 수직 동선의 접근이 쉽다.

　　• 매장의 구석까지 가기가 쉽다.

　　• 주통로는 직각배치하고 부통로를 주통로에 45° 경사지게 배치하는 방법으로 이형의 매대가 많이 필요하다.

　㉢ 자유 유선(유동)배치

　　• 고객 유동의 방향에 따라서 자유로운 곡선으로 통로를 배치하도록 하는 방법이다.

　　• 판매장의 특수성을 살리고, 전시에 변화를 줄 수 있다.

　　• 매장을 변경하거나 이동하는 것이 곤란하다.

　　• 특수한 형태의 판매대나 유리케이스를 필요로 하기 때문에 설치비용이 비싸다.

　㉣ 방사형 배치 : 판매장의 통로를 방사형이 되도록 배치하는 방법으로 일반적으로 적용하기가 어렵다.

◈ 가구배치방식의 종류 ◈

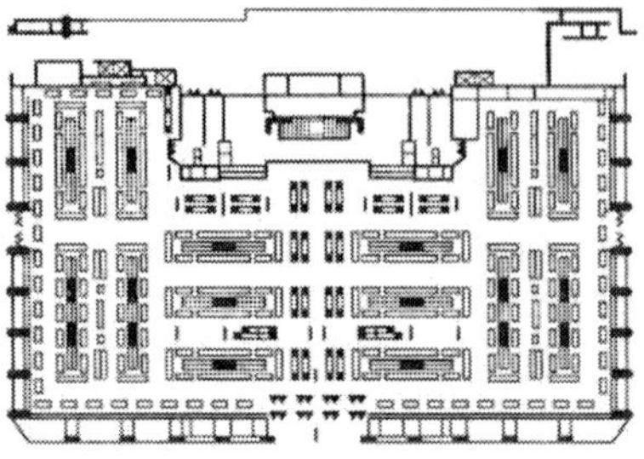

㉠ 직각(직교)배치 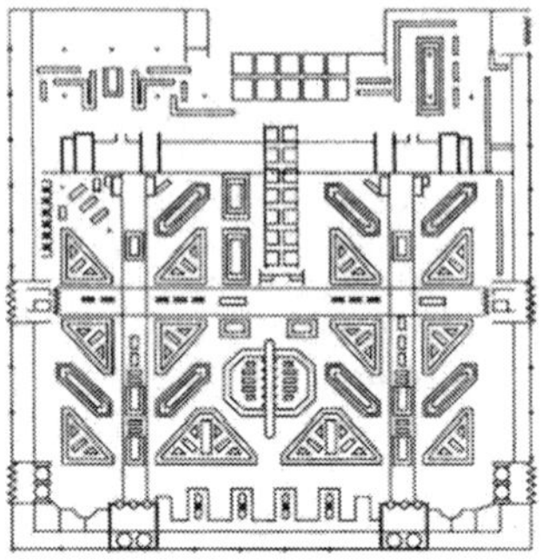　　　　㉡ 사행(사교)배치

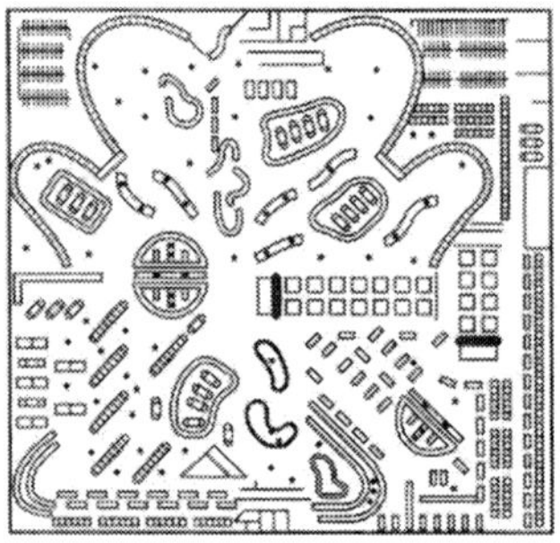

㉢ 자유 유선(유동)배치 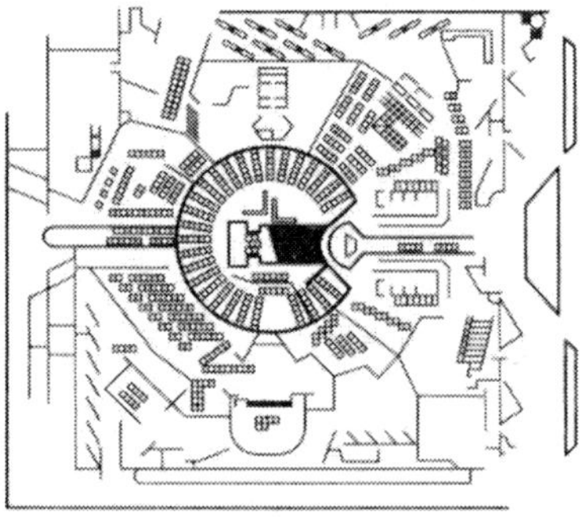　　　　㉣ 방사형배치

(7) 계단

① 백화점에서의 계단은 승강설비의 보조, 비상계단 등의 목적으로 계획된다.

② 계단까지의 보행거리는 30m 이하로 하며, 주요 구조부가 내화구조나 불연재료인 경우에는 50m 이하로 한다.

③ 계단 및 계단참의 폭은 1.4m 이상, 단 높이는 18cm 이하(보통 14~15cm 정도), 단 너비는 26cm 이상으로 한다.

④ 층고가 3m인 경우에는 3m마다 계단참을 설치한다.

⑤ 난간은 0.8~0.9m 정도의 높이로 설치한다.

③ 환경설비의 계획

(1) 승강설비

① 엘리베이터

   ㉠ 최상층 급행용 이외에는 보조의 수단으로만 이용된다.

   ㉡ 배치

- 가급적이면 집중적으로 배치한다.
- 6대 이상인 경우는 분산해서 배치한다.
- 고객용, 화물용, 사무용으로 구분하여 배치한다.
- 중소백화점의 경우에는 출입구 정면의 반대측에 설치하고, 대백화점에서는 중앙에 설치하도록 한다.

   ㉢ 속도

- 4 ~ 5층 정도의 저층 : 45 ~ 100m/min 정도
- 8층 정도의 중층 : 100m/min 정도

   ㉣ 대수 : 연면적 2,000 ~ 3,000㎡ 정도에서 15 ~ 20인승 1대 정도로 한다.

② 에스컬레이터

   ㉠ 백화점에 있어서 가장 적합한 수송수단으로, 고객을 기다리게 하지 않으며 엘리베이터에 비해서 10배 이상의 용량을 가지고 있다.

   ㉡ 장점

- 수송량이 크다.
- 수송량에 비해 점유면적이 작다.
- 고객이 매장을 보면서 이동할 수 있다.(위, 아래로)
- 수송하는 데 있어서 종업원이 필요하지 않다.

   ㉢ 단점

- 점유면적이 크다.
- 설비비가 고가이다.
- 층고, 보의 간격(7 ~ 8m 이상) 등 구조적으로 고려가 필요하다.

   ㉣ 위치

- 매장 중앙의 가까운 곳에 설치하여 고객이 매장을 쉽게 볼 수 있도록 한다.
- 엘리베이터와 주출입구의 중간에 위치시키도록 한다.

ⓜ 배치의 형식

• 직렬식 배치

– 승객의 시야가 가장 좋은 형식이다.

– 승객의 시선이 한방향으로 고정되기 쉬우며 점유면적이 가장 크다.

• 병렬식 배치

– 단속식 : 승객의 시야가 양호하며, 점유면적이 크다.

– 연속식 : 승객의 시야는 일반적이며, 점유면적이 작다.

• 교차식 : 승객의 시야는 좋지 않지만 점유면적이 가장 작다.

◎ 에스컬레이터의 배치형식 ◎

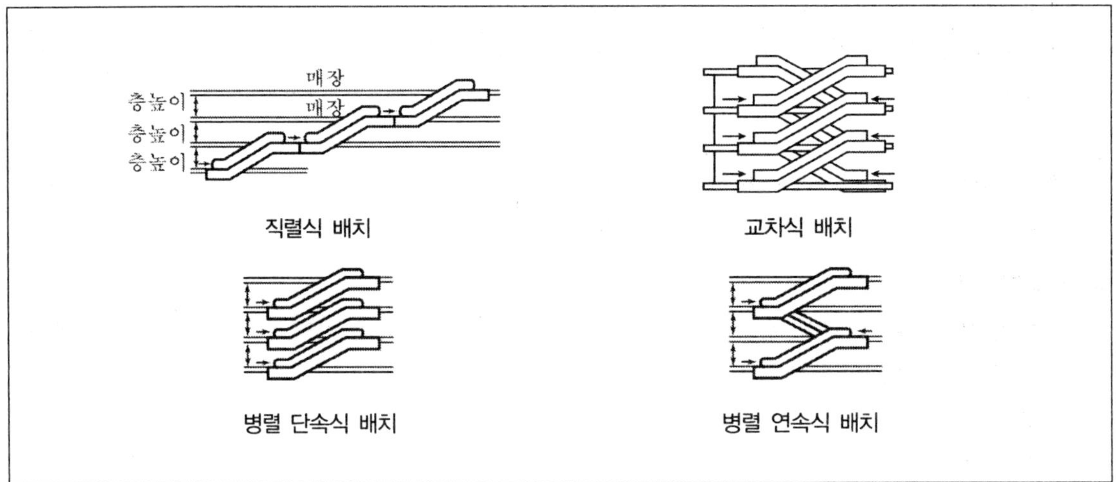

ⓗ 규격 및 수송의 능력

폭(cm)	수송인원(인/시)	특기사항
60	4,000	성인 1인
90	6,000	성인 1인, 아동 1인
120	8,000	성인 2인

(2) 기타설비

① 화장실

ⓐ 위치

• 남녀별로 구별하여 화장실과 전실에 둔다.

• 각 층의 주계단, 엘리베이터 로비 부근에 배치하도록 한다.

ⓛ 변기수의 산정

구분		종류	개수
고객용	남자용	대변기, 수세기	매장면적 1,000㎡에 대해서 1개
		소변기	매장면적 700㎡에 대해서 1개
	여자용	변기, 수세기	매장면적 500㎡에 대해서 1개
종업원용	남자용	대변기, 수세기	50명에 대해서 1개
		소변기	40명에 대해서 1개
	여자용	변기, 수세기	30명에 대해서 1개

② **종업원 시설**

　ⓙ 종업원의 수 : 연면적 25㎡에 대해서 1인의 비율로 한다.

　ⓛ 남 : 여 = 4 : 6의 비로 종업원을 계획한다.

③ **고객의 서비스실**

　ⓙ 휴게실 : 공중전화, 점내 방송실을 설치한다.

　ⓛ 옥상, 정원 : 고객의 휴식공간을 설치한다.

　ⓒ 미용실, 촬영실 등 : 특수 부속실을 설치한다.

④ **조명설비**

　ⓙ 옥외조명 : 조명에 악센트를 주는 것으로써, 상품의 전시를 대상으로 하여 스포트라이트가 사용된다.

　ⓛ 옥내조명

　　• 현휘를 방지한다.

　　• 광원을 감추어야 한다.

　　• 빛을 유효하게 사용해야 한다.

　　• 열에 대해서 고려해야 한다.

　　• 배경으로부터의 반사를 피하도록 한다.

> ★TIP **옥내조명의 종류**(상품의 종류, 진열창의 크기, 진열방법 등에 따라 다르다)
>
> 　ⓙ **직접조명**
> 　　• 조명의 효율은 좋으나 조도가 높아서 불쾌감을 줄 수 있다.
> 　　• 초현대 감각을 주는 디자인에서는 직접조명이 다른 높은 차원에서 활용되기도 한다.
> 　ⓛ **국부조명**
> 　　• 조명에 악센트를 주는 것이다.
> 　　• 상품 전시를 대상으로 스포트라이트가 사용된다.
> 　ⓒ **간접조명**
> 　　• 조명으로서 부드럽고 그림자를 만들지 않아서 좋다.
> 　　• 상품을 강조할 수 없다.

- • 강력한 국부조명과 병용해야 한다.
  - ㉣ 반간접조명
    - • 가장 많이 사용된다.
    - • 루버(Louver)가 있는 형광등이 사용된다.
    - • 광선의 부드러운 감을 부여한다.

⑤ **공기조화설비**

  ㉠ 천장 높이 4m 이상이어야 한다.

  ㉡ 전체 면적의 3 ~ 4% 정도 차지한다.

3 기타 상업건축

① 무창백화점

(1) 개념

백화점 실내의 진열면을 늘리거나 분위기 조성 등을 위해서 외벽에 창을 두지 않는 백화점을 말한다.

(2) 특징

① **장점**

  ㉠ 매장 내의 균일한 조도를 맞출 수 있다.

  ㉡ 매장 내의 냉·난방 효율이 증가한다.

  ㉢ 외부벽면에 상품전시가 가능하다.

  ㉣ 매장의 배치시 유리하다.

  ㉤ 창의 역광으로 인한 내부의장의 불리요소를 제거한다.

② **단점** … 정전이나 화재 시 고객들이 큰 혼란을 겪게 된다.(피난에 불리하다)

② 터미널 데파트먼트 스토어(Terminal Department Store)

(1) 개념

철도를 이용하는 고객들을 대상으로 역사 본래의 업무에 지장이 없는 범위 내에서 역을 입체화하여 여러가지 상품, 음식 등을 판매하는 백화점이다.

(2) 계획 시 조건

① 백화점과 철도역의 고객이 백화점에서 역사로 또는 역사에서 백화점으로 직접 진입할 수 있는 전용 개찰구가 필요하다.

② 철도역과 백화점의 고객들의 동선이 교차하지 않도록 해야 하며 특히 수직동선인 에스컬레이터와 엘리베이터에 대한 통행에 유의하도록 한다.

③ 철도역의 공공성과 백화점의 상업성이 조화되도록 계획한다.

④ 고객의 유치는 1층 매장에서 가장 유리하므로 매장의 크기를 최대한 넓힐 수 있도록 계획한다.

⑤ 상품의 반입, 반출 시에 역광장이나 역사 안에서의 보행자, 자동차의 동선과 교차하지 않게 출입구를 선정하도록 한다.

⑥ 밤 늦은 시간에는 백화점의 출입이 폐쇄되므로 백화점과 철도역 사이에는 명확한 구획을 하도록 한다.

③ 쇼핑센터

(1) 개념

구매고객에게 최대한 편의를 제공하고 상품판매 및 구매의 효율을 극대화시키기 위해 상점 및 관련 시설들을 집단으로 계획한 복합건물을 말한다.

(2) 쇼핑센터의 종류

① **도시형 쇼핑센터**
　㉠ 불특정 다수의 고객들을 구매층으로 잡는다.
　㉡ 지가가 높은 지역에 입지한다.
　㉢ 면적효율상 고층이 되는 경우가 많다.
　㉣ 주차공간도 집약된다.

② **교외형 쇼핑센터**
　㉠ 설정된 상권의 사람들을 구매층으로 잡는다.
　㉡ 비교적 저층이다.
　㉢ 대규모 주차장을 갖고 있다.
　㉣ 백화점, 대형슈퍼마켓을 핵으로 한다.

③ **지역형 쇼핑센터**(대규모 쇼핑센터)

　㉠ 백화점, 종합슈퍼 등의 대형상점을 핵으로 한다.

　㉡ 여러가지 서비스, 스포츠 시설을 갖추고 있다.

④ **커뮤니티형 쇼핑센터**(중규모 쇼핑센터)

　㉠ 슈퍼마켓, 소형백화점을 핵으로 한다.

　㉡ 실용품 위주의 판매를 한다.

⑤ **근린형 쇼핑센터**(소규모 쇼핑센터)

　㉠ 보도권을 중심으로 한다.

　㉡ 슈퍼마켓, 드러그스토어 정도를 핵으로 한다.

　㉢ 일용품 위주로 판매한다.

(3) 일반계획

① **몰**(Mall)

　㉠ 고객을 각각의 상점에 고르게 유도하며, 고객의 휴식처로서의 기능도 하는 쇼핑센터 내의 주요 보행동선이다.

　㉡ 몰너비는 6 ~ 10m, 몰길이는 240m 이하로 하고, 몰길이 20 ~ 30m마다 변화를 주어 단조로운 느낌을 피하도록 한다.

　㉢ 자연광을 끌어들여서 외부공간과 같은 성격을 갖도록 한다.

　㉣ 핵상점과 각 전문점으로 출입이 이루어지도록 한다.

　㉤ 확실한 방향성과 식별성이 요구되어 진다.

　㉥ 고객에게 변화감, 다양함, 자극, 흥미를 주도록 한다.

　㉦ 일반적으로 인클로즈드몰이 선호된다.

> **TIP** 보행 몰의 계획
> ㉠ 유쾌한 쇼핑
> ㉡ 변화감 · 다채로움
> ㉢ 자극 · 변화 · 흥미
> ㉣ 휴식처
> ㉤ 주위 상황과의 조화

② **핵상점**

　㉠ 쇼핑센터의 중심으로서 고객을 끌어들이는 기능을 가지고 있다.

　㉡ 백화점, 종합슈퍼마켓이 이에 해당된다.

③ **전문점**

    ㉠ 주로 단일종류의 상품을 전문적으로 취급하는 음식점, 상점 등의 서비스점으로 구성된다.

    ㉡ 쇼핑센터의 특색에 따라 전문점의 레이아웃과 구성이 결정된다.

④ **코트**(Court)

    ㉠ 비교적 넓은 공간으로서 몰의 곳곳에 배치되어 고객이 머물 수 있는 휴식처가 된다.

    ㉡ 동시에 각종 행사의 장이 되기도 한다.

⑤ **주차장** … 승용차를 이용하는 고객을 위한 필수적인 장소이다.

◎ 쇼핑센터의 구성요소 ◎

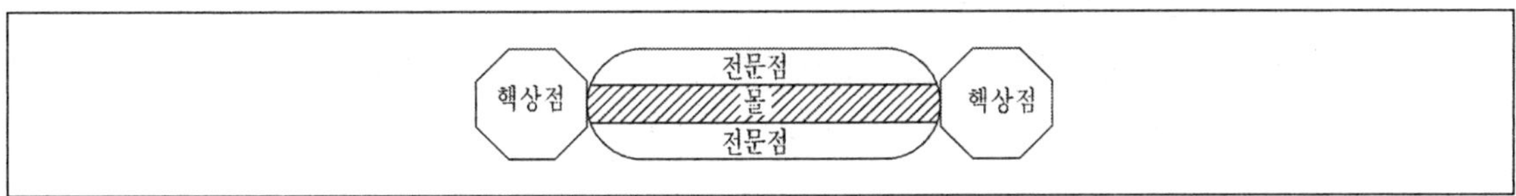

> **TIP** 면적구성의 비
>
> ㉠ 핵상점 : 50% 정도
> ㉡ 전문점 : 25% 정도
> ㉢ 몰·코트 : 10% 정도
> ㉣ 기타 관리시설 등 : 15% 정도

◎ 쇼핑센터의 공간구성의 실예 ◎

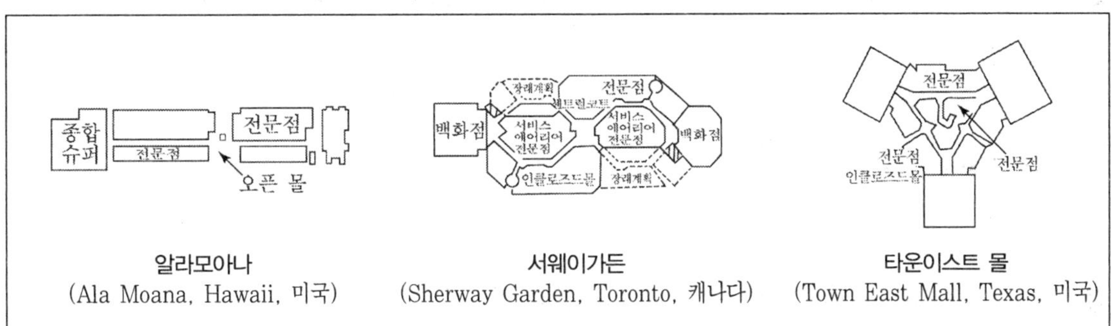

알라모아나 (Ala Moana, Hawaii, 미국)	서웨이가든 (Sherway Garden, Toronto, 캐나다)	타운이스트 몰 (Town East Mall, Texas, 미국)

02 출제예상문제

1 다음 중 백화점 계획 시 유의해야 할 것으로 옳지 않은 것은?

① 판매장 면적은 전체면적에 대하여 60% 이상이어야 한다.
② 교통이 편리한 곳에 위치시킨다.
③ 판매장의 에스컬레이터는 출입구 가까이에 설치하는 것이 바람직하다.
④ 대지는 2면 이상 도로에 면하는 것이 이상적이다.

> **note** 에스컬레이터의 위치
> ㉠ 매장중앙의 가까운 곳에 설치하여 고객이 매장을 쉽게 볼 수 있도록 한다.
> ㉡ 엘리베이터와 주출입구 중간에 위치시키도록 한다.

2 백화점에 에스컬레이터를 배치할 때 고객의 시야가 가장 많이 차단되는 방식은?

① 직렬식　　　　　　　　　　② 교차식
③ 병렬 단속식　　　　　　　　④ 병렬 연속식

> **note** 승객의 시야가 좋은 순서 … 직렬식 > 병렬 단속식 > 병렬 연속식 > 교차식

3 다음 중 백화점의 출입구에 대한 설명으로 옳지 않은 것은?

① 도로에 면하도록 하여 설치한다.
② 엘리베이터홀, 계단의 통로를 향하여 출입구를 설치하도록 한다.
③ 50m에 1개소씩 설치한다.
④ 이중문이나 개방식으로 한다.

> **note** ③ 도로에 면하도록 하여서 30m에 1개소씩 설치하도록 한다.

Answer 1.③ 2.② 3.③

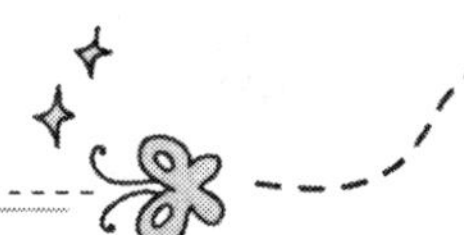

4 다음 중 백화점 건축의 기둥간격을 결정하는 요소가 아닌 것은?

① 에스컬레이터 ② 진열장 배치
③ 주차장(지하) ④ 매장면적
⑤ 매장 내 통로크기

> **note** 기둥간격의 결정요소
> ㉠ 진열장, 가구배치
> ㉡ 지하실의 주차단위
> ㉢ 에스컬레이터의 배치
> ㉣ 매장 내의 통로 크기

5 백화점이 입지하는 데 있어서의 고려사항이 아닌 것은?

① 교통량 ② 구매력에 대한 예상
③ 고객의 인구조사 ④ 일조, 통풍

> **note** 백화점에서는 일조, 통풍을 특별히 고려하지 않는다.

6 백화점의 판매장 바닥면적을 20,000㎡로 할 경우의 건축면적으로 옳은 것은?

① 20,000㎡ ② 30,000㎡
③ 33,000㎡ ④ 35,000㎡

> **note** 판매장의 면적은 연면적의 60~70%이므로 평균 65%로 보고 계산한다.
> $\therefore 20,000 \times 1.65 = 33,000㎡$

7 매장의 면적 100㎡당 근무해야 하는 종업원의 수는?

① 2명 ② 4명
③ 6명 ④ 8명
⑤ 10명

> **note** 면적 25㎡당 1인이 근무하는 것이므로 $100 \div 25 = 4$명

Answer 4.④ 5.④ 6.③ 7.②

8 다음 중 백화점의 구성요소가 아닌 것은?

① 종업원   ② 고객

③ 매장   ④ 창고

> **note** 백화점의 3대 구성요소에는 매장, 고객, 종업원이 있다.
> ※ 백화점의 4대 구성요소 … 매장, 고객, 종업원, 상품

9 쇼핑센터에서 몰(Mall)이 차지하는 면적은 몇 % 정도인가?

① 10%   ② 15%

③ 25%   ④ 50%

⑤ 60%

> **note** 쇼핑센터의 면적 구성비
> ㉠ 핵상점 : 50% 정도
> ㉡ 전문점 : 25% 정도
> ㉢ 몰 · 코트 : 10%
> ㉣ 기타 관리시설 : 15%

10 다음 중 백화점 면적에 관한 것으로 옳지 않은 것은?

① 매장의 면적은 연면적의 60 ~ 70% 정도이다.

② 진열장 및 가구의 면적은 연면적의 50 ~ 70% 정도이다.

③ 순수통로의 면적은 매장면적의 30 ~ 50% 정도이다.

④ 순매장의 면적은 연면적의 50% 정도이다.

> **note** ② 진열장 및 가구의 면적은 매장면적의 50 ~ 70% 정도이다.

11 가구배치방식 중 매장의 구석까지 가기가 쉬우며 수직동선의 접근이 쉬운 형식은?

① 직각배치   ② 사행배치

③ 방사형배치   ④ 자유유동배치

Answer   8.④   9.①   10.②   11.②

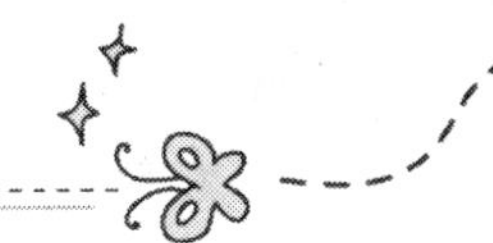

note
① 가장 간단한 방법으로 가구와 가구 사이를 직교하여 배치함으로 인해서 통로가 직각으로 나오게 하는 배치의 방법이다.
③ 판매장의 통로를 방사형이 되도록 배치하는 방법이다.
④ 고객의 유동방향에 따라 자유로운 곡선으로 통로를 배치하도록 하는 방법이다.

12 백화점 계획에 관한 설명 중 옳지 않은 것은?

① 대지의 형태에 따라 기둥의 간격이 결정된다.

② 고객권과 상품권은 서로 떨어지도록 한다.

③ 엘리베이터가 6대 이상인 경우 분산해서 배치한다.

④ 에스컬레이터는 엘리베이터와 주출입구의 중간에 위치시키도록 한다.

note
① 기둥간격은 진열장이나 가구의 배치, 주차단위, 에스컬레이터의 배치, 매장 내의 통로크기 등에 의해 결정된다.

13 백화점 옥내의 조명에 관한 설명으로 옳은 것은?

① 열에 대해서는 고려하지 않아도 된다.　　② 배경으로부터 반사를 유도해야 된다.

③ 현휘를 방지해야 한다.　　④ 광원을 돌출하여 사용한다.

note 옥내조명의 조건
㉠ 현휘를 방지한다.
㉡ 광원을 감추도록 한다.
㉢ 빛을 유효하게 사용해야 한다.
㉣ 열에 대해서 신중히 고려해야 한다.
㉤ 배경으로부터 반사가 되지 않도록 한다.

14 백화점의 에스컬레이터를 설치하는 위치로 가장 적당한 곳은?

① 매장의 한쪽 벽면　　② 매장의 가장 깊은 곳

③ 주출입구 근처　　④ 주출입구와 엘리베이터와의 중간적 위치

note 에스컬레이터는 매장중앙과 가까운 곳에 설치하여 고객이 매장을 쉽게 볼 수 있도록 해야하므로, 주출입구와 엘리베이터의 중간에 설치하는 것이 가장 좋다.

Answer　　12.①　13.③　14.④

15 백화점의 에스컬레이터에 대한 설명으로 옳지 않은 것은?

① 수송량에 비해서 점유면적이 크다.

② 설비비가 고가이다.

③ 엘리베이터에 비해 10배의 수송능력을 갖는다.

④ 고객이 매장을 보면서 이동할 수 있다.

> **note** 에스컬레이터 … 엘리베이터에 비해 10배의 수송능력을 가지고 있으며 시간당 4,000 ~ 8,000명의 수송능력에 비하면 점유면적은 적은 편이다.

16 다음 그림은 에스컬레이터의 배치방식 중 어느 것인가?

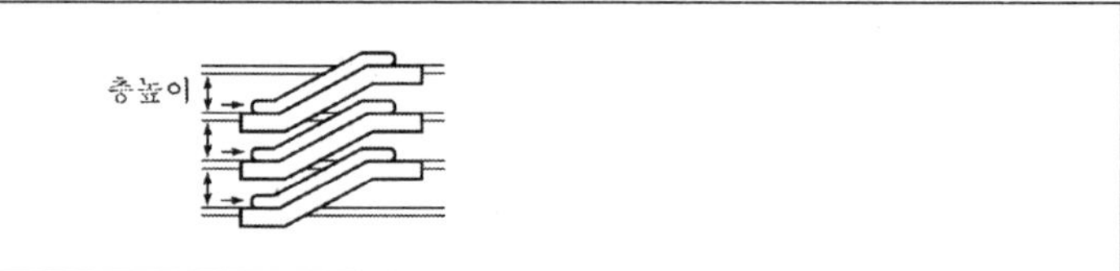

① 직렬식 배치　　　　　　　　　② 병렬 단속식 배치
③ 병렬 연속식 배치　　　　　　　④ 교차식 배치

> **note** 그림은 병렬 단속식 배치의 에스컬레이터로 점유면적이 큰 편이며 승객의 시야도 양호한 구조이다.

17 다음 백화점의 계획내용 중 옳지 않은 것은?

① 수직동선의 설비인 엘리베이터와 에스컬레이터는 고객의 출입구에 근접시켜서 동선의 편의를 도모한다.

② 고객권과 상품권의 동선은 가능한 분리시켜야 한다.

③ 특수매장은 일반매장 내에 설치한다.

④ 출입구는 모퉁이를 피하도록 하고 도로면에 접하도록 한다.

> **note** 수직동선의 위치
> ㉠ 엘리베이터의 위치 : 주출입구로부터 먼 곳
> ㉡ 에스컬레이터의 위치 : 주출입구와 엘리베이터의 중간

Answer　　15.① 16.② 17.①

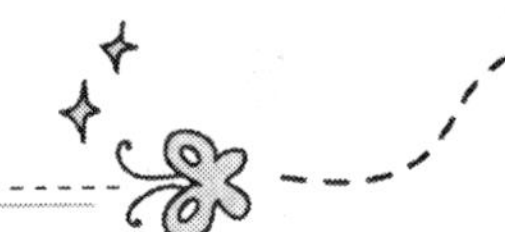

18 다음 중 백화점 내의 동선계획으로 옳지 않은 것은?

① 고객권과 상품권은 절대적으로 분리시킨다.

② 고객의 통로의 폭은 최소 1.5m 이상으로 한다.

③ 주통로는 3.3m 이상, 부통로는 2.6m 이상으로 한다.

④ 순수한 통로의 면적은 매장면적으로 30 ~ 50% 정도로 한다.

> **note** ② 고객통로의 폭은 진열장 앞에 사람이 서고, 그 뒤로 두 사람 이상이 통행할 수 있도록 하여 최소 1.8m 이상으로 한다.

19 백화점 매장부분의 파사드를 무창으로 계획하는 이유 중 옳지 않은 것은?

① 매장 내의 냉 · 난방 효율이 증가된다.

② 인접건물 화재 시 연소방지 및 안전에 유리하다.

③ 창의 역광으로 인한 전시의 불리요소를 제거한다.

④ 외부벽면에 상품전시가 가능하므로 매장배치 상 유리하다.

⑤ 매장배치가 편리하며 조도가 균일하다.

> **note** 무창 백화점 외부계획
> ㉠ 개념 : 실내의 진열면을 늘리거나 분위기 조성을 위해 백화점의 외벽을 창이 없게 처리하는 방법
> ㉡ 장점
>   • 창의 역광으로 인한 내부의장의 불리요소를 제거한다.
>   • 매장 내의 냉난방 효율이 증가하고 외부벽면에 상품전시가 가능하다.
>   • 매장배치 상 유리하고 매장 내 조도가 균일하다.
> ㉢ 단점 : 화재나 정전 시의 고객들에게 큰 동선상 혼란을 준다.

20 쇼핑센터의 공간을 구성하는데 있어서 고객을 각 상점에 유도하는 보행자 동선인 동시에 고객의 휴식처의 기능을 갖고 있는 곳은?

① 몰(Mall)
② 핵상점
③ 전문점
④ 코트

> **note** ② 쇼핑센터의 중심으로 고객을 끌어들이는 기능을 갖는다.
> ③ 단일 종류의 상품을 전문적으로 취급하는 상점, 음식점 등이다.
> ④ 몰의 군데군데에 고객이 머물 수 있는 휴식처를 말한다.

Answer   18.② 19.② 20.①

21 다음 백화점 건축계획에 관한 사항 중 옳지 않은 것은?

① 출입구는 도로에 면하도록 하여 30m당 1개소를 설치하는 것이 좋으며 모퉁이는 피하도록 한다.

② 매장의 바닥은 고저차가 없도록 한다.

③ 특별매장과 일반매장은 층별로 각각 구분해서 배치하는 것이 이상적이다.

④ 고객권과 상품권은 서로 떨어지게 해야 한다.

    ✿ note ③ 특별매장은 일반매장 내에 설치하도록 한다.

22 백화점의 매장계획에 관한 설명이다. 이 중 옳지 않은 것은?

① 매장 전체가 전망이 좋게 하며 내용을 알기 쉽도록 계획한다.

② 점내에 출입한 고객의 동선은 최대한 짧게 구성하여 편의를 도모한다.

③ 공간은 넓고 연속된 판매장을 구성하도록 계획한다.

④ 매장의 통로폭은 매장의 종류, 전시형식에 따라 결정되어야 한다.

    ✿ note ② 백화점에서 고객은 지루하지 않게 최대한 길게 하여 쇼핑을 하고 구매할 수 있도록 유도해야 한다.

23 백화점, 호텔, 극장 등에서 공통적으로 가장 중요하게 고려해야 할 사항은?

① 일조, 채광   ② 서비스 시설

③ 피난동선   ④ 고객의 동선

    ✿ note 불특정 다수의 사람들이 많이 모이는 장소는 화재 또는 재해가 발생할 경우에 대비해서 사람들이 안전하게 대피할 수 있도록 피난동선을 고려하는 것이 가장 중요한 요소이다.

24 다음 중 무창백화점의 장점이 아닌 것은?

① 냉 · 난방 설비의 효율이 좋아진다.   ② 외부벽면에 상품을 전시할 수 있다.

③ 피난에 유리하다.   ④ 조도가 균일하다.

    ✿ note 정전이나 화제 시 창호가 없어서 자연채광도 없게 되므로 고객이 큰 혼란을 겪게 되어 피난이 불리하다.

✿ Answer   21.③ 22.② 23.③ 24.③

25 백화점에서 에스컬레이터를 사용하는 이유로 옳지 않은 것은?

① 설치비가 저렴하다.

② 수송력에 비해 점유면적이 작다.

③ 종업원이 필요하지 않다.

④ 고객이 위·아래로 매장을 보면서 이동할 수 있다.

> note 에스컬레이터는 수송력을 생각하지 않으면 점유면적이 크나 엘리베이터의 10배나 되는 수송력을 가지고 있기에 그에 비하면 점유면적은 작다. 그러나 에스컬레이터를 설치하는 비용이 고가이다.

26 백화점의 진열장 배치에 관한 설명 중 옳지 않은 것은?

① 직교배치는 매장면적을 최대한 이용할 수 있으며 가장 많이 사용되는 방식이다.

② 사행배치는 상하 교통로를 가깝게 연결할 수 있다.

③ 자유유동배치는 매대의 변경이나 이동이 자유롭고 손쉽다.

④ 방사배치는 판매장의 중심에서 방사형 통로를 두고 배치한다.

> note 자유유동배치 형식은 유리케이스나 판매대가 특수형으로 제작되기 때문에 매장의 변경 및 이동이 곤란하다.

27 터미널 백화점계획에 있어 옳지 않은 사항은?

① 늦은 시간에는 백화점이 폐쇄되므로 역사 사이에 명확한 구획을 한다.

② 역 부근의 수직동선의 위치는 신중히 고려한다.

③ 역사 이용의 혼란을 방지하기 위해 2층부터 매장을 계획한다.

④ 역 승객의 흐름과 백화점 고객의 흐름이 교차되지 않도록 한다.

⑤ 고객용 주차장의 설치를 고려한다.

> note ③ 터미널 백화점은 1층의 매장이 고객유치에 가장 유리하므로 가능한 한 면적을 넓게 잡는다.

숙박 및 병원건축

호텔

1 호텔의 종류 및 특징

① 시티 호텔(City hotel)

(1) 개념

일반 여행객의 단기체재나 도시의 사회적 집회, 연회 등의 장소로 이용할 수 있는 도시의 시가지에 위치한 호텔을 말한다.

(2) 대지의 선정조건

① 교통이 편리해야 한다.

② 환경이 양호하고 쾌적해야 하며 특별히 소음에 유의해야 한다.

③ 자동차의 접근이 양호하고 주차설비가 충분해야 한다.

④ 근처의 호텔과 경영상의 경쟁과 제휴를 고려해야 한다.

(3) 시티 호텔의 종류

① **아파트먼트 호텔**(Apartment hotel)

　㉠ 장기간 체재하는 데 적합한 호텔이다.

　㉡ 부엌과 욕실, 셀프서비스 시설을 갖춘 것이 일반적이다.

② **커머셜 호텔**(Commercial hotel)

　㉠ 일반 여행자용 호텔이다.

　㉡ 비즈니스를 주체로 한 것으로 편리와 능률이 중요한 요소가 된다.

　㉢ 외래객에 개방(집회, 연회)되므로, 교통이 편리한 도시 중심지에 위치하도록 한다.

　㉣ 부지는 제한되어 있어서 주로 고층으로 되어 있다.

　㉤ 1층에 상점, 식당을 구비하여 경영한다.

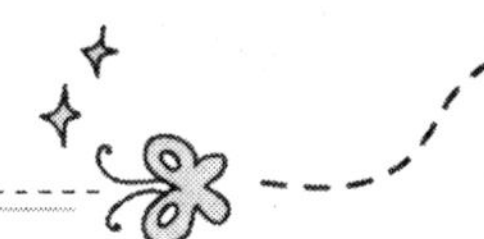

> **★TIP** 커머셜 호텔의 수익증가방법
> ㉠ 서비스면적을 감소한다.
> ㉡ 숙박부분의 면적을 증가시킨다.
> ㉢ 요식부의 면적을 감소시킨다.

③ **레지던셜 호텔**(Residential hotel)

㉠ 상업상의 성격을 가지고 있으며 여행자, 관광객 등이 단기체재하는 여행자용 호텔이다.

㉡ 커머셜 호텔보다 규모가 작으나 설비는 고급이다.

㉢ 도심을 피해서 안정된 곳에 위치하도록 한다.

㉣ 연면적에 대해서 숙박면적이 크다.

> **★TIP** 커머셜 호텔과 레지던셜 호텔의 비교
>
> | 내용 | 커머셜 호텔 | 레지던셜 호텔 |
> |---|---|---|
> | 이용대상 | 사업상 | 단기체재시 |
> | 규모 | 대규모 | 중소규모 |
> | 위치 | 도심 | 도심주변 |
> | 설비 | 보통 | 고급 |
> | 서비스 | 보통 | 고급 |

④ **터미널 호텔**(Terminal hotel)

㉠ 교통기관의 결절점에 위치한 호텔이다.

㉡ 철도역 호텔(Station hotel), 부두 호텔(Habor hotel), 공항 호텔(Airport hotel) 등이 있다.

② 리조트 호텔(Resort hotel)

(1) 개념

피서, 피한을 위주로 관광객과 휴양객이 많이 이용하는 숙박시설을 말한다.

(2) 대지선정의 조건

① 관광지를 충분히 이용할 수 있는 곳

② 조망이 좋은 곳

③ 수량이 풍부하고 수질이 좋은 곳

④ 식료품이나 린넨(Linen)류의 구입이 수월한 곳

⑤ 자연재해의 위험이 없는 곳

⑥ 계절풍에 대한 대비가 있는 곳

(3) 리조트 호텔의 종류

① 산장 호텔(Mountain hotel), 해변 호텔(Beach hotel), 스카이 호텔(Sky hotel), 온천 호텔(Hot spring hotel), 스키 호텔(Ski hotel), 스포츠 호텔(Sport hotel) 등이 있다.

② **클럽하우스**(Club house) … 레저시설 및 스포츠를 위주로 이용되는 시설을 말한다.

③ 기타 호텔

(1) 모텔(Motel : Motorists hotel)

① 모터리스트의 호텔이라는 뜻으로 자동차 여행자들을 위한 숙박시설을 말한다.

② 주로 자동차 도로변, 도시근교에 많이 위치한다.

③ 각 실이 10 ~ 20실 정도 구비하고 있다.

④ 숙박실, 식당, 관리실 등 간단한 구조로 이루어진다.

(2) 유스호스텔(Youth hostel)

① **개념** … 청소년의 국제 활동을 위한 장소로서 서로 환경이 다른 청소년이 우호적 분위기에서 사용할 수 있도록 한 숙박시설을 말한다.

② **종류 및 특징**

종류		특징
여행호스텔		가장 일반적인 것으로 여행 중 이용할 수 있는 숙박시설이다.
휴가 호스텔	하계스포츠 휴스텔	• 야영생활에 적절한 설비가 되어 있어야 한다. • 부근에 하이킹, 해수욕, 산책 등을 할 수 있는 위치에 지어진다. • 스포츠 시설 등이 있다.
	동계스포츠 휴스텔	• 스키, 스케이트를 위한 체재를 할 수 있어야 한다. • 난방, 건조, 조리장, 스키를 두는 광 등이 있다.
	주말휴스텔	대도시 주변에 위치하며 레크리에이션, 회의, 이동교실 등으로 이용한다.
도시휴스텔		• 교통의 중심지에 설치되어 있으며 통과여행의 이용자가 많다. • 여행휴스텔보다 규모가 크고 수용력도 크다.

③ **건축의 기준**

ⓐ 침실은 입구에서 남녀로 구분하도록 한다.

ⓑ 주요 구조부는 불연재, 내화구조로 한다.

ⓒ 4대 이상, 8대 이하의 침대를 준비하여 침실은 총 수의 반수 이상으로 하고 1실에 20대를 초과하지 않도록 한다.

ⓔ 수용인원에 대한 로커를 설치하도록 한다.

ⓜ 15인 이하를 기준으로 1개의 온수 샤워시설을 샤워실에 설치해야 한다.

ⓗ 1인당 0.5㎡ 이상의 식당을 설치하도록 하고 자취를 할 수 있게 적당한 너비의 조리실을 설치하도록 한다.

ⓢ 집회실을 만들되 150㎡를 초과하는 집회실은 2실로 구분할 수 있도록 한다.

2 평면계획 및 각 실의 계획

① 평면계획

(1) 기능별 소요실

 호텔의 기능도

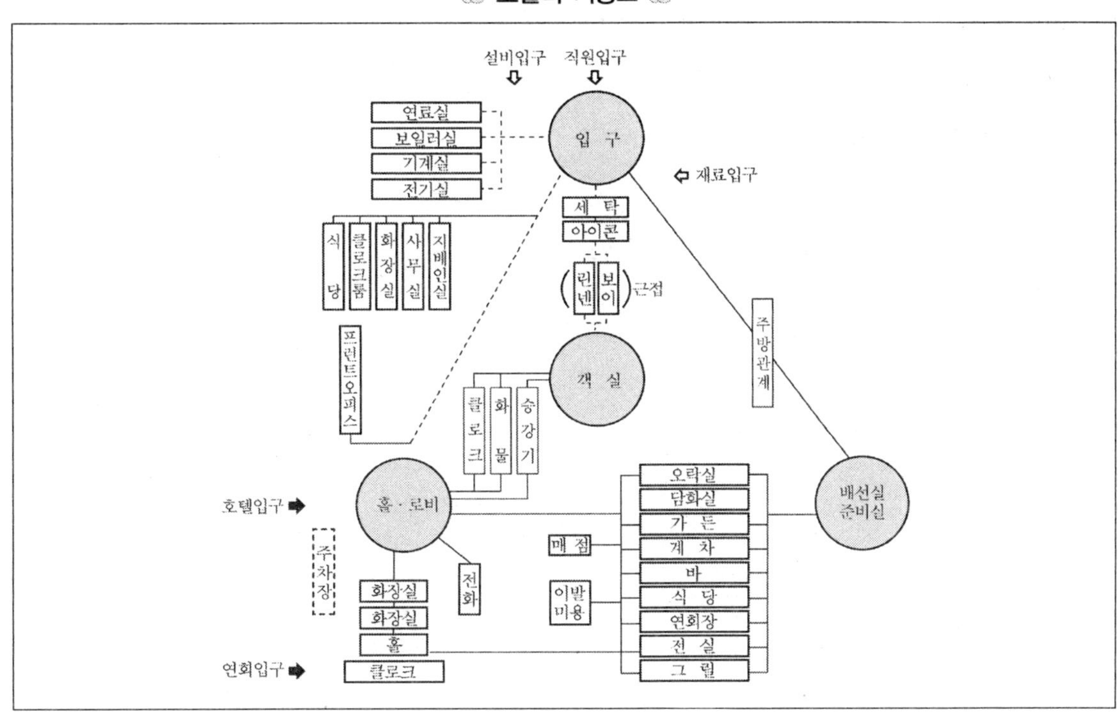

① **숙박부분**(Lodging part)

　㉠ 객실, 보이실, 메이트실, 린넨실(세탁물관계), 트렁크실, 복도, 계단 등이 속한다.

　㉡ 호텔형에 따라 결정하도록 한다.

　㉢ 객실은 쾌적함은 물론 개성을 필요로 한다.

② **공용부분**(Public space)

　㉠ 현관, 홀, 로비, 라운지, 식당, 연회장, 프런트 카운터(Front counter), 미용실, 이용실, 엘리베이터, 계단, 정원, 오락실, 매점, 나이트클럽, 바, 커피숍, 독서실, 흡연실(Smoke room) 등이 속한다.

　㉡ 나이트클럽, 카지노, 바 등과 운동시설, 오락시설의 자유로운 방법으로 호텔의 성격과 특색을 나타낸다.

③ **관리부분**(Managing part)

　㉠ 프런트 오피스(Front office), 클로크룸(Cloak room), 지배인실, 사무실, 공작실, 전화교환실, 창고, 복도 등이 속한다.

　㉡ 호텔이라는 유기체에서 두뇌와 같은 역할을 하는 곳이다.

④ **요리관계 부분** ··· 주방, 식기실, 냉장고, 식료창고 등

⑤ **설비관계 부분** ··· 보일러실, 각종 기계실, 세탁실 등

⑥ **대실** ··· 상점, 창고, 대사무실, 클럽실(일정단체에 빌려주는 실) 등

> **★ TIP 이용객의 동선**
>
> 　㉠ 숙박객의 동선 : 숙박객 → 호텔입구 → 로비 → 프런트 오피스 → 승강기 → 객실
>
> 　㉡ 연회장 이용객의 동선(연회장은 외부에서도 직접 출입을 할 수 있어야 한다) : 연회이용객 → (홀) → 클로크룸(옷 맡기는 곳) → 연회실

기능	소요실명
관리부분	프런트 오피스, 클로크룸, 지배인실, 사무실, 공작실, 창고, 복도, 변소, 전화 교환실
숙박부분	객실, 보이실, 메이트실, 린넨실, 트렁크룸
공용부분	다방, 무도장, 그릴, 담화실, 독서실, 진열장, 이·미용실, 엘리베이터, 계단, 정원, 현관·홀, 로비, 라운지, 식당, 연회장, 오락실, 바
요리부분	배선실, 부엌, 식기실, 창고, 냉장고
설비부분	보일러실, 전기실, 기계실, 세탁실, 창고
대실	상점, 창고, 대사무소, 클럽실

(2) 각 실의 면적 및 배치

① 기준층의 평면형식 및 배치

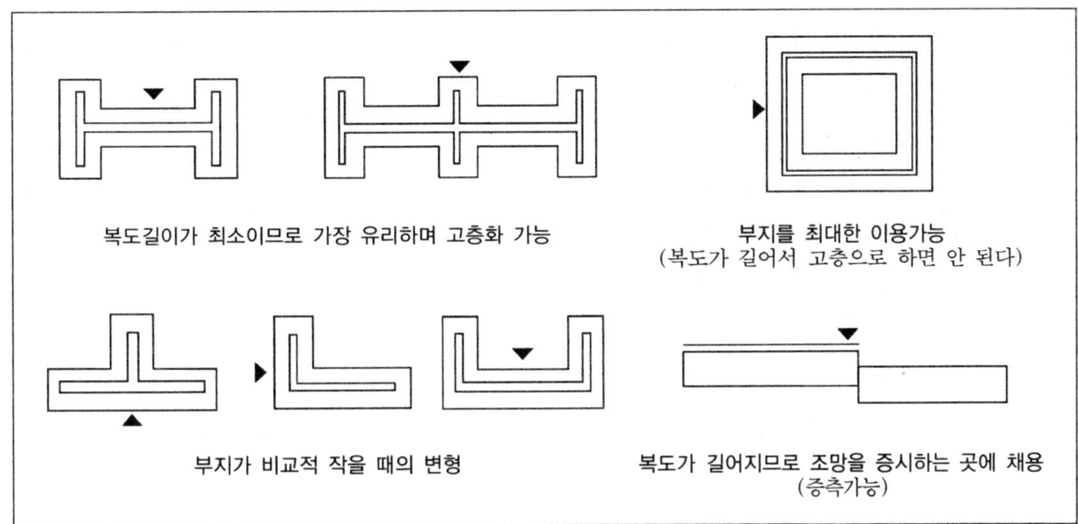

㉠ H자형/ㅁ자형 : 거주성은 좋지 않지만 한정된 체적 속에서 외기에 접하는 면을 최대로 할 수 있다.

㉡ T자형/Y자형/십자형 : 객실 층의 동선 상으로는 바람직하나, 면적 효율면이나 저층 계획 시에는 불리하다.

㉢ 일(─)자형 : 가장 많이 쓰이는 형식이다.

㉣ 사각형/삼각형/원형 : 형태의 제약 상 한 층당 객실 수에 한계가 있으나 4각이나 원과 같은 극히 단순한 형으로 증축이 불가능하다.

㉤ 중복도형

㉥ 복합형

② 각 실의 면적 구성비

㉠ 연면적에 대한 서비스 부분의 면적비는 약 5.2%이다.

㉡ 숙박부분의 면적비가 가장 큰 호텔은 커머셜 호텔이며, 가장 작은 호텔은 아파트먼트 호텔이다.

❀ 각 실의 면적 구성 비율 ❀

분류 \ 종류	리조트 호텔	시티 호텔	아파트먼트 호텔
규모(객실 1에 대한 연면적)	40 ~ 91㎡	28 ~ 50㎡	70 ~ 100㎡
숙박부면적(연면적에 대한)	41 ~ 56%	49 ~ 73%	32 ~ 48%
퍼블릭 스페이스 면적비(연면적에 대한)	22 ~ 38%	11 ~ 30%	35 ~ 58%
로비면적(객실 1에 대한 면적)	3 ~ 6.2㎡	1.9 ~ 3.2㎡	5.3 ~ 8.5㎡
관리부 면적비(연면적에 대한)	6.5 ~ 9.3%		
설비부 면적비(연면적에 대한)	약 5.2%		

③ **조리실과의 관계** ··· 식당면적에 대해서 조리실의 면적은 25 ~ 35% 정도로 한다.

호텔 조리양/일	조리실 면적(㎡)
100명분	40 ~ 60
500명분	95 ~ 100
1,000명분	200 ~ 240

(3) 동선계획

① 숙박객 동선

　㉠ 주차장, 차고 → 입구, 프론트 → 객실과 공공부분의 2방향

　㉡ 객이 프런트를 통하지 않고는 직접 외부로 통하지 않도록 한다.

② 종업원 동선

　㉠ 종업원용 입구와 갱의실을 거쳐 주방, 서비스 부분으로 간다.

　㉡ 가능하면 객실 동선과 겹치지 않게 한다.

③ **물품 반입 동선** ··· 2개의 주요 경로가 필요하다. 호텔서비스용 반입 경로와 객의 수하물용 입구를 분리해야 한다.

② 각 실의 계획

(1) 객실

① 객실이 차지하는 비율은 호텔의 전체면적의 65 ~ 85%이다.

② 크기

㉠ 1실의 크기

구분	실폭	실길이	층높이	출입문폭
1인용	2 ~ 3.6m	3 ~ 6m	3.3 ~ 3.5m	0.85 ~ 0.9m
2인용	4.5 ~ 6m	5 ~ 6.5m		

㉡ 실의 종류에 따른 평균면적

실의 종류	싱글	더블	트윈	스위트
1실의 평균면적(㎡)	18.55	22.414	30.43	45.89

③ 객실의 형

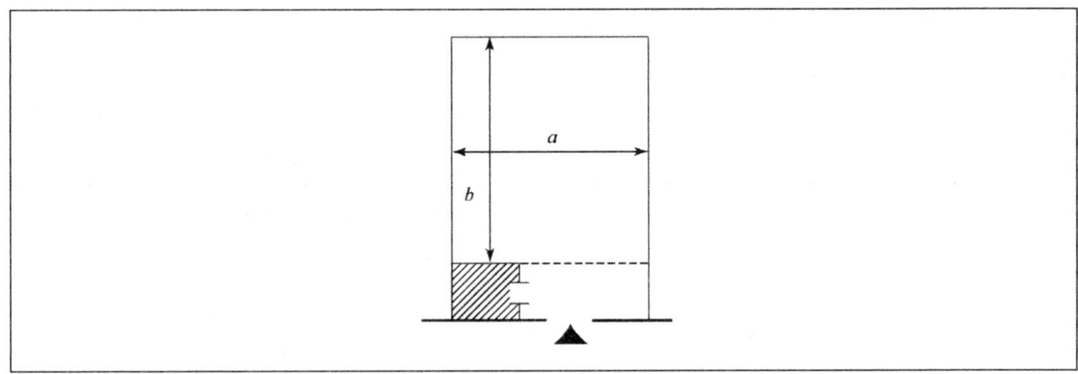

㉠ 단위폭 : 최소욕실폭＋객실출입구＋반침깊이＝4.5m

㉡ 일반적인 형 : $\dfrac{b}{a} = 0.8 \sim 1.6$ 정도가 되도록 한다.

㉢ 평면형의 결정조건

- 침대의 위치
- 욕실의 위치
- 변소의 위치

④ **욕실의 크기**

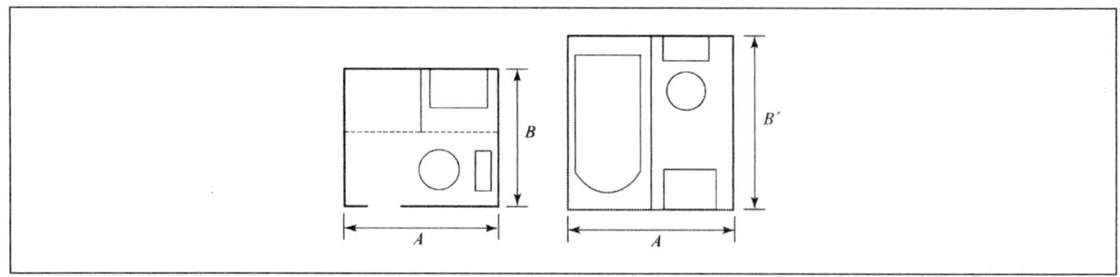

욕실 내 시설	A(최소)	B(최소)	A×B(최소)
세면기, 변기를 설치할 경우	125cm	75cm	1.5m²
세면기, 변기, 샤워를 설치할 경우	150cm	120cm	2.5m²
세면기, 변기, 욕조를 설치할 경우	114cm	190cm	3m²

(2) 연회장

① **대연회장** … 1인당 1.3m²의 면적

② **중 · 소 연회장** … 1인당 1.5 ~ 2.5m²의 면적

③ **회의실** … 1인당 1.8m²의 면적

(3) 식당 및 부엌

① 식당과 주방의 관계에서 식당이 차지하는 면적은 호텔의 종류와는 상관없이 70 ~ 80% 정도이다.

② **식당의 크기**

　㉠ 1석당 면적은 1.1 ~ 1.5m² 정도의 크기로 한다.

　㉡ 1평당 수용인원은 2 ~ 2.5인을 기준으로 한다.

> **TIP** 식당의 면적
> ㉠ 시티 호텔 : 0.6석/수용인원
> ㉡ 리조트 호텔 : 0.8석/수용인원
> ㉢ 주식당 : 1.1 ~ 1.5m²/1석
> ㉣ 연회장 : 0.8 ~ 0.9m²/1석
> ㉤ 런치룸 : 1.4 ~ 2.0m²/1석
> ㉥ 카페테리아 : 1.4 ~ 1.7m²/1석
> ㉦ 다방 : 1.5 m²/1석

(4) 종업원 관계실

① 종업원의 수는 객실수의 2.5배 정도의 인원으로 한다.

② 종업원의 숙박시설은 종업원 전체수의 $\frac{1}{3}$ 정도의 규모로 한다.

③ **보이실**(Boy room), **룸서비스**(Room service)

　㉠ 숙박시설이 있는 각 층의 코어부분에 인접하게 둔다.

　㉡ 객실 150베드당 리프트 1개를 설치하도록 하며, 25 ~ 30실당 1대씩 추가적으로 설치한다.

◎ 보이실 주위의 예 ◎

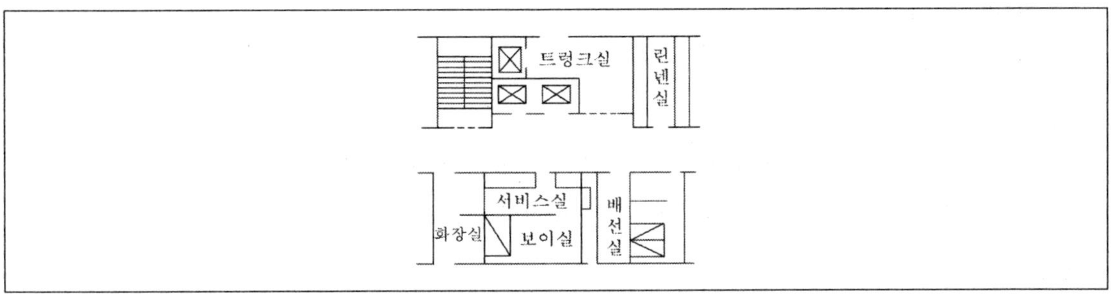

◎ 서비스실과 싱크 ◎

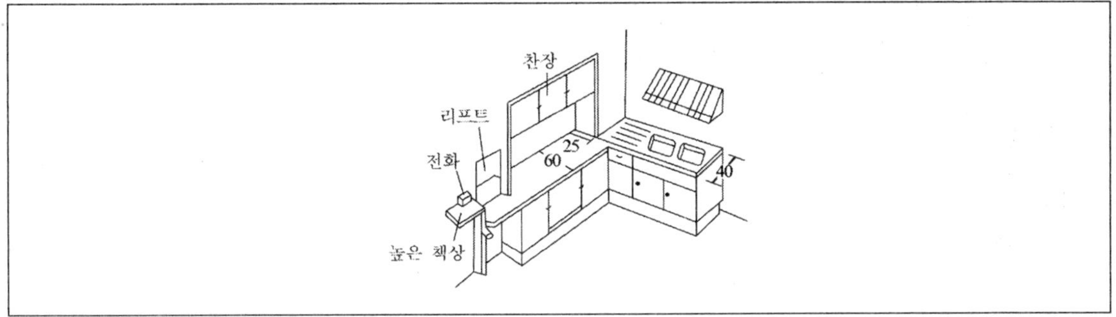

④ **린넨실**(Linen room)

　㉠ 숙박객의 세탁물을 보관한다.

　㉡ 객실 내부에서 사용하는 물건들을 보관한다.

◎ 린넨실 ◎

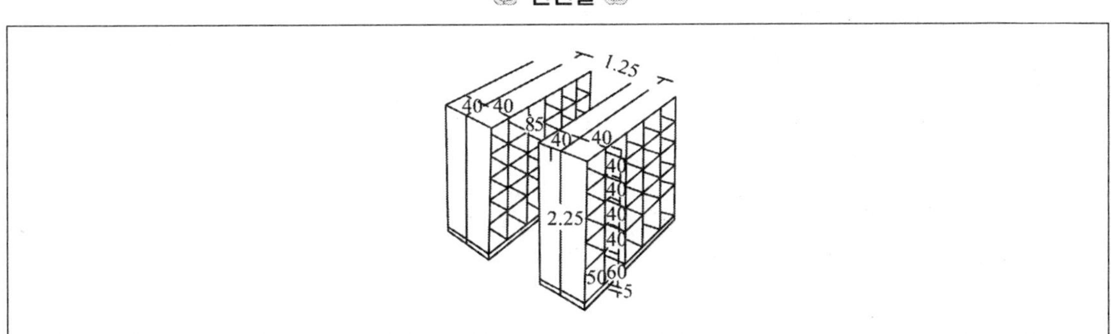

⑤ **트렁크룸**(Trunk room)

　　㉠ 숙박객의 짐을 보관하는 장소이다.

　　㉡ 화물용 엘리베이터가 필요하다.

(5) 복도, 계단, 화장실

① **법규상 복도의 폭**

　　㉠ **중복도** : 1.6m 이상

　　㉡ **편복도** : 1.2m 이상

② **계단**

　　㉠ 최소 140㎝ 이상, 높이 18㎝ 이하, 디딤바닥폭 26㎝ 이상으로 한다.

　　㉡ 높이가 3m 초과시 3m 이내마다 계단참을 설치하도록 한다.

③ **화장실**

　　㉠ 공용부분의 층에서는 60m 이내마다 설치하도록 한다.

　　㉡ 종업원과 고객의 화장실은 따로 설치한다.

　　㉢ 공동용 변기수는 25인당 1개의 비율로 한다.

(6) 현관부

① **현관**

　　㉠ 호텔의 외래 접객장소이다.

　　㉡ 프런트 데스크와 접속이 원활해야 한다.

　　㉢ 기능적으로는 로비, 라운지와 연속되어야 한다.

② **로비**

　　㉠ 공용공간의 중심이 되는 곳이다.

　　㉡ 휴게, 면담, 대기 등 다목적으로 사용된다.

　　㉢ 개방성 및 다른 실과의 연계성이 중요하다.

③ **라운지**

　　㉠ 넓은 복도로 로비와 같은 목적으로 쓰인다.

　　㉡ 면적

　　　• 중규모 이상 비즈니스 호텔 : 순수 라운지 0.8 ~ 1.0㎡/실 정도

　　　• 로비와 라운지가 결합될 경우 : 0.9 ~ 1.5㎡/실 정도

(7) 프런트 오피스(Front office)

① **프런트 오피스의 업무**

  ㉠ 안내계(Information) : 숙박객의 확인, 우편, 보도, 통신, 전신연락

  ㉡ 객실계(Roomclerk) : 접수, 실배정, 열쇠함, 분석

  ㉢ 회계계(Cashier) : 계산, 현금출납, 컴퓨터실, 전표정리

◎ 프런트 오피스 평면 ◎

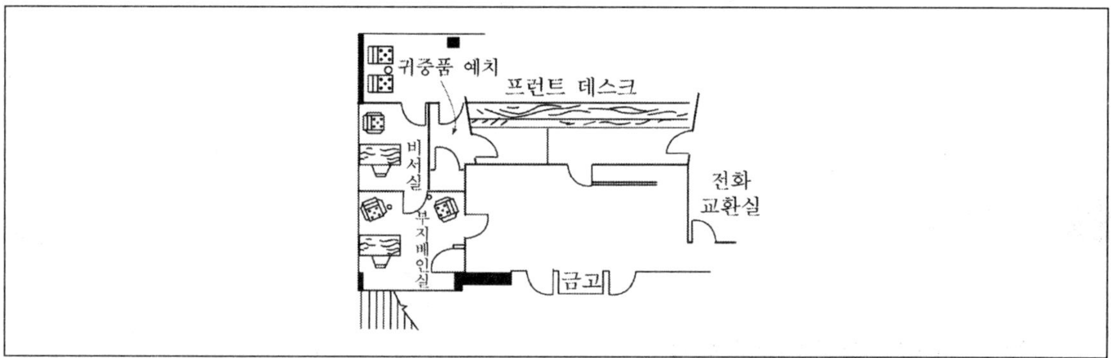

② **지배인실**

  ㉠ 외래객이 알기 쉬운 곳에 위치해야 한다.

  ㉡ 자유롭게 출입할 수 있어야 하며 방해받지 않고 대화할 수 있어야 한다.

  ㉢ 후문으로도 통할 수 있어야 한다.

③ **클로크룸**(Cloak room)

  ㉠ 귀중품, 외투 등을 맡겨 보관하는 곳을 말한다.

  ㉡ 연회 등으로 인해 일시 혼잡을 예상하고 적절한 카운터 길이를 확보한다.

  ㉢ 예치용품의 선반 또한 혼잡을 대비해 상당한 여유를 두도록 한다.

  ㉣ 카운터의 길이

   • 일반실 : 100명당 1m

   • 혼잡한 회의실 : 100명당 3m

   • 연회장 : 100명당 5m

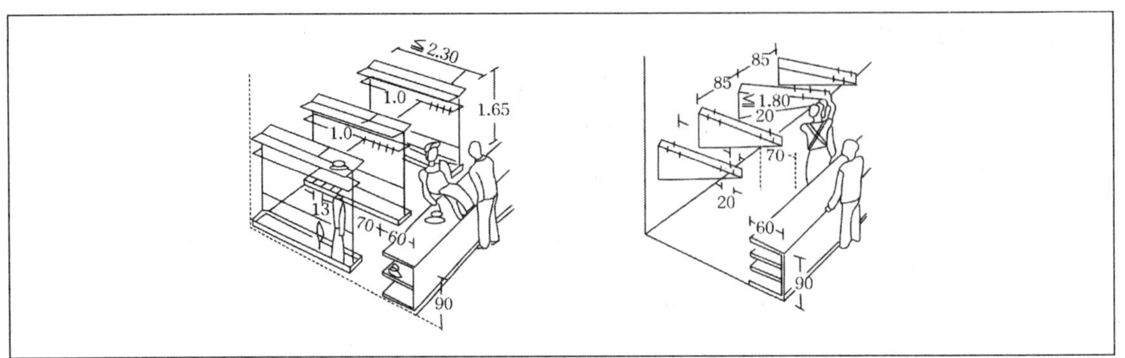

3 레스토랑

① 서비스 형식에 따른 종류

(1) 테이블서비스(Table service)

① 옛날부터 있던 형식으로 웨이터가 요리상을 방으로 옮기는 시스템이다.

② 실에서 서비스를 받을 수 있기에 조용하고 쾌적한 분위기가 되므로 이 방식을 좋아하는 손님이 많다.

③ 서비스는 신속하지 않으므로 정중하고 섬세하게 해야 한다.

④ 유지비, 인건비, 손님의 순환율이 다른 형식에 비해 비경제적이므로 가격도 높고 손님도 고급이다.

⑤ 주의사항

　㉠ 손님, 종업원, 음식 등 각 동선의 혼란함이 없도록 하고, 손님이 흐르는 교차를 피한다.

　㉡ 요리 식기를 내리는 곳과 출구를 따로 한다.

　㉢ 서비스 루트에는 바닥의 고저가 없도록 해야 한다.

(2) 카운터서비스(Counter service)

① 의자와 카운터에 객석이 접해 있는 형식이다.

② 카운터를 경계로 조리인이 손님에게 신속한 서비스가 가능하다.

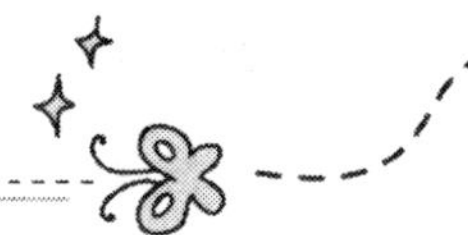

③ 시끄럽고 안정적이지 못하기에 가벼운 기분으로 식사할 수 있다.

④ 면적의 이용률이 높다.

⑤ 객의 순환율이 좋다.

⑥ 어떠한 대지에도 융통성 있게 배치할 수 있다.

⑦ 카운터의 길이는 손님 12명을 한도로 하고 의자는 바닥에 고정하거나 무겁게 하여 넘어지지 않게 하는 것이 좋다.

(3) 셀프서비스(Self service)

① 손님 스스로가 서비스를 하는 형식이다.

② 손님의 동선계획이 중요하다.

③ 식사선택이 자유롭고 값이 싸다.

④ 카페테리아 형식이 주로 이용된다.

② 종류별 특징

(1) 식사

① **레스토랑**(Restaurant)
　　㉠ 광의적이고 정통적인 양식당이다.
　　㉡ 일정한 시간대를 정하여 정식의 식사를 제공한다.
　　㉢ Table service 형식이다.
　　㉣ Cloak room, Lunch room, Ball room 등을 제공한다.

② **런치룸**(Lunch room)
　　㉠ 경식당이다.
　　㉡ 부엌 앞에 런치 카운터를 두고 식사하도록 한다.
　　㉢ 레스토랑을 실용화한 것이다.

③ **그릴**(Grill)
　　㉠ 특징 있는 일품요리를 제공(불고기, 생선구이)한다.
　　㉡ 보통 Counter service 형식이다.

④ **카페테리어**(Cafeteria)

    ㉠ Restaurant을 변형한 것으로 간단한 식사를 하려는 사람들의 요구에 의해 발달되었다.

    ㉡ Self service가 주된 형식이다.

⑤ **드라이브 인 레스토랑**(Drive in Restaurant)

    ㉠ 자동차 이용자를 위한 식당이다.

    ㉡ 철야영업을 원칙으로 한다.

    ㉢ 다양한 음식 종류와 신속한 서비스, 간편한 식사가 제공된다.

    ㉣ 고급식사를 서비스하는 식당도 있다.

⑥ **스낵바**(Snack bar)

    ㉠ 카운터 또는 셀프서비스(Self service) 형식이다.

    ㉡ 간단한 식사를 제공한다.

⑦ **뷔페**(Buffet)

    ㉠ 취향에 따라 음식을 취사선택할 수 있다.

    ㉡ Self service 형식이다.

(2) 경음식

① **다방**(Tea room) ⋯ 다방, 다실

② **베이커리**(Bakery) ⋯ 빵집

③ **캔디스토어**(Candy store) ⋯ 과자점

④ **프루츠 파알러**(Fruit parlour) ⋯ 과일점

⑤ **드러그스토어**(Drug store)

    ㉠ 약국 부속 스낵점

    ㉡ 철야영업 원칙

(3) 기타

① **주류** ⋯ Bar, Beer hall, Stand 등이 있다.

② **사교** ⋯ 캬바레, Night club, Dance hall 등이 있다.

01 출제예상문제

1 다음 중 시티 호텔의 객실에 대해 고려할 사항이 아닌 것은?

① 피난
② 일조 · 채광
③ 환기
④ 소음

> **note** 시티 호텔은 도심지 중심부에 위치한 것으로서 일조 · 채광은 고려하지 않아도 된다.

2 다음 중 호텔건축에서 외관의 결정요인에 가장 큰 영향을 미치는 것은?

① 라운지
② 프런트오피스, 종업원제실
③ 연회장
④ 객실

> **note** 호텔에서 가장 중요한 부분은 숙박부분이다. 따라서 외관의 형태를 결정하는 데 있어서 객실 수가 가장 크게 영향을 미친다.

3 다음 중 거주의 개념에 가까운 장기체류를 위한 호텔은?

① 터미널 호텔
② 아파트먼트 호텔
③ 레지던셜 호텔
④ 커머셜 호텔

> **note** ① 교통기관의 결절점에 위치한 호텔이다.
> ③ 상업적인 성격을 가지며 단기체재하는 여행자용 호텔이다.
> ④ 일반여행자용 호텔이다.

Answer 1.② 2.④ 3.②

4 다음 중 시티 호텔의 종류가 아닌 것은?

① 아파트먼트 호텔(Apartment hotel)　　② 클럽하우스(Club house)

③ 터미널 호텔(Terminal hotel)　　④ 커머셜 호텔(Commercial hotel)

⑤ 레지던셜 호텔(Residential hotel)

> **note** ② Club house는 리조트호텔의 한 종류로써 레져시설 및 스포츠를 위주로 이용되는 시설을 말한다.
>
> ※ City Hotel의 종류
> - ㉠ 아파트먼트 호텔(Apartment hotel)
> - ㉡ 레지던셜 호텔(Residential hotel)
> - ㉢ 커머셜 호텔(Commercial hotel)
> - ㉣ 터미널 호텔(Terminal hotel)

5 연면적에 대해서 공용공간의 면적이 가장 큰 비율로 계획되어 있는 호텔은?

① 아파트먼트 호텔　　② 커머셜 호텔

③ 터미널 호텔　　④ 시티 호텔

> **note** 공용공간(Public space)이 큰 순서 … 아파트먼트 호텔 > 리조트 호텔 > 시티 호텔

6 시티 호텔의 경우 공공부분이 전체 연면적의 몇 %를 넘지 않아야 하는가?

① 3.2%　　② 9.3%

③ 30%　　④ 52%

⑤ 73%

> **note** 공공부분은 30%를 넘지 않아야 한다.
>
> ※ 시티 호텔의 면적
> - ㉠ 숙박부 : 49 ~ 73%
> - ㉡ 공용부 : 11 ~ 30%
> - ㉢ 관리부 : 6.5 ~ 9.3%
> - ㉣ 설비부 : 52%
> - ㉤ 로비 : 1.9 ~ 3.2%

Answer　　4.②　5.①　6.③

7 다음 중 호텔건축에 관한 설명으로 옳지 않은 것은?

① 유스호스텔은 국제 청소년 활동을 위해서 만들어진 시설이다.

② 시티 호텔은 복도의 면적을 증대시키더라도 조망과 환경을 쾌적하게 해야 한다.

③ 일반적으로 호텔의 형태는 숙박부분에 의해서 영향을 받는다.

④ 숙박부분은 상층, 공용부분은 저층(1층, 지하층)에 둔다.

> **note** ② 시티 호텔(City hotel)은 도시의 시가지에 위치한 호텔로 전망은 필요하지 않다.

8 숙박객의 세탁물이나 객실 내부에서 사용했던 물건을 보관하는 실은?

① 클로크룸(Cloak room) 　② 트렁크룸(Trunk room)

③ 린넨실(Linen room) 　④ 팬트리(Pantry)

> **note** ① 프론트 오피스 부분에 위치하여 외투나 귀중품 등을 보관하는 곳
> ② 숙박객의 짐을 보관하는 곳
> ④ 식료품을 보관하는 곳

9 호텔 연면적에 대해서 숙박부분의 면적비가 가장 작은 호텔은?

① 터미널 호텔(Terminal hotel) 　② 리조트 호텔(Resort hotel)

③ 커머셜호텔(Commercial hotel) 　④ 아파트먼트 호텔(Apartment hotel)

> **note** 숙박부분의 면적크기 순서 … 시티 호텔(49 ~ 73%) > 리조트 호텔(41 ~ 56%) > 아파트먼트 호텔
> (32 ~ 48%)

10 호텔의 세부실 중 보이실과 룸서비스에 대한 설명으로 옳지 않은 것은?

① 숙박시설 부분의 2개층당 1개소를 설치한다.

② 각 층 코어에 인접하여 두도록 한다.

③ 보이실에는 휴식 및 숙직용 침대를 둔다.

④ 객실 150베드당 리프트를 1개 설치하며 25 ~ 30실당 1대씩 추가 설치한다.

> **note** ① 숙박시설의 각 층 코어부분에 인접하여 두도록 한다.

Answer　7.② 8.③ 9.④ 10.①

11 다음 객실의 크기 중 1실의 평균면적이 옳지 않은 것은?

① 싱글룸의 1실 평균면적은 18.55m²이다.

② 더블룸의 1실 평균면적은 28.14m²이다.

③ 스위트룸의 1실 평균면적은 45.89m²이다.

④ 트윈룸의 1실 평균면적은 30.43m²이다.

note 객실의 크기

실의 종류	1실의 평균면적(m²)
싱글	18.55
더블	22.414
트윈	30.43
스위트	45.89

12 다음 호텔의 종류 중 리조트 호텔이 아닌 것은?

① 스카이 호텔(Sky hotel)

② 해변 호텔(Beach hotel)

③ 터미널 호텔(Terminal hotel)

④ 산장 호텔(Mountain hotel)

note ③ 시티 호텔에 속한다.
　　※ Resort Hotel의 종류
　　　㉠ 산장 호텔(Mountain hotel)
　　　㉡ 해변 호텔(Beach hotel)
　　　㉢ 스카이 호텔(Sky hotel)
　　　㉣ 온천 호텔(Hot spring hotel)
　　　㉤ 스키 호텔(Ski hotel)
　　　㉥ 스포츠 호텔(Sport hotel)
　　　㉦ 클럽하우스(Club house)

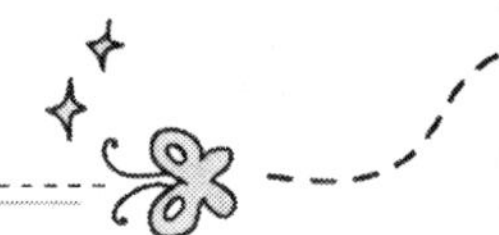

13 다음 호텔의 객실에 대한 설명으로 옳지 않은 것은?

① 린넨실은 숙박객의 시트, 베개 등 세탁물을 격납한다.

② 트렁크실은 숙박객의 짐을 보관하는 장소이다.

③ 프런트 오피스 중 지배인실은 외래객이 쉽게 접근할 수 없는 곳에 위치시킨다.

④ 팬트리는 식품, 조리기구, 식기를 보관하는 곳이다.

> **note** 프런트 오피스의 지배인실은 외래객이 알기 쉬운 곳에 위치해야 하며, 자유롭게 출입할 수 있어야 하고 방해받지 않고 대화를 할 수 있어야 한다.

14 다음 중 호텔의 부지선정 시 고려사항이 아닌 것은?

① 도시휴스텔은 통과여행의 이용자가 많으므로 교통의 중심지에 설치하도록 한다.

② 리조트 호텔은 조망이 좋고 관광지를 충분히 이용할 수 있는 곳이어야 한다.

③ 레지던셜 호텔은 단기체재하는 여행자를 대상으로 한 것으로 도심 중심지에 위치하도록 한다.

④ 터미널 호텔은 교통기관의 지점에 위치하며 교통이 편리한 곳이 좋다.

⑤ 모텔은 자동차도로변 도시근교에 위치하도록 한다.

> **note** 레지던셜 호텔
> ㉠ 상업적인 성격을 가지고 있으며 여행자, 관광객들이 단기체재하는 호텔이다.
> ㉡ 도심을 피해서 안정된 곳에 위치하도록 한다.
> ㉢ 연면적에 대해서 숙박면적이 크다.
> ㉣ 커머셜 호텔보다 규모는 작으나 설비는 고급이다.

15 다음 중 유스호스텔에 관한 설명 중 옳지 않은 것은?

① 주요구조부는 내화, 불연재 구조를 하도록 한다.

② 수용인원에 대한 로커를 설치해야 한다.

③ 4대 이상 8대 이하의 침대를 설치한다.

④ 집회실을 만들되 200㎡를 초과하는 집회실은 2실로 구분한다.

> **note** ④ 유스호스텔에서 면적이 150㎡를 초과하는 집회실은 2실로 구분하도록 해야 한다.

16 다음 중 리조트 호텔의 입지조건으로 옳지 않은 것은?

① 식료품 및 린넨류의 구입이 편리한 곳　　　② 자연재해에 위험이 없는 곳

③ 수질이 좋고 수량이 좋으며 조망이 좋은 곳　　④ 관광지와 거리가 먼 곳

> **note** Resort hotel은 피서 · 피한을 위주로 관광객과 휴양객이 많이 이용하는 숙박시설로서 관광지를 충분히 이용할 수 있는 곳이어야 한다.

17 다음 호텔건축에 관한 설명 중 옳지 않은 것은?

① 호텔의 프론트 오피스의 사무에는 객실계, 안내계, 회계계 등이 있다.

② 유스호스텔은 청소년의 국제활동을 위한 장소이다.

③ 스포츠 호텔은 시티 호텔의 일종이다.

④ 호텔의 평면계획에서 객의 동선 중심이 되는 부분은 로비이다.

> **note** Resort hotel의 종류
> ㉠ 해변 호텔(Beach Hotel)
> ㉡ 산장 호텔(Mountain Hotel)
> ㉢ 스키 호텔(Ski Hotel)
> ㉣ 스카이 호텔(Sky Hotel)
> ㉤ 온천 호텔(Hot Spring Hotel)
> ㉥ 스포츠 호텔(Sport Hotel)
> ㉦ 클럽하우스(Club House)

18 호텔계획에 관한 설명으로 옳지 않은 것은?

① 공용부분은 일반적으로 저층에 배치하도록 하여 이용성을 좋게 한다.

② 로비와 라운지는 각각의 공간으로 구별해야 한다.

③ 로비는 공용공간의 중심이 되도록 한다.

④ 호텔의 형태는 일반적으로 숙박부분 계획에 의해 영향을 받는다.

> **note** 로비는 휴게, 면담, 대기 등 다목적으로 사용되는 곳으로 공용공간의 중심이 되도록 하며 라운지 또한 넓은 복도로서 로비와 같은 목적으로 쓰이므로 로비와 라운지는 용이하게 연속될 수 있게 계획하도록 한다.

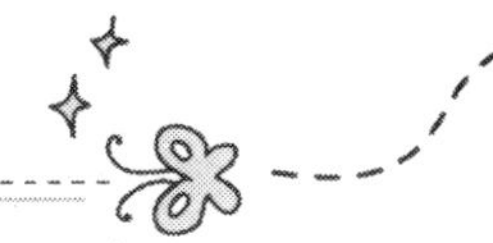

19 다음은 연회장 이용객의 동선을 나타낸 것이다. ⓐ에 들어갈 것은?

연회 이용객 → (홀) → ⓐ → 연회장

① 린넨실 ② 클로크룸
③ 보이실 ④ 프론트 카운터

> **note** 클로크룸(Cloak room)은 귀중품, 외투 등을 맡겨 보관하는 곳으로 연회 등이 있을 경우 일시 혼잡을 예상해 적절한 카운터의 길이를 확보해 두도록 한다.

20 호텔의 세부계획의 설명 중 옳지 않은 것은?

① 계단의 높이가 3m 초과시 3m 이내마다 계단참을 설치한다.
② 화장실 공동용 변기수는 25인에 1대를 기준으로 한다.
③ 공용부분에서 화장실은 100m마다 1개소씩 설치한다.
④ 보이실은 숙박시설이 있는 각층의 코어부분에 근접하게 배치한다.

> **note** ③ 공용부분(Public space)의 층에서 화장실은 60m마다 설치하도록 한다.

21 다음 중 호텔에 관한 설명으로 옳지 않은 것은?

① 모텔은 자동차 여행자를 위한 숙박시설로 도심지에 많다.
② 유스호스텔은 셀프서비스 방식으로 운영된다.
③ 아파트먼트 호텔은 장기체재를 할 수 있도록 부엌과 욕실을 갖춘 곳이다.
④ 커머셜 호텔은 도시 중심지에 위치하기에 부지가 제한되어 있어서 주로 고층으로 되어 있다.

> **note** ① 모텔(Motel)은 자동차 여행자를 위한 숙박시설로 자동차 도로, 도시 근교에 많이 위치한다.

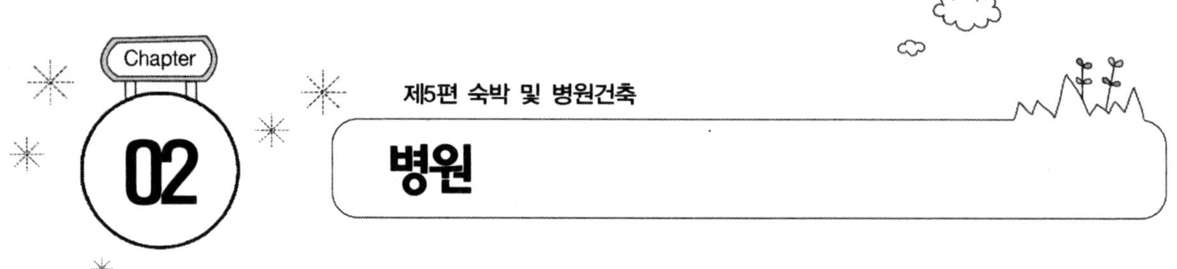

Chapter 02 병원

1 개요 및 기본계획

① 개요

(1) 입지조건

① **지역** … 병원을 짓는 데 있어서 공업지역, 주거 전용지역에는 금지하도록 한다.

② **거리** … 환자가 도보로 1km 이내에 이용할 수 있는 정도이어야 한다.

③ **공공시설** … 충분한 수압, 양질의 급수량, 배수가 잘 되는 곳이어야 한다.

④ **위치**(근린) … 소음, 진동, 매연 등의 공해가 적고 조용한 곳이어야 한다.

⑤ **방위** … 남향, 동향, 동·서향으로 약간 남쪽으로 경사지고 전망이나 풍경이 좋은 곳으로 한다.

⑥ **면적** … 환자 1인당 100~150평이 필요하고 100% 확장이 가능한 곳이어야 하고 주차장은 환자 2명당 자동차 1대의 주차면적을 갖도록 해야한다.

(2) 형식의 분류

① **집중식**(Block type : 개형식, 집약식)
　㉠ **배치형식** : 외래진료부, 중앙(부속)진료부, 병동부를 한 건물로 합치고, 병동부의 병동은 고층에 두어 환자를 운송하는 형식이다.
　㉡ **장점**
　　• 관리하는 데 있어서 편리하다.
　　• 설비 등의 시설비가 적게 든다.
　㉢ **단점** : 일조, 통풍 등이 불리해지고 각각의 병실환경이 균일하지 못하다.

② **분관식**(Pavilion type : 분동식)
　㉠ **배치형식** : 평면적으로 볼 때 분산된 것으로 각각의 건물은 3층 이하의 저층건물로 외래 진료부, 중앙(부속)진료부, 병동부를 별동으로 분산시키고 복도를 연결하는 형식이다.

  ⓛ **장점**
- 각 병실을 남향으로 할 수 있어서 일조, 통풍이 좋아진다.
- 내부환자는 주로 경사로를 이용해서 보행하거나 들것으로 운반한다.

  ⓒ **단점**
- 넓은 대지가 필요하다.
- 설비부가 분산되고 또한 보행거리도 멀어진다.

③ **다익형** … 최근에 의료 수요의 변화와 진료기술의 발전, 설비의 진보에 따라 병원 각부에 증 · 개축이 필요하게 되어 출현하게 된 형식이다.

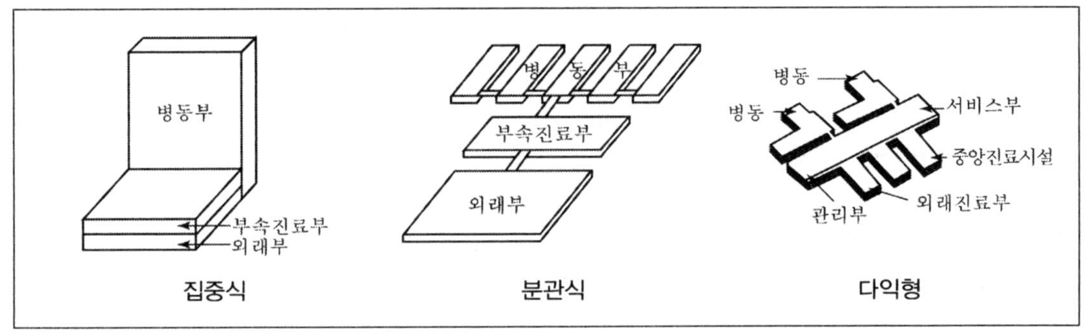

★TIP 집중식과 분관식의 비교

내용	집중식	분관식
배치의 형식	고층, 집약식	저층, 평면 분산식
부지의 이용도	좁은 부지(경제적)	넓은 부지(비경제적)
환경조건	불균등하다	균등하다
설비시설	집중적이다	분산적이다
관리	편리하다	불편하다
보행거리	짧다	멀다
적용병원	도시의 대규모 현대병원	특수병원

② 기본계획

(1) 병원의 구성요소

① **외래진료부**(Out-patient department)

  ㉠ 각 과를 구성(내과, 외과, 안과, 이비인후과, 부인과, 치과 등)한다.

  ⓛ 매일 왕복 출입하는 환자를 취급한다.

  ⓒ 약국도 외래진료부에 위치한다.

② **중앙(부속)진료부**(Adjunct diagnostic treatment facilites)

ⓐ X선과, 물리요법부, 검사부, 수술부, 산과부, 약국, 주사실 등으로 구성된다.

ⓑ 입원환자와 외래환자를 다 같이 취급하는 곳이다.

ⓒ 약국의 소속은 중앙진료부이다.

③ **병동부**(In-patient department) ⋯ 장기치료의 입원환자를 취급하는 곳이다.

◎ 병원의 주요부 구성도 ◎

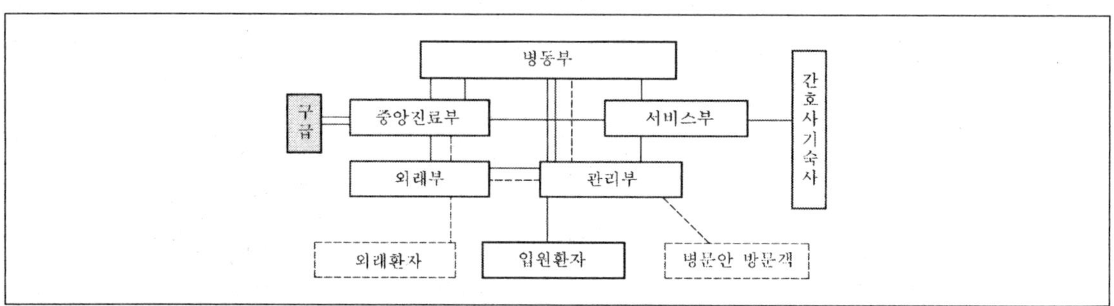

(2) 병원의 규모

① 병원의 규모는 병상수를 통해서 산정한다.

② **병상 1개에 대한 각 면적의 표준**

ⓐ **병실면적** : $10 \sim 13\text{m}^2$/bed

ⓑ **병동면적** : $20 \sim 27\text{m}^2$/bed

ⓒ **건축연면적** : $43 \sim 66\text{m}^2$/bed(외래, 간호사 기숙사 포함)

③ **병상규모의 추정**

ⓐ 고려할 사항

• 주변 의료시설의 규모

• 출생률, 사망률, 질병 발생률

• 연령별, 남녀별, 수준별 인구량

ⓑ 소요병상수(B)

$$B = \frac{A \times L}{365U}$$

• A : 연간 입원환자의 실제 인원수
• L : 평균 재원일수
• U : 병상 이용률

④ 병원의 면적구성 비율

   ㉠ 병동부 : 30 ~ 40%

   ㉡ 중앙진료부 : 15 ~ 17%

   ㉢ 외래진료부 : 10 ~ 14%

   ㉣ 관리부 : 8 ~ 10%

   ㉤ 서비스부 : 20 ~ 25%

   ㉥ 응급부 : 10%

(3) 병원의 설계 시 기본방침

① 환자에게 서비스는 극대화되면서 간호사의 노력이 절감될 수 있도록 간호업무가 능률적이어야 한다.

② 환자의 중심으로 휴양, 수면, 간호 서비스 등을 계획한다.

③ 각각의 동선이 편리해야 한다.

④ 근대적 의료시설을 갖추고 충분히 이용할 수 있도록 해야한다.

⑤ 주민과 의료시설과의 균형을 유지하도록 한다.

⑥ 미래에 확장이나 변경을 고려하도록 한다.

(4) 동선계획

① 환자, 의사, 간호사, 방문객, 식료품의 반출입 등의 동선은 서로 간에 혼란이 오지 않도록 계획한다.

② 수술실 등은 통과교통을 피하도록 한다.

③ 환자와 물건은 교차를 방지해야 한다.

④ 약국의 경우에는 외래진료부, 현관과 연락이 좋은 위치를 선정한다.

⑤ 환자에 대한 세탁물, 식사의 공급, 폐기물 처리 등을 유의해서 계획한다.

⑥ 엘리베이터는 환자가 눕고 주변에 의사와 간호사가 서 있을 수 있는 넓이가 필요하다.

⑦ 복도는 들것, 휠체어 등 2대가 서로 교차하여 지나갈 수 있는 폭을 확보해야 한다.

⑧ 복도 경사로의 기울기는 $\dfrac{1}{20}$ 이하로 하는 것이 좋다.

⑨ 각 층마다 출입문을 설치해서 소음, 방화를 방지하도록 하며 각 출입구에는 등표시를 해야 한다.

① 중앙진료부

(1) 중앙진료부의 계획상 요점

① 병동부와 외래진료부의 관계를 충분히 고려해서 위치를 정하도록 한다.

② 중앙진료부는 외래부와 병동부의 중간의 위치에 두는 것이 좋다.

③ 병원 전체에서 중앙 진료시설이 차지하는 면적은 15 ~ 20% 정도이다.

④ 환자의 동선은 이동하기 쉬운 저층에 설치해야 한다.

⑤ 수술실, 물리치료실, 분만실 등은 통과교통이 되지 않도록 한다.

⑥ 환자와 물건의 동선은 교차되지 않도록 한다.

⑦ 약국은 외래진료부, 현관과의 연락이 좋은 곳에 위치시킨다.

(2) 중앙진료부의 세부구성 및 계획

① **수술실**(Operating room)
  - ㉠ 위치
    - 건물의 익단부로 격리된 곳
    - 타부분의 통과교통이 없는 곳
    - 병동 및 응급부에서 환자수송이 용이한 곳
    - 중앙소독공급부와 수평, 수직으로 접근이 되는 곳
  - ㉡ 규모
    - 100병상당 2실(1실은 대수술실)
    - 50병상 증가시 1실씩 증가
    - 1실 1일 2회 사용시 100병상당 2실
    - 1실 1일 3회 사용시 100병상당 1.5실
  - ㉢ 실온 : 26.6℃ 이상
  - ㉣ 습도 : 55% 이상
  - ㉤ 공조설비 : 공기는 재순환시키지 않는다.
  - ㉥ 벽체의 재료 : 적색(피)과 식별이 용이하도록 녹색계 타일을 사용한다.

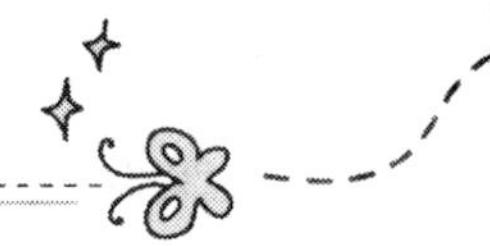

ⓢ **바닥의 재료** : 전기 도체성 타일을 사용한다(폭발성 마취약 사용의 대비, 전기기구는 스파크 방지용 사용).

ⓞ **크기**
- 대수술실 : $5.4m \times 7.2m (= 35 \sim 40m^2)$
- 중수술실 : $4.5m \times 5.4m (= 25 \sim 30m^2)$
- 소수술실 : $3.6m \times 3.6m (= 15 \sim 20m^2)$

ⓩ **출입구**
- 쌍여닫이
- 1.5m 전후의 폭
- 손잡이는 팔꿈치 조작식

ⓒ **천장 높이**
- 보통 3.5m 정도
- 대수술실 : 4.5m
- 중수술실 : 3.6m
- 소수술실 : 3.0m

ⓚ **방위** : 방위는 전혀 무관하고 인공조명(무영등) 등을 이용해서 직사광선은 피하고 밝기를 일정하게 하도록 한다.

> ★TIP **무영등** … 그림자가 생기지 않도록 한 조명등으로 병원의 수술실에서 사용한다.

ⓣ **안과수술실** : 암막장치를 필요로 한다.

◎ 수술실 ◎

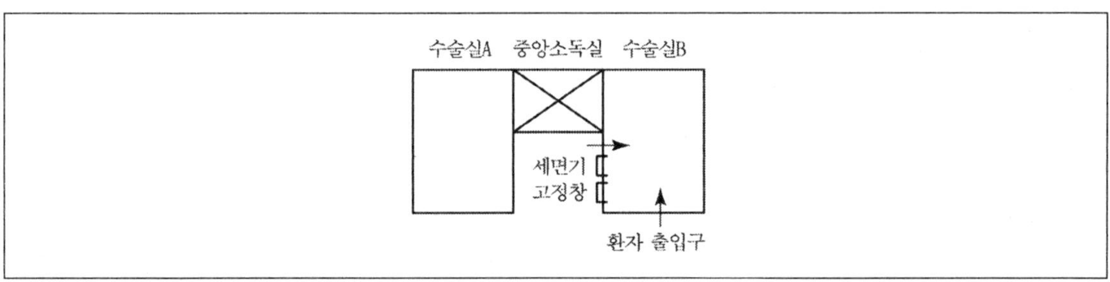

② **중앙소독재료부**(Supply center) … 의료제품, 각종 기구포장, 비품 등을 저장해 두었다가 요구시에 수술실로 공급해주는 실로 수술실 부근에 위치하도록 한다.

③ **약국**(Pharmacy) … 보통 외래환자들이 이용하기 쉬운 장소로 출입구 부근 등에 위치한다.

④ **분만부**(Delivery room) … 20병동 이하 산과의 병상수에 대해서 1실을 설치한다. ($9m^2$ 이상의 크기로 한다).

⑤ **X-ray실**

   ㉠ 각 병동에 가깝게 두고 외래진료부나 구급부 등으로부터 편리한 위치에 계획한다.

   ㉡ 장비의 이동이 많은 것을 고려해야 한다.

   ㉢ CT 촬영실은 응급부와 인접시키도록 한다.

   ㉣ 500베드 이상이면 핵의학 검사부와 방사선 치료부를 갖추도록 한다.

⑥ **물리요법부**(Physical therapy room) … 외래환자의 이용이 많으므로 외래이용이 편리한 곳에 위치하도록 한다.

⑦ **검사부**(연구부 : Laboratory)

   ㉠ 병동과 외래진료부로부터 가까운 곳으로 한다.

   ㉡ 북향으로 해야 하며, 서향은 피하도록 한다.

   ㉢ 오물소각로에 가깝게 두도록 한다.

⑧ **의료사업부** … 상담실이 필요하며 외래진료부의 일부에 두도록 한다.

⑨ **혈액은행** … 혈액을 보관하는 장소이다.

⑩ **구급(응급)부**(Emergency room)

   ㉠ 구급차가 출입할 수 있도록 병원 후면의 1층에 위치하도록 한다.

   ㉡ 플랫폼을 설치한다.

⑪ **육아부**(Nursery room) … 산과의 중앙에 배치하도록 하되 분만실과는 격리시켜야 한다.

② 외래진료부

(1) 진료방식

① **클로즈드 시스템**(Closed system)

   ㉠ 종합병원의 형식으로 대규모의 각종 과를 필요로 하고 환자가 매일 병원에 출입하는 형식이다.

   ㉡ 약국, 중앙주사실, 회계 등은 정면 출입구 근처에 둔다.

   ㉢ 외래진료, 간단한 처치, 소검사 등을 주로 하며, 특수시설을 요하는 의료시설, 검사시설과 같은 것은 원칙적으로 중앙진료부에 두도록 한다.

   ㉣ 환자가 이용하기 편리한 위치로 한 장소에 모으고 환자에게 친근감을 주도록 계획한다.

   ㉤ 동선을 체계화되도록 하고 대기공간을 통로공간과 분리해서 대기실을 독립적으로 배치하여 프라이버시를 확보하도록 한다.

   ㉥ 의료사업부의 경우 의료, 신병상담 등을 하는 곳으로 외래에 두는 것이 이상적이다.

      ⓐ 장래에 용도변경, 확장 등에 대응할 수 있는 방향으로 계획한다.

      ⓞ 외래규모의 산정시에 환자수는 보통 병상수의 2~3배의 환자를 1일 환자수로 예상하나 병원의 입지조건과도 깊은 관계가 있다.

      ⓩ 외래진료실은 1일 1실당 최대 30~35인 정도를 진료하는 것으로 본다.

      ⓩ 실의 깊이는 이비인후과, 치과 등은 4.5m 정도로 하고 나머지는 약 5.5m 정도로 한다.

      ⓚ 창대 높이는 0.75~0.9m 정도로 하고, 천장 높이는 2.7m 정도로 한다.

② **오픈 시스템**(Open system)

      ㉠ 종합병원 근처의 일반 개업의사가 종합병원에 등록을 해서 종합병원 내의 큰 시설을 이용할 수 있도록 한 시스템이다.

      ㉡ 자신의 환자를 종합병원에서 예약된 시간과 장소에 진료하거나 입원시킬 수 있다.

(2) 각 과의 세부구성 및 계획

① 외과

      ㉠ 진찰실과 처치실로 구분한다.

      ㉡ 소수술실과 인접하여 설치하는 것이 좋다.

      ㉢ 외과계통의 각 과는 1실에서 여러 환자를 볼 수 있도록 대실로 계획한다.

② 정형외과

      ㉠ 지상에서 최하층에 둔다.

      ㉡ 미끄러질 염려가 있는 바닥과 경사로는 피한다.

③ 내과 ··· 진료검사의 시간이 다소 길게 걸리므로 소진료실을 다수 설치하도록 한다.

④ 부인과

      ㉠ 내진실을 설치한다.

      ㉡ 외부에서 보이지 않도록 칸막이 벽, 커튼 등으로 차단한다.

⑤ 소아과

      ㉠ 부모가 동반되므로 충분한 넓이의 공간이 필요하다.

      ㉡ 소아들은 면역성이 떨어지므로 전염 우려가 있는 환자를 위한 격리실을 인접하여 설치한다.

⑥ 이비인후과

      ㉠ 남쪽광선을 차단하고 북측채광으로 한다.

      ㉡ 소수술 후 휴양할 수 있는 침대를 구비해 놓는다.

      ㉢ 청력검사용 방음실을 둔다.

⑦ **치과**

　　㉠ 진료실, 기공실, 휴게실을 설치한다.

　　㉡ 북쪽이 진료실의 위치로 적당하다.

　　㉢ 기공실은 별도의 배기설비를 해야 한다.

⑧ **안과**

　　㉠ 진료, 처치, 검사, 암실을 설치한다.

　　㉡ 시력검사를 위해 5m 정도의 거리를 확보한다.

(3) 진료수 산정

각 진료 과목별로 연간 및 1일 평균환자수를 정확하게 추정하여 외래진료부의 계획을 하도록 한다.

◎ 외래 1인당 전체 환자에 대한 과별 환자수 ◎

과별	환자수(%)	과별	환자수(%)
내과	19 ~ 26	피부 · 비뇨기과	8 ~ 11
소아과	7 ~ 12	이비인후과	10 ~ 15
외과	7 ~ 25	안과	7 ~ 12
정형외과	9 ~ 12	치과	7 ~ 10
산부인과	8 ~ 13	정신과	2 ~ 4

★**TIP** 외래환자가 많은 순서 … 소아과 < 산부인과 < 정형외과 < 이비인후과 < 내과

③ 병동부

(1) 구성

병실, 의원실, 간호사 대기실, 면회실 등으로 구성되어 있다.

(2) 병동부의 면적구성비

① **종합병원** … 연면적의 1/3

② **정신병원** … 연면적의 2/3 정도

③ **결핵병원** … 연면적의 1/2

(3) 설계 시 기본방침

① 병동부는 병원 전체면적의 약 40% 정도를 차지한다.

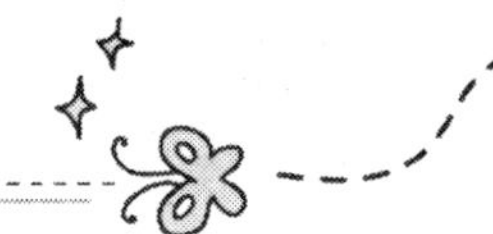

② 병동부는 평면적으로 넓히는 것을 피하고, 고층화하여 간호 및 서비스의 능률을 높이도록 한다.

③ 간호상 환자를 관찰하기는 쉽도록 해야 하지만, 환자의 프라이버시는 확보되어야 한다.

④ 외래·중앙진료부와 근접시켜서 환자의 동선을 줄이도록 한다.

(4) 간호의 단위(Nurse unit)

① 간호단위의 구성
ㄱ 1간호단위는 1조(8명 ~ 10명)의 간호사가 간호하기에 적합한 병상수를 가지고 구성되어진다.
ㄴ 25베드가 이상적이나 보통 30 ~ 40베드 정도하고 있다(결핵병동=40 ~ 50병상, 정신병동=30 ~ 50병상).

② 간호단위의 분류
ㄱ 일반 간호단위(내과, 외과, 산과, 소아, 노인 등)
ㄴ 특별 간호단위(결핵, 전염병, 정신병 등)
ㄷ 총실(경환자), 개실(중환자)
ㄹ 남녀별

③ 간호사 대기실(Nurses station)
ㄱ 위치 : 층별, 동별, 각 간호단위별로 설치하며, 작업이 편리한 수직통로 가까운 곳으로 외부인의 출입 또한 감시할 수 있도록 한다.
ㄴ 간호사의 보행거리는 24m 이내로 하여 환자를 돌보기 쉽도록 하고 병실군의 중앙에 위치하게 한다.
ㄷ 부속시설
- 싱크, 주사기 등 소독 설비용 전열장치
- 간호사 호출벨, 인터폰 설비
- 환자 체온표, 전화, 시계, 에어슈트
- 카운터, 서랍
- 약품장, 자물쇠 장치가 된 마약장

(5) 병실

① 크기
ㄱ 1인용 : 6.3㎡ 이상
ㄴ 2인용 : 8.6㎡ 이상(1인당 4.3㎡ 이상)
ㄷ 소아 전용실 : 성인의 2/3 이상

② **병실의 구분**

　　㉠ 총실과 개실의 그룹별로 층구성을 한다.

　　㉡ 병상수의 비율은 4:1이나 3:1로 한다.

③ **병실계획 시 주의사항**

　　㉠ 병실천장은 환자의 시선이 늘 머무는 곳으로 조도가 높고 반사율이 큰 마감재료는 피하도록 한다.

　　㉡ 출입문은 안여닫이로 하고 문지방은 두지 않는 것이 원칙이다.

　　㉢ 외여닫이문의 폭은 1.1m 이상으로 한다.

　　㉣ 조명으로 형광등이 반드시 좋은 것은 아니다.

　　㉤ 환자머리의 후면에 개별조명을 설치하고 직사광선을 피하게 하기 위해서 실 중앙에 전등을 달지 않도록 한다.

　　㉥ 창면적은 바닥면적의 1/3 ~ 1/4 정도로 한다.

　　㉦ 창대의 높이는 90㎝ 이하로 하여 외부전망을 볼 수 있도록 한다.

④ **총실**(Cubicle system)

　　㉠ 개념 : 천장에 닿지 않는 가벼운 칸막이나 커튼으로 몇 개의 칸을 나누어 병상을 배치하는 방식이다.

　　㉡ 장점

　　　• 실이 넓게 보이며 개방감이 있다.

　　　• 공간을 유효하게 사용할 수 있다.

　　　• 간호나 급식서비스가 용이하다.

　　　• 북향의 부분도 실의 환경이 균등하게 된다.

　　㉢ 단점

　　　• 프라이버시가 나쁘다.

　　　• 실내공기의 오염이 우려된다.

　　　• 소음이 크다.

⑤ **특수 병실**

　　㉠ I.C.U(Intensive Care Unit) : 중증환자를 수용해서 24시간 집중간호와 치료를 행하는 간호단위로 특별히 훈련된 간호사와 고도의 설비를 필요로 한다.

　　㉡ C.C.U(Coronary Care Unit) : 심근 협심증 환자를 대상으로 집중치료를 하는 간호단위이다.

　　㉢ I.C.U(Intermidate Care Unit) : 거동이 자유롭지 못한 환자를 간호하는 단위로 가장 많은 병상을 보유한다.

ⓔ S.C.U(Self Care Unit) : 스스로 간호하는 단위를 말한다.

ⓜ L.T.C.U(Long Term Care Unit) : 만성환자, 장기 입원환자, 정신병 환자를 간호하는 단위를
말한다.

(6) 복도

중복도인 경우에는 1.6m 이상으로 하고, 편복도인 경우에는 1.2m 이상으로 한다.

(7) 급식배선방식

① 병동배선방식

ⓐ 개념 : 전기 난방장치가 된 식사 운반차에 여러 환자의 음식을 싣고 입원실 문전에서 환자에게
전달하는 방식

ⓑ 장점

- 따뜻한 서비스가 가능하다.
- 결핵이나 전염병의 간호단위에 적합하다.
- 식기파손률이 적다.
- 환자의 병상을 간호사가 숙지하고 식사량 체크가 가능하다.

ⓒ 단점

- 소독관리가 불확실하다.
- 배선작업을 위해서 간호사의 시간이 상당히 요구된다.
- 병동마다 배선소독설비가 필요하다.

② 중앙배선방식

ⓐ 의미 : 환자 각 개인의 식사를 주방에서 준비하는 방식

ⓑ 장점

- 배선의 소독관리가 용이하다.
- 급식작업에 있어서 간호사의 노동이 필요하지 않다.
- 병동에 배선실 및 소독실을 따로 둘 필요가 없다.
- 일손의 효율화를 기대할 수 있다.

ⓒ 단점

- 음식이 식기 쉽다.
- 대규모 병원의 경우 배선시간이 길어져 부적당하다.
- 식기파손률이 높다.
- 완전한 소독을 위해서 환자수의 2배의 식기가 필요하다.

02 출제예상문제

1 다음 중 병동부는 고층화하고, 중앙진료부는 집중화하여 장래의 확장에 대응하는 병원형식은?

① 병동집중형
② 병동분관형
③ 병동다익형
④ 클로즈드 시스템
⑤ 오픈 시스템

> ☆■note **병원형식의 분류**
> ㉠ 집중식(Block type) : 외래진료부, 중앙(부속)진료부, 병동부를 한 건물로 집중시키고, 병동부의 병동은 고층에 두어 환자를 운송하는 형식
> ㉡ 분관식(Pavilion type) : 평면적으로 볼 때 분산된 것으로 각각의 건물은 3층 이하의 저층 건물로 외래진료부, 중앙(부속)진료부, 병동부를 별동으로 분산시키고 복도를 연결하는 형식
> ㉢ 다익형 : 최근에 의료 수요의 변화와 진료기술의 발전, 설비의 진보에 따라서 병원 각부에 증·개축이 필요하게 되어 출현하게 된 형식

2 병동배치에서 집중식에 대한 설명으로 옳지 않은 것은?

① 보행거리와 위생 난방길이가 짧아진다.
② 대지면적이 분관식(Pavilion type)보다 작아도 된다.
③ 병동은 고층호텔 형식으로 하여 환자를 엘리베이터로 운송한다.
④ 외래부, 부속진료부, 병동부를 각각 병동으로 하여 복도와 연결시킨다.

> ☆■note ④ 외래부, 부속진료부, 병동부를 각각 별동으로 하여 복도와 연결시키는 것은 분관식이다.
> ※ **집중식** … 외래부, 부속진료부, 병동부를 한 건물로 합치고, 병동부의 병동은 고층에 두어 환자를 운송하는 형식이다.

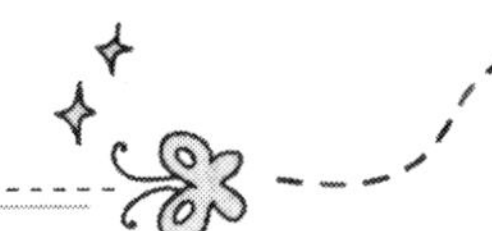

3 병동배치에서 분관식의 장점으로 옳은 것은?

① 각 병실의 일조와 통풍이 유리하다.

② 난방, 급·배수의 길이가 짧다.

③ 관리상 편리하다.

④ 의사, 사무원의 보행거리가 단축된다.

> **note** 분관식의 특징
> ㉠ 넓은 대지가 필요하다.
> ㉡ 설비부가 분산되고 보행거리도 멀어진다.
> ㉢ 각 병실을 남향으로 할 수 있어서 일조, 통풍이 좋아진다.
> ㉣ 내부의 환자는 주로 경사로를 이용해서 보행하거나 들것으로 운반한다.

4 다음 중 종합병원의 부지선정에서 가장 중요한 것은?

① 화재의 위험이 적은 곳　　　② 교통이 편리한 곳

③ 면적이 여유 있는 곳　　　④ 주위가 청결한 곳

> **note** 병원의 대지를 선정하는 데 있어서 환자가 도보로 1km 이내에 이용할 수 있어야 하고, 생명을 다루는 곳이기에 가장 중요하게 고려할 것은 교통이다.

5 다음 중 병원의 건축계획으로 옳지 않은 것은?

① 병원은 미래의 증축을 대비하여 성장하기 쉽도록 계획해야 한다.

② 병동부는 전체면적의 30 ~ 40%를 차지하므로 병원형태에 미치는 영향이 크다.

③ 외래진료부는 앞으로 질병구조 변화로 그 중요성이 점점 줄어들고 있다.

④ 중앙진료부는 장래의 변화가 많이 예상되므로 내부공간의 융통성을 확보할 수 있도록 계획한다.

> **note** ③ 외래진료부는 계속 늘어나는 질병들로 인해서 그 중요성은 점점 늘어난다.

6 병상의 수가 400베드(Bed)를 두는 종합병원에서의 연면적으로 가장 알맞은 것은?

① 6,000㎡

② 8,000㎡

③ 10,000㎡

④ 15,000㎡

⑤ 17,000㎡

> ✦**note** 병상 1개에 대한 건축연면적은 43 ~ 66㎡이다.
> ∴ 400베드×43 ~ 66㎡ = 17,200 ~ 26,400㎡

7 병원의 건축계획에 대한 설명으로 옳지 않은 것은?

① 병동의 계획은 간호단위를 기준으로 계획하도록 한다.

② 수술실은 통과교통이 적은 곳에 위치해야 한다.

③ 약국은 외래진료부의 출입구 가까이에 위치하도록 한다.

④ 간호부의 보행거리는 30m 이내가 좋다.

> ✦**note** ④ 간호사의 보행거리는 24m 이내로 하여 환자를 돌보기 쉽도록 하고 병실군의 중앙에 위치
> 하도록 계획한다.

8 다음은 종합병원의 수술실에 관한 설명이다. 옳지 않은 것은?

① 공조설비는 공기를 재순환시키지 않도록 해야 한다.

② 벽체의 색상은 피와의 식별이 용이하도록 파랑색 타일을 사용한다.

③ 실내의 온도는 26.6℃, 습도는 55% 이상이어야 한다.

④ 수술실에 있어서 방위는 무관하다.

> ✦**note** ② 벽체의 재료는 적색(피)을 식별하는 데 있어서 용이함을 주기 위해 녹색계의 타일을 사용해
> 야 한다.

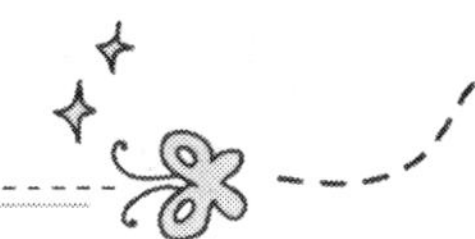

9 병원건축에서 1호의 간호단위가 담당해야 할 보통의 환자 Bed 수는?

① 10 ② 20

③ 30 ④ 50

⑤ 60

> **note** 1간호 단위는 25베드가 이상적이나 보통은 30 ~ 40베드 정도를 담당하고 있다.

10 병원건축의 기능을 분류할 때 이에 속하지 않는 것은?

① 외래진료부 ② 약국

③ 중앙(부속)진료부 ④ 병동부

> **note** ② 약국은 중앙(부속)진료부에 속한다.
> ※ 병원건축의 기능분류
> ㉠ 외래진료부
> ㉡ 부속진료부
> ㉢ 병동부

11 다음은 종합병원의 병동부에 관한 설명이다. 옳지 않은 것은?

① 병동부의 면적은 연면적의 1/2이다.

② 간호사 대기실은 층별, 동별, 간호단위별로 설치한다.

③ 병동부는 고층화하여 간호 및 서비스의 효율을 넓히도록 한다.

④ 간호상 환자를 관찰하기 쉽도록 하나 환자의 프라이버시는 확보해야 한다.

> **note** 병동부의 면적구성비
> ㉠ 종합병원 : 연면적의 1/3
> ㉡ 정신병원 : 연면적의 2/3
> ㉢ 결핵병원 : 연면적의 1/2

Answer 9.③ 10.② 11.①

12 수술실 내부벽체의 색으로 사용하는 것은?

① 백색
② 녹색
③ 주황색
④ 노랑색
⑤ 파랑색

> **note** 벽체의 색상은 피의 색인 적색을 용이하게 식별해내기 위해서 보색인 녹색계열로 한다.

13 병실설계 중 큐비클(Cubicle) 시스템에 대한 설명으로 옳지 않은 것은?

① 각각의 독립성이 매우 뛰어나다.
② 공간의 이용률이 좋다.
③ 실이 넓게 보이며 개방감이 있다.
④ 실내공기가 오염될 수 있고 소음도 크다.

> **note** 총실(Cubicle system)
> ㉠ 천장에 닿지 않는 가벼운 칸막이나 커튼으로 몇 개의 칸을 나누어 병상을 배치하는 방식이다.
> ㉡ 실이 넓게 보이며 공간을 유효하게 사용할 수 있으나 독립성이 떨어지고 실내공기의 오염이 우려되며 소음이 크다.

14 다음 중 외래진료부의 각 과별 평면계획에 대한 설명으로 옳지 않은 것은?

① 안과는 시력검사를 위해서 방의 길이가 3m 정도 되게 한다.
② 외과계통의 각 과는 1실에서 여러 환자를 볼 수 있도록 대실로 한다.
③ 정형외과는 미끄러질 염려가 있는 바닥과 경사도는 피하도록 한다.
④ 부인과는 외부에서 보이지 않도록 칸막이 벽 등으로 차단한다.

> **note** ① 안과는 시력검사 등을 위해 5m 정도의 거리를 확보하도록 한다.

15 다음 중 종합병원의 건축계획에 있어서 옳지 않은 것은?

① 부속진료부의 위치는 외래진료부와 병동부 사이에 둔다.

② 외래진료부의 구성단위는 간호단위를 기준으로 한다.

③ 약국은 출입구 부근에 위치하도록 한다.

④ 수술실은 가능한 막다른 위치에 두고 다른 부분과 구분되도록 한다.

> **note** ② 간호단위는 병동부를 구성하기 위한 단위이다.

16 병원의 공조설비의 계획 시에 가장 중요하게 고려해야 할 곳은?

① 약국 ② 진료실

③ 대기실 ④ 수술실

> **note** 수술실은 공기를 재순환시키지 않는다.

17 다음 중 외래환자의 수가 가장 많은 진료과는?

① 소아과 ② 산부인과

③ 이비인후과 ④ 내과

> **note** 외래 1인당 전체 환자에 대한 과별 환자수가 많은 순서 … 내과 > 이비인후과 > 정형외과 > 산부
> 인과 > 소아과

18 다음 종합병원의 중앙진료부 중 의료제품, 비품, 각종 기구의 포장 등을 저장해 두었다가 요구
시에 수술실로 공급해주는 실로 수술실 근처에 위치한 곳은?

① 물리요법부 ② 혈액은행

③ 중앙소독재료부 ④ 응급부

> **note** ① 외래환자의 이용이 많은 곳으로 외래이용이 편리한 곳에 둔다.
> ② 혈액을 보관하는 곳이다.
> ④ 병원의 후면 1층에 위치하도록 하여 구급차가 출입할 수 있도록 플랫폼을 설치해야 한다.

Answer 15.② 16.④ 17.④ 18.③

19 다음 중 병원의 동선계획에 관한 설명으로 옳지 않은 것은?

① 수술실은 통과교통이 없는 곳으로 한다.

② 환자와 물건은 교차되지 않아야 한다.

③ 환자, 의사, 간호사, 방문객 등은 서로간의 동선이 혼란되지 않도록 한다.

④ 중앙진료부의 환자동선은 방해를 줄이기 위해 고층에 둔다.

> ✿❘note ④ 중앙진료부에서 환자의 동선은 이동을 쉽게 하기 위해 저층에 설치하도록 한다.

20 다음은 병원의 병실에 관한 설명이다. 옳지 않은 것은?

① 출입문은 안여닫이로 하고 폭은 1.1m 이상으로 한다.

② 창의 면적은 바닥면적의 $\frac{1}{3} \sim \frac{1}{4}$ 정도로 한다.

③ 병실 1인용 크기는 3.6㎡ 이상이다.

④ 병실의 천장은 조도가 낮고 반사율이 적은 것이 좋다.

> ✿❘note 병실의 크기
> ㉠ 1인용 : 6.3㎡ 이상
> ㉡ 2인용 : 8.6㎡ 이상
> ㉢ 소아전용실 : 성인의 2/3 이상

21 다음 중 수술실의 위치로 적당하지 않은 것은?

① 건물의 익단부로 격리된 곳

② 타부분의 통과교통으로 사용되는 곳

③ 응급부나 병동부에서 환자의 수송이 용이한 곳

④ 중앙소독공급부와 접근이 되는 곳

> ✿❘note 수술실은 익단부로 격리되고 타부분의 통과교통으로 이용되지 않는 곳이어야 한다.

22 다음은 종합병원에 관한 설명으로 옳지 않은 것은?

① 병동부의 면적은 병원연면적의 $\frac{1}{3}$ 정도이다.

② 100bed당 2실의 수술실을 계획한다.

③ 병실의 1인용 바닥면적은 약 6.3㎡이다.

④ 병원의 외래진료부의 면적은 병원 전체면적의 약 30% 정도이다.

> **note** 병원의 면적 구성 비율
> ㉠ 병동부 : 30 ~ 40%
> ㉡ 중앙진료부 : 15 ~ 17%
> ㉢ 외래부 : 10 ~ 14%
> ㉣ 관리부 : 8 ~ 10%
> ㉤ 서비스부 : 20 ~ 25%
> ㉥ 응급부 : 10%

23 다음 종합병원의 시설 중 중앙진료시설에 속하지 않는 것은?

① 검사부   ② 구급부

③ 분만부   ④ 외과

⑤ 약국

> **note** 각 부의 구성
> ㉠ 중앙진료부 : 약국, 주사실, X선부, 분만부, 검사부, 구급부, 중앙소독재료부
> ㉡ 외래진료부 : 외과, 정형외과, 내과, 부인과, 소아과, 치과, 안과, 이비인후과
> ㉢ 병동부 : 일반병동, 중환자실

교육시설

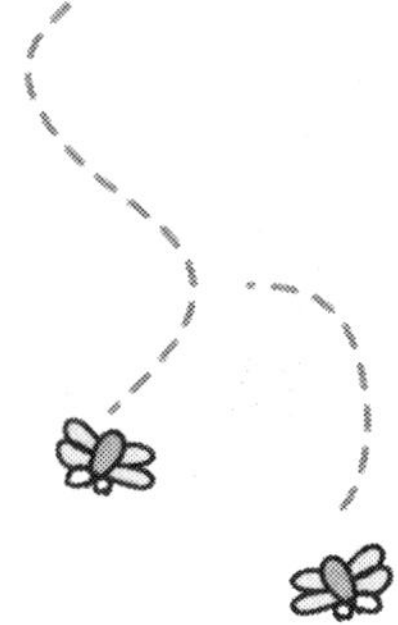

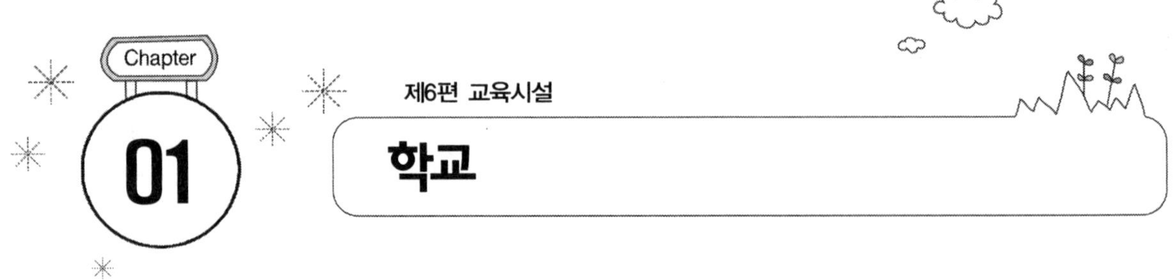

Chapter 01 학교

---

1 교사·교지의 계획

① 교지의 계획

(1) 교지의 선정

① 학생의 통학구역 내의 중심이 되는 곳

② 필요로 하는 일조와 여름의 통풍이 좋은 곳

③ 지형은 자연재해의 위험이 없고, 지반이나 표토의 조건이 좋은 곳

④ 의도하는 학교환경을 구성하기 위해 필요한 지형과 부지형

⑤ 간선도로나 번화가의 소음으로부터 격리된 곳

⑥ 미래의 확장면적을 고려한 곳

⑦ 도시의 서비스 시설을 이용할 수 있는 곳

⑧ 기타 법규의 제한을 받지 않는 곳

(2) 교지의 환경

① 일조가 좋아야 하며 운동장이 교사에 의해서 그늘이 지지 않도록 할 것

② 건물의 위치는 운동장보다 약간 높도록 할 것

③ 교지는 되도록 자연의 기복을 이용하도록 할 것

④ 운동장의 경우 비가 갠 후에도 바로 이용할 수 있도록 약 500㎡ 정도의 포장부분을 갖추도록 할 것

⑤ 운동장에는 겨울바람을 막을 수 있도록 배치하거나 식수대를 설치할 것

(3) 교지의 형태 및 면적

① 교지의 형태

　㉠ 정형에 가까운 직사각형이 유리하다.

　㉡ 장변과 단변의 비는 4 : 3 정도로 한다.

② 교지의 면적(학생 1인당 교지의 점유면적)

학교의 종류	규모, 학교시설	학생 1인당 점유면적(㎡)
초등학교	12학급 이하	20
	13학급 이상	15
중학교	학생수 480명 이하	30
	학생수 480명 이상	25
고등학교	보통과, 상업과, 가정에 관한 학과를 둔 학교	70
	농업, 수산, 공업에 관한 학과를 둔 학교	110(실습지 제외)
대학교		60

②　교사의 계획

(1) 교사의 면적

① 학생 1인당 교사의 소요면적

구분	1인당 소요면적(㎡)
초등학교	3.3 ~ 4.0
중학교	5.5 ~ 7.0
고등학교	7.0 ~ 8.0
대학교	16

② 교사면적의 기준

　㉠ 교과운영방식에 따라 교실수가 달라진다.

　㉡ 학생의 수보다 학급수를 단위로 하는 것이 좋다.

　㉢ 중학교, 고등학교는 교과의 종류에 따라서 면적이 달라지게 된다.

(2) 교사의 방위

① 정남, 남남동, 남남서(채광, 환경, 기온 등 종합적 관점에서 유리한 순서)가 좋다.

② 방위는 상풍향을 고려해서 결정해야 한다.

③ 교실의 창은 여름의 주간에 상풍향 방향으로 열리는 창이 필요하다.

④ 한랭지방은 상풍향을 피해야 한다.

(3) 교사의 배치형

① 폐쇄형

㉠ 개념 : 운동장을 남쪽에 확보해 두고 부지의 북쪽에서 건축하기 시작해 ㄴ, ㅁ자형으로 완성하는 것으로 종래의 일반적인 형이다.

㉡ 장점 : 부지를 이용하는 데 있어서 효율적이다.

㉢ 단점
- 화재나 비상시에 피난에 대해서 불리하다.
- 일조, 통풍 등 환경조건이 매우 불균등하다.
- 운동장으로부터 교실로의 소음이 크다.
- 교사주변을 활용하는 데 효율이 떨어진다.

② 분산병렬형

㉠ 개념 : 핑거플랜(Finger plan) 방식이다.

㉡ 장점
- 각각의 건물 사이에 정원 및 놀이터 등이 생겨서 환경이 좋아진다.
- 일조, 통풍 등의 환경이 균등하다.
- 구조계획이 간단해져서 규격형을 이용하는 것이 편리하다.

㉢ 단점
- 넓은 부지를 필요로 한다.
- 편복도로 지어질 경우 복도의 면적이 길어지게 되며, 단조로워져서 유기적인 구성을 취하기가 어렵다.

◎ 교사의 배치 ◎

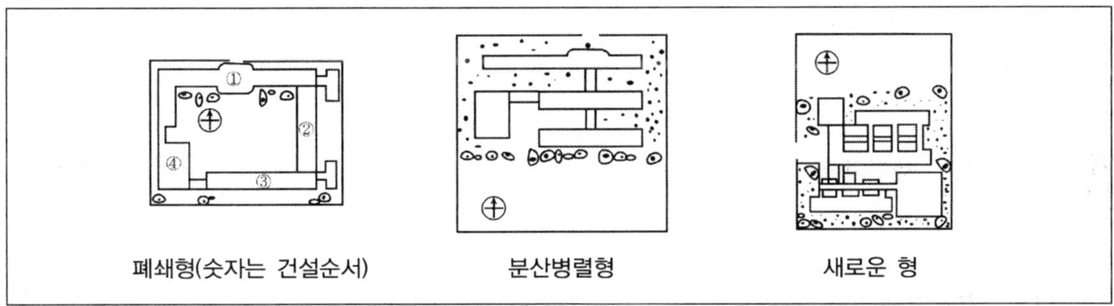

◎ 폐쇄형과 분산병렬형의 비교 ◎

구분	폐쇄형	분산병렬형
부지	효율적	넓은 부지를 필요로 함
교사주변 활용	나쁨	정원, 놀이터 등으로 이용
환경조건	불균등	균등
동선	짧음	길어짐
소음	큼	작음
피난계획	불리	유리
구조계획	복잡	간단

(4) 교사의 층수 계획

① 다층교사

  ㉠ 부지의 이용률이 높아진다.

  ㉡ 부대시설(전기 · 급배수 · 난방)이 집중되어 효율적이다.

  ㉢ 평면을 치밀하게 계획하여 집약시킬 수 있다.

  ㉣ 저학년은 1층, 고학년은 2층 이상에 배치하도록 한다.

② 단층교사

  ㉠ 채광 및 환기가 유리하다.

  ㉡ 실외로 학습활동을 연장할 수 있다.

  ㉢ 내진 · 내풍구조에 용이하다.

  ㉣ 교실에서 밖으로 출입할 수 있어서 복도가 혼잡하지 않다.

  ㉤ 화재나 재해 시 대피에 유리하다.

  ㉥ 화학약품이나 소음이 큰 작업 등의 격리가 가능하다.

③ 원칙적으로 초등학교의 교사는 고층화 시킬 수 없다. 만약 유치원 건물이 2층이나 그 이상이 된다면 바람직하지 못하다.

2 기본계획 · 세부계획

① 기본계획

(1) 학교의 운영방식

① **종합교실형**[U(A)형]
  ㉠ 운영방식
   • 교실수는 학급수와 일치한다.
   • 각 학급은 자기의 교실에서 모든 교과를 학습한다.
  ㉡ 장점
   • 학생의 이동이 전혀 없다.
   • 학급마다 가정적이고 안정적인 분위기를 조성할 수 있다.
  ㉢ 단점
   • 시설의 정도가 낮은 경우 가장 빈약한 예가 된다.
   • 초등학교 고학년에는 무리가 있다.
  ㉣ 초등학교 저학년에 가장 적합한 형식이다.
  ㉤ 외국의 경우 교실 1개에 1~2개의 화장실을 가진다.

② **일반교실 + 특별교실형**(U + V형)
  ㉠ 운영방식
   • 일반교실은 각 학급에 하나씩 배당된다.
   • 그 밖에는 특별교실을 갖는다.
  ㉡ 장점 : 전용 학급교실이 주어지기에 홈룸(Home room) 활동과 학생의 소지품 관리가 안정된다.
  ㉢ 단점
   • 교실의 이용률이 낮아진다.
   • 시설의 수준을 높일수록 비경제적이다.
  ㉣ 가장 일반적인 형이다.
  ㉤ 우리나라의 학교 형식의 70%를 차지한다.

③ **교과교실형**(V형)

  ㉠ **운영방식**

  • 모든 교실이 특정교과를 위해 만들어진다.

  • 일반교실은 없다.

  ㉡ **장점**

  • 각 학과에 순수율이 높은 교실이 주어진다.

  • 시설의 수준과 이용률도 높아진다.

  ㉢ **단점**

  • 학생의 이동이 심하여 소음이 유발된다.

  • 순수율을 100%로 하면 이용률은 반드시 높다고 할 수 없다.

  ㉣ 이동에 대비해서 소지품을 보관할 장소에 주의해야 한다.

  ㉤ 동선에도 주의해서 계획해야 한다.

④ **E형**(U · V형과 V형의 중간)

  ㉠ **운영방식**

  • 일반교실수는 학급수보다 적다.

  • 특별교실의 순수율은 반드시 100%가 되지는 않는다.

  ㉡ **장점** : 이용률을 상당히 높일 수 있으므로 경제적이다.

  ㉢ **단점**

  • 학생의 이동이 비교적 많다.

  • 학생이 생활하는 장소가 안정되지 않는다.

  • 많은 경우에 혼란이 커진다.

⑤ **플래툰형**(P형)

  ㉠ **운영방식** : 학급을 2분단으로 나누어서 한쪽이 일반교실을 사용할 때 다른 한쪽이 특별교실을
    사용하도록 한다.

  ㉡ **장점**

  • E형 정도로 이용률을 높이면서 동시에 학생의 이동을 정리할 수 있다.

  • 교과담임제와 학급담임제를 병용할 수 있다.

  ㉢ **단점**

  • 교사수와 시설이 적당하지 않으면 실시가 어렵다.

  • 시간을 배당하는 데 있어서 상당한 노력이 든다.

  ㉣ 미국 초등학교에서 과밀해소를 위해 운영한다.

⑥ **달톤형**(D형)

㉠ **운영방식** : 학급과 학년을 없애고 학생들 각자의 능력에 따라 교과를 선택하고 일정한 교과가 끝나면 졸업을 하도록 한다.

㉡ **특징**

- 교육방법을 기본목적으로 하기에 시설면에서 장단점을 고려하기 힘들다.
- 하나의 교과에 출석하는 학생수가 일정하지 않기에 크고 작은 여러가지 교실을 설치해야 한다.
- 우리나라의 사설학원, 직업학원, 입시학원, 야간외국어학원 등이 속한다.

⑦ **개방학교**(Open school)

㉠ **운영방식**

- 종래의 학급단위로 하던 수업을 부정한다.
- 개인의 자질, 능력, 경우에 따라 무학년제로 하여 보다 다양한 학습활동을 할 수 있게 운영한다.
- 종래의 교실에 비해 넓고 변화 많은 공간으로 구성된다.

㉡ **장점**

- 각자의 흥미, 자질, 능력 등에 의해 그룹핑되고 참여할 수 있다.
- 잘 적용될 경우 가장 좋은 방법이다.

㉢ **단점**

- 변화가 심한 교과과정에 충분히 대응할 수 있는 교직원의 자질과 풍부한 교재, 티칭머신의 활동이 전제되어야 한다.
- 시설적으로 인공에 의한 환기와 조명이 필요하다.
- 비경제적이다.

㉣ 최근에 구미 일각에서 발달한 것이나 일반화시키기 어렵다.

㉤ 저학년, 유치원에 적용시켜 보거나 전체학급 중 일부분을 이러한 방식으로 채용해 볼 만하다.

(2) 이용률과 순수율

① **이용률**

$$이용률 = \frac{교실이\ 사용되고\ 있는\ 시간}{1주간의\ 평균\ 수업시간} \times 100\%$$

② **순수율**

$$순수율 = \frac{일정한\ 교과를\ 위해\ 사용되는\ 시간}{그\ 교실이\ 사용되고\ 있는\ 시간} \times 100\%$$

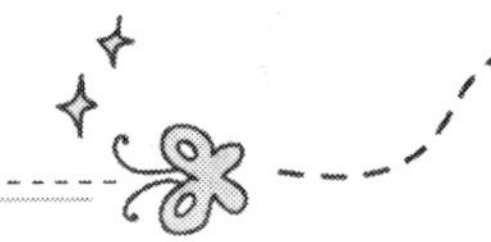

(3) 블록플랜(Block plan)의 결정조건

① 교실의 배치

  ㉠ 일반교실과 특별교실을 분리하는 것이 좋으므로 일반교실 양끝 쪽에 특별교실을 붙이지 않도록 한다.

  ㉡ 특별교실군 … 교과내용의 보편성, 융통성, 학생이동 시 발생하는 소음방지 등의 문제를 검토하도록 한다.

> **TIP 특별교실군**
> ㉠ 보통(일반)교실 : 교과내용에 대한 융통성, 보편성을 가진다.
> ㉡ 특별교실 : 교과내용에 대한 특수성을 가진다.
> ㉢ 특별교실군 : 특별교실이 집단화될 경우로 교과내용에 대한 융통성, 보편성이 일어나고 학생의 이동이 감소한다.

② 학년단위 정리

  ㉠ 초등학교 저학년
- 1층에 두고 교문에 근접하게 한다.
- 단층이 좋다.
- 배치형으로는 1열로 서 있는 것보다 중정을 중심으로 둘러싸인 형, 차폐되어 고립되는 것이 좋다.
- 첫 공동생활에 들어가므로 다른 접촉은 적게 하는 것이 좋다.
- 출입구는 따로 고려한다.
- 많은 급우들과의 접촉은 부담이 되므로 A(U)형이 이상적이며, 이 경우에 각각의 교실은 독립되고 다른 것과의 관계가 적다.

  ㉡ 초등학교 고학년 : U · V형 운영방식이 이상적이다.

③ 실내체육관의 배치

  ㉠ 학생이 이용하기 쉬운 곳에 배치한다.

  ㉡ 지역주민들의 이용도도 고려한다.

④ 관리실의 배치 … 전체의 중심위치로 학생의 동선을 차단하지 않도록 한다.

(4) 확장성 · 융통성

① 확장성

  ㉠ 인구의 자연증가, 집중으로 인한 장래의 학생수가 늘어나는 것을 대비한다.

  ㉡ 장래확장 : 최대 1,000명, 이상적으로 600 ~ 700명 정도가 좋다.

  ㉢ 교과내용의 변화와 확충에 대한 확장도 고려한다.

② 융통성

문제	원인	해결방법
구조상	확장에 대한 융통성	칸막이변경(건식구조, 방 사이 벽의 이동)
배치계획상	광범위한 교과내용이 변화하는데 대응할 수 있는 융통성	융통성 있는 교실배치(배치상 특별교실군에 일단배치)
평면계획상	학교 운영방식이 변화하는데 대응할 수 있는 융통성	공간의 다목적성(평면계획상 교과내용의 변화에 대응)

② 세부계획

(1) 교실의 배치방식

① **엘보액세스**(Elbow access)

　㉠ 개념 : 복도를 교실에서 떨어지게 배치하여 교실에 접근할 때 연결통로를 통하여 ㄱ자형으로 꺾어서 접근하는 방식이다.

　㉡ 장점

　　• 소음방지에 유리하다.

　　• 학습의 순수율이 높다.

　　• 일조, 통풍이 양호하며 실내환경이 균일하다.

　　• 학년마다의 놀이터를 조성하는 데 있어서 유리하다.

　　• 지관별로 개성있는 계획을 할 수 있다.

　㉢ 단점

　　• 복도의 면적이 늘어나고 복도에서의 소음이 크다.

　　• 각 과의 통합이 어렵다.

　　• 학생들의 배치가 명확하지 않다.

　　• 실의 개성을 살리는 것이 어렵다.

② **클러스터**(Cluster)**형**

　㉠ 개념 : 여러 개의 교실을 소단위별로 분할하여 배치하는 방식이다.

　㉡ 장점

　　• 교실 간의 방해 및 소음이 적다.

　　• 각 교실들이 외부와 접하는 부분이 많아진다.

　　• 교실단위, 학급단위의 독립성이 크다.

　　• Master plan에 융통성이 커지기 때문에 시각적으로 보기가 좋아진다.

ⓒ 단점

- 운영비가 많이 소요된다.
- 관리부와의 동선이 길어진다.
- 넓은 교지가 필요하다.

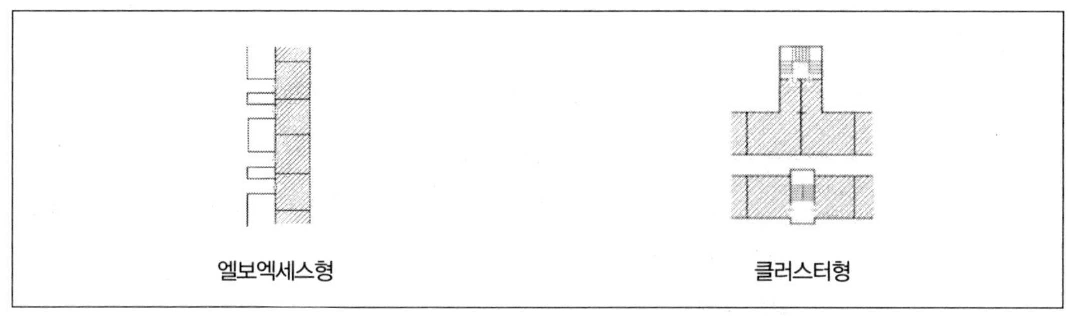

폐쇄형 교사 배치형식

분산병렬형 교사배치형식

엘보엑세스형

클러스터형

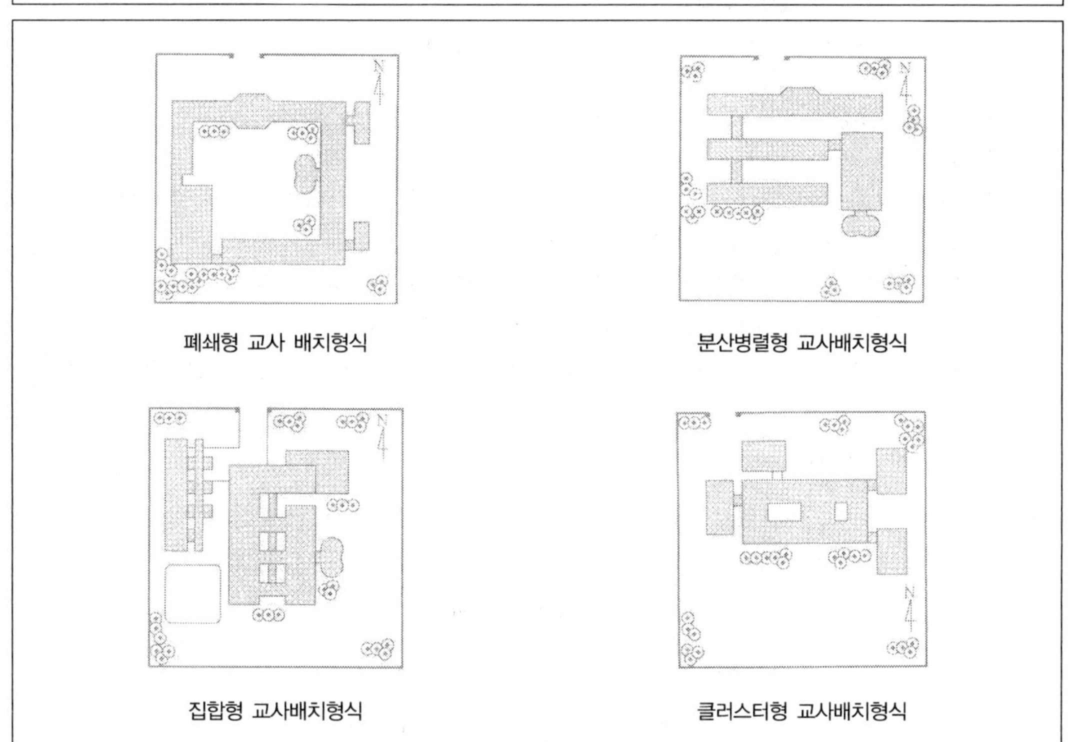

집합형 교사배치형식

클러스터형 교사배치형식

③ **배치계획 시 주의사항**

ⓐ 교실의 크기 : 7m×9m(저학년의 경우 9m×9m) 정도가 적당하다.

ⓑ 출입구 : 각각의 교실마다 2개소를 설치하도록 하며, 문의 여는 방향은 밖여닫이로 해야 한다.

ⓒ 창대의 높이 : 초등학교는 80㎝, 중학교는 85㎝가 적당하나 교실이 단층일 경우에는 더 낮게 해도 된다.

ⓡ 교실의 채광

- 일조시간이 긴 방위를 택하도록 한다.
- 교실을 향해 좌측채광을 원칙으로 한다.
- 칠판의 현휘를 막기 위해서 정면의 벽에 접해 1m 정도의 측면벽을 남기도록 한다.
- 채광창의 유리면적은 실면적의 $\frac{1}{10}$ 이상으로 해야 한다.
- 조명은 실내에 음영이 생기지 않도록 칠판의 조도를 책상면의 조도보다 높게 한다.

❀ 각 실의 조도 ❀

명칭	최저(lx)	최장(lx)
복도, 계단, 변소	10	40
강당, 집회실, 식당	20	100
보통교실의 책상면 및 흑판면, 도서실, 공작실, 실험실, 체육관	50	120
정밀을 요하는 방(제도, 재봉)	100	200

ⓜ 색채의 계획

- 저학년은 난색계통으로 하며, 고학년이 되면 남녀의 색감이 차이는 나지만 대체적으로 사고력의 증진을 위해서 중성색이나 한색계통으로 하는 것이 좋다.
- 음악 · 미술교실 등은 창작적인 학습활동을 위해 난색계통으로 하는 것이 좋다.
- 반자는 교실 내의 음향이 조절될 수 있도록 설계되어야 한다.
- 교실 내 조도분포를 위해 80% 이상의 반사율을 확보하기 위해 백색에 가까운 색으로 마감하도록 한다.

> ★ TIP 반사율
> ㉠ 반자 : 80 ~ 85%
> ㉡ 벽 : 50 ~ 60%
> ㉢ 바닥 : 15 ~ 30%

❀ 실내의 반사율 ❀

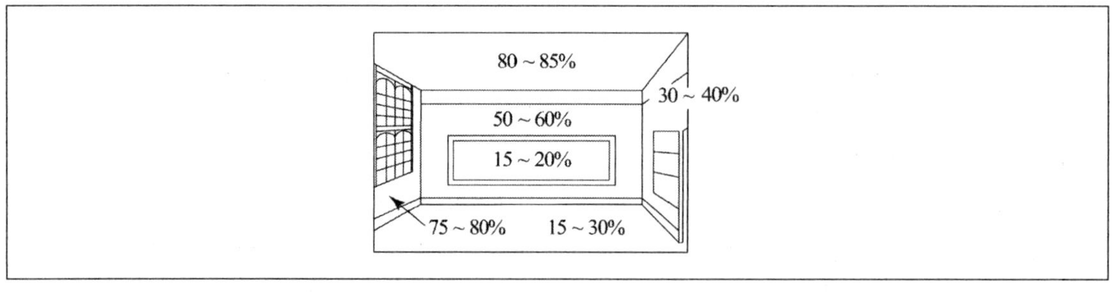

④ **특별교실**

  ㉠ **지학교실**: 장기적으로 계속해서 기상관측을 하는 것을 고려하여 교정 가까이에 둔다.

  ㉡ **자연과학교실**: 실험에 따르는 유독가스 등을 막기 위해 드래프트 챔버(Draft chamber)를 설치한다.

  ㉢ **미술실**: 북측채광을 삽입하여 균일한 조도를 얻도록 한다.

  ㉣ **생물교실**: 남면의 1층에 둔다.

  ㉤ **음악교실**: 반사재와 흡음재를 적절하게 사용하여 적당한 잔향을 갖도록 한다.

  ㉥ **도서실**: 학교의 모든 곳으로부터 편리한 위치에 있도록 하며 개가식으로 계획한다.

⑤ **교실면적의 기준** … 학생 1인당 교실의 점유 바닥면적을 기준으로 한다.

◎ 학생 1인당 교실 점유면적 ◎

(단위 : m^2/인)

교실의 종류	점유 바닥면적	교실의 종류	점유 바닥면적
보통교실	1.4 이상	공작교실	2.5 이상
사회교실	1.6 이상	가사실	2.4 이상
자연교실	2.4 이상	재봉실	2.1 이상
음악교실	1.9 이상	도서관	1.8 이상
미술교실	1.9 이상	체육관	4.0 이상

★TIP 점유바닥의 크기순서 … 보통교실 < 사회교실 < 도서관 < 음악교실, 미술교실 < 재봉실 < 가사실, 자연실 < 공작교실 < 체육관

(2) 급식실과 식당

① **급식실의 크기**(단, 식당은 제외한다)

학생수(명)	급식실의 면적(m^2)
600	60
900	90
1,200	120
1,500	150

② **식당의 크기**

  ㉠ 학생 1인당 0.7 ~ 1.0m^2 정도의 면적이 필요하다.

  ㉡ 2 ~ 3회 교대로 사용한다.

(3) 도서실

① 전체 학생수의 10 ~ 15% 정도가 이용하는 것으로 보고 계획한다.

② 학교학습의 중심이 되고, 전교생이 쉽고 편리하게 이용할 수 있는 위치로 한다.

③ 독서를 위한 것이므로 소란한 장소(교통로, 강당, 체육관, 음악실)와는 분리하도록 한다.

(4) 강당 겸 체육관

① 초등학교, 중학교의 경우 체육관으로서의 사용빈도가 높은 것을 고려하여 계획한다.

② 벽, 천장, 바닥 등 마감재료가 양자의 목적에 가능하도록 계획한다.

③ 행사가 자주 있는 것이 아니므로 반드시 전원을 수용할 수 있는 크기를 결정할 필요가 없다.

④ **강당의 학생 1인당 소요면적** … 강당 소요면적 산출 시 고정이든 이동식이든 의자의 면적 산정 시 동일한 기준에 의한다.

구분	1인당 소요면적
초등학교	0.4㎡/인
중학교	0.5㎡/인
고등학교	0.6㎡/인
대학교	0.8㎡/인

(5) 체육관

① **크기**

  ㉠ 초등학교 : 리듬운동을 할 수 있는 넓이(8인 1조의 원직경 4m를 7 ~ 8개 만들 수 있는 크기)

  ㉡ 중학교 : 농구코트를 둘 수 있는 크기

   • 최소 400㎡(16.5m×25.5m)

   • 보통 500㎡(15.2m×28.6m)

② **구조**

  ㉠ 천장 높이는 6m 이상으로 한다.

  ㉡ 장두리벽의 높이는 각종 운동기구를 설치할 수 있도록 2.5 ~ 2.7m 높이로 한다.

  ㉢ 바닥의 마감은 목재 2중 마루널깔기로 한다.

③ **배치**

  ㉠ 장축을 동서로 하고 실의 긴쪽, 즉 남북으로부터 채광을 하도록 한다.

  ㉡ 동·서(단변)에 개구부를 둘 경우에는 농구나 배구 경기장의 눈부심을 고려하도록 한다.

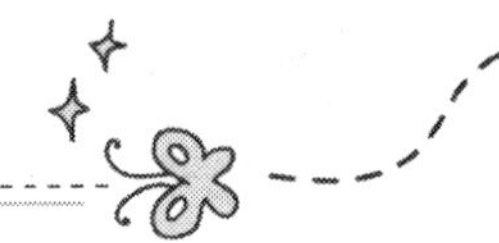

ⓒ 통풍에 의해서 자연환기를 하도록 고려한다.

ⓔ 창은 실내측에 철망을 붙이고 천창을 두도록 한다.

ⓜ 샤워장의 수는 체육학급 3~4개당 1개소를 기준으로 한다.

④ 체육실의 부속부분 ··· 남·녀 샤워실, 화장실, 갱의실, 운동기구실, 교사실을 두도록 한다.

(6) 화장실 및 수세장

① 화장실

ⓐ 수세식

- 제거식일 때 교실과 별도의 장소에 설치하도록 한다.
- 보통교실로부터 35m 이내, 그 외에는 50m 이내에 설치한다.

ⓑ 소요변기수(학생 100명당)

구분	남자	여자
소변기	4	·
대변기	2	5

② 수세장

ⓐ 4개의 학급당 1개 정도로 계획하고 분산하여 설치한다.

ⓑ 급수전과 청소, 서도용, 회화용은 겸하도록 한다.

ⓒ 식수용을 겸하지 않도록 한다.

③ 식수장 ··· 학생 75 ~ 100명당 수도꼭지 1개가 필요하다.

(7) 복도 및 계단

① 복도

ⓐ **편복도** : 1.8m 이상으로 한다.

ⓑ **중복도** : 2.4m 이상으로 한다.

② 계단

ⓐ 위치

- 각 층의 학생들이 균일하게 이용할 수 있는 위치에 둔다.
- 각 층의 계단위치는 상하 동일한 위치에 둔다.
- 계단에 접하여 옥외작업장과 기타 공지에 출입하기가 쉬운 위치에 두도록 한다.

ⓛ 보행거리

- 계단의 최대 유효 이용거리는 50m이다.
- 유사시 3분 이내에 사람 전부가 건물 밖으로 피난할 수 있어야 한다.
- 내화구조인 경우 50m 이내로 한다.
- 비내화구조인 경우 30m 이내로 한다.

(8) 보육원 · 유치원

① 배치계획의 조건

ㄱ 교사의 층수계획

- 교사는 원칙적으로 단층건물로 해야 한다.
- 특별한 경우 2층으로 할 때는 화장실, 유희실, 교실은 1층에 두도록 한다.
- 교사가 내화구조로 경사로 등에 의해 피난설비가 완비되면 2층에 둘 수 있다.

ㄴ 교사와 유원장은 같은 대지 내에 두도록 하며 교실은 되도록 남향이 되도록 배치한다.

ㄷ 계획에 따라서 운동장이 남북으로 나눠질 경우 남쪽 운동장은 일사조건이 좋으므로 동적인 활동을 위주로 하고 북쪽은 정적으로 하여 정원 등을 계획한다.

② 규모산정

ㄱ 학급수가 적을수록 좋지만 현실적으로 3 ~ 4학급 정도가 적당하다.(최적규모)

ㄴ 1학급당 인원수는 15 ~ 20명 정도가 좋지만 보통 20 ~ 30명 정도를 계획의 기준단위로 한다.

ㄷ 아동의 1인당 교육공간의 면적은 3 ~ 5㎡ 정도로 하며 관리부분을 제외한 순수한 교실의 면적은 1.5 ~ 2.0㎡ 정도로 한다.

ㄹ 1인당 옥외공간은 아동 1인당 교육공간 면적의 약 2배 크기로 한다.

01 출제예상문제

1 다음에서 설명하는 학교운영방식은?

> ㉠ 학급을 2분단으로 나누어 한쪽이 일반교실을 사용할 때 다른 한쪽이 특별교실을 사용한다.
> ㉡ 교과담임제와 학급담임제를 병용할 수 있다.
> ㉢ 교사수와 시설이 적당하지 않으면 실시가 어렵다.

① 달톤형
② 플래툰형
③ 교과교실형
④ 종합교실형
⑤ 개방학교

note 학교의 운영방식
㉠ 종합교실형[U(A)형] : 각 학급은 자기의 교실에서 모든 교과를 학습하는 형식
㉡ 일반교실+특별교실(U+V형) : 일반교실은 각 학급에 하나씩 배당하고 그 밖에는 특별교실을 갖는 형식
㉢ 교과교실형(V형) : 모든 교실이 특정교과를 위해 만들어지므로 일반교실은 없는 형식
㉣ E형(U · V과 V형의 중간) : 일반교실수가 학급수보다 적은 형식
㉤ 플래툰형(P형) : 학급을 2분단으로 나누어 한쪽이 일반교실을 사용하면 다른 한쪽이 특별교실을 사용하는 형식
㉥ 달톤형(D형) : 학급과 학년을 없애고 학생들 각자의 능력에 따라 교과를 선택하고 일정한 교과가 끝나면 졸업을 하도록 하는 형식
㉦ 개방학교(Open school) : 개인의 자질, 능력, 경우에 따라 무학년제로 하여 보다 다양한 학습활동을 할 수 있게 운영하는 형식

Answer 1.②

2 다음 중 초등학교 고학년 교실의 가장 일반적인 운영방식으로 옳은 것은?

① V형

② U · V형

③ P형

④ A(또는 U)형

> **note** 초등학교의 고학년은 일반교실 + 특별교실형(U · V)이 유리하며, 저학년의 경우 종합교실형(A)
> 이나 일반교실형(U)이 유리하다.

3 학교의 운영방식 중 교과교실형(V형)에 대한 설명으로 옳지 않은 것은?

① 학급수와 일반교실은 일치하지 않는다.

② 각 교과에 순수율이 높은 교실이 주어져 시설의 정도가 높게 된다.

③ 순수율 100%로 할 때 이용률은 반드시 높다고 할 수 없다.

④ 이동에 대한 동선에 주의해야 한다.

> **note** ① 교과교실형(V형)은 모든 교실이 특정교과를 위해 만들어지는 것으로 일반교실은 없다.

4 다음 중 학교 건축계획에 관한 설명으로 옳지 않은 것은?

① 식당면적은 학생 1인당 $0.7 \sim 1.0\text{m}^2$/인을 필요로 한다.

② 실내 체육관의 천장 높이는 6m 이상이어야 한다.

③ 일반교실로부터 화장실 및 세면장은 35m 이내에 둔다.

④ 초등학교 강당의 1인당 소요면적은 0.6m^2/인이 적당하다.

> **note** 강당의 소요면적
> ㉠ 초등학교 : 0.4m^2/인
> ㉡ 중학교 : 0.5m^2/인
> ㉢ 고등학교 : 0.6m^2/인
> ㉣ 대학교 : 0.8m^2/인

Answer 2.② 3.① 4.④

5 다음 중 Open school의 개념에 관한 설명으로 옳지 않은 것은?

① 종래의 학급단위로 하던 수업을 탈피하고 개인의 능력과 자질을 고려한 교육방식이다.

② 종래의 교실보다 면적과 운영비를 줄일 수 있어 경제적이다.

③ 자발적으로 흥미를 유발할 수 있는 경험 커리큘럼이 중시된다.

④ 공간구성이 개별지도 및 팀티칭이 가능하도록 다양하게 제시된다.

> **note** Open school의 단점 … 변화가 심한 교육과정에 충분히 대응할 수 있는 교직원의 자질, 풍부한 교재, 티칭머신의 활동이 전제되어야 하고 시설적으로 인공에 의한 환기 · 조명이 필요하므로 비경제적이다.

6 다음 중 학년과 학급을 없애고 학생들이 각자 능력에 따라 교과를 선택하도록 하는 방식은?

① 일반교실, 특수교실형 – U · V형   ② 달톤형 – D형

③ 플래툰형 – P형   ④ 교과교실형 – V형

> **note** 달톤형(D형)
> ㉠ 운영방식 : 학급과 학년을 없애고 학생들 각자의 능력에 따라서 교과를 선택하고 일정한 교과가 끝나면 졸업을 하도록 한다.
> ㉡ 특징
> • 교육방법을 기본목적으로 하기에 시설면에서 장단점을 고려하기가 힘들다.
> • 하나의 교과에 출석하는 학생수가 일정하지 않기 때문에 크고 작은 여러가지 교실을 설치해야 한다.
> • 우리나라의 사설학원, 직업학원, 입시학원, 야간외국어학원 등이 속한다.

7 농업, 수산, 공업에 관한 학과를 둔 고등학교 학생 1인당 점유면적은 얼마인가? (단, 실습지는 제외)

① 20㎡   ② 25㎡

③ 30㎡   ④ 70㎡

⑤ 110㎡

> **note** 농업, 수산, 공업에 관한 학과를 둔 고등학교의 학생 1인당 점유면적은 실습지를 제외하고 110㎡이며, 보통과, 상업과 등을 둔 고등학교의 학생 1인당 점유면적은 70㎡ 정도이다.

Answer   5.②   6.②   7.⑤

8 다음은 학교의 운영방식에 관한 설명이다. 옳지 않은 것은?

① 일반교실 + 특별교실형은 각 학급마다 일반교실을 하나씩 갖도록 하고 그외의 특별교실을 갖는 것이다.

② 플래툰형은 교사의 전체면적은 절감되지만 이용률은 낮아진다.

③ 종합교실형은 초등학교 저학년에 적당하다.

④ 교과교실형은 학생의 이동이 심하다.

> **note** ② 플래툰형은 학급을 2분단으로 나누어서 한쪽이 일반교실을 사용할 때 다른 한쪽이 특별교실을 사용하는 것으로 이용률이 높아진다.

9 다음은 교사의 배치형의 비교를 나타낸 표이다. 옳지 않은 것은?

구분		폐쇄형	분산병렬형
①	부지	부지이용이 효율적이다.	넓은 부지를 필요로 한다.
②	교사주변활용	정원 · 놀이터 등으로 이용한다.	비효율적이다.
③	환경조건	불균등	균등
④	동선	짧다.	길어진다.
⑤	소음	크다.	작다.

> **note** ② 폐쇄형은 교사주변을 활용하는 데 효율이 떨어진다.

10 다음은 Open school에 관한 설명이다. 옳지 않은 것은?

① 학급단위 방식을 부정한 방식이다.

② 인공에 의한 환기와 조명이 필요하다.

③ 경제적 방식이다.

④ 티칭머신의 활동이 전제되어야 한다.

⑤ 개인의 능력자질에 따라 무학년제로 운영할 수 있다.

> **note** ③ Open school은 가장 비경제적인 방식이다.

11 다음 중 단층교사에 대한 설명으로 옳은 것은?

① 전기·급배수·난방 등의 부대시설이 집중되어 효율적이다.

② 부지의 이용률이 높다.

③ 실외학습활동을 하기에 부적절하다.

④ 복도가 매우 혼잡하다.

⑤ 화재나 재해 시 대피가 유리하다.

> **note** 단층교사
> ㉠ 교실에서 밖으로 출입을 할 수가 있기 때문에 복도가 혼잡하지 않다.
> ㉡ 화재·재해 시 대피하는 데 있어서 유리하다.
> ㉢ 채광·환기가 유리하다.
> ㉣ 실외학습활동을 연장할 수 있다.
> ㉤ 내진·내풍구조에 용이하다.
> ㉥ 화약약품이나 소음이 큰 작업 등의 격리가 가능하다.

12 교실의 배치계획 중 옳지 않은 것은?

① 교실의 크기는 7×9m 정도가 적당하며 저학년의 경우 9×9m가 적당하다.

② 출입구는 각 교실마다 2개소를 설치하도록 한다.

③ 채광창의 유리면적은 실면적의 $\frac{1}{20}$ 이상으로 해야 한다.

④ 창대의 높이는 초등학교 80cm, 중학교 85cm가 적당하다.

⑤ 저학년은 난색계통, 고학년은 한색계통의 색채계획을 하도록 한다.

> **note** ③ 교실의 채광창 유리면적은 실면적의 $\frac{1}{10}$ 이상으로 해야 한다.

13 유치원·보육원의 계획에 대한 설명으로 옳지 않은 것은?

① 1학급 당 15 ~ 20명 정도의 인원수가 좋지만 보통 20 ~ 30명 정도를 기준으로 계획한다.

② 1인당 옥외공간은 아동 1인당 교육공간 면적의 약 3배 크기로 한다.

③ 교실은 되도록 남향이 되도록 배치한다.

④ 교사는 원칙적으로 단층건물로 해야 한다.

⑤ 아동의 1인당 교육공간의 면적은 3 ~ 5㎡ 정도이다.

> **note** ② 1인당 옥외공간은 아동 1인당 교육공간 면적의 약 2배 크기로 한다.

14 다음 중 학교계획에 관한 설명으로 옳지 않은 것은?

① 학교 교지의 형태는 장변과 단변의 비는 4 : 3 정도로 하는 것이 좋다.

② 초등학교의 저학년은 1층에 위치하도록 하며 교문에 근접하게 위치시키도록 한다.

③ 음악교실은 다른 교실에 피해를 주지않기 위해 잔향은 없애고 흡음재를 사용하여 음원을 감추도록 한다.

④ 도서실은 전체 학생수의 10 ~ 15% 정도가 이용하는 것으로 보고 고려한다.

⑤ 화장실은 보통교실로부터 35m 이내, 그 외의 특별교실군 등은 50m 이내 설치하도록 한다.

> **note** ③ 음악교실은 적당한 잔향을 갖도록 해야 하나 다른 교실에 피해를 줄이기 위해 적절하게 흡음재와 반사재를 사용하도록 한다.

Chapter 02 도서관

---

1 개요 및 기본계획

① 개요

(1) 도서관의 종류

① **공공도서관**(Public library) … 도서, 기록, 기타 필요한 자료를 수집·정리·보존해서 일반 공중의 정보이용·문화활동 및 평생교육을 증진하는 것을 목적으로 하는 도서관을 말한다.

② **대학도서관**(College or unirersity library)
　㉠ 지적자원의 보존기능을 수행함과 동시에 학문의 존속적인 기구로서 대학의 중점적인 기능을 수행해야 한다.
　㉡ 자료보존에 그치지 않고 효과적인 이용을 시도하고, 교수와 학생의 연구 및 교육을 지원할 중요한 목적을 가진다.

③ **전문도서관** … 관공서, 기업체 등에서 특정분야에 관한 전문적인 자료를 수집해 업무상 편의를 도모하는 도서관을 말한다.

④ **국회도서관** … 자료 수집을 해서 국회의원의 직무수행에 도움이 되도록 하고, 동시에 국민을 대상으로 행정 및 사법의 부문에 대한 봉사활동을 하는 도서관을 말한다.

⑤ **특수도서관** … 병영도서관, 맹인도서관, 병원도서관, 해양도서관 등과 같은 국가, 지방자치단체, 기타 법인과 단체가 도서자료를 수집, 정리, 보존하여 그 소속원의 학습·교양·조사·연구 및 문화활동을 위한 도서관 봉사를 제공하는 도서관을 말한다.

(2) 도서관의 기능

① **관내의 열람** … 열람자가 필요로 하는 자료를 관내에 두어 직접 열람하도록 하는 방식이다.

② **관외의 열람** … 미리 등록되어 있는 사람들에 대해서 일정기간 동안 도서를 대출하고 관외에서도 열람할 수 있도록 하는 서비스이다.

③ **레퍼런스 서비스**(Reference service) … 관원이 이용자의 질문, 의문, 조사에 대해 적절한 자료를 제공하여 해결을 돕는 방식이다(참고실).

④ **관외활동**

    ㉠ 시간적이나 지리적으로 제약을 받아 도서관에 오기 힘든 사람들을 대상으로 지역사회의 중심에 Station 배본소, 등록단체 등을 만들어 그곳에서 도서를 대출하는 방식이다.

    ㉡ Book mobile 방식
- 도서관의 대외 활동시설의 자동차 문고이다.
- 수용도서 1,000권 이상의 도서를 수용한다.

    ㉢ 배본소 방식, 대출문고(단체대출) 등이 있다.

⑤ **시청각활동** … 영화, 레코드, 오디오 비주얼 등 시청각 자료를 사용하는 활동을 말한다.

⑥ **집회 및 PR활동** … 독서회, 연구회, 전시회, 강연회 등 관련적인 것들을 행하는 집회활동을 말한다.

⑦ 자료의 상호협력을 할 수 있다.

⑧ 복사서비스 등도 제공한다.

(3) 도서관의 설치

① 사립도서관은 인구 60만 도시에 연면적 1,000㎡ 이상이 필요하다.

② 인구가 10만 증가 할 때마다 500㎡씩 증가시켜서 설치해야 한다.

② 기본계획

(1) 대지선정(도서관의 입지조건)

① 지역사회의 중심적인 위치로서 이용이 편리한 곳

② 채광 · 통풍이 좋고 조용한 곳

③ 보통 1km 이내 거주자가 많이 이용할 수 있는 곳으로 교통이 편리한 곳

④ 아동부가 있을 경우 그 입구가 교통이 빈번한 장소가 아닌 곳

⑤ 장래의 확장을 고려한 충분한 공지를 확보할 수 있는 곳(도서관의 장서는 20년에 약 2배가 되므로 30~40년 장래에 대해서 충분한 여유대지를 가질 수 있는 곳이어야 한다)

⑥ 환경이 양호하며 각종 재해의 위험이 없는 곳

⑦ 주차면적의 확보가 가능한 곳

⑧ **연령별 도서관의 입지조건**

　㉠ 아동도서관
　　• 1층의 북쪽 및 동쪽에 큰창을 가진 길가에 면한 곳이 좋다.
　　• 다른 부분과 떨어진 전용의 출입구가 필요하다.
　　• 공공도서관의 일부를 점유하는 경우가 많다.
　㉡ 초·중·고 도서관
　　• 1층이나 2층에 있어서 출입구에는 계단이 없는 것이 좋다.
　　• 독립건물이나 교사중심에서 조용한 환경에 위치한다.
　㉢ 대학도서관 : 편리하고 조용한 곳에 위치하는 것이 좋다.

(2) 배치계획

① 도서관의 기능과 성격을 고려해서 결정한다.

② 50% 이상의 확장과 변화의 유연성을 고려해야 한다.

③ 서고의 증축 공간을 반드시 확보해야 한다.

④ 공중의 접근이 용이한 장소이어야 한다.

⑤ 동선은 기능별로 분리해야 한다.

⑥ 열람부분과 서고와의 관계가 중요하며 직원수에 따라 조절한다.

⑦ 융통성의 문제가 처음부터 고려되어야 하기 때문에 Modular plan으로 확장변화에 대응한다.

⑧ 이용자의 출입구와 직원 및 서적의 출입구는 나누도록 한다.

⑨ 지방도서관은 자전거, 오토바이 등을 보관할 수 있도록 현관에 공간을 확보하여 설치한다.

◎ 도서관의 배치 ◎

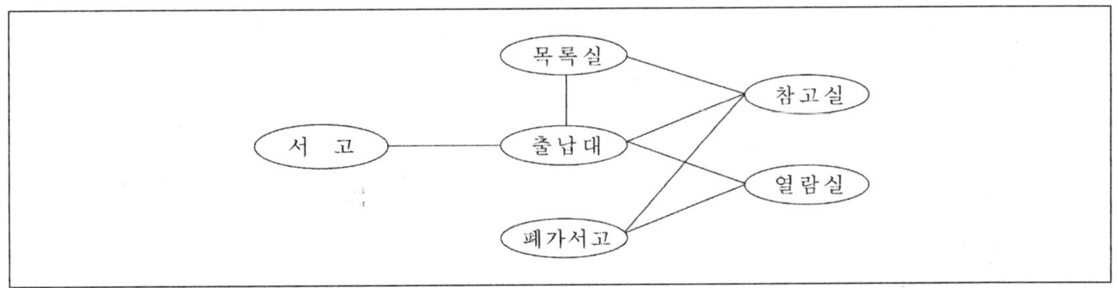

> ★ TIP 공간의 구성
> ㉠ 열람실, 참고실 : 50%
> ㉡ 서고 : 20%
> ㉢ 서비스, 기타공간, 복도, 계단 : 12%
> ㉣ 대출실 : 10%
> ㉤ 관장실, 사무실 : 8%

2 세부계획 및 기타시설

① 세부계획

(1) 열람실

① 계획

㉠ 소음으로부터 격리되어야 한다.

㉡ 독서의 분위기 증진을 위해 열람실을 소단위로 분할하여 구획한다.

㉢ 가까운 곳에 복사서비스실을 설치한다.

㉣ 기둥은 서가, 열람석에 방해되지 않도록 모듈을 설정한다.

㉤ 흡음성이 높은 바닥, 천장 마감재를 사용하도록 한다.

㉥ 책상 위의 조도는 600lux 정도가 되도록 한다.

㉦ 직사광선이 실내에 유입되지 않도록 한다.

㉧ 공기조화설비를 한다.

>  ★ TIP 1인당 소요바닥면적
> ㉠ 성인 : 1.5 ~ 2.0㎡
> ㉡ 아동 : 1.1㎡ 정도
> ㉢ 통로를 포함했을 때 : 2.2 ~ 2.8㎡(보통 2.5㎡)

② 열람실의 종류와 특징

㉠ 일반열람실

- 일반인과 학생들의 이용률은 7 : 3 정도로 한다.

- 일반인과 학생용 열람실을 분리하도록 한다.

- 크기

− 성인 1인당 1.5 ~ 2.0㎡

− 아동 1인당 1.1㎡ 정도

− 1석당 평균면적은 1.8㎡ 전후

− 실 전체로서 1석 평균 2.0 ~ 2.5㎡의 바닥면적이 필요

ⓛ **아동열람실**

- 실의 크기는 아동 1인당 1.2~1.5㎡를 기준으로 한다.
- 자유개가식의 열람방식으로 한다.
- 획일적인 책상배치를 피하여 자유롭게 열람할 수 있도록 가구를 배치한다.
- 성인과 구별하여 열람실을 설치한다.
- 현관 출입구는 되도록 분리하도록 한다.

ⓒ **참고실**(Reference room)

- 근래에 도서관의 기능면에서 중요한 역할을 한다.
- 실내에서는 참고서적을 두고 안내석을 배치한다.
- 일반열람실과 별도로 하여 목록실이나 출납실에 가까이 두도록 한다.

ⓔ **신문, 잡지 열람실**

- 출입이 편리한 현관, 로비, 1층 출입구 부근에 설치한다.
- 일반 열람실과는 떨어진 곳에 위치하도록 하는 것이 좋다.
- 크기는 1.1~1.4㎡/석 정도로 한다.

ⓜ **캐럴**(Carrel)

- 개인연구실로 이용된다.
- 서고 내에 설치하는 소연구실이다.
- 1인당 1.4~4.0㎡의 면적이 필요하다(보통 2.7~3.7㎡ 정도).

③ **열람실의 크기**(A)

$$A = \left(\frac{a}{n} + \frac{b}{m} \right) \alpha$$

- a : 자료수
- b : 좌석수
- α : 여유도
- n : 단위면적당 자료수용능력
- m : 단위면적당 이용자수

④ **열람실의 채광조명**

㉠ 눈부심을 피해야 한다.

㉡ 무영이어야 한다.

㉢ 200lux 이상의 적당한 밝기로 한다.

㉣ 기구를 조명화하도록 한다.

(2) 서고

① 계획

    ㉠ 서고는 모듈러 플랜(Modular plan)이 가능하다.

    ㉡ 서고는 도서의 보존 및 수장에 목적이 있으므로 방화·방습·유해가스 제거에 중점을 두고 공조설비를 갖추도록 한다.

    ㉢ 공간에 합리적으로 도서를 수장해서 출납의 관리가 편리하도록 한다.

    ㉣ 도서의 증가에 따른 장래의 확장성을 고려하도록 한다.

    ㉤ 서고의 높이는 2.3m 전후로 한다.

② 서고의 위치

    ㉠ 열람실의 내부 및 주변

    ㉡ 건물의 후부에 독립된 위치

    ㉢ 지하실 등

    ㉣ Modular system에 의한 이동이 가능한 곳

◎ 서고의 위치 ◎

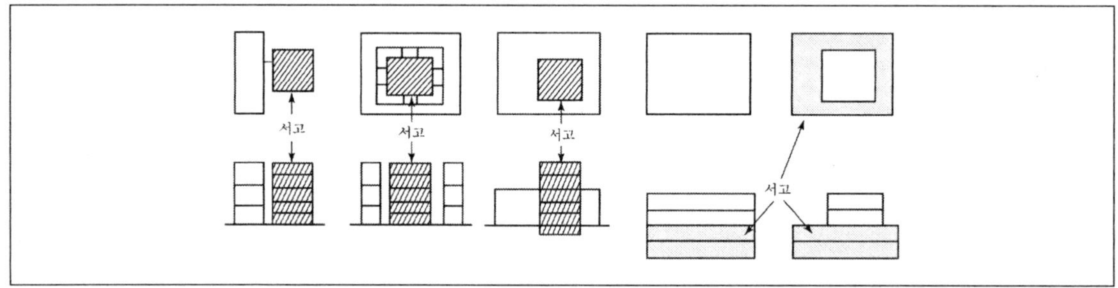

③ 서고의 크기

    ㉠ 책선반 1단 길이 : 20 ~ 30권/1m당(보통 25권/1m당)

    ㉡ 서고면적 : 150 ~ 250권/1m²당(평균 200권/m²당)

    ㉢ 서고공간 : 약 66권/1m³당

④ 서가의 배열

    ㉠ 서가의 배열은 보통 평행직선형으로 한다.

    ㉡ 불규칙한 배열은 손실이 많다.

    ㉢ 통로의 폭은 0.75 ~ 1.0m 정도로 한다.

    ㉣ 서가 사이를 열람자가 사용할 경우에는 1.4m 정도로 한다.

    ㉤ 서가의 높이는 2.1m 전후로 한다.

    ㉥ 서고는 분리시키지 않는다.

⑤ **서가의 수용능력**(서가의 크기)

　㉠ 길이 1m, 높이 7면 양단인 경우 1단에 약 30권씩 약 420권 수용하게 된다.

　㉡ 간격을 1.5m로 하면 바닥면적 1m²당 28권을 수용하게 된다.

◎ 서가의 간격 ◎

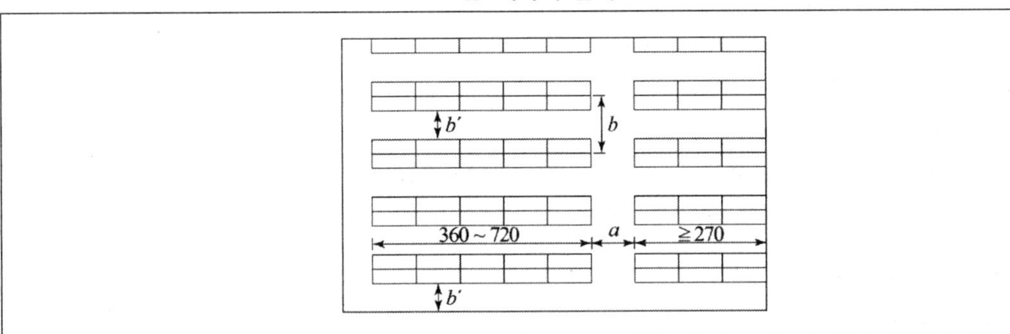

구분	a(cm)	b(cm)	b'(cm)
개가식	150 ~ 200	165 ~ 300	120 ~ 156
폐가식	95 ~ 150	125 ~ 150	80 ~ 105
주통로	180 ~ 200	180 ~ 200	155 ~ 175

⑥ **자료 · 서적의 보존상 고려조건**

　㉠ 온도 16℃, 습도 63% 이하로 유지한다.

　㉡ 자료 자체가 내구적이어야 한다.

　㉢ 내화, 내진 등을 고려한 건물과 서가가 재해에 대해서 안전해야 한다.

　㉣ 철저한 관리와 점검이 이루어질 수 있어야 한다.

　㉤ 도서의 보존을 위해서 어두운 편이 좋고 인공조명, 환기, 방습, 방온과 함께 세균의 침입을
　　막도록 한다.

> ★TIP　자료 · 서적의 보존의 한계
> 　㉠ 조도는 50 ~ 100lux 정도
> 　㉡ 직접 복사열을 피해야 함
> 　㉢ 온도가 −7℃ 이하일 때는 아교가 터짐
> 　㉣ 습도가 80% 이상이면 곰팡이가 생김
> 　㉤ 습도가 20% 이하면 책이 약해짐

⑦ **서고의 구조**

　㉠ **적층식**

　　• 장서의 능률이 뛰어나다.

　　• 근대 서가에서 많이 채용한다.

　　• 내진, 내화에 대해서 고려해야 한다.

- 대단위의 서고처럼 건물의 한쪽을 최하층에서 최상층까지 차지할 수 있는 경우로 특수 구조로 할 수가 있다.
  - ⓛ 단독식
    - 건물 각층 바닥에 서가를 놓는 방식이다.
    - 고정식이 아니므로 평면계획상 유연성이 있다.
    - Modular plan을 할 경우 각 면적에 조화를 줄 수 있다.
  - ⓒ 절충식
    - 적층식과 단독식을 절충시킨 방법이다.
    - 적층식 서가 3층에 열람실, 사무실 구조체 슬래브 2층을 조합시킨 것이다.
    - 서고 구조체의 일부에 계획할 때 적합하다.

⑧ **출납형식의 종류 및 특징**
  - ⊙ 폐가식(Closed system)
    - 개념 : 열람자가 책의 목록을 파악하여 선택하고 관원에게 대출의 기록을 제출한 후에 대출받는다.
    - 서고와 열람실이 분리되어 있다.
    - 장점
      - 도서의 유지 및 관리가 양호하다.
      - 감시가 필요하지 않다.
    - 단점
      - 대출의 절차가 복잡하다.
      - 관원의 작업량이 많아진다.
      - 희망한 내용이 아닐 수도 있다.
  - ⓛ 자유개가식(Free open system)
    - 개념 : 열람자가 스스로 서가에서 책을 고르고 꺼내어 검열을 받지 않고 열람할 수 있다.
    - 보통 1실형이며 10,000권 이하의 서적을 보관하고 열람하기에 적당하다.
    - 장점
      - 책의 선택 및 파악이 자유롭고 용이하다.
      - 책의 목록이 없어서 간편하다.
      - 책의 선택시 대출기록의 절차가 없어 분위기가 좋다.
    - 단점
      - 책의 마모 및 손실이 크다.
      - 서가가 정리가 안 되면 혼란스럽게 된다.

◎ 출납형식의 종류 ◎

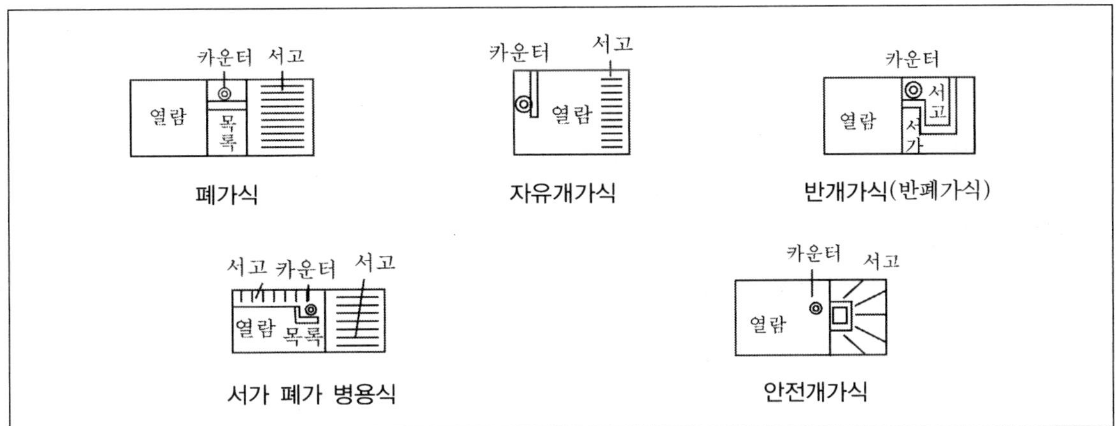

ⓒ 반개가식(반폐가식 : Semi open access)

- 개념 : 열람자가 직접 서가에 면하여 책의 표지나 체제 정도를 보고, 내용을 보기 위해서는 관원에 요구하여 대출기록을 남긴 후 열람하는 방법이다.
- 신간서적 안내에서 사용되며, 다량의 도서에는 부적당하다.
- 특징
 - 출납의 시설이 필요하다.
 - 서가의 열람이나 감시가 불필요하다.

ⓔ 안전개가식(Safe guarded open access)

- 개념 : 열람자는 책의 목록에 의해 책을 선택하여 관원에게 대출을 기록한 후 대출받는다.
- 서고와 열람실은 분리되어 있다.
- 특징
 - 출납 시스템이 필요하지 않다.
 - 혼잡하지 않다.
 - 도서열람의 체크시설이 따로 필요하다.
 - 감시가 필요하지 않다.
 - 서가의 열람이 가능하여 직접 책을 고를 수 있다.

② 기타 시설

(1) 소독실

장서 3,000권에 대해서 10㎡를 표준으로 한다.

(2) 시청각 자료실

① 마이크로 리더, 음악실, 영사실 등의 설비가 필요하다.

② 각각의 다른 분야의 방해방지를 위해 그룹핑을 고려하도록 한다.

(3) 목록실

① **소규모 도서관**…중앙에 설치하지 않고 각 부분별로 서가에 배치하는 경우가 많다.

② **대규모 도서관**…5~15개의 케이스의 조를 대위에 놓고 카운터 책상 근처에 설치하도록 한다.

(4) 고문서실

① 자료가 없어지는 것에 대해서 주의해야 한다.

② 실물의 열람을 위해 일반열람실과는 분리된 개실이나 전용공간을 설치해야 한다.

③ 내화, 방습의 주의가 특히 필요하다.

02 출제예상문제

1 도서관 서고에 관한 설명으로 옳지 않은 것은?

① 자연조명과 인공조명을 이용하여 밝게 한다.

② 서고의 출납형식 중 자유개가식은 책의 마모 및 손실이 적은 편이다.

③ 서고의 온도는 16℃, 습도는 63% 이하로 유지시켜야 한다.

④ 서고공간 1㎥당 약 66권 정도의 책을 보관하도록 한다.

⑤ 서고의 위치는 열람실의 내부 및 주변 건물의 후부의 독립된 위치, 지하실 등에 계획해 야한다.

> **note** ① 도서관의 조명은 인공조명을 위주로 계획해야 한다. 또한 도서관의 서고는 도서의 보존을 위해서 어두운 편이 좋고 인공조명, 환기, 방습, 방온과 함께 세균의 침입을 막아 손실을 줄여야 한다.

2 다음 중 도서관 계획에서 Carrel의 역할로 옳은 것은?

① 서가의 배열방식 ② 대출방식

③ 책을 나르는 기구 ④ 개인연구석 또는 실

> **note** 캐럴(Carrel)
> ㉠ 개인연구실로 이용된다.
> ㉡ 서고 내에 설치한 소연구실이다.
> ㉢ 1인당 1.4 ~ 4.0㎡의 면적을 필요로 한다. (보통은 2.7 ~ 3.7㎡ 정도로 한다)

Answer 1.① 2.④

3 다음 중 도서관 건축계획에 관한 설명으로 옳지 않은 것은?

① 열람실 부분은 서고보다 충고를 높게 한다.

② 아동열람실은 개가식이 유리하다.

③ 서고부분은 장차 확장할 수 있도록 고려되어야 한다.

④ 서고는 책의 식별을 위하여 되도록 밝아야 한다.

> **note** 자료 및 서적의 보존상 조건
> ㉠ 온도 16℃, 습도 63% 이하로 유지한다.
> ㉡ 자료 자체가 내구적이어야 한다.
> ㉢ 내화·내진 등을 고려한 건물과 서가가 재해에 대해서 안전해야 한다.
> ㉣ 철저한 관리와 점검이 이루어져야 한다.
> ㉤ 도서의 보존을 위해서 어두운 편이 좋고 인공조명, 환기, 방습, 방온과 함께 세균의 침입을 막도록 해야 한다.

4 도서관의 배치계획에 대한 설명이다. 이 중 옳은 것은?

① 도서관의 계획 시 적어도 30% 이상의 확장에 순응할 수 있도록 고려해야 한다.

② 기능별로 동선을 분리하여 계획하도록 한다.

③ 이용자, 직원, 서고의 출입구는 굳이 분리하지 않아도 된다.

④ 서고의 자료 및 서적은 오래된 것을 폐기하기 때문에 적당한 크기의 공간만을 확보하도록 한다.

> **note** 도서관의 배치
> ㉠ 도서관의 기능 및 성격을 고려해서 결정한다.
> ㉡ 도서관의 계획은 50% 이상의 확장변화의 유연성을 고려해야 한다.
> ㉢ 서고의 증축공간을 반드시 확보해야 한다.
> ㉣ 공중의 접근이 용이한 장소이어야 한다.

5 도서관에 20만권의 책을 수장할 계획이다. 서고의 면적으로 적합한 것은? (단, 평균값으로 계산한다)

① 500m²   ② 1,000m²

③ 1,500m²   ④ 2,000m²

> **note** 서고의 면적은 1m²당 평균 200권을 수장하므로 200,000÷200권 = 1,000m²

Answer   3.④ 4.② 5.②

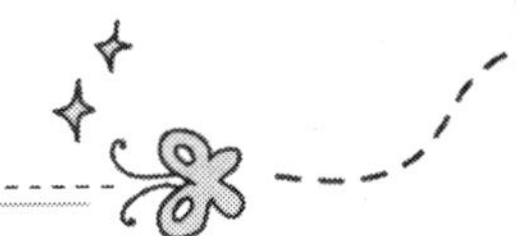

6 다음은 도서관의 서고에 대한 설명이다. 옳지 않은 것은?

① 서고의 면적은 1㎡당 150 ~ 250권 정도로 보며, 평균 200권으로 산정한다.

② 인공조명을 생각하고 직사광선을 방지해야 한다.

③ 출납의 관리가 편리하도록 하며 반드시 도서 및 자료증가에 의한 증축이 용이하도록 한다.

④ 책선반 1단에는 길이 2m당 20 ~ 30권 정도이며 평균 25권으로 산정한다.

    note ④ 책선반 1단에는 길이 1m당 20 ~ 30권 정도이며 평균 25권으로 산정한다.

7 서고의 구조를 계획함에 있어서 장서의 능률이 뛰어나 근대 서가에서 많이 채용하는 방식은?

① 적층식   ② 단독식

③ 절충식   ④ 통합식

    note 서고구조의 종류
      ㉠ **적층식** : 장서의 능률이 뛰어나 근대 서가에서 많이 채용하는 방식이다.
      ㉡ **단독식** : 건물 각 층 바닥에 서가를 놓는 방식이다.
      ㉢ **절충식** : 적층식과 단독식을 절충시킨 방법이다.

8 다음 중 도서관 열람실에 관한 설명으로 옳지 않은 것은?

① 열람실에는 흡음성이 높은 바닥, 천장 마감재를 사용하도록 한다.

② 일반인과 학생의 실을 따로 분리하지 않아도 된다.

③ Reference room에는 참고서적을 두고 안내석을 배치한다.

④ 아동열람실은 자유개가식으로 하는 것이 좋다.

    note ② 도서관 열람실의 일반인 : 학생의 비율은 7 : 3 정도로 보며, 각각 일반실과 학생실을 별도로
         계획하도록 한다.

9 도서관의 아동열람실을 계획함에 있어서 옳지 않은 것은?

① 자유개가식으로 계획한다.

② 성인과 구별하여 열람실을 설치한다.

③ 실의 크기는 아동 1인당 1.2 ~ 1.5㎡를 기준으로 한다.

④ 획일적인 책상배치를 하여 정돈된 분위기를 만든다.

> **note** ④ 아동열람실은 획일적인 책상배치를 피하도록 하고 자유롭게 열람할 수 있도록 가구를 배치
> 하도록 한다.

10 다음은 도서관 계획에 대한 설명이다. 옳지 않은 것은?

① 캐럴은 개인연구실을 말한다.

② 지방도서관의 경우에 자전거나 오토바이 등을 보관할 수 있는 공간을 현관에 설치하도록 한다.

③ 열람실의 가까운 곳에 복사실을 설치한다.

④ 적당한 직사광선을 유도하여 절전에 신경쓰도록 한다.

> **note** ④ 도서관의 서고나 열람실 등에는 직사광선은 될 수 있는 한 피하도록 하고 인공조명, 환기,
> 방습, 방온을 철저히 하여 도서에 세균 등이 침입할 수 없도록 보존해야 한다.

11 다음 중 도서관 출납시스템에 대한 설명으로 옳지 않은 것은?

① 자유개가식은 책의 선택 및 파악이 자유롭고 편리하다.

② 폐가식은 도서의 유지관리가 양호하다.

③ 반개가식은 신간서적의 안내에서 사용되며 다량의 도서를 구비하는 곳에서 적합하다.

④ 안전개가식은 도서열람의 체크시설이 따로 필요하다.

> **note** 반개가식
> ㉠ 열람자가 직접 서가에 면하여 책의 표지나 체제의 정보를 보고, 내용을 보기 위해서는 관
> 원에게 요구하여 대출기록을 남기고 열람하는 방법이다.
> ㉡ 신간서적의 안내에서 사용된다.
> ㉢ 다량도서를 구비하는 곳은 부적합하다.

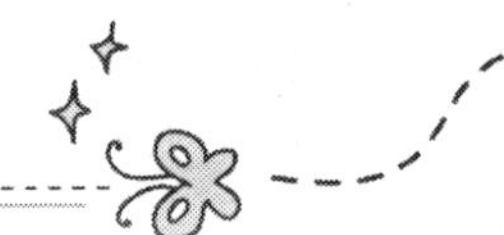

12 도서관의 대지를 선정하는 데 있어서 옳지 않은 것은?

① 교통이 편리한 곳

② 지역사회에 있어 약간 중심에서 벗어난 곳

③ 장래 확장을 대비해 충분한 공지가 확보되는 곳

④ 각종 재해방지에 유리한 곳

> **note** ② 도서관은 지역사회에 있어서 중심적인 위치로 보통 1km 이내 거주자가 많이 이용할 것을 대비해서 교통이 편리한 곳으로 한다.

13 다음 도서관에서 성인 200명을 수용할 수 있는 바닥면적으로 알맞은 것은?

① $100 \sim 200\text{m}^2$　　　　② $200 \sim 300\text{m}^2$

③ $300 \sim 400\text{m}^2$　　　　④ $400 \sim 500\text{m}^2$

⑤ $500 \sim 600\text{m}^2$

> **note** 성인 1인당 열람실 바닥면적은 $1.5 \sim 2\text{m}^2$이므로 200명$\times 1.5 \sim 2 = 300 \sim 400\text{m}^2$

14 열람자가 책의 목록에 의해서 책을 선택하여 관원에게 대출을 기록한 후 대출을 받는 형식의 출납시스템은?

① 폐가식(Closed system)

② 자유개가식(Free open system)

③ 안전개가식(Safe guarded open access)

④ 반개가식(Semi open access)

> **note** 안전개가식의 특징
> ㉠ 서고와 열람실은 분리되어 있다.
> ㉡ 출납시스템은 필요하지 않으나 도서열람의 체크시설이 따로 필요하다.
> ㉢ 혼잡하지 않다.
> ㉣ 감시가 따로 필요하지 않다.
> ㉤ 서가의 열람이 가능하여 직접 책을 고를 수 있다.

15 다음 중 도서관 서고에 대한 설명으로 옳지 않은 것은?

① 서고는 건물 후부의 독립된 위치에 설치하도록 한다.

② 서고의 높이는 2.0m 전후로 한다.

③ 서가의 통로의 폭은 0.75 ~ 1.0m 정도이다.

④ 서가의 불규칙한 배열은 손실이 많으므로 모듈러 플랜을 계획하도록 한다.

> **note** ② 서고의 높이는 2.3m 전후로 한다.

16 열람실의 채광조명에 대한 설명으로 옳은 것은?

① 무영을 적용한다.

② 적당한 밝기를 요하므로 400lux 이상으로 계획한다.

③ 기구를 별도로 보고 조명계획을 한다.

④ 자연채광의 유입을 유도하는 것이 좋다.

> **note** 열람실 채광조명 계획
> ㉠ 눈부심을 피한다.(자연채광의 유입을 피한다)
> ㉡ 무영을 적용한다.
> ㉢ 200lux 이상의 적당한 밝기로 한다.
> ㉣ 기구를 조명화하도록 한다.

17 도서관의 공간구성에 있어서 서고는 전체면적의 몇 % 정도를 차지하는가?

① 8% ② 10%

③ 20% ④ 50%

> **note** 도서관 공간구성
> ㉠ 열람실, 참고실 : 50%
> ㉡ 서고 : 20%
> ㉢ 서비스, 기타 공간, 복도, 계단 : 12%
> ㉣ 대출실 : 10%
> ㉤ 관장실, 사무실 : 8%

Answer 15.② 16.① 17.③

18 도서관의 건축계획으로 옳지 않은 것은?

① 캐럴(Carrel)은 서고 내부에 두어도 좋다.

② 서고는 1㎡당 150 ~ 250권이며 평균 200권으로 한다.

③ 서고는 자연채광의 유입을 막기 위해 무창으로 해도 좋다.

④ 열람실 성인 1인당 면적은 2.0 ~ 2.5㎡이다.

> **note** 일반 열람실의 크기
> ㉠ 성인 1인당 : 1.5 ~ 2.0㎡
> ㉡ 아동 1인당 : 1.2 ~ 1.5㎡

19 서고의 위치에 관한 설명으로 옳지 않은 것은?

① 열람실의 내부 또는 주위에 설치한다.

② 건물 내의 후면, 중앙, 지하실을 구획하여 배치한다.

③ 기존에는 서고를 독립형으로 계획하였으나 관내의 여러 부분과의 연결성을 위해 일체화되고 있다.

④ 건물의 배면부분에 독립된 위치를 취한다.

⑤ 모듈러 시스템에 의해 서고의 위치를 고정한다.

> **note** ⑤ 서고실의 계획 시 모듈러 플래닝이 가능하나 위치 선정 시 모듈러 시스템에 의해 위치를 고정하는 것은 장래의 확장 및 증축에 무리를 주므로 바람직하지 않다.

20 도서관의 세부계획으로 옳지 않은 것은?

① 입구를 좁게 하여 감시를 엄하게 한다.

② 열람실 면적산정 시 규모가 커짐에 따라 그에 대한 여유도가 커진다.

③ 캐럴이 인접하거나 마주 대면하고 있을 경우 스크린 등을 설치하여 프라이버시가 유지되도록 한다.

④ 소규모 도서관에는 목록실을 중앙에 설치하기 보다는 각 부분별로 설치한다.

> **note** ② 열람실 면적은 자료실과 좌석수 및 서가의 간격이 주어지면 대략적인 산정이 가능하며, 여유도 α 는 서가의 높이 및 간격, 열람대의 형상 등의 선택에 의해 결정되는데 열람실의 규모가 커짐에 따라 작아지는 것이 일반적이다.

Answer   18.④ 19.⑤ 20.②

문화시설

Chapter 01 공연시설

1 극장

① 기본계획

(1) 대지선정의 조건

① 주변이 번화한 장소일 것

② 교통이 편리한 곳

③ 주차시설이 완벽하고 많은 관객을 유치할 수 있는 곳

④ 기본계획에 있어서 초기에 반드시 도시계획적 조사를 하도록 할 것

⑤ 주차나 피난을 고려해 넓은 도로에 가능한 많이 접하도록 하고 2면 이상의 넓은 도로에 접하거나 개방된 공지가 있는 곳

(2) 대지면적 및 기타면적

① 대지면적

구분	면적
극장	0.9인/㎡
영화관	0.9 ~ 1.26인/㎡

② **현관** ··· 0.09㎡/객석당

③ **매표소**

　㉠ 당일 판매되는 1,250석당 1창구가 필요하다.

　㉡ 예약석에 대해서도 1창구가 필요하다.

④ 객석수와 면적

구분	객석수/건축면적(㎡)	객석수/연면적(㎡)	관람석/연면적(㎡)
영화관	0.5 ~ 0.9	0.5 ~ 0.8	0.5
일반극장	0.3 ~ 0.45(식당 제외)	0.4 ~ 0.6	0.5
대극장	0.25 ~ 0.4	·	

⑤ **휴대품 보관소** … 객석 1,000석당 5명의 종업원이 필요하다.

⑥ **로비 및 라운지**

구분	로비(1객석당)	라운지(1객석당)
대학극장	0.12㎡	·
영화관	0.09㎡	0.1㎡
일반극장	0.16㎡	0.5㎡
오페라하우스	0.15㎡	0.7㎡

② 관객석의 계획

(1) 평면형식

① **오픈 스테이지**(Open stage)**형**

　㉠ 개념 : 무대를 중심으로 객석이 동일공간에 있는 형을 말한다.

◎ 오픈 스테이지형 ◎

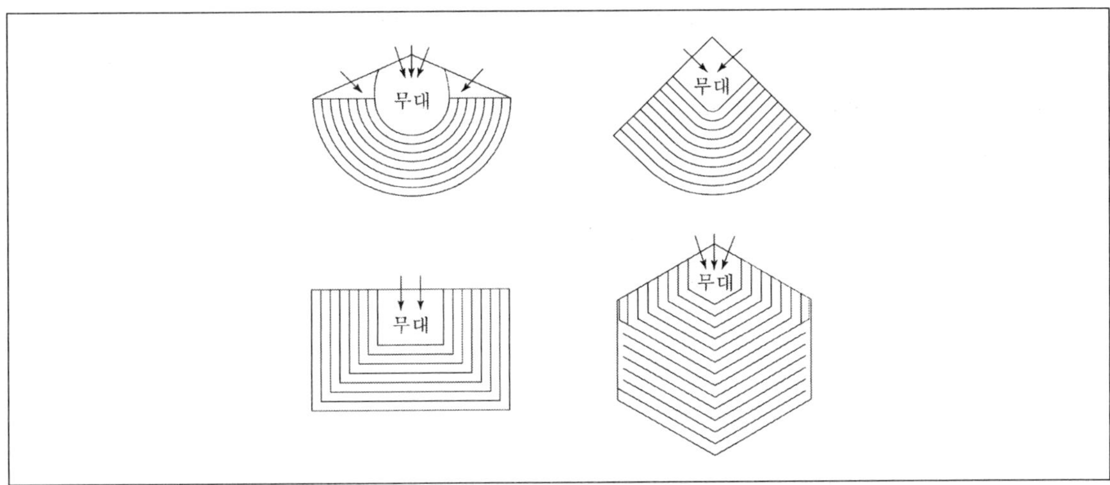

   ⓛ **특성**

- 관객석에 의해서 무대의 대부분을 둘러싸고 많은 사람들은 시각거리 내에서 수용되도록 한다.
- 배우는 무대 아래나 관객석 사이로 출입하도록 한다.
- 관객과 연기자 사이의 친밀감을 높일 수 있다.

   ⓒ **종류**

- 그리스 형식 : 객석이 210˚로 둘러싼 형
- 로마 형식 : 객석이 180˚로 둘러싼 형
- 부채꼴 형식 : 객석이 90˚로 둘러싼 형
- 앤드 스테이지(End stage) : 각도가 없는 관객석을 가진 형

② **애리나 스테이지형**(Arena stage, Center stage)

   ㉠ **개념** : 무대를 객석이 360˚ 둘러싼 형으로 연기자와 관객을 최대한 접근하도록 한다.

⚘ 애리나 스테이지형 ⚘

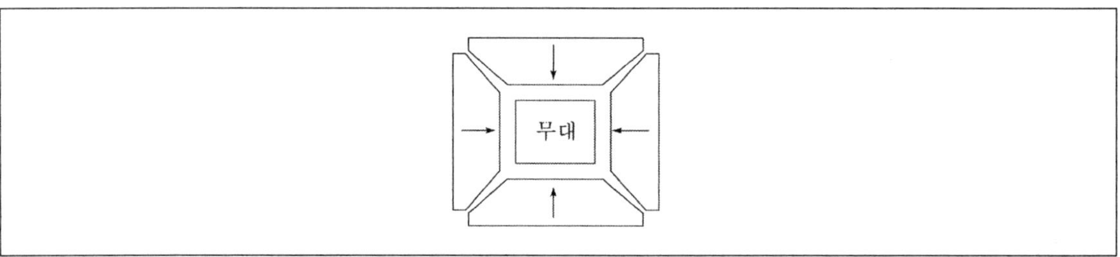

   ⓛ **장점**

- 가까운 거리에서 관람할 수 있다.
- 가장 많은 관객을 수용할 수 있다.
- 무대배경은 낮은 가구로 구성되며 배경을 만들지 않으므로 경제적이다.
- 객석과 무대가 하나의 공간에 있어 긴장감 높은 연극공간을 형성한다.

   ⓒ **단점**

- 관객의 시점이 위치에 따라 현저하게 다르다.
- 연기자가 전체적인 통일효과를 내는 것이 힘들다.

❀ 애리나 스테이지형의 변형 ❀

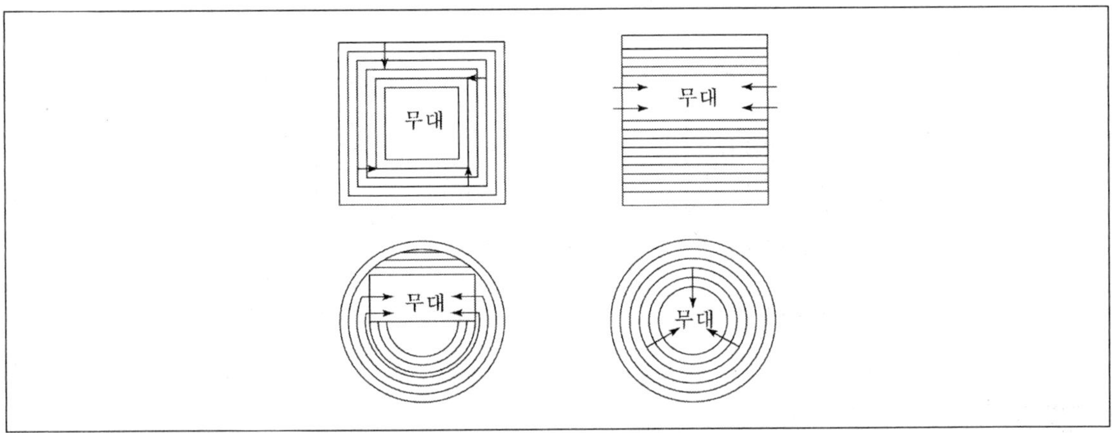

③ **프로세니움 스테이지**(Proscenium stage : 픽쳐프레임 스테이지)**형**

  ㉠ 개념 : 프로세니움(Proscenium)벽에 의해서 연기공간이 분리되어 관객이 프로세니움 아치의 개구부를 통해서 무대를 보는 형식을 말한다.

❀ 프로세니움형 ❀

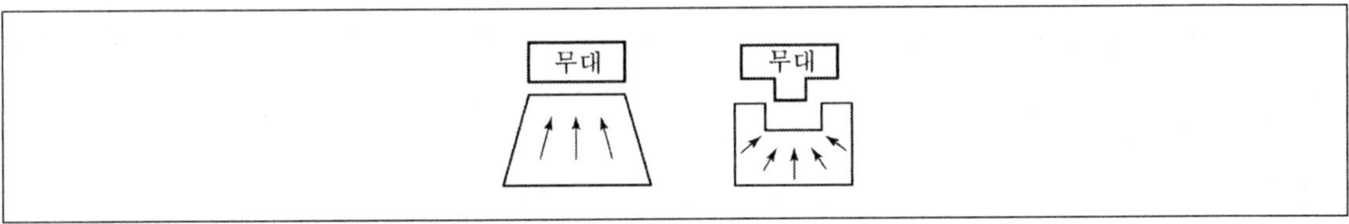

  ㉡ 특성
- 투시도법을 무대공간에 응용함으로써 발생한 것으로 구성화된 느낌이다.
- 강연, 음악회, 연극공연에 좋으며 일반극장의 대부분이 이에 속한다.

  ㉢ 장점
- 어떤 배경이라도 창출이 가능하다.
- 관객에게 광원, 장치를 보이지 않고도 여러가지 장면을 연출할 수 있다.
- 배경은 한 폭의 그림과 같은 느낌을 준다.
- 무대 전면의 오케스트라 박스 등을 이용해서 에이프런 스테이지(Apron stage)로 사용할 수 있다.

  ㉣ 단점
- 스테이지 가까이에 많은 관객을 둘 수 없다.
- 연기자는 제한된 한 방향으로만 관객을 대한다.

◎ 액연무대, 에이프런 스테이지가 붙은 형 ◎

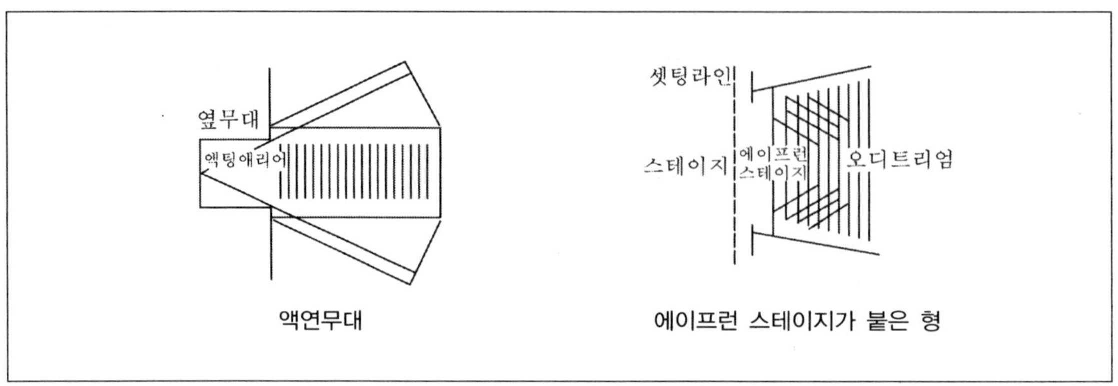

④ **가변형 무대**(Adaptable stage)

　㉠ 개념

　　• 필요에 따라서 무대의 객석을 변화할 수 있는 형식이다.

　　• 하나의 극장 내에서 몇 개의 다른 형태의 무대를 만들 수 있게 구성된다.

　㉡ 특성

　　• 최소한의 비용을 들여서 극장을 여러가지로 표현할 수 있다.

　　• 상연하는 작품성격, 출현방법 등에 따라 최적의 연출을 자아내는 공간을 구성할 수 있는 가능성이 있다.

　　• 필요에 따라서 무대와 객석의 크기, 모양, 배열, 상호관계 등을 변화시킬 수 있다.

　　• 실험적 요소가 있는 대학연구소 등의 공간에 많이 이용되어 진다.

◎ 가변형 무대 ◎

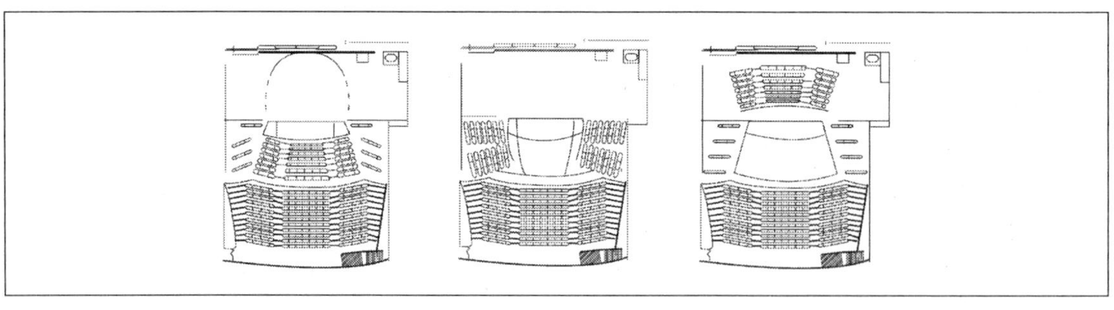

(2) 관객석의 세부계획

① **평면형의 선정**

　㉠ 관람석은 객석 어디에서나 연기자의 연기와 음성이 명확히 전달될 수 있도록 해야 한다.(시각 · 청각적인 요구 동시만족)

　㉡ 시각적, 음향적으로 우수한 부채형, 우절형이 많이 사용된다.

⊛ 관람석의 각종 평면형 ⊛

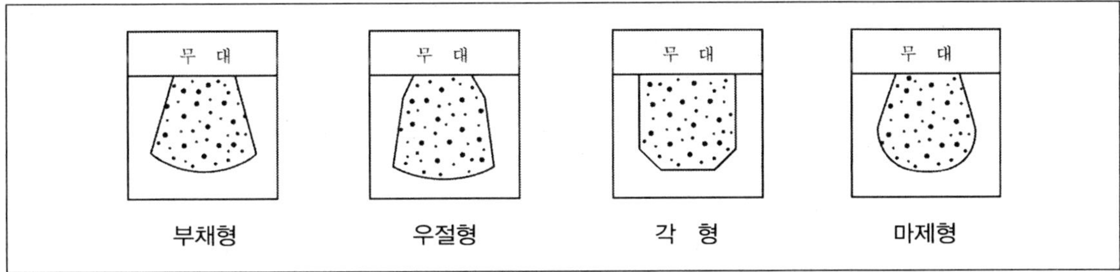

② **가시거리의 선정**(가시거리의 한계)

　㉠ **A 구역**

　　• 배우의 동작이나 표정을 상세히 감상할 수 있는 시선거리이다.

　　• 생리적 한도로 15m 정도 된다.

　　• 인형극이나 아동극을 관람하기에 적당하다.

　㉡ **B 구역**

　　• 실제의 극장건축에서 될 수 있는 한 많은 인원을 수용하려는 생각에서 정한 허용한도이다.

　　• 22m까지를 1차 허용한도로 정한다.

　　• 국악, 신극, 실내악을 관람하기에 적당하다.

　㉢ **C 구역**

　　• 배우의 일반적인 동작만 보이면 감상하는 데는 별 지장이 없는 공연 등을 감상할 때 허용되는 한도이다.

　　• 2차 허용한도라고 하고 35m까지 둘 수 있다.

　　• 연극, 뮤지컬, 오페라 등을 관람할 수 있다.

　　　★ **TIP 수평편각의 허용도** … 무대예술의 감상에 있어서 배우의 상호간, 배우와 배경과의 관계 등을 고려하여 중심선에서 60°의 범위 내에서 한다.

◎ 관객석과 좌석의 한계(각도와 거리의 관계) ◎

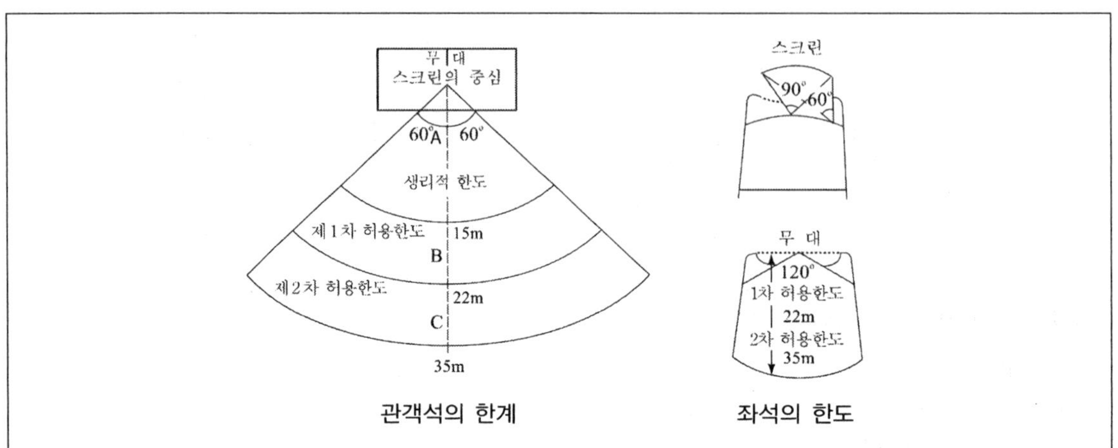

◎ 극장과 영화관의 한계 ◎

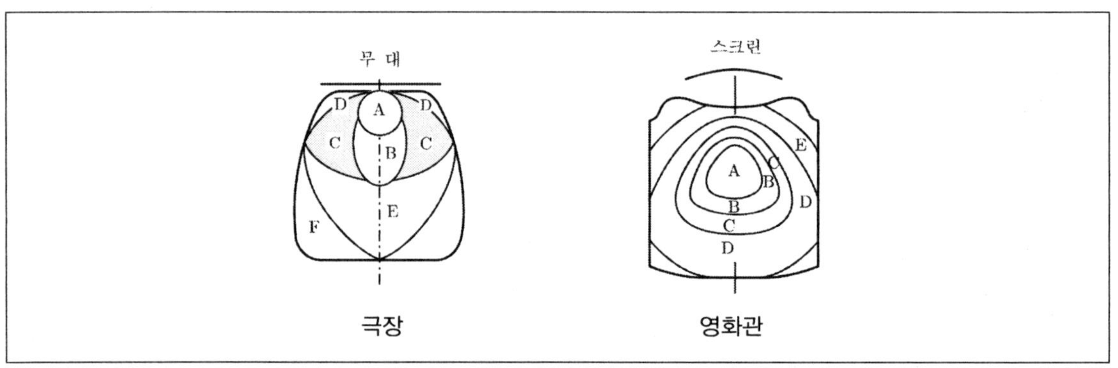

③ **좌석의 한도**

   ㉠ 평면상 최전열 좌석이 스크린에 가까이 할 수 있는 한도 : $A \leq 90°$, $B \leq 60°$

   ㉡ 구조상 최전열 좌석이 스크린에 가까이 할 수 있는 한도 : $C \leq 30°$, $D \leq 15°$

   ㉢ 스크린과 객석의 거리

     • 최소 : 스크린 폭의 1.2 ~ 1.5배

     • 최대 : 스크린 폭의 4 ~ 6배(30m) 정도

     • 보통 : 스크린 폭의 1.6 ~ 2.0배

     • 뒷벽의 객석의 폭 : 스크린 폭의 2.5 ~ 3.5배

   ㉣ 관람석

     • 연면적의 50% 정도

     • 1인당 바닥면적 : $0.5 ~ 0.6㎡$ 정도

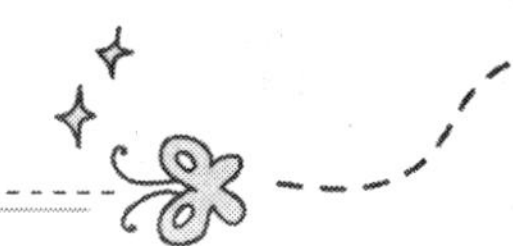

ⓐ 스크린 크기

- W : 16 ~ 20m

- H : 6 ~ 8m

ⓑ 프로시니엄 : 양단에서 무대 막면에 100˚의 수평각을 넘는 범위에는 객석을 두지 않도록 한다.

④ **객석의 호감대** ··· 관객의 선택이 자유로울 경우에는 'A > B > C' 등의 순으로 호감도가 높다.

🌸 평면 · 단면상 최전열 좌석의 한도 🌸

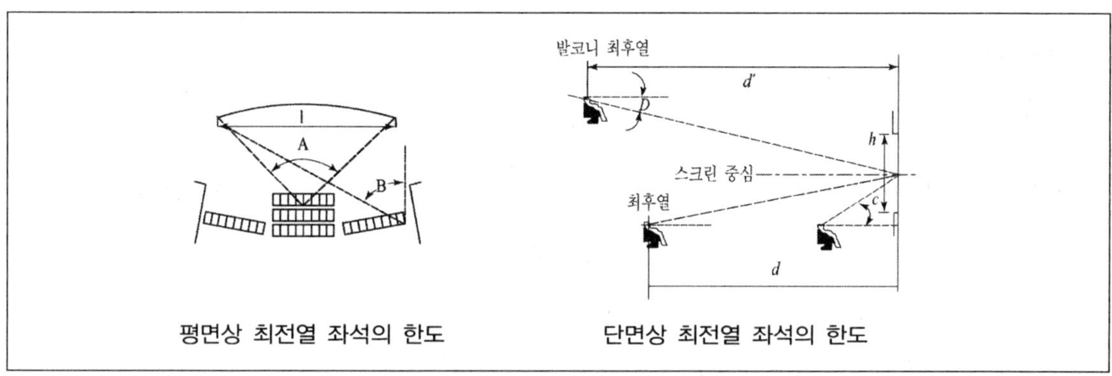

평면상 최전열 좌석의 한도   단면상 최전열 좌석의 한도

⑤ **객석의 음향계획**

〇 음의 전달계획

- 직접음과 1차 반사음 사이의 경로차를 17m 이내로 한다.

- 잔향시간을 조절한다.

- 천장은 음을 객석에 고루 분산시키는 형이어야 한다.

- 발코니의 길이는 객석 길이의 1/3 이내로 한다.

- 발코니 저면 및 후면은 특히 흡음에 유의해야 한다.

〈 소음방지

- 객석 내의 소음은 30 ~ 35dB 이하로 한다.

- 창은 2중창, 문은 2중문을 설치하도록 한다.

- 출입구는 밀폐하고 도로면을 피하도록 한다.

- 영사실의 천장에 반드시 흡음재를 설치하도록 한다.

- 공기의 난류에 의한 소음방지를 위해 덕트를 유선화하도록 한다.

〉 객석의 재료

- 바닥 : 카페트, 리놀륨, 타일, 모르타르

- 벽 · 천장

  – 반사재 : 대리석, 합판, 모자이크 타일, 철판

  – 흡음재 : 코펜하겐리브, 텍스류, 유공보드, 석면 플라스터

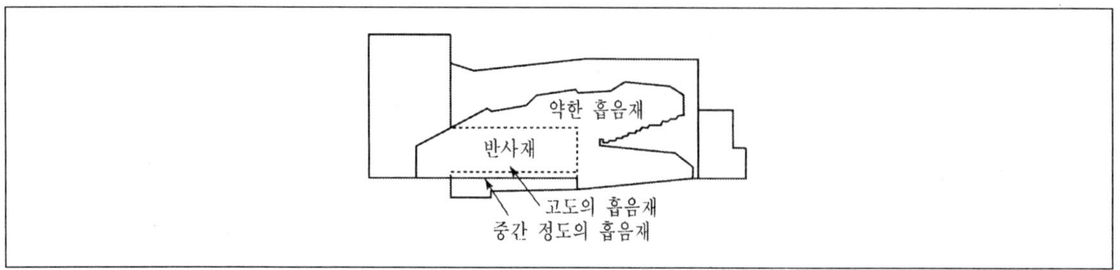

⑥ **좌석의 배열**

　㉠ 객석의자의 크기

　　• 폭은 45cm 이상으로 한다.

　　• 전후의 간격 : 횡렬 6석 이하는 80cm 이상으로 하며, 횡렬 7석 이상은 85cm 이상으로 한다.

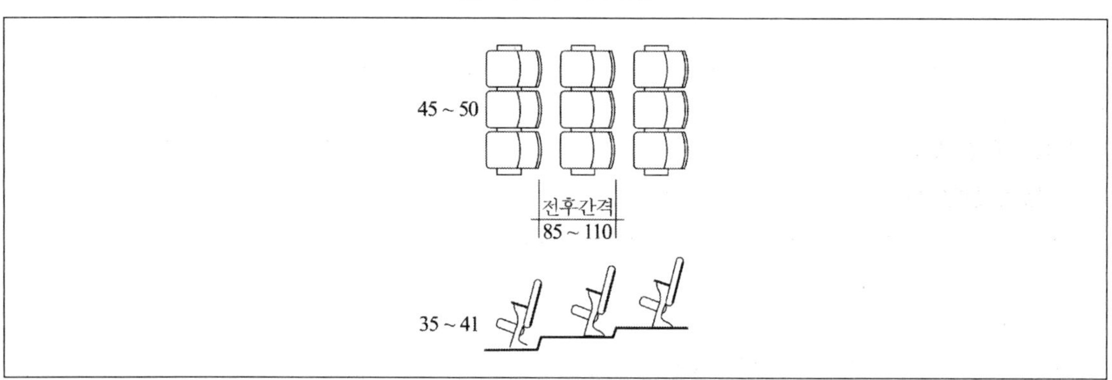

　㉡ 통로의 폭

　　• 세로통로의 폭은 80cm 이상으로 하며 편측통로의 폭은 60 ~ 100cm 정도로 한다.

　　• 가로통로의 폭은 100cm 이상으로 한다.

통로	객석	객석 상호 간의 객석수	
		의자 전후간격 90cm 이상	의자 전후간격 90cm 이하
세로통로	중앙부	12석 이내	8석 이내
	편측	6석 이내	4석 이내
가로통로		20석 이내	15석 이내

　㉢ 구배 : 1/10(1/12) 정도로 한다.

⑦ **가시선의 계획**

　㉠ **가시선의 개념**

　　• 앞에 앉은 관객의 머리로 인해서 무대나 스크린이 보이지 않으므로 뒤로 갈수록 바닥을 높여야 하는데 이때 바닥의 기울기를 말한다.

　　• 프로세니움의 형태일 경우 전체 객석에서 무대의 Acting area를 볼 수 있도록 한다.

◎ 사이트 라인 ◎

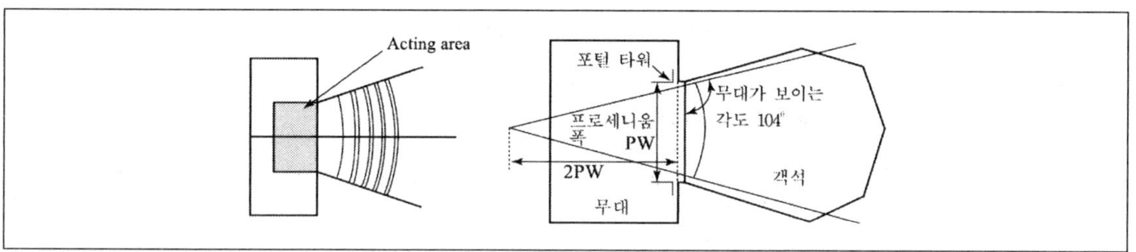

　㉡ **가시선의 방법**

　　• 무대의 중심선상에서 프로세니엄 단부와 최단부 좌석을 이은 선이 프로세니움 폭의 2배의 점까지 보이는 각도를 104°로 계획한다.

　　• 전열 중앙은 90°, 측면 거리한계는 60°이다.

　㉢ 스크린과 객석과의 거리 : 최소 스크린폭의 1.2 ~ 1.5배이며, 최대 4 ~ 6배(30㎝)까지로 한다.

　㉣ 단면은 1층 최후열 관객의 눈과 프로세니움의 정점을 이은 선이 2층 발코니 선단에 겹치지 않도록 해야 한다.

　㉤ 2층 좌석에서 최후열 관객의 눈이 프로세니움 정점보다 아래에 있어야 이상적이다.

　㉥ 바닥의 경사도는 5 ~ 25° 정도로 한다.

　㉦ 스크린 중심과 영사기의 각도는 10° 이내로 한다.

◎ 단면상의 가시선 ◎

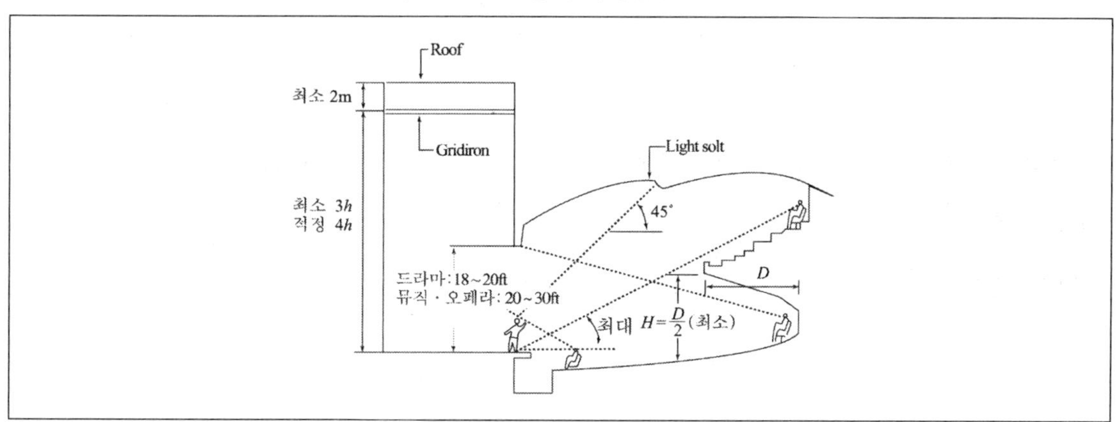

③ 무대계획

(1) 무대의 평면

① **에이프런 스테이지**(Apron stage) ··· 앞무대로 막을 경계로 하여 바깥부분, 객석쪽으로 나온 부분을 뜻한다.

◎ 앞무대(Apron stage)의 예 ◎

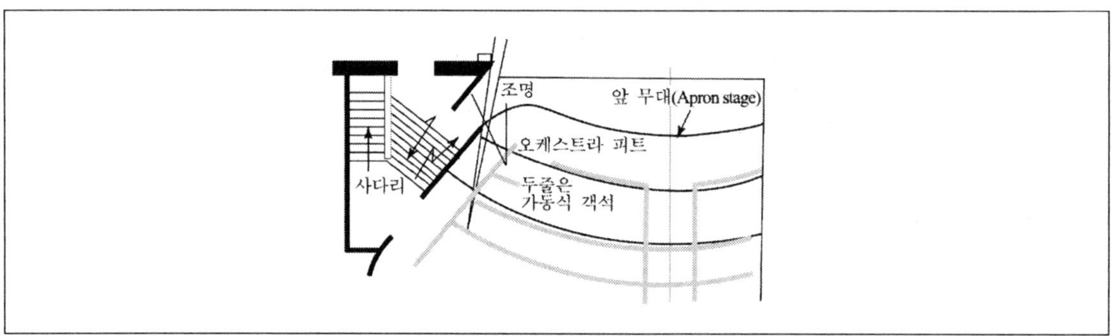

② **측면무대**(Side stage) ··· 객석의 측면벽을 따라 돌출된 부분을 말한다.

◎ 측면무대(Side stage)의 예 ◎

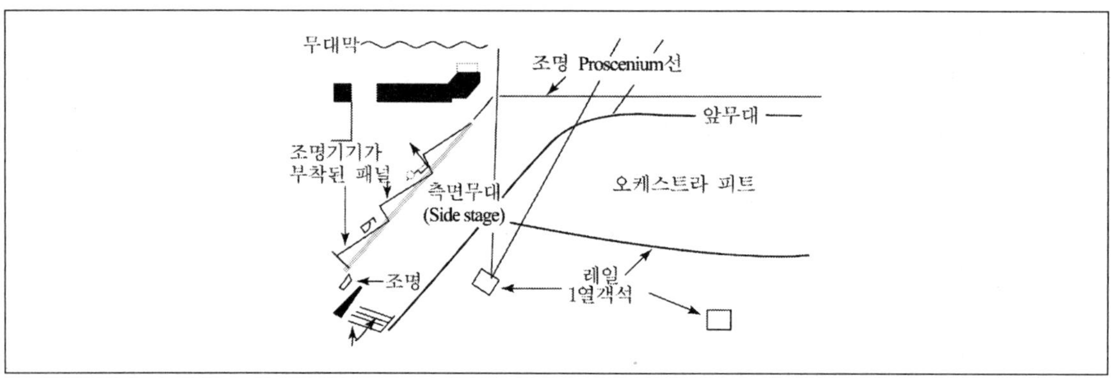

③ **연기부분의 무대**(Acting area) ··· 앞무대에 대해서 커튼라인의 안쪽 무대를 뜻한다.

④ **무대의 폭** ··· 프로세니움 아치폭의 2배 정도로 한다.

⑤ **무대의 깊이** ··· 프로세니움 아치폭 정도 이상으로 한다.

⑥ **무대의 크기**

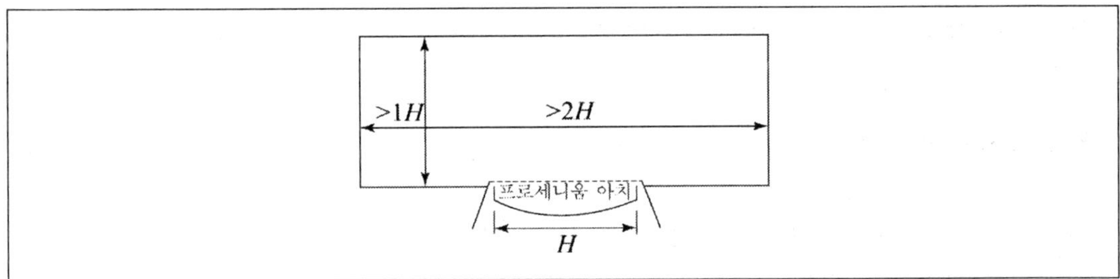

㈱ **연극**
- 폭 : 10 ~ 17m
- 높이 : 6.5 ~ 9m

㈲ **뮤지컬**
- 폭 : 13 ~ 14m
- 높이 : 8 ~ 9m

㈳ **오페라**
- 폭 : 20m
- 높이 : 9 ~ 12m

⑦ **사이클로라마**(무대의 뒷배경 : Cyclorama horizont)

㈱ 무대 제일 뒤쪽에 설치하는 무대배경용 벽이다.

㈲ 곡면벽으로 여기에 광선 등을 투사하여 여러 영상을 연출할 수 있다.

㈳ 무대의 양옆, 뒤를 보이지 않게 하는 Masking의 역할을 한다.

⛆ 사이클로라마의 평면적 위치 ⛆

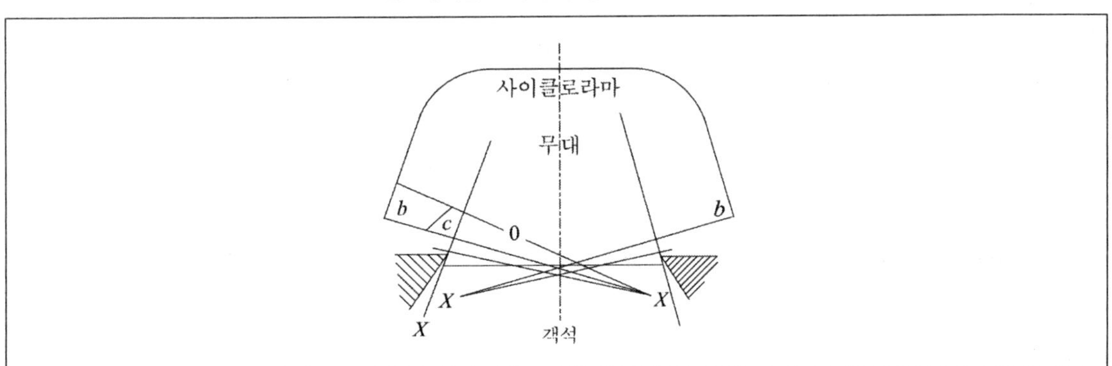

(2) 무대의 단면

① **플라이 로프트**(Fly loft) ··· 무대의 상부공간으로 프로세니움 높이의 4배 정도가 이상적이고, 최소 3배 이상으로 한다.

② **플라이로프르 관련시설**

ㄱ 그리드 아이언(Grid iron)
- 무대의 천장 밑에 위치하는 곳에 철골로 촘촘히 깔아 바닥을 이루게 한 것이다.
- 배경, 조명기구, 연기자, 음향 반사판 등을 매어 달 수 있다.
- 무대천장 밑의 제일 낮은 보 밑에서 1.8m의 위치에 바닥이 위치하도록 한다.

ㄴ 플라이 갤러리(Fly gallery)
- 그리드 아이언에 올라가는 계단과 연결되도록 무대 주위의 벽에 6 ~ 9m 정도의 높이, 1.2 ~ 2m 정도의 폭으로 설치되는 좁은 통로를 말한다.
- 조명이나 눈이 내리는 장면을 위해 사용된다.

ㄷ 록레일(Lock rail) : 와이어 로프를 한 곳에 모아서 조정하는 장소를 말한다.

ㄹ 로프트 블록(Loft block) : 그리드 아이언에 설치된 활차이다.

ㅁ 파이프 배턴(Pipe battern) : 긴 철봉으로 배경 등을 단다.

ㅂ **잔교**(Light bridge)
- 프로세니움 바로 뒤에 접하여 설치된 발판이다.
- 조명을 조작하거나 비나 눈이 내리는 장면을 연출할 때 필요하다.

ㅅ 티서(Teaser)
- 객석의 중앙부 단면(좌석의 눈 위치)에서 무대 윗부분을 가리기 위한 장치이다.
- 프로세니움 아치의 높이이다.

ㅇ 매스킹 보더
- 객석의 앞쪽에서(좌석의 눈 위치) 무대 상부를 가리기 위한 장치이다.
- 무대 중간부분에 설치한다.

◎ **무대상부 기구 설명도** ◎

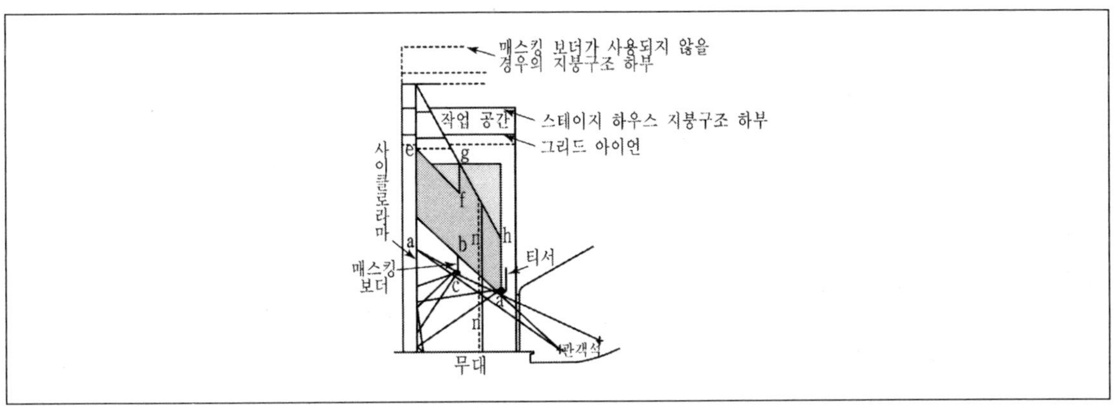

(3) 프로세니움 아치(Proscenium arch)

① **개념** ··· 관람석과 무대 사이에 설치할 격벽의 개구부의 틀로 개구부를 통해 극을 관람하게 된다.

② **역할**

  ㉠ 조명기구나 막으로 막아서 후면무대를 가리는 역할을 한다.

  ㉡ 그림에 있어서 액자와 같이 관객의 눈을 무대로 향하게 하는 시각적인 효과를 낸다.

(4) 오케스트라 박스(Orchestra box, Orchestra pit)

① 오페라, 연극 등의 경우 음악을 연주하는 곳이다.

② 객석의 최전방 무대의 선단에 두도록 한다.

③ 넓이는 적게는 10 ~ 40명, 많게는 100명 내외로 하고 점유면적은 1인당 1㎡ 정도로 한다.

(5) 프롬프터 박스(대사 박스 : Prompter box)

① 무대 중앙에 설치하여 프롬프터가 들어가는 박스이다.

② 객석쪽은 둘러싸고 무대측만을 개방하여 대사를 불러준다.

③ 기타 연기의 주의환기를 하는 곳이다.

(6) 그린룸(Green room)

① 출연자의 대기실이다.

② 무대와 가깝고 무대와 같은 층에 둔다.

③ 보통 30㎡ 이상 정도의 크기로 한다.

(7) 앤티룸

① 무대와 그린룸 가까이에 위치한다.

② 배우가 출연하기 직전에 기다리는 방이다.

2 영화관

① 스크린의 위치 및 면적계획

(1) 스크린의 위치

① 최전열 객석에서 스크린폭의 최소 1.5배 이상으로 한다.

② 보통 최전열 객석으로부터 6m 이상으로 한다.

③ 뒷벽면과의 거리는 1.5m 이상으로 한다.

④ 높이는 무대 바닥면에서 50 ~ 100㎝ 정도로 한다.

(2) 면적계획

① **연면적**

    ㉠ 영화관 : 1 ~ 1.4㎡/1인당

    ㉡ 일반영화관 : 1.4 ~ 2.0㎡/1인당

    ㉢ 공회당 : 2 ~ 3㎡/1인당

    ㉣ 오페라하우스 : 3.5 ~ 5㎡/1인당

② **객석의 바닥면적** ⋯ 1객석당 종 · 횡통로를 포함해서 0.5㎡ 정도로 한다.

③ **용적**

　㉠ 영화관 : 4 ~ 5㎡/1객석당

　㉡ 음악홀 : 5 ~ 9㎡/1객석당

　㉢ 공회당 다목적 홀 : 5 ~ 7㎡/1객석당

② 기타 시설계획

(1) 영사실의 계획

① 출입구의 폭은 70㎝ 이상, 높이는 175㎝ 이상으로 한다.

② 개폐방법은 외여닫이로 하고 차폐방화문을 단다.

③ 영사실과 스크린과의 관계는 영사각이 작을수록 이상적(0°가 최적)이나 최소평균 15° 이내로 한다.

④ 영사실의 최대거리는 40m이다.

⑤ 반드시 환기창을 설치해야 한다.

⑥ 반드시 천장에 흡음재를 설치해야 한다.

(2) 객석의 시선관계

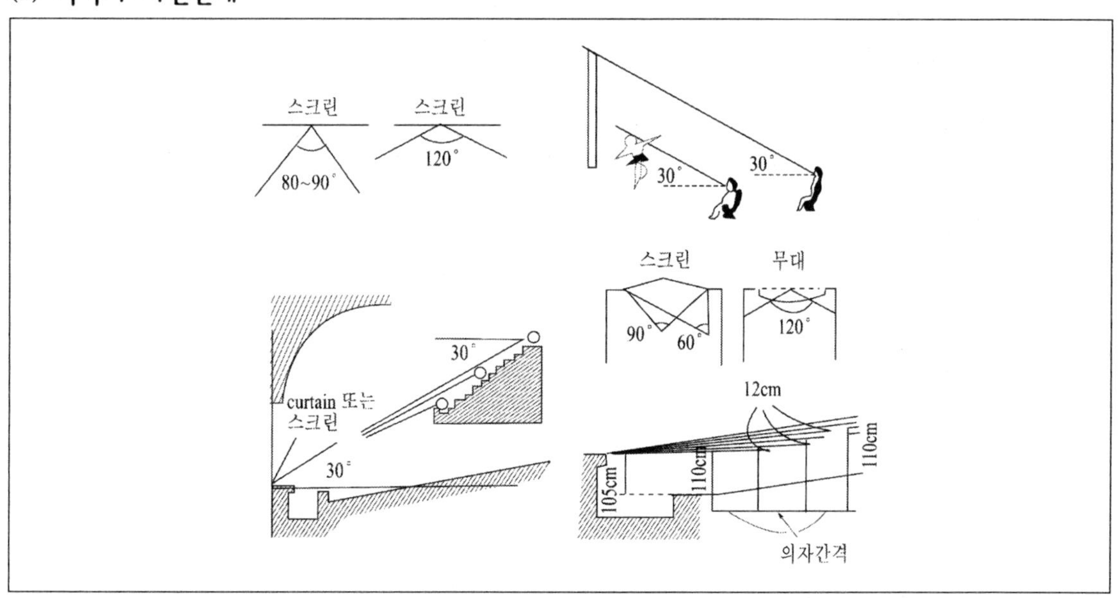

01 출제예상문제

1 다음 중 프로세니움 극장에 대한 설명으로 옳지 않은 것은?

① 다양한 배경의 창출이 가능하다.

② 강연, 음악, 연극공연에 좋으며 일반극장의 대부분이 이에 속한다

③ 무대 가까이서 관람할 수 있다.

④ 광원, 장치 등을 관객에게 보이지 않고도 다양한 연출이 가능하다

⑤ 무대 전면의 오케스트라 박스 등을 이용해서 에이프런 스테이지(Apron stage)로 사용할 수 있다

> **note** ③ 연기자는 제한된 한 방향으로만 관객을 대하기 때문에 스테이지 가까이에 많은 관객을 둘 수 없다.

2 다음 극장의 평면형태 중에서 Open stage에 속하지 않는 것은?

① End stage ② Three-side stage

③ Proscenium stage ④ Arena stage

> **note** ④ 무대를 객석이 360° 둘러싼 형식으로 Open stage에 속하지 않는다.
> ※ 오픈 스테이지(Open stage) … 무대를 중심으로 객석이 동일공간에 있는 형을 말한다.

Answer 1.③ 2.④

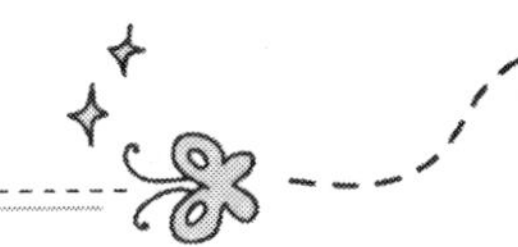

3 극장의 관객석으로부터 무대중심을 볼 수 있는 1차, 2차 허용한도는 각각 얼마인가?

① 15m, 22m
② 22m, 35m
③ 15m, 35m
④ 22m, 45m

> **note** 가시거리의 한계
> ㉠ 생리적 한도 : 15m 이하
> ㉡ 1차 허용한도 : 22m까지
> ㉢ 2차 허용한도 : 35m까지

4 극장의 평면형식에서 Open stage 방식 중 각도가 없는 관객석을 가진 형태는?

① 그리스 형식
② 로마 형식
③ 부채꼴 형식
④ 앤드 스테이지 형식
⑤ 애리나 스테이지 형식

> **note** Open stage의 종류
> ㉠ 그리스 형식 : 관객이 210°로 둘러싼 형
> ㉡ 로마 형식 : 관객이 180°로 둘러싼 형
> ㉢ 부채꼴 형식 : 관객이 90°로 둘러싼 형
> ㉣ 앤드 스테이지(End stage) 형식 : 각도가 없이 관객에게 둘러싸인 형

5 극장객석의 음향계획에 있어서 소음을 방지하기 위한 방법으로 옳지 않은 것은?

① 객석 내의 소음은 30 ~ 35dB 이하로 한다.
② 출입구를 밀폐하고 도로면은 피하도록 해야 한다.
③ 영사실 천장에는 반드시 반사재를 설치한다.
④ 창과 문은 2중으로 설치하도록 한다.

> **note** 객석의 소음방지법
> ㉠ 객석 내의 소음은 30 ~ 50dB 이하로 한다.
> ㉡ 창은 2중창, 문은 2중문을 설치한다.
> ㉢ 출입구는 밀폐하고 도로면은 피하도록 한다.
> ㉣ 영사실의 천장에는 반드시 흡음재를 설치한다.
> ㉤ 공기의 난류에 의한 소음방지를 위해서 덕트를 유선화하도록 한다.

Answer   3.② 4.④ 5.③

6 다음 중 극장의 좌석배열에 관한 설명으로 옳지 않은 것은?

① 객석의 구배는 1/8 정도로 한다.

② 통로의 폭은 세로 80㎝ 이상, 가로 100㎝ 이상으로 한다.

③ 편측통로의 폭은 60 ~ 100㎝로 한다.

④ 객석이 횡렬 7석 이상일 경우 전후간격은 85㎝ 이상으로 한다.

> **note** ① 구배는 $\frac{1}{10}\left(\frac{1}{12}\right)$ 정도로 한다.

7 다음 중 영화관 계획에 있어서 옳지 않은 것은?

① 객석의 바닥면적은 종 · 횡을 포함하여 1인당 0.5㎡ 정도로 한다.

② 스크린은 무대바닥면에서 50 ~ 100㎝의 높이에 설치하도록 한다.

③ 영사실에는 따로 환기창을 설치할 필요가 없다.

④ 스크린과 뒷벽과의 간격은 1.5m 이상으로 한다.

> **note** 영사실의 계획
> ㉠ 영사기기의 열을 방출하기 위해서 반드시 환기창이 필요하다.
> ㉡ 출입구의 폭은 70㎝ 이상, 높이는 175㎝ 이상으로 한다.
> ㉢ 개폐방법은 외여닫이로 하며 자폐방화문을 달도록 한다.
> ㉣ 영사실과 스크린과의 관계는 영사각이 0°가 되는 것이 최적이나 최소 15° 이내로 한다.
> ㉤ 영사실의 최대거리는 40m이다.

8 극장의 오픈 스테이지(Open stage) 형식의 설명으로 옳지 않은 것은?

① 다른 형식에 비해서 관객이 좀 더 근접하게 관람할 수 있다.

② 무대를 관객이 360° 둘러싼 형이다.

③ 연기자는 관객석의 사이나 무대의 아래로 출입하도록 한다.

④ 무대와 객석이 동일공간에 있는 형을 뜻한다.

> **note** 오픈 스테이지는 객석과 무대가 동일공간에 있는 것으로 무대의 대부분을 관객이 둘러싸고 많은 사람들을 시각거리 내에서 수용되도록 하는 방식이다.
> ② 무대를 관객이 360°로 둘러싼 형식은 애리나 스테이지(Arena stage)이다.

Answer 6.① 7.③ 8.②

9 극장의 각 부의 간단히 설명이 잘못 짝지어진 것은?

① 플라이 갤러리(Fly gallery) – 무대의 상부

② 프롬프터 박스(Prompter box) – 대사 박스

③ 매스킹 보더(Masking border) – 좌석의 눈 위치에서 무대 상부를 가리는 곳

④ 그린룸(Green room) – 출연자 대기실

> **note** ① 플라이 갤러리는 그리드 아이언에 올라가는 계단과 연결되게 무대 주위의 벽에 설치되는 좁은 통로이다.
> ※ **플라이 로프트**(Fly loft) ⋯ 무대의 상부

10 영화관의 수용인원이 1,000명인 경우에 객석을 의자식으로 하면 바닥면적은 얼마인가?

① 300㎡
② 500㎡
③ 800㎡
④ 1,000㎡
⑤ 1,500㎡

> **note** 영화관은 1객석당 0.5㎡ 정도(종 · 횡통로 포함)이므로 1,000×0.5 = 500㎡

11 영화관의 영사실에서 스크린까지 영사각은 최소평균 어느 정도 이내로 해야 하는가?

① 0°
② 15°
③ 20°
④ 25°
⑤ 30°

> **note** 영화관의 영사실과 스크린과의 관계는 영사각이 0°가 되는 것이 최적이나 최소평균 15° 이내로 한다.

12 극장에서 무대 제일 뒤쪽에 설치하는 무대의 배경을 무엇이라 하는가?

① 사이클로라마(Cyclorama horizont)

② 그린룸(Green room)

③ 오케스트라 박스(Orchestra box)

④ 프로세니움 아치(Proscenium arch)

> **note** 사이클로라마
> ㉠ 무대 제일 뒤쪽에 설치하는 무대의 배경을 말한다.
> ㉡ 곡면의 벽이다.
> ㉢ 사이클로라마에 광선, 투사, 무지개 등 영창을 연출하도록 하는 장치이다.
> ㉣ 무대의 양 옆과 뒤를 보이지 않게 하는 매스킹의 역할도 한다.

13 무대평면에서 앞 무대를 뜻하는 것으로서 막을 경계로 객석 쪽으로 나온 부분은?

① 측면무대(Side stage)

② 연기부분무대(Acting stage)

③ 사이클로라마(Cyclorama horizont)

④ 에이프런 스테이지(Apron stage)

> **note** ① 객석의 측면벽을 따라 돌출된 부분
> ② 앞 무대에 대해서 커튼 라인의 안쪽 무대
> ③ 무대 제일 뒤쪽에 설치하는 무대의 배경

Answer   12.① 13.④

전시시설

Chapter 02

1 기본계획

① 입지조건과 규모

(1) 입지조건

① 도심 지구와 주거지역의 중간적 지역에 위치하도록 한다.

② 대중이 용이하게 갈 수 있는 위치로 한다.

③ 매연, 소음, 화재로부터 피해가 없어야 한다.

④ 일상생활과 밀접한 장소여야 한다.

(2) 규모

① 미술관의 경우 10,000명당 외면적이 650㎡ 정도 필요하다.

② 전시실만의 면적은 총면적의 50% 정도가 된다.

② 유형

(1) 콜렉션형(Colletions)

① 테마가 명확하고 전시자료나 활동이 한정된다.

② 내용과 결부되어진 독자적인 공간을 갖을 수 있다.

③ 보존연구를 제1목적으로 한 소규모의 예가 많다.

(2) 프리젠테이션형(Presentation)

① 전시품이 한정되지 않으므로 자유도가 높은 전시공간을 필요로 한다.

② 공립미술관이 이에 속한다.

(3) 커뮤니케이션형(Communication)

① 아틀리에나 시민 갤러리, 이벤트를 위한 것, 건축공간에 개방시킨 것 등이 포함된다.

② 미술관도 단순히 보는 곳에서 직접 참가하는 장소로 변화되고 있다.

2 세부계획 및 특수 전시법

① 세부계획

(1) 동선의 계획

① 전시실의 주동선 방향이 정해지게 되면 각각의 전시실은 입구에서 출구까지 연속 동선으로 고려되어야 한다.

② 동선이 교차되거나 역순되는 것은 피해야 한다.

③ **관객의 순환방향**

　㉠ 관객은 일반적으로 좌측으로 순회한다.

　㉡ 좌측으로 순회하면서 우측 벽을 바라보려고 한다.

④ **전시벽면과 동선과의 관계**

　㉠ 연속된 평면의 전시벽면 : 입구와 출구가 분리되어 명료하게 한정된 동선을 가진다.

　㉡ 분리된 양면의 전시벽면 : 입구와 출구가 분리되어 명료하게 한정된 동선을 가진다.

　㉢ 연속된 양면의 전시벽면 : 입구와 출구가 공통되어 더욱 명료하게 한정된 동선을 가진다.

　㉣ 나선형상으로 배치된 양면의 전시벽면 : 입구와 출구가 공통되어 더욱 명료하게 한정된 동선을 가진다.

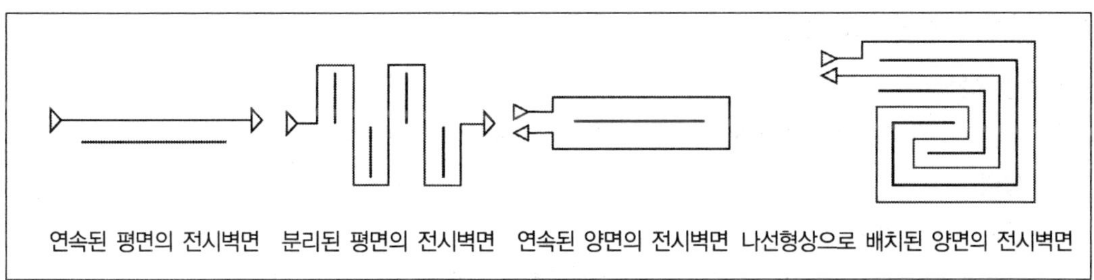

ⓜ 분리된 양면의 전시벽면

- 입구와 출구가 공통되어 교차되는 동선을 가진다.
- 입구와 출구가 공통되어 분기되는 동선을 가진다.
- 입구와 출구가 공통되어 교차로 분기되는 동선을 가진다.

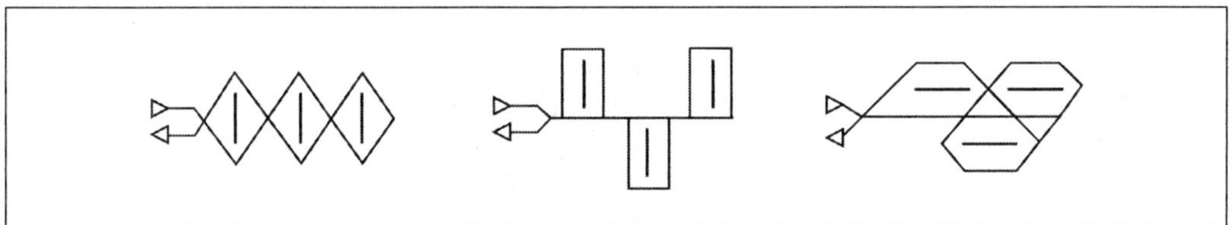

(2) 면적의 구성

① 전시공간은 미술관의 경우에 연면적의 50% 이상을 차지하며 박물관의 경우 30~50% 정도를 차지한다.

② **용도별 면적의 구성**

구분	면적(%)
전시	40~50
교육·보급	4~8
수집·보관	10~15
조사·연구	3~8
관리	7~8
기타	30

(3) 전시실 순로형식별 특징

① 연속순로형식

ㄱ) 개념 : 다각형 또는 구형의 각 전시실을 연속적으로 연결한다.

ㄴ) 장점

- 단순하고 공간이 절약된다.
- 소규모 전시실에 적합하다.(작은 부지면적에서도 가능·편리)
- 전시하는 벽면을 많이 만들 수 있다.
- 단순한 것, 복잡한 것, 2·3층의 입체적 방식도 가능하다.

ㄷ) 단점 : 많은 실을 순서별로 통해야 하기 때문에 1실을 닫게 되었을 때 전체동선이 막히게 된다.

ㄹ) 독립기념관이 이에 속한다.

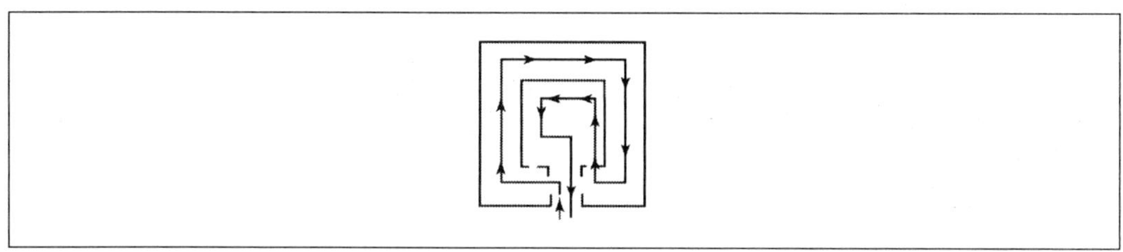

② 갤러리(Gallery) 및 코리도(Corridor) 형식

ㄱ) 개념 : 연속된 전시실의 한쪽 복도에 의해서 각 실을 배치하는 형식을 말한다.

ㄴ) 특성

- 각 실에 직접 들어갈 수 있다.
- 필요시에 따라 자유로이 독립적으로 폐쇄할 수가 있다.
- 복도 자체도 전시공간으로 이용이 가능하다.
- 복도가 안뜰을 포위해서 순로를 구성하는 경우도 많다.
- 과천의 현대미술관, 르 꼬르뷔제의 성장하는 미술관이 이에 속한다.

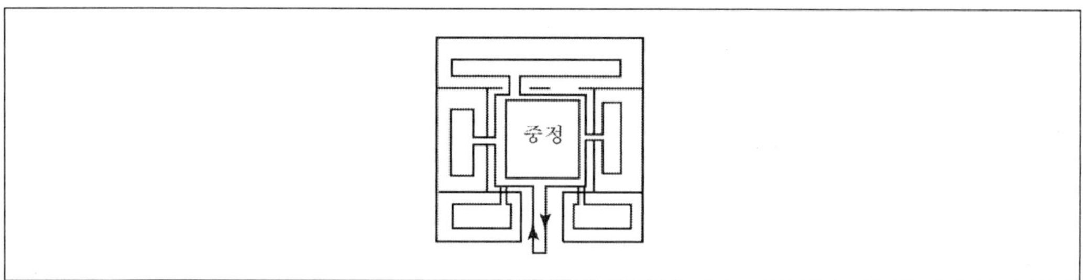

③ 중앙 홀형식

ㄱ) 개념 : 중앙부에 하나의 큰 홀을 두고서 그 주위에 각 전시실을 배치해서 자유로이 출입하도록 하는 형식을 말한다.

ⓛ 특성

- 과거에 많이 사용한 평면이다.
- 중앙의 홀에 높은 천창을 설치하여 고창으로부터 채광을 하도록 하는 방식이 많았다.
- 부지의 이용률이 높은 지점에 건립할 수 있다.
- 중앙의 홀이 크게 되면 동선의 혼란은 없으나 장래의 수평적 확장에 곤란하다.
- 구겐하임 미술관, 아틀란타 미술관 등이 이에 속한다.

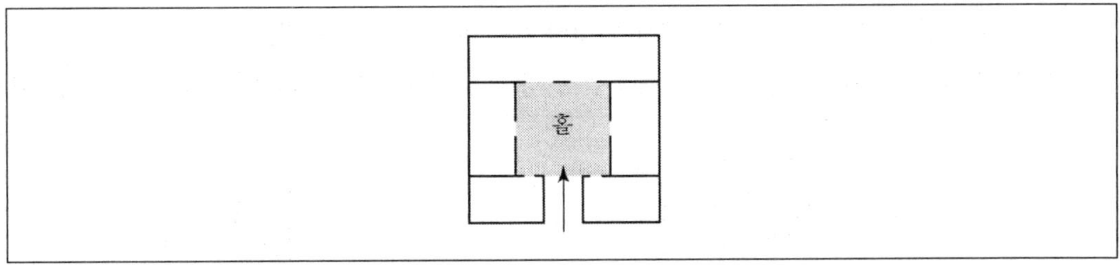

(4) 전시실의 크기

① 마그너스(Magnus)안

ⓗ 천장의 높이는 전시실 폭의 $\frac{5}{7}$ 정도로 한다.

ⓛ 벽면에 진열하는 범위는 바닥에서 1.25 ~ 4.7m까지로 한다. (실의 폭이 11m일 경우)

ⓒ 천창의 폭은 전시실 폭의 $\frac{1}{3} \sim \frac{1}{2}$ 정도로 한다.

ⓔ 벽면의 최고 조도위치는 천장에서 5.3m의 밑점까지로 한다. (실의 폭이 11m일 경우)

② 티드(Tiede)안

ⓗ 회화전시면 : 회화높이의 중심에서 수평선, 실의 중심선, 교차점을 중심으로 원을 그렸을 때 바닥에서 0.95m의 벽면에서부터 회화전시면으로 한다.

ⓛ 45°선과 교차점을 천장 높이와 천창으로 한다.

ⓒ 자연채광의 경우 실의 길이와 폭은 창의 상단 높이와의 관계로 정해진다.

⊚ Tiede안의 실폭과 천장 높이(단위 : m) ⊚

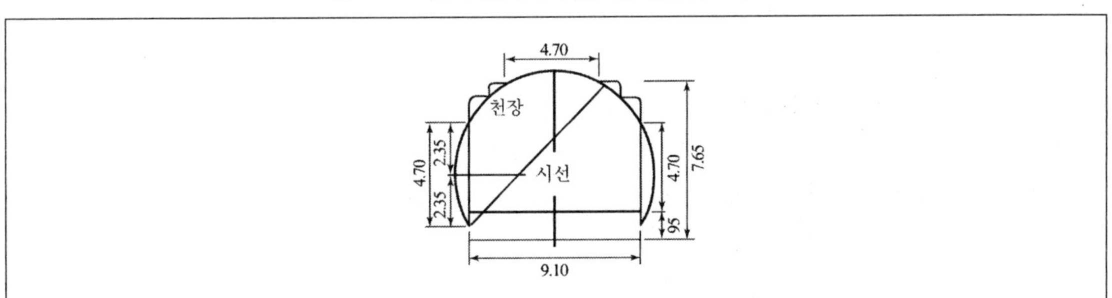

③ **가시벽면고와 최량시각**

　㉠ 실의 길이

　　• 폭의 1.5 ~ 2배 정도로 한다.

　　• 소형은 1.8m 이상, 대형은 6m 이상으로 한다.

　㉡ 시각은 45˚ 이상 떨어져 관람하는 것이 보통이다.(최량시각은 27 ~ 30˚)

　㉢ 실폭은 최소 5.5m이고 큰 전시실에서는 최소 6m 이상, 평균 8m로 한다.

　㉣ 다수의 관객이 통행할 경우에는 2m 이내의 통로 여유가 필요하다.

　㉤ 벽면 전시물에 대한 광원 위치는 눈부심의 방지를 위해서 15 ~ 45˚의 범위에 두도록 한다.

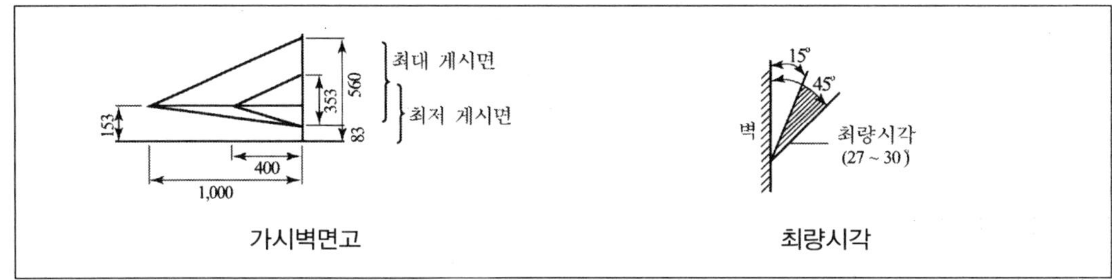

　㉥ 관람객의 위치는 화면의 1 ~ 1.5배 거리에서 눈높이 1.5m를 기준으로 한다.

　㉦ 습도는 60% 정도를 유지한다.

　㉧ 천장고는 3.6 ~ 4.0m 정도로 한다.

> **★TIP 전시공간의 평면유형**
> ㉠ **부채꼴형** : 소규모에 가능하다.
> ㉡ **직사각형** : 가장 일반적으로 많이 사용한다.
> ㉢ **대칭형** : 고건축의 개조 등에서 많이 이용된다.

(5) 채광의 계획

① **채광설계시 주의사항**

　㉠ 우선적인 고려사항

　　• 전시방식의 융통성

　　• 가변적인 조명

　　• 수직 · 수평면 확산의 가능성

　　• 에너지 절약

　㉡ 다층건물시 직접 아래층까지 자연광을 유입한다.

　㉢ 햇빛은 건물의 창문과 옆 건물과의 거리와 높이의 비가 적어도 2 : 1인 경우에 적합하다고 본다.

　㉣ 반사벽은 전시품의 색과 실내온도에 영향을 주므로 주의해야 한다.

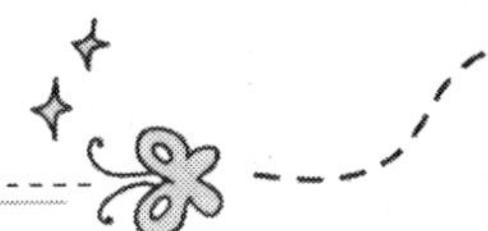

② **채광의 방식**

　　㉠ **정광창 방식**(Top light)

- 천장의 중앙에 천창을 설계하는 방식이다.
- 전시실의 중앙부는 가장 밝게 하여 전시벽면의 조도가 균등하도록 한다.
- 조각 등의 전시실에 적당한 방법이다.
- 유리케이스 내의 공예품 전시물에 대해서는 부적합하다.
- 천창부분을 2중으로 하거나 루버를 설치하여 천창의 직접광선을 막을 수 있도록 한다.

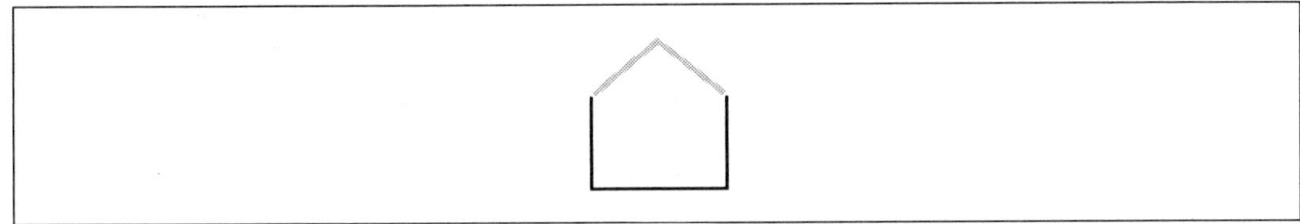

　　㉡ **측광창 방식**(Side light)

- 측면의 창에서 광선을 받아들이는 방법이다.
- 조도가 균일하지 못하다.
- 소규모 전시실 외에는 부적합하고 전시실 채광방식 중 가장 불리하다.
- 열절연 설비, 광선의 확산, 광량의 조절을 병용하는 것이 좋다.

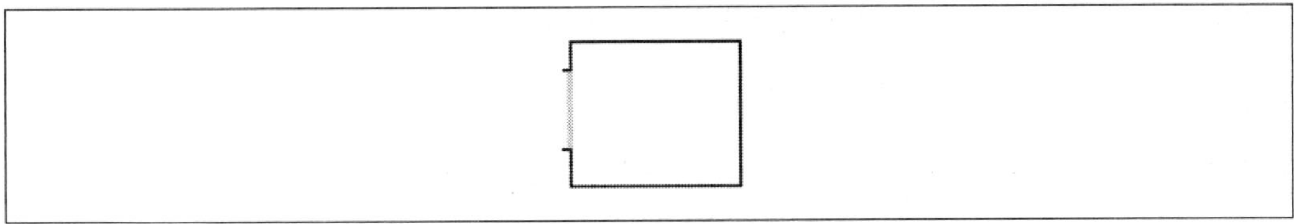

　　㉢ **정측광창 방식**(Top side light monitor)

- 관람자가 서 있는 상부의 천창을 불투명하도록 하여 측벽에 가깝게 채광창을 설치한다.
- 광선이 약할 우려가 있다.
- 가장 이상적인 방법으로 관람자의 위치는 어둡고 전시벽면의 조도가 밝다.

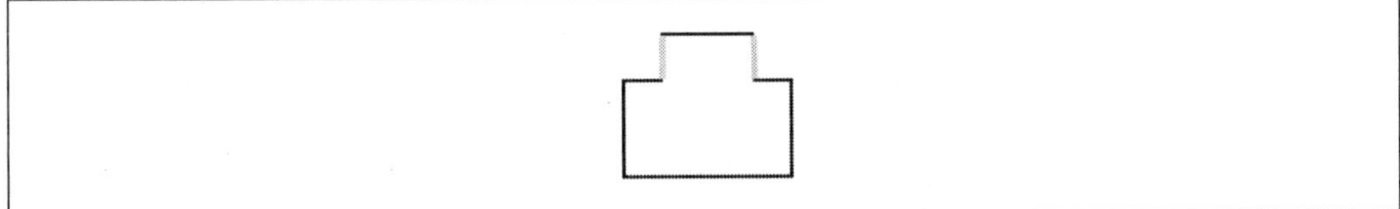

　　㉣ **고측광창 방식**(Clerestory)

- 천장에 가까운 측면에서 채광하는 방식이다.
- 측창식, 정광창식의 절충형이다.
- 천장이 높지 않은 곳에는 설치가 어렵다.
- 관람자의 위치는 밝고 전시벽면의 조도는 어둡다.

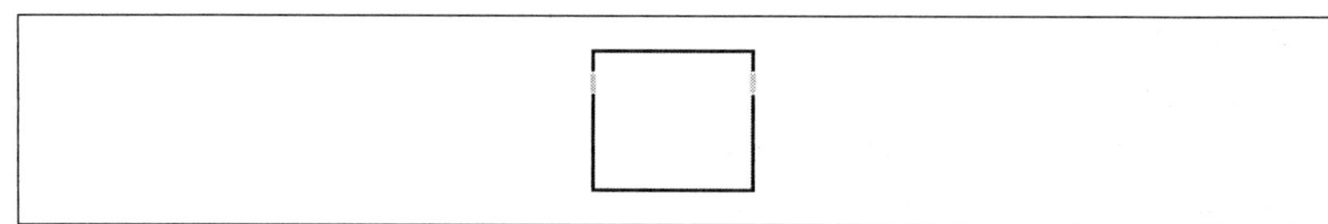

   ⓜ **특수채광 방식**

- 천창은 상부에서 경사방향으로 빛을 도입하여 벽면을 비치게 하는 방식이다.
- 주로 벽면전시물에 조명한다.

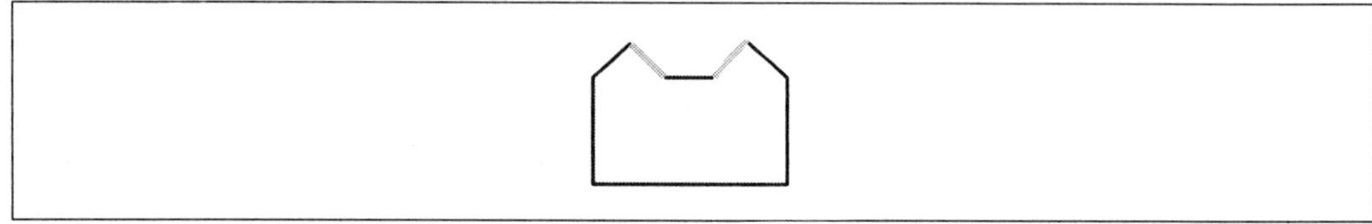

(6) 조명계획

① 광원에 의한 현휘를 방지해야 한다.

② 광색이 적당해야 하며 변화가 없어야 한다.

③ 관람자의 그림자가 전시물 위에 생기지 않아야 한다.

④ 실내의 휘도 · 조도의 분포가 적당해야 한다.

⑤ 화면, 케이스 유리면 등에 다른 영상이 반사되지 않도록 한다.

⑥ 전시물은 항상 적당한 조도로 균일해야 한다.

⑦ 대상에 따라 필요한 점광원을 고려하도록 한다.

◉ 광원의 위치 ◉

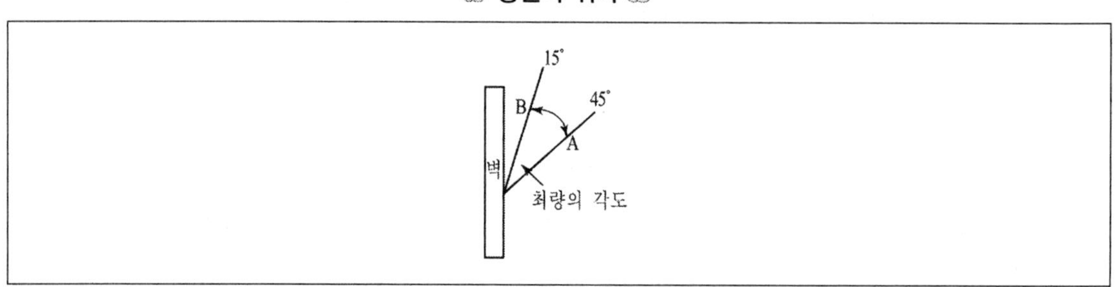

② 특수 전시기법

(1) 하모니카 전시(Harmonica)

① 전시의 평면이 하모니카 흡입구처럼 동일공간에 연속적으로 배치되는 방법

② 동일한 종류의 전시물을 반복하여 전시할 경우에 적합하다.

(2) 파노라마 전시(Panorama)

연속적인 주제를 선적으로 관계성 깊게 표현하기 위해 전경으로 펼쳐지도록 연출하는 기법이다.

① 벽면의 전시와 입체물이 병행된다.

② 넓은 시야로 실제 경치를 보고 있는듯한 느낌의 전시가 된다.

◎ 파노라마 전시 ◎

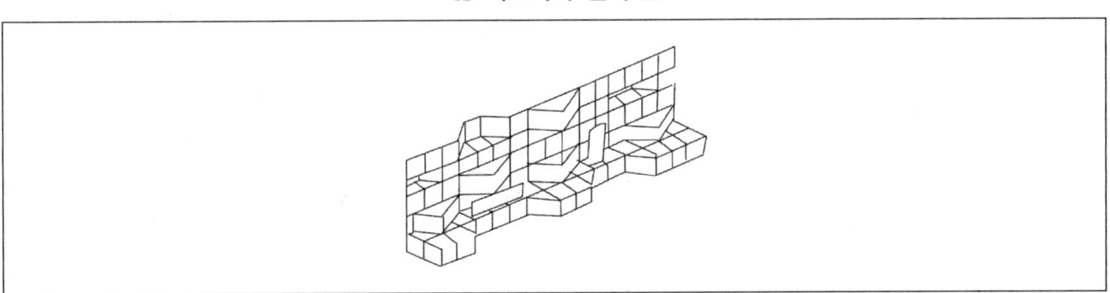

(3) 디오라마 전시(Diorama)

① 현장감에 충실하여 연출한다.

② 하나의 주제를 시간적 상황을 고정시켜서 실제 현장에 임한 듯한 느낌을 연출한다.

③ **필요한 것** … 스피커, 프로젝트, 만곡배면, 반사형, 입체전시물, 유리 스크린, 스포트 라이트, 이동바퀴(잠금장치), 케이블선 등이 필요하다.

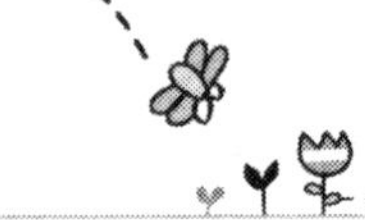

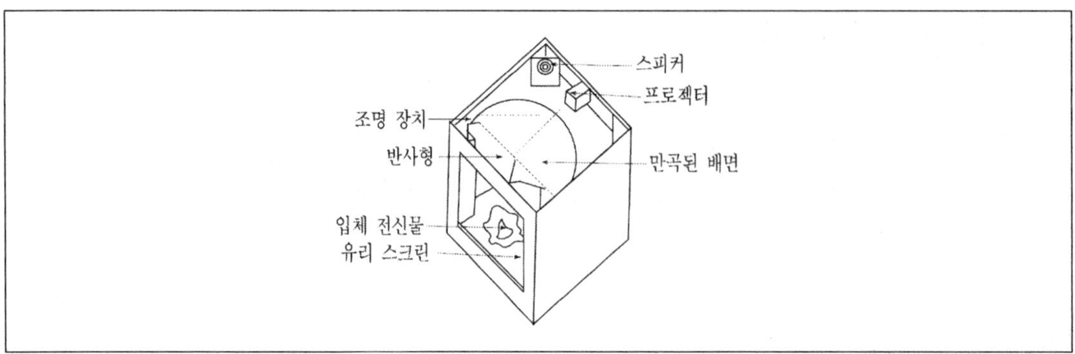

(4) 아일랜드 전시

① 벽, 천장을 직접 이용하지 않고 전시물이나 전시장치에 배치한다.

② 대형 혹은 소형전시물에 유리하다.

③ 평면전시, 입체전시가 가능하다.

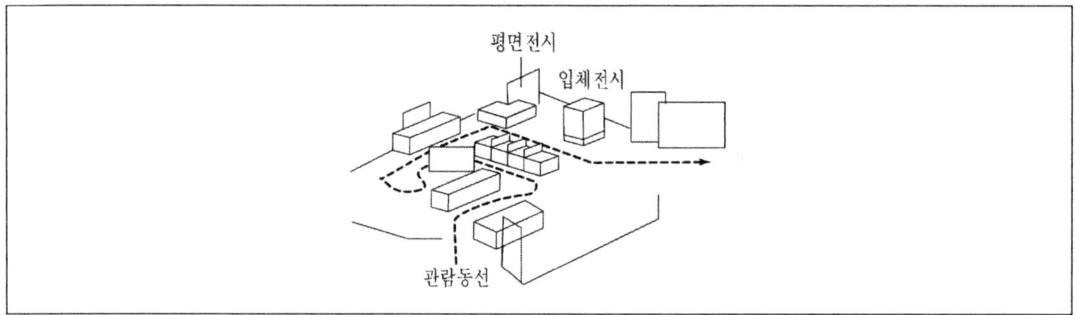

(5) 영상전시

오브제 전시한계를 극복하기 위해 사용되는 것으로 현물을 직접 전시할 수 없는 경우에 사용하는 방식이다.

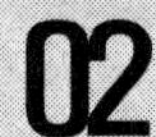

02 출제예상문제

1 다음 중 미술관의 계획에 관한 설명으로 옳지 않은 것은?

① 남쪽의 창을 크게 해서 충분하게 자연채광을 받아 들이도록 한다.

② 소음이 적어야 하며 안정된 분위기에서 감상할 수 있도록 해야 한다.

③ 진열실의 크기는 전시의 목적, 내용, 종류에 따라서 달라진다.

④ 대중이 용이하게 이용할 수 있도록 한다.

> **note** ① 미술관은 직사광선을 차단하여 작품의 변질이 없도록 하며, 조도의 변화가 없도록 균등하게 계획한다.

2 다음 중 미술관의 계획에 대한 설명으로 옳지 않은 것은?

① 전시실의 각각의 실이 독립되어 한 실의 전시만 집중해서 관람할 수 있도록 한다.

② 전시실의 크기는 전시의 종류에 따라서 달라진다.

③ 자연채광을 차단하고 인공조명을 계획한다.

④ 전시실에서 관람자가 전시물을 보기 위한 최량의 시각은 $27 \sim 30°$이다.

> **note** 전시실의 주동선 방향이 정해지게 되면 각각의 전시실은 입구에서 출구까지 연속동선으로 고려되어야 한다. 또한 동선에 있어서 교차되거나 역순이 되는 것을 방지해야 한다.

Answer 1.① 2.①

3 미술관의 전시실 순로형식 중 연속순로형식에 관한 설명이다. 옳지 않은 것은?

① 단순하고 공간이 절약된다.
② 대규모 전시실에 적합한 형식이다.
③ 다각형, 구형의 각 전시실을 연속적으로 연결하는 형식이다.
④ 전시하는 벽면을 많이 만들 수 있다.

> **note** ② 연속순로형식은 소규모 전시실에 적합하며 작은 부지에서도 편리하게 이용하는 것이 가능하다.

4 다음 중 전시실의 조명계획으로 옳지 않은 것은?

① 광원에 의해서 발생하는 현휘를 방지하도록 한다.
② 전시물은 눈에 띄도록 하기 위해 다양한 조도로 변화를 준다.
③ 관람자의 그림자가 전시물 위에 생기지 않도록 한다.
④ 화면, 케이스, 유리면 등에 다른 영상이 반사되지 않도록 한다.

> **note** ② 전시물은 항상 적당한 조도로 균일해야 하며 광색 또한 적당하게 해야 하며 변화가 없어야 한다.

5 전시실의 특수기법 중 벽, 천장을 직접 이용하지 않고 전시물이나 전시장치에 배치하는 방법은?

① 하모니카 전시기법
② 파노라마 전시기법
③ 디오라마 전시기법
④ 아일랜드 전시기법
⑤ 영상 전시기법

> **note** 특수 전시기법의 종류
> ㉠ 하모니카 전시기법 : 전시의 평면이 하모니카 흡입구처럼 동일공간에 연속적으로 배치되는 방법
> ㉡ 파노라마 전시기법 : 벽면의 전시와 입체물이 병행되는 방법
> ㉢ 디오라마 전시기법 : 하나의 주제나 시간적 상황을 고정시켜서 연출하는 방법
> ㉣ 아일랜드 전시기법 : 벽, 천장을 직접 이용하지 않고 전시물이나 전시장치에 배치하는 방법
> ㉤ 영상 전시기법 : 현물을 직접 전시할 수 없는 경우에 사용하는 방법

Answer 3.② 4.② 5.④

6 전시실의 순로형식 중 과거에 많이 사용되었던 것으로 중앙부에 하나의 큰 홀을 두고 그 주위에 각 전시실을 배치해서 자유로이 출입할 수 있도록 하는 방식은?

① 중앙홀 형식과 연속순로형식을 합친 형태
② 연속순로형식
③ 갤러리 및 코리도 형식
④ 중앙 홀형식

> **note** ① 중앙부에 큰 홀 하나를 두고 주위에는 다각형, 구형의 전시실을 두어 연속적으로 연결하는 방식
> ② 다각형·구형의 각 전시실을 연속적으로 연결하는 방식
> ③ 연속되어지는 전시실의 한쪽 복도에 의해서 각 실을 배치하는 방식

7 대규모 미술관의 평면을 계획할 때 전시실의 순회형식으로 옳지 않은 것은?

① 중앙 홀형식
② 갤러리 및 코리도 형식
③ 연속순로형식
④ 혼합형식

> **note** ③ 연속순로형식은 소규모 미술관, 전시실에 적합하다.

8 다음은 미술관의 동선계획을 설명한 것이다. 이 중 옳지 않은 것은?

① 전시실의 주동선 방향이 정해지면 전시실은 입구에서 출구까지 연속동선으로 고려되어야 한다.
② 동선에 있어서 역순이 되거나 교차가 되지 않도록 한다.
③ 연속순로의 형식은 벽면을 많이 만들 수 있다.
④ 관객은 일반적으로 우측으로 순회하면서 우측벽을 바라보려고 한다.

> **note** ④ 미국의 조사에 따르면 관객은 일반적으로 좌측으로 순회하며 우측벽을 바라보려고 한다.

9 미술관의 전시공간은 연면적의 몇 % 이상을 차지하는가?

① 30%
② 40%
③ 50%
④ 60%

> **note** 전시공간은 미술관의 경우에 연면적의 50% 이상을 차지하며, 박물관의 경우에는 30 ~ 50% 정도를 차지한다.

10 다음은 전시실에 관한 설명이다. 이 중 옳지 않은 것은?

① 습도는 60% 정도를 유지하도록 한다.
② 다수의 관객이 통행할 때에는 2m 이내의 여유로운 통로가 필요하다.
③ 시각은 45° 이상 떨어져 관람하는 것이 보통이나 최량시각은 30 ~ 40°이다.
④ 벽면의 전시물은 광원으로부터 눈부심을 방지하도록 한다.
⑤ 관람객의 위치는 화면의 1 ~ 1.5배 거리에서 눈 높이 1.5m를 기준으로 한다.

> **note** ③ 전시실에서 시각은 45° 이상 떨어져 관람하는 것이 보통이며 최량시각은 27 ~ 30°이다.

11 다음 보기는 특수 전시기법 중 어느 기법을 설명한 것인가?

> ㉠ 전시의 평면이 하모니카 흡입구처럼 동일한 공간을 연속적으로 배치한다.
> ㉡ 동일한 종류를 전시물을 반복하여 전시할 때 유리하다.

① 하모니카 전시기법
② 아일랜드 전시기법
③ 파노라마 전시기법
④ 디오라마 전시기법
⑤ 영상 전시기법

> **note** ② 대형 혹은 소형 전시물에 유리하며 벽·천장을 직접 이용하지 않고 전시물이나 전시장치에 배치하는 기법이다.
> ③ 벽면에 전시와 입체물이 병행되어 넓은 시야로 실제 경치를 보고 있는 듯한 느낌이 연출되어 지는 기법이다.
> ④ 하나의 주제를 시간적 상황을 고정시켜 연출되어지는 기법이다.
> ⑤ 현물을 직접 전시할 수 없는 경우에 사용하는 기법이다.

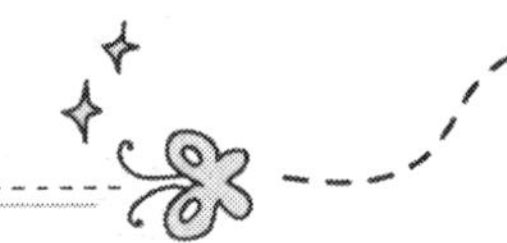

12 전시장에서 어쩔 수 없이 현물을 전시하지 못할 경우에 적용할 수 있는 적당한 전시기법은?

① 하모니카 전시기법   ② 아일랜드 전시기법

③ 파노라마 전시기법   ④ 디오라마 전시기법

⑤ 영상 전시기법

> **note** 영상 전시기법 … 전시장 현장에 전시물을 직접 전시할 수 없을 경우에 영상매체를 이용하여 전시할 수 있다.

13 미술관의 창에 의한 자연채광 형식에 대한 설명 중 옳지 않은 것은?

① 고측광창 형식 – 측광식, 정광식을 절충한 방법이다.

② 정광창 형식 – 천창의 직접 광선을 막기 위해 천창 부분에 루버를 설치하거나 2중으로 한다.

③ 측광창 형식 – 대규모의 전시실에 좋으며 가장 이상적인 방법이다.

④ 정측광창 형식 – 관람자의 위치는 어둡고 전시벽면은 조도가 밝아 효율적인 형태이다.

> **note** 측광창 형식은 측면 창에 광선을 들이는 방식으로, 소규모 전시실 외에는 부적합하다.

체육시설 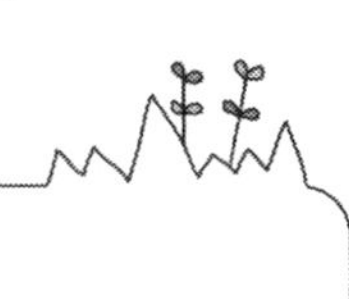

1 기본 계획 

① 기본계획

(1) 옥외노출 운동장 계획

① 옥외노출 운동장의 장축은 남북방향이다.

② 오후의 서향일광을 고려하여 서쪽에 메인스타디움을 둔다.

③ 트랙의 길이는 400m가 일반적이다.

④ 필드는 트랙면보다 배수가 잘 되기 위해 5㎝ 높게 해야 한다.

⑤ 필드의 수평허용오차는 1/1000으로 한다.

⑥ 국제경기용은 최소 6코스를 필요로 한다.

⑦ 맨 앞 관람석의 바닥은 경기장 바닥보다 1m 높아야 하며 트랙에서는 4m이상 거리를 확보해야 한다.

관람석	표준수치
1인당 요구면적	0.4㎡
관람석의 폭(열)	20m (25열)
통로 사이의 최대 좌석 수	24석
1인당 전후거리	80㎝
1인당 폭	50㎝
보행속도	1m/sec

⑧ 공인 경기장으로 지정되려면 거리 공차가 1/10,000이하여야 한다.

⑨ 단심원형은 설계, 시공 등이 간단하고 계측이 용이하며 거리 공차가 적다.

⑩ 2심원형은 필드를 넓게 사용할 수 있는 이점이 있으나 소규모인 경우 트랙을 사용하기에 불편하다.

⑪ 3심원형은 필드를 넓게 사용할 수 있는 반면 계측하기가 어려우며, 주로 구미에서 비교적 많이 채택되고 있다.

⑫ **트랙의 크기** … 트랙의 크기는 400m 트랙이 일반적이며, 이 경우 19,800㎡정도이다. 이외에 350m, 300m, 250m, 200m 트랙이 있다. 거리는 트랙의 일주로서 거리 계측은 트랙 안쪽(필드와 경계선)에서 30㎝ 바깥쪽에 있는 선상에서 측정한다.

⑬ 달리는 방향은 왼손이 안쪽으로 오도록 한다.

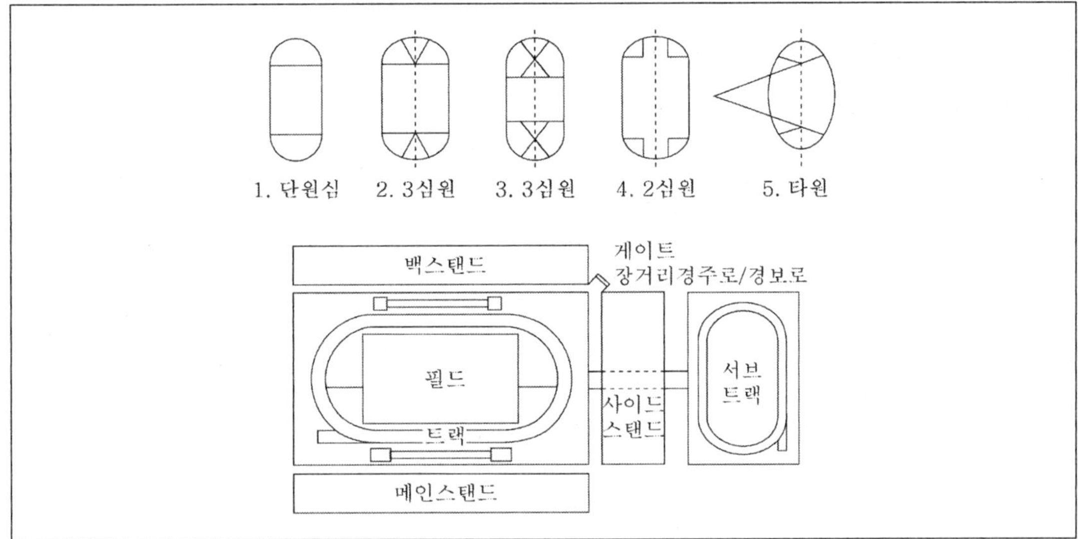

(2) 골프장계획

① 통상적으로 총 18개의 홀(롱홀 4개, 미들홀 10개, 쇼트홀 4개)로 구성된다.

② 18개의 홀의 총 길이는 약 6,383m정도이다.

③ 약 30만평의 면적이 요구된다.

(3) 체육관계획

① 코트 바깥 쪽에 3m이상의 안전역을 확보해야 한다.

② 마룻바닥 하부는 제습, 보수, 진동음 방지 등을 위해 지면과 30～150㎝의 간격을 두어야 한다.

③ 지층에 직접 코트 설치를 할 경우 75㎝～150㎝의 공간을 두고 중층인 경우 층고를 낮추기 위해서는 30～60㎝까지도 가능하나 이 경우 진동음을 방지하기 위해 다공철판을 바닥에 설치하도록 한다.

④ 벽은 높이 2.4m까지 돌기물이 없어야 한다.

⑤ 관람석, 경기장은 동선 상 연결되지 않도록 해야 한다.

⑥ 전, 후열 객석배치는 어긋나도록 해야 한다.

⑦ 기구창고는 경기장 면적의 15%가 적합하다.

종류	길이(m)	폭(m)	높이(m)
농구	26(±2)	14(±1)	7
배구	18	9	12.5
배드민턴	13.4	5.18	7.6
탁구	14	7	4

◎ 경기 종목별 소요 천장높이 ◎

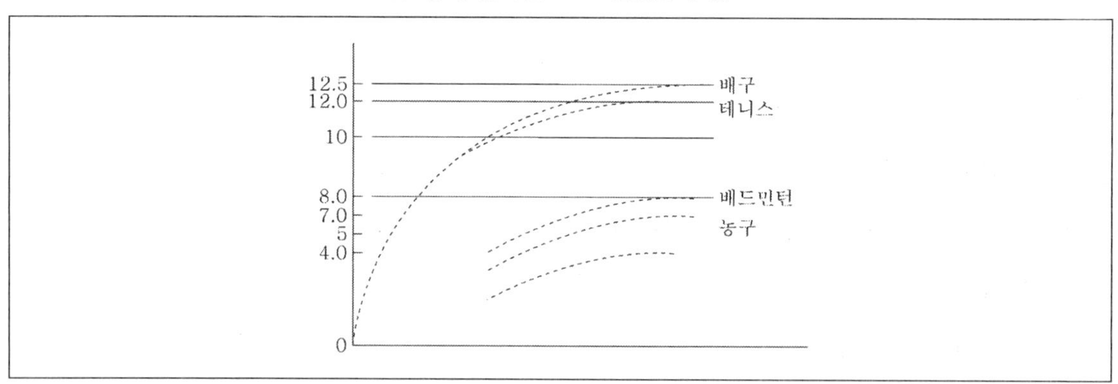

(4) 수영장계획

① **수영장규격**(경영) ··· 길이 50m, 폭 21m, 깊이 1.8m 이상이어야 한다.

② 1번 레인은 출발대로부터 풀을 향하여 가장 오른쪽에 위치한다.

③ 풀은 남북을 축으로 하여 배치한다.

④ 출발은 태양의 눈부심을 피하도록 하기 위해 남쪽에서 한다.

⑤ 남쪽으로 스타트를 한다.

⑥ 수온은 24℃ 이상이어야 한다.

⑦ 배수구는 수영장벽 4면에 설치해야 하며 세로벽 배수구는 수면 위 0.3m로 해야 한다.

⑧ 레인의 수는 8개이며 레인의 폭은 2.5m, 8번 레인 밖으로 50㎝의 간격을 두어야 한다.

⑨ 출발대의 높이는 수면으로부터 0.5 ~ 0.7m이어야 한다.

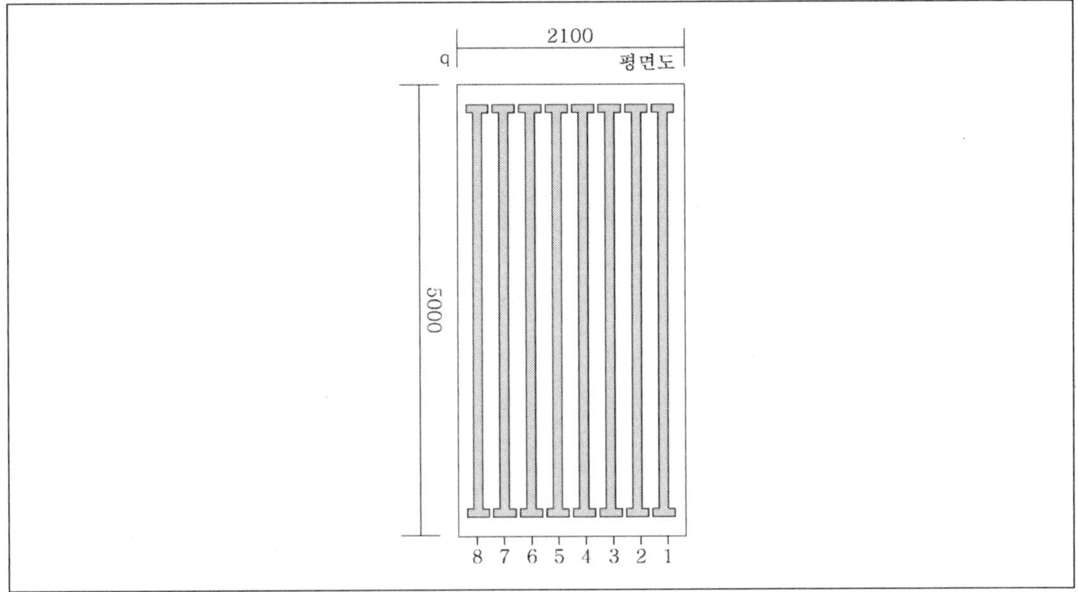

(5) 다이빙

① 독립된 풀을 사용하는 것이 좋다.

② 뜀판 다이빙은 수면에서 뜀판까지의 높이에 의해 1m, 3m로 나뉜다.

③ 하이 다이빙은 수면에서 뜀판까지의 높이에 의해 5m, 10m로 나뉜다.

④ 수중발레의 크기는 최소 12m×12m×3m, 수중 스피커를 준비하고 물은 매우 투명하여 밑바닥을 볼 수 있어야 한다.

건축사

서양건축사

1 고대 건축

건축양식의 발달순서 : 이집트→그리스→로마→초기기독교→사라센→비잔틴→로마네스크→고딕→르네상스→바로크→로코코→고전주의→낭만주의→절충주의→수공예운동→아르누보운동→시카고파→세제션→독일공작연맹→바우하우스, 입체파→유기적 건축→국제주의→포스트모더니즘→레이트 모더니즘

고대건축	이집트, 서아시아(바빌로니아)
고전건축	그리스, 로마
중세건축	초기기독교, 비잔틴, 사라센, 로마네스크, 고딕
근세건축	르네상스, 바로크, 로코코
근대건축	신고전주의, 낭만주의, 절충주의, 건축기술
	수공예운동, 아르누보운동, 시카고파, 세제션운동, 독일공작연맹
	바우하우스, 유기적건축, 국제주의, 거장시대
	팀텐, GEAM, 아키그램, 메타볼리즘, 슈퍼스튜디오, 형태주의, 브루탈리즘, 포스트모더니즘, 레이트모더니즘
현대건축	대중주의, 신합리주의, 지역주의, 구조주의, 신공업기술주의, 해체주의

① 이집트 건축

(1) 시기구분

① **바빌로니아 건축** : 지구라트(각 모서리는 동서남북과 일치)

② **아시리아의 건축** : 주로 석재와 테라코타를 사용

③ **신바빌로니아 건축** : 공중정원(옥상정원) 축조

④ **페르시아 건축** : 석재와 목재가 풍부하여 가구식 구조 축조

⑤ **페니키아 건축** : 셈족으로 이집트 건축의 영향을 받음

⑥ **헤브라이 건축** : 셈족으로 솔로몬 궁전이 있다.

(2) 건축특색

① 재료

　㉠ 석회암, 사암, 화강암 : 채석기술과 석재 쌓는 방법이 발전하였다.

　㉡ 갈대, 파피루스, 점토 : 주거건축에 많이 사용된 재료이다.

　㉢ 흙벽돌 : 성곽, 기념물 등에 사용하다가 차츰 주거에도 사용하였다.

② 기둥의 형식

　㉠ 기하학주(각 기둥) : 4각, 8각, 16각 기둥

　㉡ 식물주 : 로터스 기둥, 파피루스 기둥, 종려 기둥

　㉢ 조각주 : 하도르신 기둥, 오시리스신 기둥

(3) 건축양식

① 분묘건축

　㉠ 육체복귀사상, 영혼불멸사상 등으로 인해 분묘를 영원한 주거로 생각하여 시체를 미이라 분묘에 보관하였다.

　㉡ 분묘의 종류

　　• 마스타바(Mastaba) : 귀족, 위인, 왕의 묘

◎ 마스타바 ◎

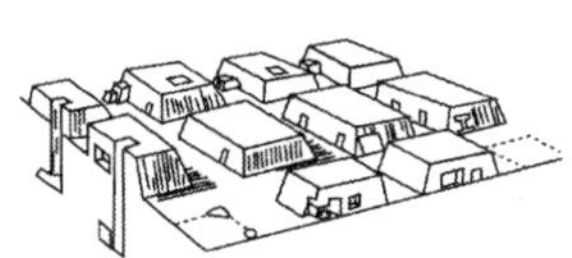

　　• 피라미드(Pyramid) : 제왕의 분묘

◎ 피라미드의 발달과정 ◎

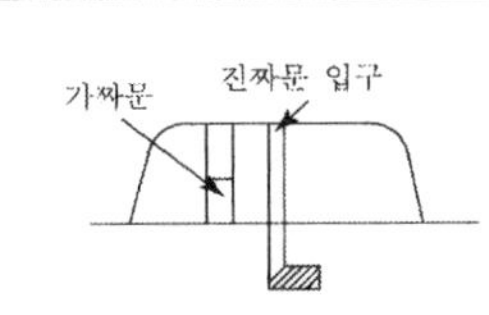

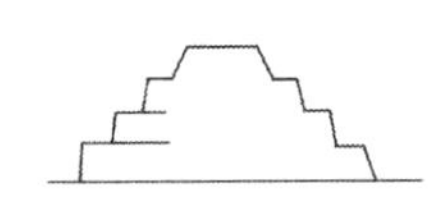
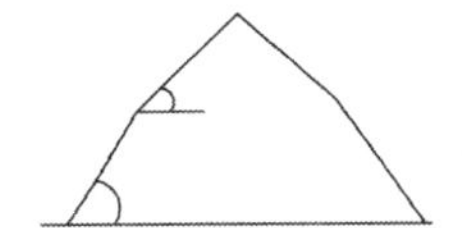
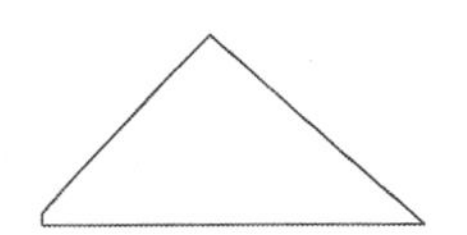

사카라의 마스타바	조세르왕의 단형피라미드	스네프스왕의 굴절피라미드	쿠푸왕의 피라미드
(BC 3,150)	(BC 2,278)	(BC 2,620)	(BC 2,560)

② **신전건축**

　㉠ **주조형식** : 석재의 가구식 구조와 암굴의 일체식 구조를 결합한 형식을 가진다.

　㉡ **평면구성**

　　• **3부분으로 구성** : 중정(Court), 다주실(Hypostyle hall), 성소(Sanctuary)로 구성된다.

　　• **정문에 탑문(Pylon), 그 앞쪽으로는 기념비(Obelisk)가 있는 주축선 중심의 좌우대칭형이다.**

　　　★ TIP 오벨리스크(Obelisk)

　　　　㉠ 긴 석재로 구성된 탑으로 왕권을 상징하기 위해 건립되어졌다.
　　　　㉡ 탑신에 태양송가 · 왕권찬양 등을 음각으로 표현하였다.
　　　　㉢ 정사각형의 기반 위에 4각추의 탑신을 두고 중앙부는 약간 볼록하게 하였다.

　㉢ **내부형태** : 중심부에서 성소로 들어갈수록 천장은 낮아지고 바닥은 높아진다.

　㉣ **외부형태** : 정면의 탑문은 높고, 뒤로 갈수록 단형으로 낮아진다.

　㉤ **건축특징**

　　• 창과 기둥이 없다.

　　• 70˚의 벽체로 구성되었다.

　　• 지붕은 석판재 평지붕이다.

　　• 고창(Clerestory)을 설치하였다.

　　　★ TIP 스핑크스(Sphinx) … 인두수신, 수두인신 형식으로 제작하여 신정, 궁전내부에 안치시키거나
　　　　피라미드에 부속시키기도 했다.

② 서아시아 건축

(1) 시기구분

① **바빌로니아시대** … B.C 4,000 ~ 1,290년

② **앗시리아시대** … B.C 1,290 ~ 626년

③ **신바빌로니아시대** … B.C 626 ~ 578년

④ **페르시아시대** … B.C 578 ~ 333년

(2) 시대적 특징

① 천문학의 발달

② 다신교, 점성술의 발달

③ 과학과 종교의 두 목적으로 지구라트(Ziggurat)를 축조

(3) 건축의 특징

① 구법

  ㉠ Arch구법이 발생하고, 궁륭(Vanlt)이 발달하였다.

  ㉡ 점토의 사용으로 조적식 구법이 발달하였다.

  ㉢ 아치 중에서는 끝이 뾰족한 첨두아치가 많이 사용되었다.

  ㉣ 코르베아치, 첨두아치, 반원형 아치 순으로 아치가 발달하였다.

  ㉤ 목재와 석재의 사용으로 인한 궁륭구법이 발달하였다.

◉ 아치의 발달 ◉

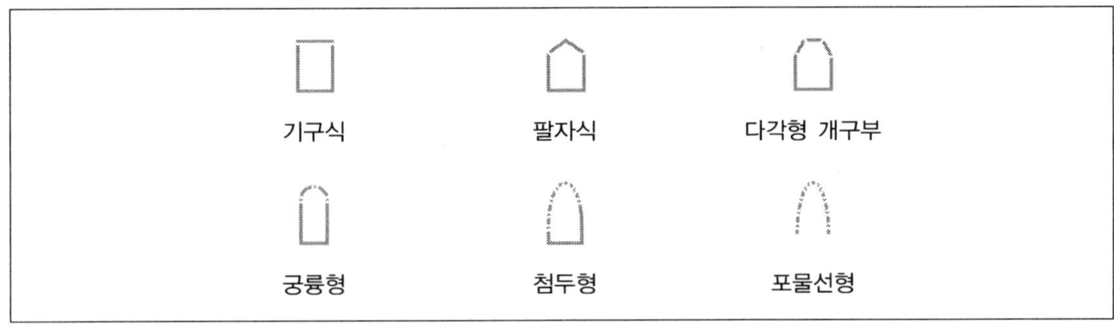

기구식	팔자식	다각형 개구부
궁륭형	첨두형	포물선형

② 도성의 의장특성

  ㉠ **개념** : 고단의 개념(지구라트)과 신의 주거라는 개념을 도입하였다.

  ㉡ **장식**

    • 모든 장식의 중심은 도성 정문에 집중되도록 하였다.

    • 정면아치에 박육조각, 색벽돌 등을 사용하여 여러가지를 장식하였다.

  ㉢ **평면** : 평면으로 연장된 도성의 긴 벽면은 일정한 간격으로 버팀대를 두어 변화를 부여하였다.

  ㉣ **구성미** : 수평면으로 펼쳐져 있도록 한 공간에 수직으로 뻗은 지구라트가 공간의 구성미를 이루었다.

  ㉤ 지구라트, 다리우스 왕의 암굴분묘, 솔로몬 신전 등의 건축이 있다.

> **★TIP** 지구라트(Ziggurat)의 구조 및 특성
>
>   ㉠ **재료**
>
>   • 햇빛에 말린 벽돌, 플라노 컨벡스를 사용
>
>   • 아스팔트 모르타르, 진흙을 접착제로 사용
>
>   ㉡ **평면** : 정방형이나 장방형
>
>   ㉢ **방위** : 모서리 각각이 동서남북을 가리키도록 배치
>
>   ㉣ **내부**
>
>   • 비공간적인 밀적체
>
>   • 위로 갈수록 3단, 5단, 7단으로 구축
>
>   • 최상층에는 하늘에 닿는 사당구축(천체관측소)

ⓜ 기타 : 최상층의 사당으로 가는 계단은 나선계단이나 좌우대칭인 T형 계단으로 축조

구분	피라미드	지구라트
재료	돌	흙벽돌
방향	면이 동서남북	모서리가 동서남북
내부	묘실	밀적체
기능	분묘	관측소의 제단

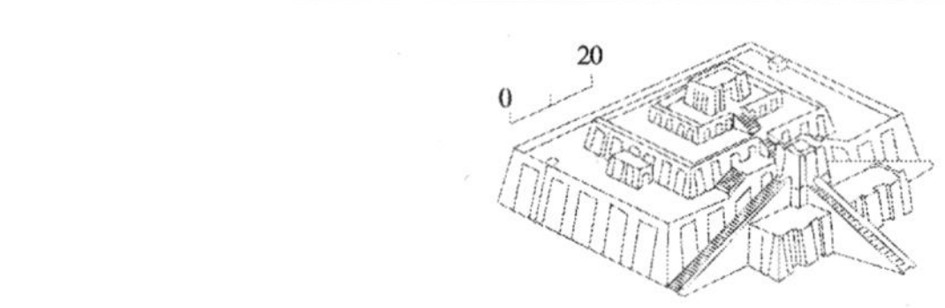

③ 그리스 건축

(1) 시기구분

① **에게(Aegean)시대** … B.C 3,000 ~ 1,100년, 미노아, 미케네시기

② **프레헬레닉(Prehellenic)시대** … B.C 1,100 ~ 476년, 초기

③ **헬레닉(Hellenic)시대** … B.C 476 ~ 330년, 고전시대

④ **헬레니스틱(Hellenistic)시대** … B.C 330 ~ 30년, 후기

(2) 건축특징

① **건축양식의 기원** … 목조건축의 해결책으로 발생한 석조건축

② **성행하던 건축양식**

　ㄱ 이집트와 페르시아의 영향을 받은 신전건축

　ㄴ 경기장, 극장 등 민중건축의 발달

③ **구법** … 포스트 린텔(Post-lintel) 즉, 가구식을 사용하였다.

④ **오더(Order)의 구성**

　ㄱ 기단, 기둥(Column)

　ㄴ 엔터블리처(Entablature)

　ㄷ 박공(= 패디먼트, Pediment)

⑤ 기둥양식

　㉠ 도리아(Doric)식

　• 가장 오래된 양식이다.

　• 남성적인 양식으로 단순함, 장중함을 가지고 있다.

　• 주초가 없고 주신과 주두가 있다.

　• 주신은 착시교정을 위해서 배흘림(=엔타시스, Entasis)으로 시공하였다.

　• 수직성을 강조하기 위해 20줄의 골줄을 두었다.

　• 대표적인 건축물로 파르테논 신전, 포세이돈 신전, 헤라이온 신전 등이 있다.

　㉡ 이오니아(Ionic)식

　• 여성적인 양식으로 우아함, 경쾌함, 유연한 느낌을 가지고 있다.

　• 주초, 주신, 주두가 있다.

　• 배흘림이 덜 하다.

　• 골줄은 표준 24줄로 되어있다.

　• 대표적인 건축물로 에레크테이온 신전, 아르테스 신전, 니케아프로데스 신전 등이 있다.

　㉢ 코린트(Corinthian)식

　• 주두부분에 아칸터스 나뭇잎 장식을 하여 화려하게 보인다.

　• 대표적인 건축물로 올림피에온, 아테네, 풍탑 등이 있다.

기둥양식

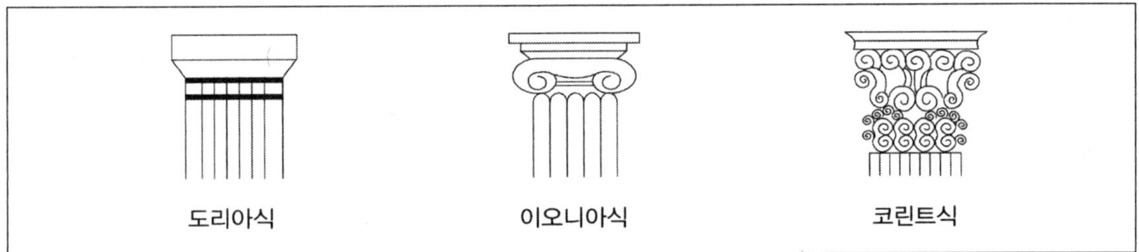

⑥ **장식**··· 조각과 색깔을 많이 사용하고 특수한 아칸터스를 많이 사용하였다.

⑥ 도리아식 엔타블러처 ⑥

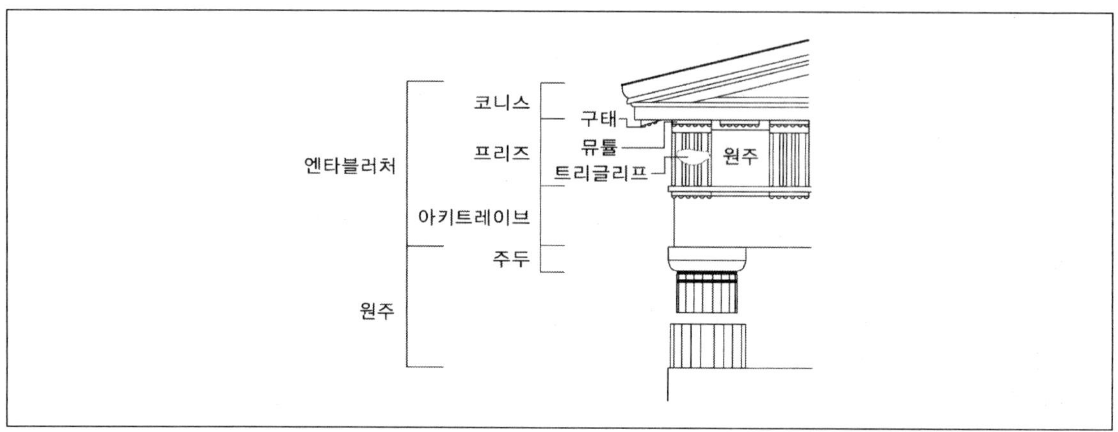

⑦ **구조적 특징**

  ㉠ 가구식 구조로 구성의 척도가 매우 명확하다.

  ㉡ 관념적인 비례(Proportion)에 의해 진보적인 추구를 하였다.

  ㉢ 이등변삼각형의 시스템을 도입하였다.

⑧ **시각의 교정**

  ㉠ 구석기둥은 두껍게 하고 간격도 좁게 한다.

  ㉡ 수평부는 들어올리고, 수직부는 안쏠림을 한다.

  ㉢ 기타 시각교정방법

  • 처마선의 휨

  • 배흘림[＝엔타시스(Entasis)]

  • 기둥 안쏠림

  • 기단의 휨

(3) 대표적인 건축물

① **극장**

  ㉠ 에피라리우스 극장 : B.C 350년

  ㉡ 디오니소스 극장 : B.C 330년

② **경기장**··· 아테네의 스타디움

③ **체육장**··· 올림피아의 팔레스트라

④ **아고라**(Agora) ··· 주변부에 도서관, 의회당, 재판소, 풍탑, 신전 등을 배치하고 중앙은 광장으로 일상품들을 거래하는 시장 또는 시민들이 모여서 논쟁, 음악 등을 하는 장소이다.

⑤ **스토아**(Stoa) ··· 일종의 정자로 벽체가 없고, 지붕과 열주로만 이루어진 개방적인 회랑의 형식을 말한다.

⑥ **파르테논 신전**(아테네 B.C 447 ~ 432년)

    ㉠ 전승의 처녀 신전으로 수호신 아테네(Athene)를 기념하기 위해 지어졌다.

    ㉡ 신의 주거개념(House of Gods)이다.

    ㉢ 전후 8주식인 열주식으로, 외부는(측면 17주) 도리아식, 내부는 이오니아식으로 하였다.

    ㉣ 수평으로 길게 된 기단부분의 중앙부를 약간 올라가게 하여 착시교정을 하였다.

    ㉤ 유동의 곡선과 명암을 강조하였다.

    ㉥ 환경과 조화를 이룬다.

    ㉦ 주초가 없고 주신이 바로 기단에 얹혀있다.

    ㉧ 주신에 배흘림을 주었다.

④ 로마 건축

(1) 에트러스컨(Etruscan) 건축(B.C 753년)

① **건축특성** ··· 아치(Arch)와 배럴볼트를 사용하였다.

② 대표적인 건축물로 에트러스컨 신전, 로마의 클로아카 막시마, 페루기아의 아우구스트 개선문 등이 있다.

(2) 로마 건축(B.C 300 ~ 356년)

① **건축특성**

    ㉠ 재료

      • 대리석, 응회암, 트래버틴 등의 석재를 주로 사용하였다.

      • 콘크리트를 발명하였다.

    ㉡ 구조

      • 아치와 궁륭을 병용한 아케이드 아치와 기둥을 자유로이 조합하여 사용하였다.

      • 벽돌로 리브를 만들거나, 볼트, 교차볼트, 돔 등을 사용하였다.

      • 그리스 건축의 가구식 구조를 채용하였다.

      • 아치, 볼트 및 돔을 장식적 기법으로 활용하였다.

• 에트러스컨 건축에서 인용하여 기둥, 보, 아치 등에 구조체로 활용하였다.

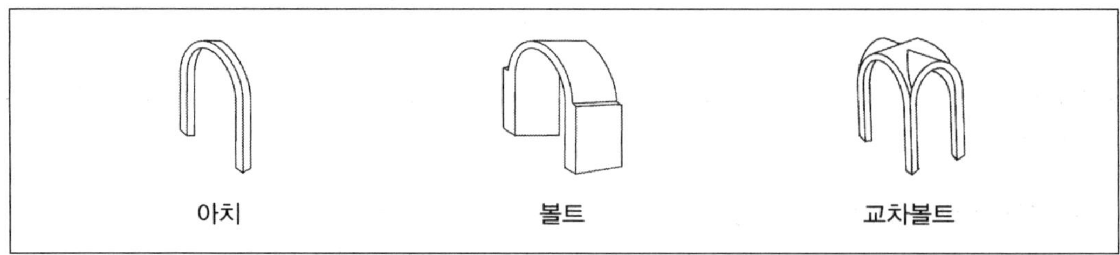

	그리스 건축	로마 건축
건물형태	신전	바실리카, 원형경기장, 목욕장
스타일	직사각형	원형, 타원형, 복합형
재료	대리석	콘크리트
구조	기둥과 보	궁형아치, 볼트, 돔
특징	기둥	아치
강조	외부의 조작적 형태	내부 공간, 효율성
천장	낮음	위로 솟음
실내	작고 비좁음	넓음
도시중심	스토아로 구획된 아고라	포럼
규모	인체 비례에 기초	거대함
정신	절제	과시

ⓒ **기둥양식**

- 그리스 3주법(도리아식, 아오니아식, 코린트식)을 사용하였다.
- 터스칸식(Tuscan) : 도리아식의 단순화된 형태이다.
- 복합식(Composite) : 코린트식＋이오니아식의 복합적 형태이다.
- 장식적인 의미로 기둥을 시공하였다.

② **대표적인 건축물**

㉠ **원형 신전**

- 판테온(Pantheon) 신전이 있다.
- A.D 118 ~ 128년경 지어졌다.
- 돔형 지붕의 정상에 지름 9m 천장이 유일한 채광이며, 지름 44m에 이르는 원통형 벽체와 돔형의 지붕이 있다.

㉡ **각형 신전** : 마르스 울토르(Mars Ultor) 신전, 콩코드(Concord) 신전 등이 있다.

㉢ **바실리카(Basilica)** : 재판소이자 시장으로 활용되던 큰 홀로 큰 규모를 가졌던 건물이다.

- 주로 법정과 상업교역소의 역할을 하였다.

- 평면은 주랑(Nave), 측랑(Aisle), 후진(Apse)로 구성된다.
- 평면형태는 주로 십자가의 형상이다.
- 버트레스(Butress)가 있었다.
- 배럴볼트(Barrel Vault)와 크로스볼트(Cross Vault)로 구성된 그릭크로스(Greek Cross)의 평면이었다.
- 주랑이 높고 측랑이 낮아 그 차이 부분에 클리어스토리가 있었다.

　㉣ **포럼(Forum)** : 로마의 광장이다.

　㉤ **공중목욕탕** : 로마의 카라칼라(Caracalla) 욕장이 있다.

　㉥ **원형투기장** : 로마의 콜로세움(Colosseum)이 대표적이다.

　㉦ **경마장** : 막센티우스(Maxentius) 경마장, 막시무스 경마장 등이 있다.

　㉧ **개선문** : 콘스탄틴, 개선문(trirmphal arch), 티투스 등이 있다.

　㉨ **도무스와 인슐라** : 도무스는 귀족주택, 빌라는 별장, 인슐라는 서민 집합주택이다.

2 중세 건축

① 초기 기독교

(1) 시기구분

A.D 313 ~ 604년

(2) 건축특징(=바실리카식 교회당)

① **구성** … 전문 → 아트리움 → 나르텍스(전실) → 네이브(회중식) → 아일(좌우의 측당) → 앱스(성단) → 배마(횡단부분의 후진)

② 본래 바실리카는 재판소이자 시장으로 쓰였던 공간이지만 이 바실리카를 개조하여 교회건축의 전형을 처음으로 이룬 것이 초기 기독교 양식에 해당된다. 바실리카에서 시작되었기 때문에 초기 기독교 양식을 바실리카 양식이라고 한다.

◎ 바실리카식 교회 ◎

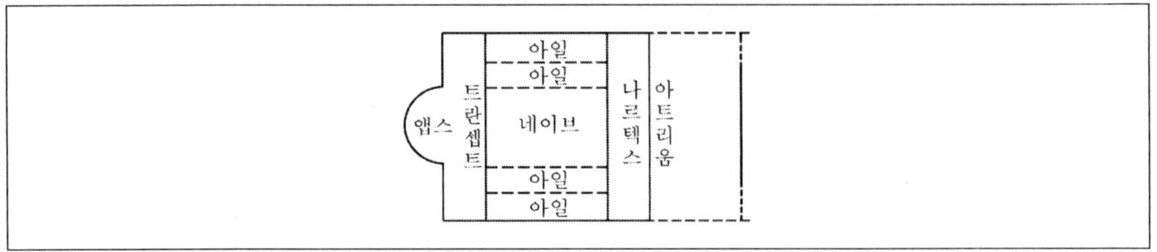

③ **평면형식**

㉠ 동서를 주측으로 하고 서측의 현관을 통하여 아트리움(중정)으로 들어가도록 한다.

㉡ 중정에서 장방형의 회당으로 들어가도록 하는데 회당은 나르텍스(전실)와 회중석, 성단으로 되어있다.

㉢ 회중석은 중앙의 좌우에 주열이 있으며 천장이 높은 네이브(신랑)와 주열 밖의 천장이 낮은 아일[＝측랑(Aisle)]이 3~5주간으로 구성되어 있다.

㉣ 바닥이 높은 성단은 반원형으로 돌출된 앱스(Apse : 성당)와 횡단부분인 베마(Bema : 후진)로 되어있다.

④ **구조**

㉠ 지붕 : 목조 트러스로 지붕을 만들었다.

㉡ 채광 : 신랑과 측랑의 높이 차에 클리어스토리(고측창 : Clearstory)를 설치하였다.

㉢ 측랑 : 2층으로 만들어 트리포리움(Triforium)을 설치하였다.

> ★ **TIP** 트리포리움(Triforium)
> ㉠ 교회의 신도석, 교회측벽의 홍예의 높은 창 사이의 부분
> ㉡ 교회당의 아일에 있는 2층의 부분
> ㉢ 바실리카식 교회당의 부인석

⑤ **의장**

㉠ 실내에 긴 열주로 반복미와 투시효과를 노려 종교적 존엄성과 인상적인 분위기를 조성한다.

㉡ 신자의 마음을 영광의 문(Triumphal arch)이 있는 곳으로 유인되도록 고려하였다.

⑥ **대표적인 건축물**

㉠ 성당건축 : 장방형 바실리카, 원형 바실리카가 있다.

㉡ 세례당(Baptistery) : 로마의 콘스탄틴(Constantine) 세례당, 노세라(Nocera) 세례당, 라벤나(Ravenna) 세례당, 정교도(San Giovanniin Fonte) 세례당 등이 있다.

㉢ 분묘 : 로마의 성 콘스탄자(S. Constanza), 라벤나의 갈라 플라시디아(Galla Placidia), 라벤나의 테오도르(Theodoric) 왕의 분묘

㉣ 카타콤(Catacomb) : 교도들이 박해를 피하기 위해 도성의 밖에 있는 분묘를 집합소, 피난처 등으로 사용한 곳을 말한다.

② 비잔틴 건축

(1) 시기구분

A.D 330 ~ 1,453년

(2) 건축특징

① 양식

- ㉠ 사라센 문화의 영향을 받았다.
- ㉡ 동서 건축의 기조가 되었다.
- ㉢ 동양적 요소를 가미한 건축형식을 장려하였다.

② 재료

- ㉠ 콘크리트 벽돌로 구체를 형성하였다.
- ㉡ 표면은 대리석으로 포장하였다.

③ 평면형식

- ㉠ 각 부분을 정사각형으로 취급하였다.
- ㉡ 로마 카톨릭에서 그리스 정교로 분리되면서 라틴십자가형에서 그리스십자형을 많이 이용하게 되었다.

◎ 십자가 형태 ◎

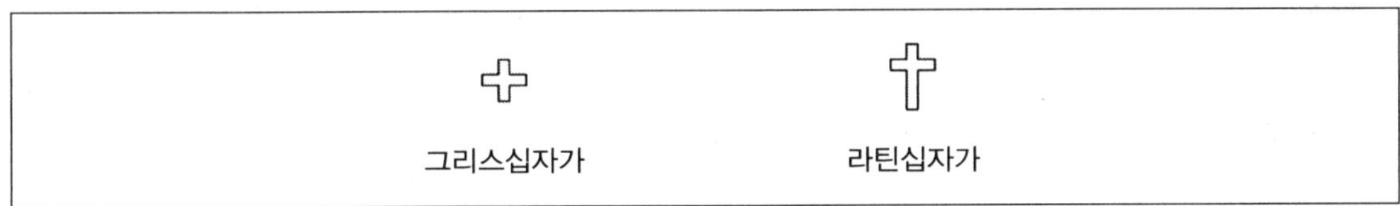

④ 외부형식 … 재료의 본질성을 강조하였으며 단조롭다.

⑤ 내부형식 … 조각 · 회화장식을 화려하게 표현하여 마감하였다.

⑥ 신주범의 창안

- ㉠ 주두를 경쾌하게 조각하였다.
- ㉡ 주신의 길이와 통의 비를 30 : 1로 가공하였다.
- ㉢ 주초(Base)는 사용하지 않았으며, 주두에 부주두(도서렛 : Dosseret)를 겹쳐 얹었다.

> ★TIP 도서렛(Dosseret) … 부주두를 말하는 것으로서 주두가 이중으로 되어있는 비잔틴 건축기둥의 상부에 있는 것을 뜻한다.

㉣ 펜덴티브 돔(Pendentive dome)을 창안하였다.

> ★TIP 펜덴티브 돔(Pendentive dome) … 정방형에 외접원을 그려서 정방형 변에 따라서 수직으로 깎아내면 아치와 아치 사이에 3각형이 만들어지는데 이것을 펜덴티브라 하며 이 위에 돔을 얻는 것을 말한다.

⑦ **대표적인 건축물**

　㉠ 콘스탄틴노플의 성 소피아(S. Sophia) 성당

　㉡ 콘스탄틴노플의 성 세르기우스와 바커스(S. Sergius and Bacchus) 성당

　㉢ 라벤나의 성 비타레(S. Vitale) 성당

　㉣ 베니스의 성 마르크(S. Mark) 성당

　㉤ 성 이레네(S. Irene) 성당

> ★TIP 성 소피아(S. Sopia) 성당
> ㉠ 정사각형의 평면에 아트리움이 있다.
> ㉡ 모자이크와 대리석이 사용되었다.
> ㉢ 내부에 큰 돔의 주공간과 아프스의 부공간으로 화려하게 만들어졌다.
> ㉣ 안테미우스, 이시도로스에 의해 건립되었다.

③ 로마네스크 건축

(1) 시기와 지역

① **시기** … A.D 1,000 ~ 1,200년

② **지역**

　㉠ 광범위한 지역에 퍼져 있었다.

　㉡ 북부유럽과 남부유럽 사이에 서로 다른 경향으로 표현되었다.

(2) 건축주류

성당, 수도원 등의 종교건축이 중심을 이루었다.

(3) 건축특징

① **평면형식**

　㉠ 라틴십자가의 장축형과 종탑을 첨가하였다.

　㉡ 초기기독교의 바실리카식 교회로부터 발전한 평면형식에서 아트리움(Atrium)을 없애고 현관을 도로에 접하게 하여 고탑을 올렸다.

　㉢ 신자의 증가로 인하여 네이브(Nave)와 아일(Aisle)의 장·단축의 길이를 연장하였다.

ⓔ 성직자 전용의 기도소를 측랑 끝에 두어 라틴십자가형의 평면형식을 완성하였다.

ⓜ 신도석인 신랑, 측랑, 성단은 시각적으로 구별짓는 대아치(Triumphal arch) 즉, 영광의 문을 만들었다.

② **구법**

ⓖ 채광창을 만들었다.

ⓛ 아치구조법의 발달로 인해서 교차궁륭(Tnter section vault)이 사용되었으며, 여기서 발생되는 하중을 리브(Rib)를 통해 피어(Pier)로 전달하였다.

ⓒ 클라스터 피어(Clustered pier), 버트레스(Buttress)가 발달하였다.

③ **대표적인 건축물**

ⓖ 프랑스

- 북프랑스 : 아베이오홈(Abbey Aux-Hemmes), 성 데니스(S. Denis) 성당
- 남프랑스 : 성 프롱(S. Front) 성당, 성 세르닌(S. Serin's) 성당, 앙골렘(Angouleme) 성당, 르 푸이 (Le Puy) 성당

ⓛ 이탈리아

- 중부 이탈리아 : 피사(Pisa)의 성당, 세례당, 종탑, 성 미니아토(S. Miniato)
- 남부 이탈리아 : 몬리일 성당(Monrele)
- 북부 이탈리아 : 성 체노 마지오레(S. Zeo Maggiore) 성당, 성 미카엘(St. Mitchele) 성당, 성 암브로지오 성당(S. Ambrogio)

ⓒ **영국** : 터램(Durham) 성당, 이리(Ely) 성당

ⓖ **독일** : 브롬스 대성당, 마인쯔 대성당

④ 고딕 건축

(1) 시기와 건축의 주류

① **시기** ··· A.D 12 ~ 16C

② **건축주류** ··· 주건축물은 교회당으로 종교건축 역사상 최고의 건축을 이루었다.

(2) 건축특징

① **첨두형 아치**(Pointed Arch)**와 볼트**(Vault)**의 발달**

ⓖ 반경길이의 가감이 자유로워졌다.

ⓛ 정점의 높이조절과 횡력작용의 수직으로의 변환이 가능해졌다.

② **첨탑**(Spire)**과 플라잉 버트레스**(Flying buttress)**의 발달**

   ㉠ 횡력을 합리적으로 처리할 수 있게 되었다.

   ㉡ 창호가 커졌다.

   ㉢ 수직하중은 피어에서 수평하중은 플라잉 버트레스에서 부담하게 되어 벽체는 자유롭게 개방할 수 있게 되었다.

   ㉣ 트레이서리(Tracery)에 착색유리(Stained glass), 원형장미창(Rose window)등을 사용하였다.

     ★🐌**TIP** 트레이서리(Tracery) … 고딕건축의 창문 윗부분에 있는 원형 모양의 특수 장식창으로 창에 집중된 고딕 건축 공예전반을 대표한다.

③ 석재를 많이 사용하였다.

④ 건축적 수단을 종합함으로써 로마네스크 건축보다 더욱 세련되고 화려하며 장엄한 건축물을 발전시켰다.

⑤ **대표적인 건축물**

   ㉠ **프랑스** … 파리 노틀담(Notre bame) 사원, 론(Laon) 성당, 샤르트르(Chartres) 대성당, 람스(Rheims) 대성당, 아미앵(Amiens) 대성당, 성 데니스(S. Denis) 대성당

   ㉡ **영국** … 솔즈베리(Salisbury) 성당, 링컨(Lincoln) 성당, 웰즈(Wells) 성당, 웨스트민스터 애비(Westminster Abbey), 요크(York) 성당

   ㉢ **독일** … 퀼른의 대성당(Cologne Cathedral), 비인의 성 스테판(St. stephen) 대성당, 성 엘리자베드 대성당, 울름(Ulm) 대성당

   ㉣ **이탈리아** … 밀라노(Milan) 대성당, 플로렌스 대성당

⑤ 사라센 건축

(1) 사라센 건축의 특징

① 외부보다 내부가 화려하다.

② 우상숭배가 금지되므로 사람이나 동물에 대한 장식을 엄금하였다.

③ 피정복자의 건축수법을 주로 사용하였다.

④ **모스크**(Mosk) : 이슬람교의 예배당 역할을 하는 건물로서 점령지에 건축기술이 있으면 그것을 그대로 모스크에 적용하였다.

⑤ **건축재료** : 소성벽돌, 석재, 콘크리트 등이 구조체로서 주로 사용됨

⑥ **마감재료** : 유약타일, 석재판넬, 금속판, 테라코타 등이 모자이크 기법으로 사용됨

⑦ **건축구조** : 사라센인들은 그들의 독창적인 건축전통을 지니지 못하였다. 급속한 교세확장과 영토 확장에 따라 정복지방의 건축양식을 수용하였고 지리적으로 비잔틴, 페르시아의 건축양식의 영향을 많이 받았으며 아치, 아케이드 구법(피정복자의 건축수법)이 발달했다.

⑧ **건축장식** : 우상숭배를 금지하는 회교교리에 의해 인간, 동물 등의 구상적인 주제에 의한 장식보다 식물문양, 문자문양, 기하학적 문양 등의 추상적인 주제에 의한 장식기법이 발달하였으며 아라비아 문자를 이용한 복잡한 곡선의 장식기법인 아라베스크 문양은 사라센 건축의 특징적 요소이다.

⑨ **모스크 건축** : 사라센 건축의 대표적 건축양식이다. 연속 아케이드에 의한 다주실 형식의 대형 홀이 모스크의 주 공간이며 신도들의 예배공간인 대형홀에는 열주랑으로 둘러싸인 중정이 위치하고 있다.

⑩ **미나렛** : 이슬람 신전에 부설된 높은 뾰족탑으로, 아랍어로 '등대'라는 뜻

⑪ 스페인의 알함브라궁전, 인도의 타지마할이 대표적이다.

3 근세 건축

① 르네상스 건축

(1) 시기구분

A.D 15 ~ 17C

(2) 건축특징

① **양식**

  ㉠ 인본주의의 영향을 받았다.
  ㉡ 고전 건축의 정적 균형으로 수평선을 강조하였다.
  ㉢ 고전 형식미를 추구하였다.
  ㉣ 돔 상부에 정탑을 두었다.
  ㉤ 드럼을 높게 하여 창을 두었다.

② **평면구성**

   ㉠ 미적대칭(Symmetry)과 비례(Propotion)를 중시하였다.

   ㉡ 교회당은 로마의 바실리카식에 의한 것으로, 그 구획을 크고 광활하게 하였다.

③ **구조**

   ㉠ 복고양식에 새로운 구성양식을 도입하였다.

   ㉡ 그리스 3주범, 로마의 2주범은 구조적 독립기둥으로 취급하였다.

   ㉢ 로마시대의 배럴볼트, 대아치를 재활용하였다.

   ㉣ 새로운 구조기술을 도입하여 시공하였다.

④ **재질감 강조**

   ㉠ 외벽이 중층일 때는 매층마다 코니스(Cornice : 돌림띠)로 수평성을 강조하였다.

   ㉡ 위층으로 향할수록 점차 강한 질감에서 유한 질감으로 변하도록 하였다.

   ㉢ 러스티케이션기법(건축에 쓰이는 장식 석공술의 일종이다. 석재의 가운데 부분을 거칠게 처리
하거나 뚜렷이 튀어나오게 하여 가장자리를 평평하게 깎아내리는 방법)이 주로 사용되었다.

⑤ **창 형식**

   ㉠ 삼각 박공형 창(Pediment type)

   ㉡ 중앙 기둥 2연창(Order type)

   ㉢ 연속 홍예형 창(arcade type)

⑥ **주범**

   ㉠ 동일건축의 정면에도 2가지 이상 겸용하였고, 후면도 정면과 다르게 취급하였다.

   ㉡ 중층일 때는 각 층과 다른 주범을 겸용하였다.

⑦ **장식**

   ㉠ 내부 : 아치와 궁륭을 주제로 아치와 궁륭을 그대로 노출시켜 구성미를 갖추었다.

   ㉡ 외부는 벽체로 내부는 벽면으로 취급하여 석고판(Stuccoipane)으로 천장과 같이 완성하는 수
법을 취하였고 벽화와 천장화를 그렸다.

   ㉢ 조각 : 다양한 주제로 시민광장과 공공건축에 세워 일반시민들이 공유물로 사용하도록 하였다.

(3) 대표적인 건축물

① **이탈리아**

   ㉠ 브루넬레스키(Filippo Brunelleschil) : 플로렌스 성당의 돔, 플로렌스의 성 로렌죠 성당

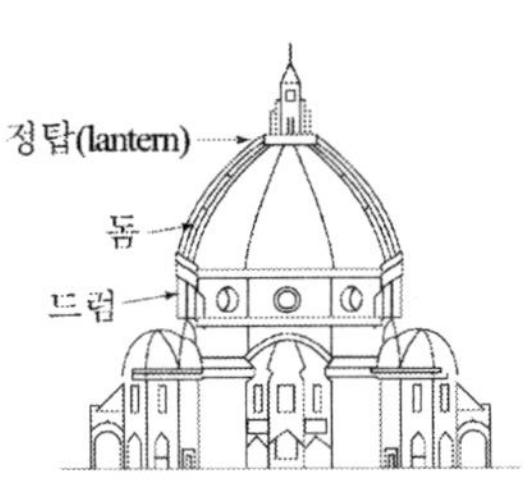

　ⓒ **알베르티**(Leon Battista Alberti)
- 플로렌스의 루첼라이궁
- 만투아의 성 안드레아 성당

　ⓒ **미켈로쪼**(Michelozzo)
- 플로렌스의 리카르디궁
- 플로렌스의 스트로찌궁

　ⓔ **팔라초**(Palazzo) : 귀족의 대저택으로서 르네상스를 대표하는 유형의 건축이다. 코니스에 의해 수평성이 강조되어 수직성이 강조된 고딕과는 대조를 이룬다. 러스티케이션 기법이 적용되었다.

② **로마**

　㉠ **브라만테**(Bramante)
- 로마의 칸셀레리아궁
- 밀라노의 성 마리아 델라 파체
- 템피에토

　ⓒ **미켈란젤로**(Michelangelo)
- 로마의 성 피터 성당
- 플로렌스의 메디치가 능묘
- 로마의 캐피톨

　ⓒ **라파엘**(S. Raphael)
- 로마의 마다마 별장
- 플로렌스의 판돌피니궁

③ **베니스**

　㉠ **피에트로 롬바르도**
- 베니스의 다지궁
- 베니스의 벤드라미니궁

ⓛ 안드레아 팔라디오(Andrea Palladio)
- 건축 4서
- 비첸차의 바실리카
- 비첸차의 카프라 별장

④ 프랑스
㉠ 블로아(Blois)성
ⓛ 샹보르(Chambord)성
㉢ 루브르(Louvre)궁
㉣ 베르사이유(Versailles)궁

② 바로크 건축

(1) 시기구분

A.D 17 ~ 18C

(2) 건축특징

① 이탈리아에서 발전된 것으로 공적생활 위주로 규모가 장대하고 강렬한 극적 효과를 추구하여 감각적이며 관찰자의 주관적 감흥을 중요시한다.

② 곡선의 도입, 파동치는 벽, 타원평면, 현란한 장식을 많이 사용한다.

③ 가장된 투시도적 효과의 수직·수평 요소 간의 상호관입을 하였다.

④ 건축구조·장식·표현 등 모든 것들이 전체적인 효과를 위해 사용되었다.

⑤ 공간과 매스, 빛과 음영, 돌출과 후퇴, 움직임과 정지, 큰 것과 작은 것 등의 대조적인 것들을 종합적으로 통합하여 교향악적인 특징을 보였다.

⑥ 기하학적으로 감지되지 않는 공간, 확산공간, 역동적인 공간, 풍요한 공간의 특징으로 구성되었다.

(3) 대표적인 건축물

① 이탈리아
㉠ 베르니니(Bernini) : 성 베드로 사원의 광장과 콜로나데, 스칼레지아, 성 앙드레아 교회
ⓛ 마데르나(Maderna) : 성 수잔나 성당, 성 피터 사원 네이브 부분과 정면

② **프랑스** ··· 알도안 만사르(Jule Hardouin Mansart)의 알발리드 교회당, 베르사이유 궁전 확장 계획

③ **영국** ··· 크리스토퍼 렌(Christopher Wren)의 성 바울 사원

③ 로코코 건축

(1) 시기 및 지역

① **시기** ··· A.D 18C

② **지역** ··· 프랑스를 중심으로 발전하였다.

(2) 건축특징

① 개인의 프라이버시를 중시하여 아담한 실내장식이 유행하였다.

② 구조적인 특징이 없고 장식적 측면의 양식이 발달하였다.

③ 바로크의 둔중한 인상에 비해서 세련되고 아름다운 곡선으로 표현하여 여성적인 인상을 주었다.

④ 부분적인 장식의 효과를 중시하였다.

⑤ 기능적 공간구성과 개인적인 쾌락주의 공간구성으로 주거건축에 큰 발전을 이룩하였다.

⑥ 벽, 천장은 일련의 곡선으로 연결하여 유동성 있는 공간을 만들고 수직선만 명확히 표현하였다.

(3) 대표적인 건축물

① **프랑스**

　㉠ 제르망 보프란(Gremain Boffrand) : 스버스 호텔의 공작부인 내실, 암로 호텔

　㉡ 장 꾸르티엔스(Jean Courtinne) : 드 마티뇽 호텔

② **영국** ··· 더비경 주택, 조지아식 주택, 베스(Bath)의 광장

① 과도기 건축

(1) 신고전주의(1760 ~ 1880)

① 특징

　㉠ 고고학자들에 의한 그리스와 로마 건축의 발굴을 통해 고전주의 운동이 고취되었다.

　㉡ 순수한 고전 건축의 복원이나 모사에 주력하였다.

　㉢ 단순한 모사가 아닌 원리를 추구하여 결과적으로 로마 건축에 바탕을 두었다.

　㉣ 프랑스는 로마양식, 영국은 그리스와 로마양식을 주로 사용하였다.

　㉤ 구조적 고전주의와 18세기 말 개성적이고 독창적인 낭만적 고전주의 양식을 개척하였다.

② 대표적인 건축가

　㉠ 안드레아 팔라디오

　　• 이탈리아 출신의 건축가로서 처음에는 석공 · 조각가로 활약하기도 하였다.

　　• 고대 로마의 건축가 비트루비우스와 로마의 유적을 연구한 후, 고향에 돌아와 수많은 궁전과 저택을 설계하였다.

　　• '건축4서'를 저술하였으며 대표적인 건축작품으로는 '빌라 로툰다(villa rotonda)'가 있다.

　　• 그의 연구 및 작품활동은 18세기 영국의 신고전주의 건축에도 많은 영향을 끼쳤다.

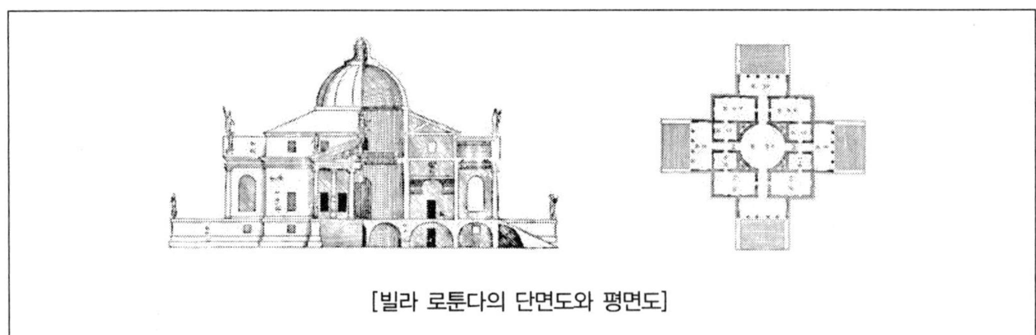

[빌라 로툰다의 단면도와 평면도]

　㉡ 르두(Ledoux)

　　• 건물은 자신의 본질을 드러내야 한다고 주장하였으며 쇼(chaux)지역의 이상도시 계획안을 제시하였다.

　　• 중농주의와 루소의 자연사상에 기초한 농촌 개혁 운동을 건축적으로 구현하려고 하였다.

　　• 파리 성문 징수소, 제염공장과 같이 계획안 중에는 실제 지어진 건물들이 적지 않았다.

ⓒ 불레(Boullee)

- 건축을 오더 중심의 상징체계로 보던 전통적인 고전주의를 거부하고 기하 중심의 인상론을 제시했다.
- 건축의 제1 원리는 육면체, 구, 원통형, 피라미드 등의 순수기하학적인 대칭적 입체에서 발견된다고 주장하였다.
- 뉴튼기념관의 계획안을 제시하였으며 실제 지어진 건물은 거의 남기지 않는 대신 이론을 연구하고 그림을 그리는 페이퍼 건축가의 대가로 드로잉을 통해 혁명 사상을 건축으로 표현하였다.

③ **대표적인 건축물** … 스플로(Jacques Germain Soufflot) : 성 제네브에브(St. Genevieve) 성당

(2) 낭만주의(1830 ~ 1880)

① **특징**

ㄱ 중세 건축문화를 동경하고 양식 형태에 대한 애착으로 고딕 건축양식의 부흥 양상을 띠었다.

ㄴ 냉정한 주지적 경향을 가진 고전주의 양식에 반발하여 정열적인 예술창조의 운동이 일어났다.

ㄷ 당시 자기민족, 국가를 중심으로 그 특수성을 파악하여 그것을 이상화하였고 향토주의, 평민주의, 중세주의가 내포되었다.

② **대표적인 건축물**

ㄱ 프랑스

- 비올레르 둑(Viollet-le-Duc)
  - 구조합리주의사상
  - 파리의 노틀담 대성당 복구공사
- Pierrefonds 성의 폐허복원(고딕양식)
- 데니스 성당(고딕양식)

ㄴ 영국

- 퓨진(Auqust Pugin) : 스타포드샤이어의 노팅검 성당, 람스티케이트의 성 어거스틴 성당
- 바리경(Sir Charles Barry) : 국회의사당(고딕양식)
- 존 나쉬(John Nash) : 브라이트 궁전

ㄷ 독일 : 쉰켈(F. Schinkel)의 베를린 성당, 베르덴 교회당(고딕양식)

(3) 절충주의

① **특징**

ㄱ 과거 양식에 매이지 않고 자유롭게 예술가의 창조성을 우선하였다.

ㄴ 그리스 · 로마 · 고딕양식 등의 모방을 중지하고 르네상스, 바로크, 로코코, 사라센 건축 등의 자유로운 건축양식의 선택으로 여러 종류의 건축양식이 발생하였다.

ⓒ 신르네상스 운동과 신바로크 운동 등이 일어났다.

② **대표적인 건축물**

ⓐ **프랑스**

- 앙리 라브루스테(Henri Labrouste) : 성 제네브에브 도서관, 국립 도서관(르네상스 양식, 주철주 사용)
- 찰스 가르니에(Charles Grnier) : 파리 오페라하우스(베네치아 바로크양식)

ⓑ **영국**

- 바리경(Sir C. Barry) : 런던의 여행자클럽(이탈리아 르네상스양식), 런던의 리폼클럽(르네상스 파르네제 궁전 모방)
- 콕 케럴(C. Cockerell) : 리버플 영국은행 지점(이탈리아 르네상스양식)

ⓒ **독일**

- 가트너(Friderich von Grtner) : 뮌헨의 국립도서관(신르네상스양식)
- 쌤버(Karl Cottfried Semper) : 비인의 부르크 극장(신르네상스양식), 드레스덴의 국립 가극장(신르네상스양식)
- 슈미트(Friedrich von schmit) : 비인 시청사(독일 고딕양식)

(4) 재료의 발전

① **철**

ⓐ 공업화 이전 : 소량밖에 생산되지 않았기에 결속재로만 생산되었다.

ⓑ 공업화 이후 : 높은 강도를 나타내어 넓은 스팬이라도 가느다란 부재로 축조가 가능하게 되어 광범위하게 사용할 수 있게 되었다.

② **유리**

ⓐ 판유리로 제작되었으나 비싸서 일반화되지 못하였다.

ⓑ 영국의 로버트 루카스 챈스가 유리 생산공정을 개선한 후 온실건축을 중심으로 많은 시도가 이루어지며 발전하였다.

③ **철근콘크리트**

ⓐ 1824년 최초의 수경성 결합재료인 포틀랜드 시멘트가 제작되었다.

ⓑ 토니 가르니에는 철근 콘크리트의 가능성을 최대한 활용하여 지주, 돌출처마, 평지붕, 연속창 등을 개발하였다.

②　여명기(= 근대적 건축운동)

(1) 수공예운동

① 특징

　　㉠ 존 러스킨(John Ruskin)의 영향을 받았다.

　　㉡ 예술품의 기계생산을 배격하였다.

　　㉢ 수공예에 의해 예술을 복귀하고자 하였다.

　　㉣ 민중을 위한 예술을 주장하였다.

② 대표적인 건축가와 건축물

　　㉠ 윌리암 모리스(William Morris) : 붉은집(Red House)(실내장식)

　　㉡ 발터 크레인(Walter Cran)

　　㉢ 리차드 노만 쇼우(Richard Norman Shaw)

　　㉣ 찰스 로버트 애쉬비(Charles Robert Ashbee)

　　㉤ 필립 웨브(Philip Speakman Webb) : 1859년 붉은집(Red House)(건축)

(2) 아르누보

① 특징

　　㉠ 19세기말 건축에서 절충주의 및 아카데믹한 고전주의 경향에 대해서 개인주의적이고 낭만적으로 반작용한 신예술운동이다.

　　㉡ 영국의 수공예운동으로부터 자극과 영향을 받았다.

　　㉢ 역사주의를 거부하였다.

　　㉣ 장식수법 : 본질적인 장식적 경향으로서 곡선의 장식적 가치를 강조하였다.

> ★TIP　장식수법의 종류
> 　㉠ 자유곡선은 자의적인 곡선으로 Victor Horta, Henry Van de Velde, Antonio Gaudi의 작품이 이에 속한다.
> 　㉡ 역학적 곡선은 기하학적인 선, 단순화된 곡선으로 Wagner, Mackintosh의 작품과 Glasgow 파의 작품이 이에 속한다.

　　㉤ 곡선장식을 새로운 재료인 철을 사용하여 표현하였다.

　　㉥ 외관을 단순한 표면장식이 아니라 건물전체가 힘차게 조형처리되도록 개개의 구조부를 극적으로 강조하거나 전체 건물 매스를 조각적으로 조형하였다.

② 대표적인 건축가와 건축물

　　㉠ 앙리 반 데 벨데(Henry Van de Velde)

　　㉡ 빅터 오르타(Victor Horta) : 브루셀 소재 타셀 주택, 살베이 주택, 인민의 집

㉢ 안토니오 가우디(Antonio Gaudi) : 구엘공원, 사그라다 파밀리아 교회, 카사밀라

㉣ 헥토르 기마르(Hector Guimard) : 파리 지하철역 입구

㉤ 맥킨토시(C. R. Mackintosh) : 영국 글라스고우 미술학교

(3) 세제션(Secession) 운동

① 특징

㉠ 과거 건축양식의 분리와 해방을 지향하였다.

㉡ 신기술과 신재료를 이용한 기능적이고 실용적이며 합리적인 건축을 추구하였다.

② 대표적인 건축가와 건축물

㉠ 오토 바그너(O. Wagner) : 빈 우편 저금국

㉡ 아돌프 루스 : 스타이너 주택

㉢ 요셉 마리아 올브리히 : 빈 분리파 전시관

③ 오토 바그너(O. Wagner)의 근대 건축의 설계방침

㉠ 목적을 정밀하고 정확하게 파악하여 완전하게 충족시키도록 한다.

㉡ 건축형태가 자연스럽게 형성되도록 한다.

㉢ 간편하고 경제적인 구조가 되도록 한다.

㉣ 적당한 시공재료를 선택하도록 한다.

(4) 시카고(Chicago)파

① 특징

㉠ 1871년 시카고에서 대형화재가 발생한 이후 철골구조에 의한 방화구조가 개발되었다.

㉡ 근대적 고층사무소 건축을 발전시켰다.

㉢ 1873년 건설활동이 활발해지고 토지부족으로 인한 지가앙등에 따라 건물이 고층화되었다.

② 대표적인 건축가와 건축물

㉠ 윌리암 바론 제니(William Baron Jenney) : 홈 인슈어런스 빌딩

㉡ 루이스 설리반(Louis Henry Sullivan) : 게런티 빌딩(Guaranty Building)

㉢ 홀라비어드(Holabird) : 타고마 빌딩(Tacoma Building)

㉣ 프랭크 로이드 라이트 : 낙수장, 도쿄 국제호텔, 존슨 빌딩, 구겐하임 미술관

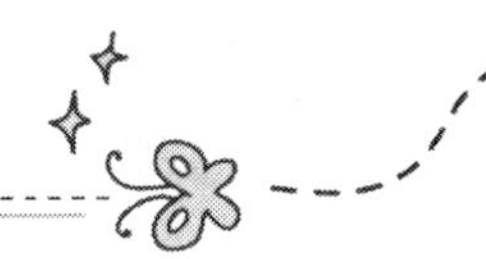

윌리엄 르 바론 제니 : 시카고파의 창시자

① 세계 최초의 철골 프레임 구조의 고층 건축… 건축가 이전에 구조 기술자로 파리의 에콜 폴리테크닉과 에콜 센트럴에서 당시의 최고 기술적 교육을 수료했다. 그의 사무소에서 일한 시카고의 미래 건축가들은 학교에서 제공할 수 없었던 새로운 문제들에 대응하는 방법을 습득했다. 구조 기술자답게 건물의 하중을 지탱하는 구조체를 만들었다. 현재와는 달리 전통 건축에서 건물의 무게를 지탱할 수 있는 요소는 벽뿐이었다. 하지만 그는 내력벽 대신 세계 최초로 철과 강철을 사용한 골조가 지탱하는 건물을 만들어 냄으로써 마천루 발달에 있어 기술의 혁신을 불러일으켰다.

② 작품

　㉠ 홈 인슈어런스(Home Insurance) 건설 시, 리차드슨은 마샬 필드 도매 상점과 그 창고 건물을 계획

　㉡ 9층 건물인 인슈어런스 빌딩은 현재에는 존재하지 않지만 최초의 근대적 양식의 마천루로 평가 받고 있다.

(5) 독일공작연맹

① 특징

㉠ 아르누보의 영향을 받아 독일의 뮌헨에서 창설되었다.

㉡ 기계생산에 의한 기술개선과 생산품질 향상으로 독일 공업제품의 질적 향상을 도모하였다.

㉢ 영국의 미술공예운동에 영향을 주었다.

② 대표적인 건축가와 건축물

㉠ 무테지우스(H. Muthesius, 설립자) : 장식은 죄악이라고 주장. 영국의 집

㉡ 월터 그로피우스(Walter Gropius) : 파구스 제화공장

㉢ 피터 베렌스(Peter Behrens) : AEG 터빈공장

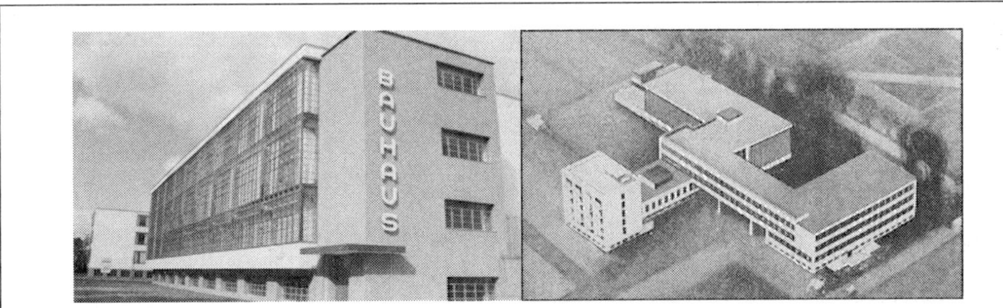

(6) 미래파

① 특징

㉠ 1909년 마리네티의 미래파 선언으로 시작하였다.

㉡ 조형의 기본적 관심은 기계와 속도감이라고 본다.

② 대표적인 건축가와 건축물

　　㉠ 안토니오 산텔리아(Antonio Sant' Elia) : 신도시 계획안

(7) 표현파

① 특징

　　㉠ 1901년부터 1925년까지 유럽, 특히 독일을 중심으로 발달하였다.

　　㉡ 환상적인 이상향이나 극단적인 색채, 조형을 추구한 개인적인 현대건축운동이다.

　　㉢ 리듬감이 있는 조형구조 및 동적인 표현이 특징이다.

② 대표적인 건축가와 건축물

　　㉠ 한스 펠찌히(Hans Poelzig) : 베를린 대극장

　　㉡ 에릭멘델존(Eric Mendelsohn) : 아인슈타인 탑

(8) 구성파

① 특징

　　㉠ 러시아의 추상예술운동이다

　　㉡ 기하학적이고 동적인 형태로 표현한 과학기술의 낙관주의적 운동이다.

② 대표적인 건축가와 건축물

　　㉠ 블라디미르 타틀린(Vladimir Evgrafovich Tatlin) : 제3 국제기념탑

(9) 데스틸 파

① 특징

　　㉠ 신 조형주의 및 입체파의 영향을 받았다.

　　㉡ 추상적인 형태의 언어를 사용하였다.

　　㉢ 직교직선, 색채대비, 역동적으로 분해된 순수입방체 등을 특징으로 한다.

② 대표적인 건축가와 건축물

　　㉠ 게리 리트벨트(Gerrit Thomas Rietveld) : 슈뢰더 하우스

　　㉡ 테오 반 되스버그(Theo van Doesburg)

(10) 바우하우스

① 특징

　　㉠ 1919년 월트 그로피우스에 의해 독일에 세워진 응용미술 교육학교이다.

ⓛ 수공예운동이나 앙리 반 데 벨데의 공예학교의 낭만적인 수공예 방식보다는 공업과의 협력을 통하여 조형예술을 종합화하였다.

ⓒ 기계화 · 표준화를 통해 대량생산 방식을 도입하였다.

ⓔ 이론교육과 실제교육을 병행하였다.

ⓜ 모든 예술을 건축의 구성요소로 재통합하였다.

ⓗ 교육과정
- 예비교육 : 직인(Apprentice)
- 이론연구 및 실습과정 : 도제(Journeyrnan)
- 최종과정 : 실제작업의 이해(Meister)

② **대표적인 건축가**

㉠ 월터 그로피우스(Walter Gropius)

ⓛ 한네스 마이어(Hannes Meyer)

ⓒ 미스 반 데 로에(Mies van der Rohe)

③ 정착기

(1) 국제주의 건축

① **특징**

㉠ 월터 그로피우스(W. Gropius)가 제창한 것으로 기능주의에 입각하여 순수형태를 추구하였다.

ⓛ 현대 건축의 기반을 형성하였다.

ⓒ 강력한 국제주의적인 연대감정으로 육성되었다.

ⓔ 실용적 기능을 중시하였다.

ⓜ 구조 및 재료의 합리적 적용, 지역적 · 민족적 차이를 없애고 현대적인 정신에 기초를 두는 새로운 건축양식을 수립하였다.

ⓗ 조형적 특성
- 대칭성을 배제하였다.
- 조형을 정면에 국한하지 않고 평면계획에 의해 유동적으로 매스공간을 배치하였다.
- 곡선 · 곡면을 기피하였다.
- 단순한 수직 · 수평의 직선적 구성을 위주로 하였다.
- 백색, 엷은색을 많이 사용하였다.
- 재료의 특색을 그대로 표현하고자 하였다.

② 대표적인 건축가

  ㉠ 프랑스 : 르 꼬르뷔제(Le Corbusier)

  ㉡ 독일

- 월터 그로피우스(W. Gropius)
- 멘델존(E. Men-delson)
- 타우트(B. Taut)
- 미스 반 데 로에(Mies Van der Rohe)

  ㉢ 미국

- 프랭크 로이드 라이트(F. L. Wright)
- 쉰들러(R. N. Schindler)

③ C.I.A.M 근대건축 국제회의

  ㉠ 1928년 스위스에서 그로피우스, 르코르뷔지에, 기디온에 의해 C.I.A.M이 결성됨

  ㉡ 건축가들의 국제적 협력에 의해 근대건축의 발전을 도모하고자 발족하였으며 합리적 방법, 기능적 도시, 건축의 공업화 등 근대건축의 이념을 제시함

  ㉢ 2차 대전 후 C.I.A.M에서 활약한 많은 건축가들이 건축계의 주역으로 많은 작품을 남김

  ㉣ 건축과 도시계획에 있어서 사회적, 과학적, 윤리적, 미학적 개념과 일치하는 환경을 창조하는 것

(2) 근대 건축의 건축가

① 월터 그로피우스(W. Gropius)

  ㉠ 독일공작연맹으로 바우하우스 창시자이며 국제주의 양식을 확립하였다.

  ㉡ 건축의 표준화, 대량생산 시스템, 합리적 기능주의를 추구하였다.

  ㉢ 작품

- 파구스 공장(Fagus Werke)
- 데사우 바우하우스(Bauhaus Dessau)
- 데사우 퇴르텐(Dessau Torten)의 2층 집합주택
- 하버드 대학의 그레듀에이트 센터(Gnaduate Center)

② 프랭크 로이드 라이트(Frank Loyd Wright)

  ㉠ 유기적 건축을 실현하였다.

  ㉡ 미국의 풍토와 자연에 근거한 자연과 건물의 조화를 추구하였다.

  ㉢ 작품

- 로비주택
- 유니티 교회
- 미드웨이 가든

- 구겐하임 미술관
- 카우프만 주택의 낙수장

③ **미스 반 데 로에**(Miss Van der Rohe)

㉠ 합리주의 · 기계주의를 추구하였다.

㉡ 지지체와 비지지체를 분리하였다.

㉢ 철골구조의 가능성을 추구하였다.

㉣ **작품**
- 유리의 마천루
- MIT공대
- 시그램빌딩
- 튜겐트하트 주택

④ **르 꼬르뷔제**(Le Corbusier)

㉠ 합리적 기능주의, 입체주의, 순수주의를 추구하였다.

㉡ 도미노 주택 계획안을 주장하였다.

㉢ 근대 건축의 5원칙

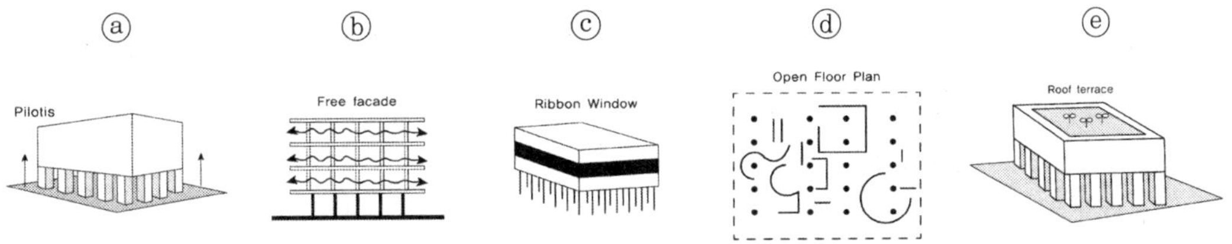

ⓐ 철근 콘크리트 기둥인 필로티(pilotis)로 무게를 지탱하며 건축 구조의 대부분을 땅에서 들어 올려 지표면을 자유롭게 한다.

ⓑ 건축가가 원하는 대로 설계할 수 있는 구조 기능을 갖지 않는 벽체로 이뤄진 '자유로운 입면'(facade)이다.

ⓒ 훨씬 채광효과가 좋은 길고 낮은 '띠 유리창'이다.

ⓓ 지지벽이 필요 없이 바닥 공간이 방들로 자유롭게 배열된 '열린 평면'이다.

ⓔ 건물이 서기 전에 있던 녹지를 대체하는 옥상 위의 '옥상 정원'이다.

- 필로티
- 옥상정원
- 자유로운 평면
- 자유로운 입면
- 수평띠창

ⓛ 작품
- 사부아 저택(Villa Savoie)
- 롱샹교회
- 스위스 학생회관
- 제네바 국제본부 계획안
- 마르세유 집합주택

(3) CIAM(근대건축 국제회의)

① 특징

㉠ 현대건축 운동의 핵심적인 추진단체이다.

㉡ 각국의 건축가가 자유롭고 활발하게 교류할 수 있도록 한다.

㉢ 국제적인 성격이 강한 합리주의, 기능주의 건축을 보급하였다.

② 목적

㉠ 자연환경과 인간활동이 서로 조화·육성한다.

㉡ 인간의 정신적, 물질적 요구를 만족시킨다.

㉢ 대화의 생활과 통일된 개성을 발달시킨다.

㉣ 도시와 건축의 계획에 있어서 윤리적, 과학적, 사회적, 미학적 개념과 일치하는 환경을 창조한다.

③ 주제

㉠ 도시와 인간

㉡ 저소득층을 위한 주택계획

㉢ 건축의 합리화와 규격화

㉣ 주택단지의 합리적인 배치

㉤ 커뮤니티의 생활과 통일된 개성의 발달

㉥ 대지계획의 합리적 방법 연구

④ 근현대 건축운동

(1) 팀텐(Team X)

① CIAM 10차 회의를 준비하였다.

② **대표적인 건축가**

　　㉠ 카를로(Giancarlo de Carlo)

　　㉡ 칸딜리스(Georges Candilis)

　　㉢ 우즈(S. Woods)

　　㉣ 스미손(Smithson) 부부

　　㉤ 알도 반 야크(Aldo van Eyck)

　　㉥ 바케마(J. B. Bakema)

(2) 아키그램(Archigram)

① **특성** ⋯ 미래지향적

② **대표적인 건축가**

　　㉠ 피터쿡

　　　• Instant city

　　　• Fulham study

　　　• Plug-in city

　　㉡ 론 해론(Ron Herron) : Wolking city

(3) 형태주의 건축(Formalism)

① **특징**

　　㉠ 기능주의 건축의 기계적 비인간성을 인간화시키려고 시도하였다.

　　㉡ 탈근대주의 건축의 선수적인 역할을 하였다.

　　㉢ 건축의 내용보다는 형태를 강조하고, 건축의 조형적, 표면적 특성을 강조하는 미학적 측면에
　　　관심을 두었다.

　　㉣ 전통적이고 상징적인 양식을 도입하였다.

② **주요인물**

　　㉠ 에로 샤리넨(Eero Saarinen) : M.I.T 대학교 강당 및 예배당, 제너럴 모터스 기술연구소

　　㉡ 필립 존슨(Philip Johnson) : 유리주택, 시그램빌딩

ⓒ 에드워드 듀렐 스톤(Edward D. Stone) : 인도의 미국대사관

ⓔ 폴 루돌프 : 사라소타 고등학교, 그래픽 아트센터

(4) 브루탈리즘(Brutalism)

① 특징

ⓐ 각 요소의 정체성, 연관성을 중시하여 전체를 각 기능별 요소로 분리하였다.

ⓑ 설비와 서비스 공간을 솔직하게 노출시켰다.

ⓒ 건물의 공간적, 구조적, 재료적 개념의 이미지와 형태를 정직하게 표현하였다.

② 주요인물

ⓐ 르 꼬르뷔제(Le Corbusier)

ⓑ 스미손(Smithson) 부부 : 헌스텐톤 중고등학교, 이코노미스트 빌딩

ⓒ 루이스칸(Louis I. Kahn) : 예일대학교 미술관 증축, 리차드 의학연구소, 킴벨미술관

ⓔ 제임스 스터링(James Stirling) : 햄커먼 공동주택, 캠브리지 대학교 역사학부 건물

(5) 포스트 모던(Post-modernism)

① 특징

ⓐ 건축을 의미전달의 체계로 간주하였다.

ⓑ 상징적, 대중적 건축을 강조하였다.

ⓒ 지역적, 전통적, 문화적 맥락을 중시하여 형식주의, 역사주의, 장식주의 : 전통적, 역사적, 토속적 요소와 장식을 도입하였다.

ⓔ 건축을 관습적 기호로서 의사를 전달하는 사회적 예술로 간주하였다.

ⓜ 현대건축의 합리적인 유클리드 기하학적 공간개념 탈피하려고 하였다.

ⓗ 대립적 요소의 중첩, 혼합, 변형, 왜곡 등에 의해 그 경계가 분명치 않고 명확한 테두리 없이 상호 간 작용, 융합되는 애매한 공간구성을 시도하였다.

② 대표적인 건축가

ⓐ 로버트 벤츄리(Robert Ventruri)

ⓑ 찰스 무어(Charles Moore)

ⓒ 마이클 그레이브스(Michael Graves)

ⓔ 로버트 스턴(Robert A. M. Sterm)

> ★TIP 뉴욕5란 1970년대 초 미국의 아이비리그 출신 건축가 다섯명(존 헤이덕, 피터 아이젠만, 찰스 과쓰메이, 리차드 마이어, 마이클 그레이브스)을 의미함.

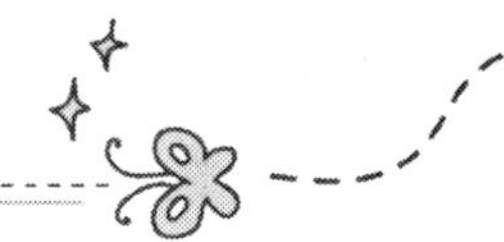

(6) 레이트 모던(Late-modernism)

① 특징

㉠ 현대 건축의 구조, 기능, 기술 등의 합리적인 해결방식을 수용하여 현대의 기술로 발전시키려고 하였다.

㉡ 구조의 미학, 기계의 미학, 표피를 강조하였다.

② 대표적인 건축가

㉠ 유럽

- 노만 포스터(Norman Foster)
- 리차드 로저스(Richard Rogers)

㉡ 미국

- 시저 펠리(Cesar Pelli)
- 케빈 로쉬(Kevin Roche)

(7) 해체주의(Deconstrectivism)

① 특징

㉠ 고정관념의 해체를 목적으로 한 사조이다.

㉡ 러시아 구성주의에서 형태면의 영향을 받았다.

② 대표적인 건축가

㉠ 버나드 츄미(Bernard Tschumi) : 라빌레트 공원

㉡ 피터 아이젠만(Peter Eisenmern) : 뉴욕 파이브의 구성원, 주택 시리즈

㉢ 프랭크 오언 게리(Frank Owen Gehry) : 해체주의적 건축양식을 추구하며 디지털건축설계 프로그램을 사용하여 비정형건축의 전형을 보여주는 건축가이다. 주요작품으로는 빌바오 구겐하임 미술관, 디즈니콘서트홀 등이 있다.

㉣ 자하 하디드(Zaha Hadid) : 프리츠커상을 수상한 최초의 여성 건축가이다. 비트라소방서(vitra fire station), 동대문디자인플라자(D.D.P)를 설계하였다.

(8) 건축공학기술자

① **리처드 풀러**(Richard Buckminster Fuller) : 미국의 건축가이다. 공업생산을 예측한 메카닉한 주택을 설계하였다. 동적으로 최대한의 능률을 지니게 하는 설계라는 의미의 다이맥시온이라는 이름을 붙이기도 했다. 현대 공업사회에 입각한 지오데식 돔으로 유명하다.

② **마리오 살바도리**(Mario Salvadori) : 20세기의 가장 저명한 건축구조공학자 중 한명으로서 건축 구조분야에서 괄목할만한 여러 가지 업적을 남겼으며 건축물을 인간의 신체에 비유하기도 하였다.

각 사조별 주요건축가들 표

르네상스	브루넬레스키, 알베르티, 미켈로쪼, 브라만테, 미켈란젤로, 안드레아 팔라디오
신고전주의	르두, 블레, 안드레아 팔라디오, 수플로, 존 내쉬, 슁켈
낭만주의	비올레 르 뒥, 어거스트 퓨긴, 존 내쉬
절충주의	앙리 라브루스테, 찰스 가르니에, 가트너
수공예운동	존러스킨, 윌리엄 모리스, 필립 웨브, 발터 크레인
아르누보	앙리 반 데 벨데, 빅터 오르타, 안토니오 가우디, 헥토르 기마르, 맥킨토시
세제션	오토 바그너, 아돌프 루스, 요셉 마리아 올브리히
시카고파	윌리엄 바론 제니, 루이스 설리반, 홀리비어드, 프랭크 오언 게리
독일공작연맹	무테시우스, 발터 그로피우스, 피터 베렌스
바우하우스	발터 그로피우스, 미스 반데어로에, 한스 마이어
국제주의	르 꼬르뷔지에, 발터 그로피우스, 미스 반데어로에, 프랭크 로이드 라이트
Team X	카를로, 칸딜리스, 우즈, 스미손 부부, 알도 반 야크, 바케마
아키그램	피터쿡, 론 헤론
형태주의	에로 샤리넨, 필립 존슨, 에드워드 듀렐 스톤, 폴 루돌프
브루탈리즘	르 꼬르뷔지에, 스미손 부부, 루이스 칸, 제임스 스터링
포스트 모던	로버트 벤츄리, 찰스 무어, 마이클 그레이브스, 로버트 스틴
레이트 모던	노먼 포스터, 리차드 로저스, 시저 펠리, 케빈 로쉬
해체주의	베르나르 츄미, 피터 아이젠만, 프랭크 오언 게리, 자하 하디드, 다니엘 리베스킨트

주요 건축가의 작품들

건축가	주요 작품
I.M.페이	쑤저우 박물관, 그랑루브르, 내셔널갤러리 동관, 국립 대기연구 센터, 마이어슨 심포니 센터
고든 번샤프트	바이네케 희귀서적 및 원고도서관, 레버하우스, 매뉴팩처스 하노버 트러스트, 허시혼 미술관 및 조각공원, 내셔널 커머셜 뱅크
고트프리트 뵘	그리스도 부활 성당, 울름 중앙도서관, 네피게스 순례 교회

글렌 머컷	심프슨 리 하우스, 아서 앤드 이본 보이드 교육센터, 매그니 하우스, 보왈리 방문객 안내 센터
노먼 포스터	30세인트메리엑스, 허스트본부, 독일 새 국회의사당, 세인스베리 시각예술센터, 홍콩 상해 은행
단게 겐조	히로시마 평화기념관, 성모마리아 성당, 국립 도쿄 올림픽 실내 경기장, 도쿄시청, 쿠웨이트 국제공항터미널, 고트프리트 뵘, 네피게스 순례교회, 그리스도 부활교구 교회와 청년센터, 페크 & 클로펜 부르크, 울름 공공도서관, 취블린 AG본부, 극장이 있는 시민회관
라파엘 모네오	국립 로마미술관, 오드리 존스 벡 빌딩, 쿠르사알 공회당과 회의장, 프라도 미술관 증축, 필라르 앤드 호안 미로 재단, 천사 성모 성당
라파엘 비놀리	동경 국제 포럼, 종로타워
렌조 피아노	뉴욕 타임스 빌딩, IBM 순회전시관, 간사이 국제공항, 퐁피두 센터
렘 콜하스	맥코믹 트리뷴 캠퍼스 센터, 시애틀 중앙도서관, 프라다 소호, 네덜란드 무용극장, 보르도 하우스
로버트 벤추리	네셔널 갤러리 세인스베리 윙, 바나 벤투리 하우스, 카달로그 전시장, 시애틀미술관, 예일대학교 의과대학 앤리언 의학연구 및 교육센터
루이스 바라한	힐라르디 하우스(핑크), 틀랄판 예배당, 로스 클루베스, 로스 아르볼레다스, 바라간 하우스
루이스 칸	킴벨 미술관, 솔크 생물학 연구소, 리처드 의학 연구소
르 꼬르뷔지에	빌라 사부아, 마르세유 집합주택, 라투레트 수도원, 롱샹성당
리처드 로저스	퐁피두센터, 마드리스 바라하스 국제공항, 로이드빌딩, 레든홀빌딩, 웨일스 의사당, 밀레니엄돔
리처드 마이어	게티센터, 스미스하우스, 장식미술 박물관, 하이 미술관, 아라 파치스 박물관, 아테니움
마리아 보타	라바 산 비탈레, 메디치 원형주택, 교보빌딩
마키 후미히코	나선, 힐사이드 테라스 콤플렉스, 국립 근대 미술관, 샘폭스 디자인 시각예술학교, 도쿄 메트로폴리탄 체육관, 시마네의 고대 이즈모 박물관
미스 반데어로에	바르셀로나 파빌리온, 판스워스주택, 시그램빌딩
발터 그로피우스	데사우 바우하우스교사, 아테네 미국대사관
베르나르 츄미	라 빌레뜨 공원,
세지마 가즈요	신현대미술관, 21세기현대미술관, 톨레도미술관, 롤렉스 교육센터, 촐페라인 경영-디자인학교
스베레 펜	헤드마르크 성당박물관, 외위크루스트 센터, 노르웨이 빙하박물관
안도 다다오	포트워스 근대미술관, 나오시마 현대미술관, 퓰리쳐 미술재단, 롯코 산 예배당, 빛의 교회
알도 로시	산 카탈도 공동 영묘, 본네판텐 박물관, 테아트로 델 몬도, 파냐노 올로나 초등학교, 갈라라테세 주택, 일 팔라초 호텔
알바 알토	MIT기숙사, 바이퓨리 시립도서관, 헬싱키 문화회관
알바로 시자	보아노바 찻집, 수영장, 세랄베스 현대미술관, 산타마리아 교회와 교구센터, 포르투 대학교 건축학부, 보르헤스 이르망 은행, 이베레카마르구재단
에두아르두 소투드 모라	브라가 경기장, 부르구 타워, 파울라 레구 박물관

오스카 니에메르	성 프란체스코 성당, 라틴아메리카 기념관, 니테로이 현대미술관, 국회의사당, 이타마라티 궁전, 브라질리아 메트로폴리탄 성당
왕 슈	닝보 역사 박물관, 닝보 광역성 박물관, 세라믹 하우스
요른 웃존	시드니 오페라 하우스, 쿠웨이트 국회의사당, 칸펠리스
자크 에르조그 & 피에르 드 뫼롱	베이징 국가 경기장, 드 영 미술관, 테이트모던, 괴츠미술관
자하하디드	비트라 소방서, 로젠탈 기념 현대미술센터, 피에노 과학센터, 베르기젤 스키점프, BMW공장 중앙빌딩
장누벨	아그바 타워, 아랍연구소, 구스리극장, 케 브랑리 박물관, 카르티에 재단
제임스 스털링	슈투트가르트 청사, 노이에 슈타츠갈레리
케빈 로치	포드재단본부, 부이그 SA지주회사, 콜럼버스 기사단 본부, 메트로폴리탄 미술관, 캘리포니아 오클랜드 박물관, 뉴욕 세계박람회 IBM전시관
크리스티앙 드포짐박	시테 드 라 뮈지크, 파리오페라 발레 학교, 넥서스2, 크레디 리오네 타워, 룩셈부르크 필하모닉, 프랑스대사관
톰 메인	샌프란시스코 연방빌딩, 캘트런스 제7지구 본부, 다이아몬드 랜치고교, 웨인 모스 미국법원, 6번가 주택
파울루 멘데스 다 호샤	브라질 조각미술관, 포르마 가구 전시장, 파울리스타누 체육클럽, 엑스포70 브라질관, 국립 상파울루 박물관
페터 춤토르	팔스 온천탕(규암과 콘크리트로 구성), 퀼른 대교구 콜룸바 미술관, 성베네틱트 예배당, 클라우스 수사 야외 예배당(112개의 통나무로 구성), 브레겐츠 미술관, 스위스 사운드박스, 춤토르 스튜디오
프랭크 로이드 라이트	구겐하임 미술관, 낙수장, 로비하우스, 탈리아신
프랭크 오언게리	빌바오 구겐하임 미술관, 디즈니 음악홀
피터 아이젠만	웩스너 시각예술센터, IBA 집합주택
필립존슨	글라스하우스, 윌리엄스타워, AT&T본부(소니빌딩)
한스 홀라인	빌카니아, 압타이베르크 박물관, 프랑크푸르트 근대미술관, 오스트리아 대사관, 게네랄리 미디어타워, 레티조명가게

01 출제예상문제

1 다음 중 그리스식 오더가 아닌 것은?

① 도리아식
② 이오니아식
③ 코린트식
④ 터스칸식

> **note** ④ 로마식 기둥양식이다.
> ※ 기둥양식
> ㉠ 그리스식 : 이오니아식, 도리아식, 코린트식
> ㉡ 로마식 : 그리스식오더, 콤포지트, 터스칸식

2 플라잉 버트레스(Flying buttress)는 어느 시대의 건축양식에 나온 것인가?

① 고딕양식
② 로마 건축양식
③ 르네상스양식
④ 로마네스크양식

> **note** 플라잉 버트레스(Flying buttress) … 신랑 상부의 리브볼트와 측랑의 부축벽을 연결하는 반아치 형태의 부재로 고딕양식의 대표적 특징 중의 하나이다.

3 서양건축의 시대별 순서로 옳은 것은?

① 로마네스크 – 고딕 – 르네상스 – 바로크
② 고딕 – 로마네스크 – 바로크 – 르네상스
③ 바로크 – 로마네스크 – 르네상스 – 고딕
④ 로마네스크 – 고딕 – 바로크 – 르네상스

> **note** 시대별 순서 … 이집트 건축→그리스 건축→로마 건축→초기 기독교 건축→비잔틴 건축→로마네스크 건축→고딕 건축→르네상스 건축→바로크 건축→로코코 건축→근대 건축

Answer 1.④ 2.① 3.①

4 서양건축사에 대한 특징 중 옳지 않은 것은?

① 고딕 건축의 주요 특성은 장미창, 플라잉 버트레스, 첨두아치로 집약된다.

② 초기 기독교 건축형식은 기독교 공인 이후 바실리카를 교회건축으로 이용하면서 시작되었다.

③ 로코코 건축은 공공적인 건축물이 성행하여 바로크에 비해 웅장하고 기념비적인 광장으로 표현된다.

④ 로마네스크 건축은 유럽 전역에 지역적으로 퍼져 있었던 건축형식으로 스테인드 글라스, 버트레스 등이 특징이다.

> **note** ③ 로코코 건축은 개인 위주의 프라이버시를 중시하여 아담한 실내장식이 특징이다. 구조적 특징 없이 장식적 측면이 발달했으며, 기능적 공간구성과 개인적인 쾌락주의 공간구성으로 주거 건축에 큰 발전을 이루었다.

5 수직성을 모방한 건축의 형식으로 옳은 것은?

① 르네상스 건축   ② 낭만주의 건축

③ 신고전주의 건축   ④ 절충주의 건축

> **note** 낭만주의는 고전주의에 대한 발발로 수직성을 모방하는 중세 고딕 건축을 채택하였다.
> ① 그리스 3주범, 로마의 2주범을 구조적 독립주로 취급하고 로마시대의 배럴볼트, 대아치를 재활용하면서 새로운 구조기술을 도입하여 시공하였다.
> ③ 바로크, 로코코 수법을 퇴폐적인 것으로 보고 그 반동으로 로마 문화와 그리스 문화를 연구하여 고전 건축의 우수한 여러 면을 모방하였다.
> ④ 한 건축양식만 고집하지 않고 여러 건축양식에서 구하려는 경향이 발생하였다.

6 근대에서 현대로의 전환기에 다양하게 나타난 건축사조 중 대표적인 경향이 아닌 것은?

① 아르누보 건축   ② 형태주의 건축

③ 유토피아적 건축   ④ 브루탈리즘 건축

> **note** 아르누보 건축 … 19세기말의 건축에서 절충주의, 고전주의 경향에 대하여 반작용한 운동으로 여명기에 발생한 근대적 건축운동에 해당한다.

7 철과 유리라는 단순한 재료에 의해 다양한 형태를 구사하며 "적을수록 풍부하다(Less is more)"라는 이론을 주장한 건축가는?

① 르 꼬르뷔제

② 그로피우스

③ 미스 반 데 로에

④ 프랭크 로이드 라이트

> **note** 미스 반 데 로에는 지지체와 비지지체를 분리(철골구조의 가능성 추구)하였다.
> ① 합리적 기능주의, 도미노 주택계획안, 근대 건축의 5원칙 등을 주장하였다.
> ② 독일공작연맹, 바우하우스를 통하여 국제주의 양식을 확립하고, 건축의 표준화, 대량생산 시스템과 합리적 기능주의를 추구하였다.
> ④ 미국의 풍토와 자연에 근거한 자연과 건물의 조화, 유기적 건축을 추구하였다.

8 근대 건축 국제회의(C.I.A.M)에서 활동한 내용이 아닌 것은?

① 도시와 인간

② 주택단지의 합리적 배치

③ 고소득층을 위한 주택계획

④ 건축의 규격화 및 합리화

> **note** C.I.A.M의 활동 … 인간활동과 자연환경의 조화·육성·커뮤니티의 생활과 통일된 개성발달, 저소득층 주택 건설 계획, 대지계획의 합리적 방법, 기능적 도시, 도시와 인간 등

9 르 꼬르뷔제의 5대 원칙이 아닌 것은?

① 수직띠장을 이용한 자유설계

② 자유로운 입면

③ 필로티

④ 평지붕을 이용한 옥상정원

> **note** 르 꼬르뷔제의 근대 건축의 5원칙 … 옥상정원, 필로티, 자유로운 평면, 자유로운 입면, 수평띠창

10 고딕양식의 특징이 아닌 것은?

① 버트레스

② 첨두아치

③ 돔

④ 스테인드 글라스

> **note** ③ 비잔틴 건축양식의 대표적 특징이다.
> ※ 고딕양식의 주요 특징 … 첨두형 아치(Pointed Arch), 리브볼트(Ribbed Vault), 플라잉 버트레스(Flying Buttress), 장미창(Rose Window)

Answer 7.③ 8.③ 9.① 10.③

11 프랑스의 고딕양식 건축물 중 가장 대표적인 사원은?

① Amiens 사원

② Lincoln 사원

③ Angouleme 사원

④ Salisbary 사원

> **note** ②④ 영국의 고딕양식 건축물
> ③ 프랑스의 로마네스크양식 건축물

12 서양의 건축양식을 설명한 것으로 옳지 않은 것은?

① 르네상스 돔에는 드럼(Drum)이 있다.

② 비잔틴 건축의 펜덴티브(Pendentive)는 모자이크를 장식하기 위한 장식부재이다.

③ 고딕건축에는 첨두아치(Pointed arch), 뜬버팀기둥(Flying buttress)이 있다.

④ 바실리카 교회당에는 네이브(Nave)와 아일(Aisle)이 있다.

> **note** 펜덴티브(Pendentive) … 정방형에 외접원을 그려서 정방형 변에 따라서 수직으로 깎아내면 아치와 아치 사이에 3각형이 만들어지는 것을 뜻한다.

13 바실리카형의 초기 크리스트 교회당이 출현하는 배경으로 가장 바른 것은?

① 그리스 종교인의 권유가 있었기 때문이다.

② 예배를 볼 수 있는 넓은 공간이 필요하였기 때문이다.

③ 바실리카의 용도가 기독교적이기 때문이다.

④ 바실리카가 교회당에 어울리게 화려하고 위엄적이었기 때문이다.

> **note** 교인의 증가로 예배를 볼 수 있는 넓은 공간이 필요했기 때문에 교회당이 만들어졌다.

14 르 꼬르뷔제(Le corbvsier)가 주장하는 현대건축의 5원칙으로 옳지 않은 것은?

① 자유로운 입면   ② 뼈대와 벽의 기능적 독립

③ 재료의 공동화   ④ 필로티(Pilotis)

> **note** 르 꼬르뷔제의 5원칙
> ㉠ 필로티
> ㉡ 옥상정원
> ㉢ 자유로운 평면
> ㉣ 자유로운 입면
> ㉤ 수평띠창

15 건축양식의 연결이 바르게 짝지어진 것은?

① 로마네스크 건축 – 피사사원(Pisa cathedral)

② 그리스 양식 – 오벨리스크(Obelisk)

③ 비잔틴 건축 – 플라잉 버트레스(Flying buttress)

④ 고딕 건축 – 도릭오더(Doric order)

> **note** ② 오벨리스크(Obelisk) – 이집트 건축
> ③ 플라잉 버트레스(Flying buttress) – 고딕 건축
> ④ 도릭오더(Doric Order) – 그리스 건축

16 포스트 모던(Post-Modern) 건축의 특성으로 옳지 않은 것은?

① 과거양식과 현대와의 결합   ② 대중성 강조

③ 지역적 · 전통적   ④ 기하학적 공간개념 탈피

> **note** Post-Modern의 특징
> ㉠ 의미전달체계로서 건축
> ㉡ 대중성 강조
> ㉢ 지역적, 전통적, 문화적
> ㉣ 현대건축의 합리적인 유클리드 기하학적 공간개념 탈피

Answer   14.③   15.①   16.①

17 건축물과 건축양식을 서로 연결한 것 중 옳지 않은 것은?

① 콘스탄티노플의 성 소피아 성당 – 바로크양식

② 로마의 성 피터 사원 – 르네상스양식

③ 파리의 노틀담 사원 – 고딕양식

④ 로마의 판테온 신전 – 로마양식

> **note** 콘스탄티노플의 성 소피아 성당은 비잔틴 건축양식이며, 바로크 양식의 대표적인 건축물은 성 베드로 사원의 광장, 콜로나데, 스칼레자아, 성 앙드레아 성당, 성 수잔나 성당 등이다.

18 다음 건축물과 양식의 연결이 옳지 않은 것은?

① 노틀담 사원 – 로마네스크양식   ② 판테온 신전 – 로마양식

③ 파르테논 신전 – 그리스양식   ④ 성 바울 사원 – 바로크양식

⑤ 피사의 성당 – 로마네스크양식

> **note** 노틀담 사원은 고딕양식이다.

19 첨탑(Spire)과 플라잉 버트레스(Flying buttress)는 어느 시대의 건축양식인가?

① 로마양식   ② 로마네스크양식

③ 그리스양식   ④ 르네상스양식

⑤ 고딕양식

> **note** 고딕양식에서 첨탑(Spire)과 플라잉 버트레스(Flying buttress)의 발달로 횡력을 합리적으로 처리할 수 있게 되었다.

20 다음 중 비잔틴 건축의 대표적인 건축물은?

① 피사의 성당   ② 성 소피아 성당

③ 판테온 신전   ④ 성 바울 성당

⑤ 성 피터 성당

> **note** ① 로마네스크양식   ③ 로마양식   ④ 바로크양식   ⑤ 르네상스양식

Answer   17.①   18.①   19.⑤   20.②

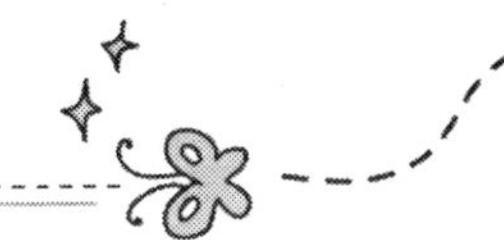

21 긴 석재로 구성된 탑으로 왕권을 상징하기 위해 건립된 것으로 이집트 건축에 속하는 것은?

① 피라미드(Pyramid)

② 스핑크스(Sphinx)

③ 마스터바(Mastaba)

④ 오벨리스크(Obelisk)

> **note** 오벨리스크(Obelisk)
> ㉠ 긴 석재로 구성된 탑으로 왕권을 상징하기 위해 건립되었다.
> ㉡ 탑신에 태양송가 왕권찬양 등을 음각으로 표현하였다.
> ㉢ 정사각형의 기반 위에 4각추의 탑신을 두고 중앙부는 약간 블록한 구조를 가진다.

22 건축양식과 구조형태가 잘못 짝지어진 것은?

① 로마 건축 – 볼트(Vault)

② 그리스 건축 – 오더(Order)

③ 고딕 건축 – 플라잉 버트레스(Flying Buttress)

④ 로마 건축 – 터스칸식(Tusscan)

⑤ 그리스 건축 – 엔타시스(Entasis)

> **note** ① 볼트(Vault)는 고딕 건축양식이다.

23 다음 중 건축양식의 발전순서가 옳은 것은?

① 이집트 – 르네상스 – 고딕 – 초기 기독교 – 비잔틴

② 초기 기독교 – 비잔틴 – 로마네스크 – 고딕

③ 로마네스크 – 로마 – 그리스 – 비잔틴 – 고딕

④ 그리스 – 이집트 – 로마 – 르네상스 – 고딕

⑤ 이집트 – 로마 – 그리스 – 비잔틴 – 고딕

> **note** 건축은 이집트 – 서아시아 – 그리스 – 로마 – 초기 기독교 – 비잔틴 – 로마네스크 – 고딕 – 르네상스 – 바로크 – 로코코 순으로 발전하였다.

한국건축사

1 우리나라 건축의 특성

① 의장적 특성

(1) 친근감을 주는 척도

① 지나치게 장대하거나 위압감을 주지 않는 규모로 축조한다.

② 외관이 순박하며 친근감을 유발한다.

(2) 자연과의 조화

인위적인 기교를 절제하고 시공에서도 자연미를 그대로 살리도록 하였다.

(3) 조형의장

① 기둥의 배흘림(착시현상을 교정)

② 기둥의 안쏠림과 우주의 솟음(처마선의 조화)

③ 지붕처마의 곡선미

④ **정면성**

　㉠ 정면에서 보면 지붕, 기둥과 창호장식이 보인다.
　㉡ 벽면은 측면과 배면에 두었다.

② 구조 · 공간적 특성

(1) 구조적 특성

① 기본형식은 목조 가구식 구조이다.

② 하중을 기둥에 합리적으로 전달하고 분배하였다.

③ 돌출된 처마를 지지하는 공포구조를 도입하였다.

> ★TIP **공포** … 보와 도리, 기둥을 구조적으로 결합시킴으로써 지붕의 하중을 효과적으로 기둥에 전달하고 분배하는 것으로 주두, 첨차, 살미, 소로 등의 부재로 구성된다.

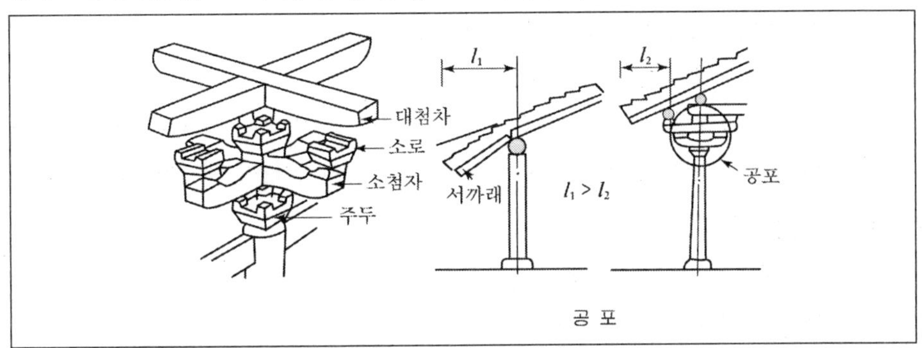

④ 중국의 영향으로 주심포식, 다포식이 사용되었다.

⑤ 조선시대에는 익공식을 개발해서 함께 사용하였다.

> ★TIP **익공식 건축**
> ㉠ 조선 건축에서는 중요한 큰 건축에 다포식을 채용하고, 2차적으로 중요한 건축에 주심포식을 쓰고 중요도가 낮은 건축에 익공식을 사용하였다.
> ㉡ 익공수에 따른 분류
> • 초익공 : 창방위치에 직교되게 주두하에 익공을 놓게 되어서 그 높이가 창방과 같은 높이이므로 주두와 같이 짜이게 된다.
> • 2익공 : 초익공 상면에 익공을 하나 더 올려 놓고 그 위에 주심부에 소형 주두를 다시 놓아서 양을 받도록 만든 것이다.

(2) 공간적 특성

① **비대칭성** … 주요 건축물과 부속건물을 비대칭적으로 배치하여 비정형적이고 다양한 외부공간을 연출하였다.

② **위계성** … 내·외부공간들을 각 기능과 용도에 의한 위계성을 지니도록 하였다.

③ **연속성** … 주·부공간을 유기적으로 연결시키도록 하였다.

④ 채와 간의 분화로 공간이 구성되어 진다. 그러면서도 각 공간들이 마당이나 담, 대문으로 서로 연속되어 있다.

⑤ 한식주택은 실의 조합(은폐적)성을 갖고 있으며 평면상의 실은 다용도로 혼용용도이다. 양식주택은 상대적으로 실의 분화(개방적)성을 갖고 있으며 실은 단일용도이다.

⑥ 인간적인 척도와 단아함이 있다.

(3) 한옥의 공간구성

① 한옥의 재료에 따른 분류

- ㉠ **귀틀집** : 통나무를 정자형으로 짜서 중첩하여 벽을 만들고 지붕을 덮은 것으로 나무 사이에 생기는 공간은 진흙을 발라 막은 집
- ㉡ **너와집** : 나무토막을 쪼개어 만든 널판자로 지붕을 이은 집
- ㉢ **굴피집** : 두꺼운 나무껍질로 지붕을 이은 집
- ㉣ **까치구멍집** : 토담집이나 귀틀집의 용마루 좌우 끝의 작은 합각머리에 구멍을 낸 집
- ㉤ **양통집** : 건축물의 평면에서 앞과 뒤에 여러 실이 맞붙어 배치된 집

② 한옥의 공간

- ㉠ **안채** : 여주인(마님)의 주생활 공간
- ㉡ **사랑채** : 바깥주인(가장)의 주생활 공간
- ㉢ **행랑채** : 노비 하인들이 기거하는 공간
- ㉣ **별당채** : 주인의 자식들이 기거하는 공간
- ㉤ **곳간채** : 주인의 동산(이동 가능한 재산(식량이나 금은보화)를 저장하던 곳

③ 한옥의 평면 및 입면구성

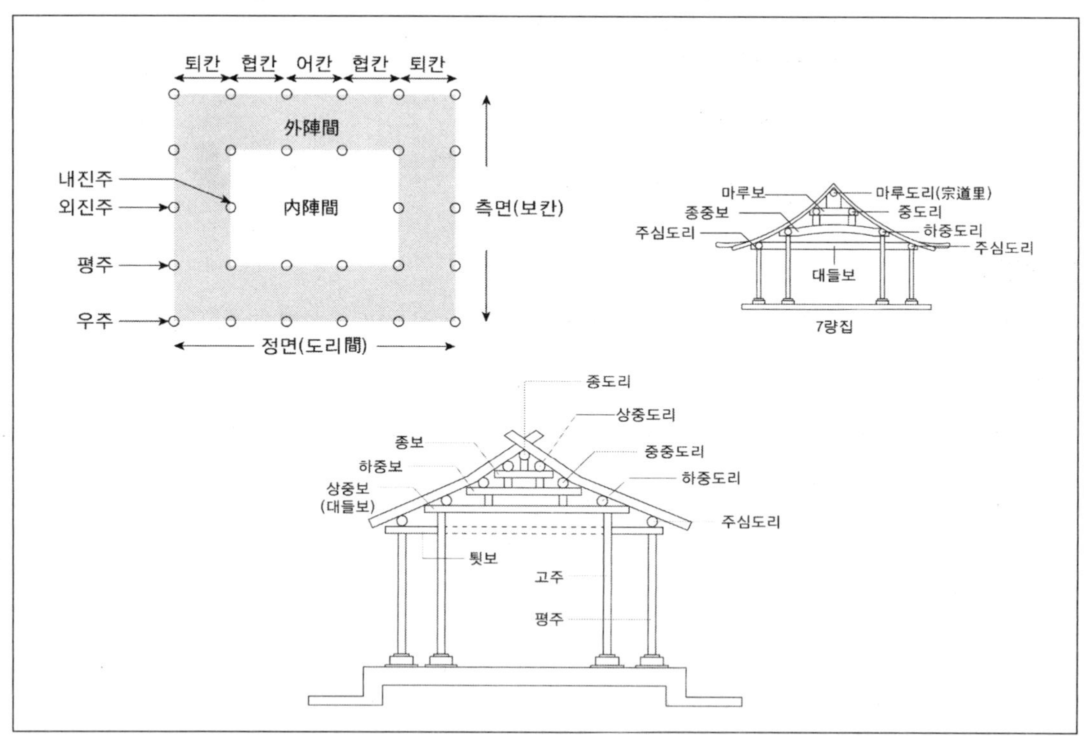

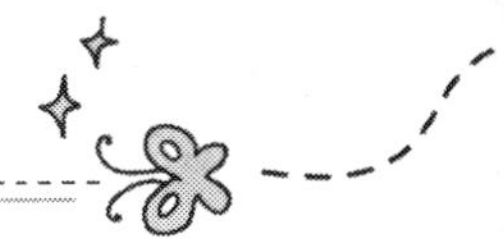

④ **한옥의 마루**

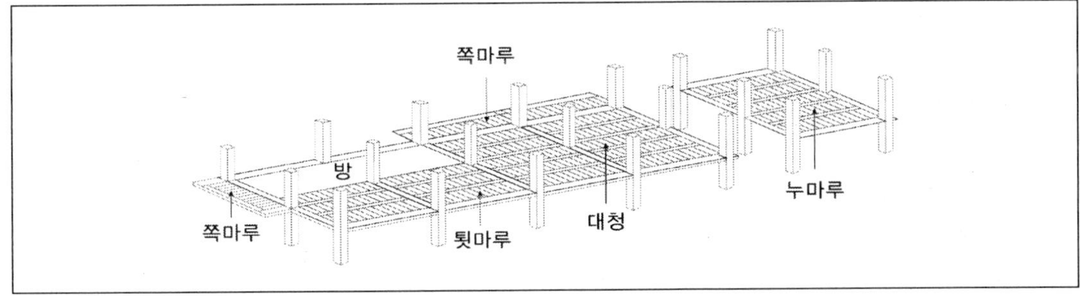

- ㉠ **툇마루** : 고주와 외진주 사이의 퇴칸에 만들어지는 마루이다. 건물 앞뒤 혹은 옆의 끝 칸, 그러니까 퇴칸에 마련된 마루로, 보통 우물마루로 만들어진다. 툇마루는 건물의 내부와 외부 사이에 있는 완충 공간으로, 방들과 대청 사이를 이동하는 통로의 역할을 하기도 한다.

- ㉡ **쪽마루** : 외진주 밖으로 덧달아낸 마루이다. 한두 조각의 널로 좁게 짠 마루로, 건물 밖으로 덧달은 마루이다. 툇마루와 같은 기능을 가지나 툇기둥이 없이 동바리(마루 밑을 받치는 짧은 보조기둥)가 귀틀을 지탱한다. 쪽마루는 보통 건물의 옆이나 뒤의 보조 출입문 쪽에 달아 출입이 편리하도록 도모하며, 툇마루보다 폭이 좁고 장마루로 까는 것이 보통이다.

- ㉢ **누마루** : 지면으로부터 높이 띄워 지면의 습기를 피하고 통풍이 잘 되도록 한 누각형식의 마루이다. 다락처럼 높게 만들어 지면의 습기를 피하고 통풍이 잘 되도록 한 누각 형식의 마루이다.

- ㉣ **들마루** : 까치구멍집의 봉당과 같은 곳에 설치하는 것으로 이동이 가능한 마루를 말한다.

- ㉤ **대청마루** : 살림집의 안방과 건넌방 사이에 마련된 마루로 보통 4칸이며 큰 대청은 6칸도 있다.

- ㉥ **우물마루** : 기둥과 기둥사이에 장귀틀을 건너지른 다음 장귀틀 사이에 동귀틀을 건너지르고, 양쪽에 홈이 파여진 동귀틀 사이에 마루청판을 끼워 넣어 완성한 마루이다.

⑤ **한옥의 지붕**

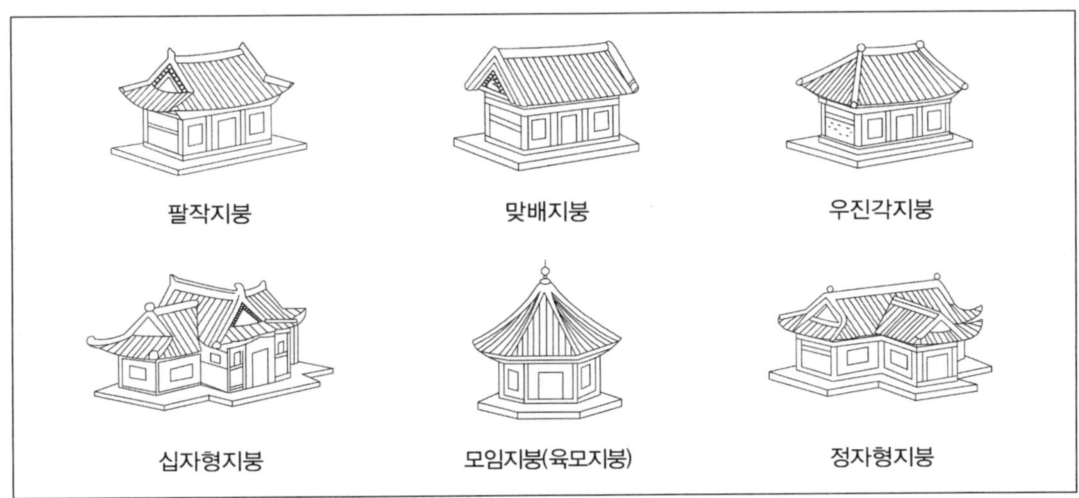

㉠ **맞배지붕**
- 가장 간단한 구조이며 추녀와 활주가 없다.
- 건물의 앞 뒤에서만 지붕면이 보이고 용마루와 내림마루로만 구성된다.

㉡ **우진각지붕**
- 4면에 모두 지붕면이 만들어지는 형태이다.
- 전·후면에서 볼 때는 사다리꼴 모양이고 양측면에서 볼 때는 삼각형의 지붕형태이다.

㉢ **팔작지붕**
- 우직각지붕과 맞배지붕을 합쳐놓은 형상이다.
- 전·후면에서 보면 갓을 쓴 것과 같은 형태이고 측면에서 사다리꼴 위에 측면 박공을 올려놓은 것과 같은 형태이다.

㉣ **모임지붕**
- 용마루 없이 하나의 꼭짓점에서 지붕골이 만나는 지붕형태이다.
- 평면의 형태에 따라 사모, 육모, 팔모지붕으로 나뉜다.

⑥ **천장구조**

㉠ 우물천장 : 우물 정자 모양의 천장이므로 붙여진 이름이다. (섬세한 가공이 필요하고 폼이 많이 드는 일이기 때문에 부유층이 아니면 설치할 수 없었다.)

㉡ 연등천장 : 천장을 만들지 않아 서까래가 그대로 노출되어 보이는 천장이다. (현존하는 고려시대 건물인 봉정사 극락전, 수덕사 대웅전, 부석사 조사당 등은 모두 맞배지붕이며 연등천장인데, 팔작지붕인 부석사 무량수전도 연등천장이다.)

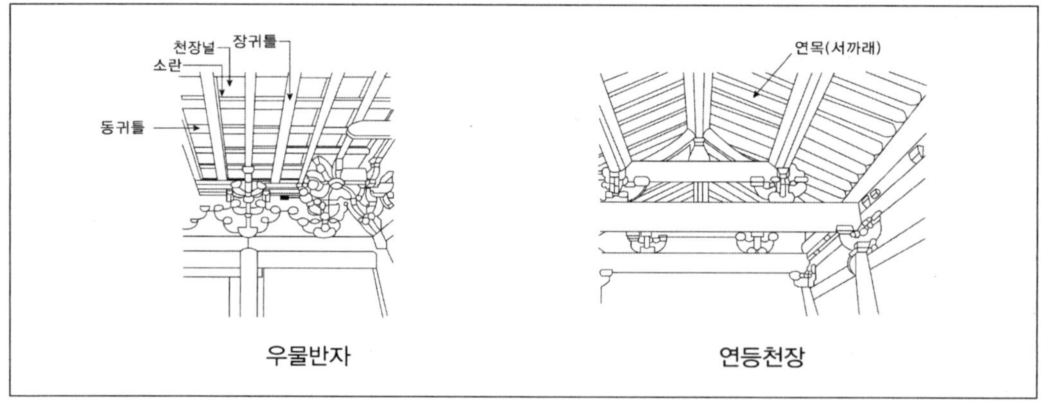

③ 우리나라의 전통건축 기법

(1) 단청

① 단청기법

　㉠ 한국의 단청

- 단청의 색조화는 주로 이색(異色)과 보색(補色)을 위주로 한다.
- 단청을 시공하기 위해서는 공사주가 우선 단청화원들 가운데서 편수(途彩匠)을 선출하여 시공과정을 지도하고 책임지게 하였다.
- 건축물이나 기물(器物) 등을 장기적으로 보호하고 재질의 조악성을 은폐하는 목적이 있다.
- 고려시대의 단청을 엿볼 수 있는 벽화는 경상남도 거창군 둔마리 고분에 남아있다.

② 단청의 종류

	가칠단청 : 건축물에 선이나 문양 등을 전혀 그리지 않고 1~3가지 색으로 그냥 칠만하여 마무리 한 것이다. 이것은 단청을 곱게 채색하고 목조물의 풍화작용을 막는 역할을 한다.
	긋기단청 : 가칠단청한 위에 부재의 형태에 따라 먹선과 분선(백분으로 그린 하얀선)을 나란히 긋는 것을 말하여 간혹 간단한 문양을 넣는 경우도 있다.
	모로단청 : 머리단청이라고도 하며 부재의 끝머리에만 간단한 문양을 넣고 중간에는 긋기만을 하여 가칠상태로 그냥 두는 것이다. 얼금단청 금모로단청이라고도 하며 머리초 문양을 모로단청보다 조금 복잡하게 한 것을 말한다.
	금단청 : 모든 부재에 여백이 없이 복잡하고 화려하게 채색하는 것으로 사찰의 법당이나 주요 전각에 사용된다.

③ 단청기법

　㉠ **출초(出草)** : 단청할 문양의 바탕이 되는 밑그림을 '초' 라고 하고 그러한 초를 그리는 작업을 출초 또는 초를 낸다고 한다. 또한 출초를 하는 종이를 초지라고 칭하며 초지는 한지를 두 겹 이상 세 겹 정도 배접하여 사용하거나 모면지나 분당지를 사용하기도 한다. 초지를 단청하고자 하는 부재의 모양과 크기가 같게 마름한 다음 그 부재에 맞게 출초를 하는 것이다.

　㉡ 단청에 있어서 가장 중요한 작업이 바로 이 출초이며 이 출초에 따라 단청의 문양과 색조가 결정되는 것이다. 출초는 화원들 중에 가장 실력이 있는 도편수가 맡아 한다.

　㉢ **천초** : 출초한 초지 밑에 융 또는 담요를 반듯하게 깔고 그려진 초의 윤곽과 선을 따라 바늘 같은 것으로 미세한 구멍을 뚫어 침공을 만드는 것을 천초 또는 초뚫기라 하고 초 구멍을 낸 것을 초지 본이라 한다.

⑭ 타초 : 가칠된 부재에 초지본을 건축물의 부재 모양에 맞게 밀착시켜 타분주머니(정분 또는 호
분을 넣어서 만든 주머니로 주로 무명을 많이 사용)로 두드리면 뚫어진 침공으로 백분이 들
어가 출초된 문양의 윤곽이 백분점선으로 부재에 나타나게 된다.
⑮ 채화 : 부재에 타초된 문양의 윤곽을 따라 지정된 채색을 차례대로 사용하여 문양을 완성시킨다.

④ **단청의 목적**

〇 위풍과 장엄을 위한 것으로 궁전이나 법당 등 특수한 건축물을 장엄하여 엄숙한 권위를 나타
내는 효과를 얻을 수 있다.

〈 건조물이나 기물을 장기간 보존하고자 할 때 즉, 비바람이나 기후의 변화에 대한 내구성과
방풍, 방부, 건습의 방지를 위한 목적이 있다.

〉 재질의 조악성을 은폐하기 위한 목적으로 표면에 나타난 흠집 등을 감출 수 있다.

⑭ 일반적인 사물과 구별되게 하여 특수기념물의 성격을 나타낼 수 있다. 원시사회에서부터 내
려오는 주술적인 관념과 또는 고대 종교적 의식 관념에 의한 색채 이미지를 느끼게 할 수 있
다. 단청을 시공하기 위해서는 공사주가 단청 화원들 중에서 편수(片手)를 선출한다. 단청 일
에 종사하는 사람을 일컬어 단청장(丹靑匠), 화사(畵師), 화원(畵員), 화공(畵工), 가칠장(假漆
匠), 도채장(塗彩匠) 등이라 하였으며 승려로서 단청 일을 하거나 단청에 능한 사람을 금어
(金魚) 화승(畵僧)이라고 불렀다. 단청을 만드는 과정은 총 네 가지로 나뉘는데 이 과정에 들
어가기에 앞서 먼저 단청 화원들 중에서 편수(片手)를 선출한다. 편수란 단청을 칠할 건물의
단청 형식을 선정하여 무늬를 선정하고 색을 배합하여 시공과정을 지도 감독하며 완성에 이
르는 모든 것을 책임지는 사람을 말한다. 편수가 선출되었으면 출초, 천초, 타초, 채화를 순
서대로 완성시켜 나간다.

(2) 공포

① 공포기법

〇 공포의 기본적 구성

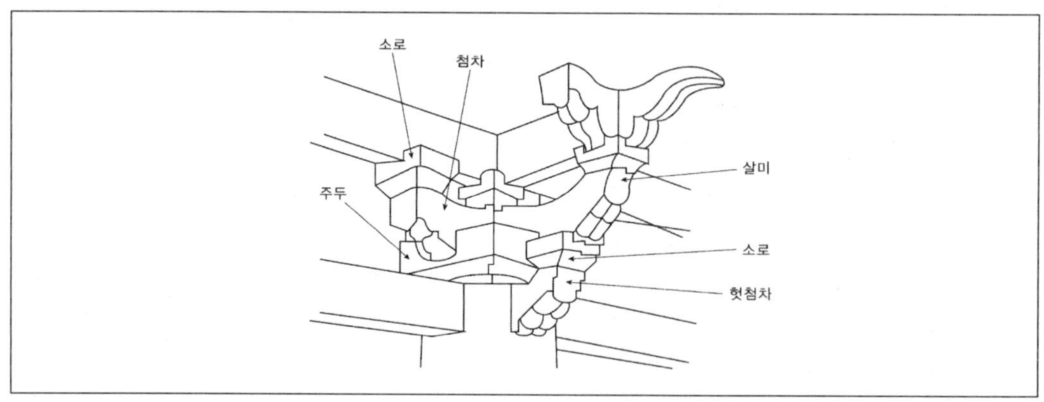

- 첨차 : 주두 또는 소로 위에 도리와 평행한 방향으로 얹힌 짤막한 공포 부재로, 끝부분 마구리를 수직이나 경사지게 자르고, 첨차 끝부분의 아랫면은 둥글게 굴려 깎아 만들거나(교두형), 연화두형(蓮花頭形)으로 깎아 만든다.
- 주두 : 기둥머리 위에서 살미, 첨차 등 공포 부재를 받는 됫박처럼 넓적하고 네모난 부재로, 상부의 하중을 균등하게 기둥에 전달하는 기능을 한다.
- 소로 : 공포를 구성하는 됫박 모양의 네모난 나무쪽으로, 첨차·살미·장혀 등의 밑에 틈틈이 받쳐 괸 부재로, 주두와 비슷하게 생겼으나 크기가 작다. 모양에 따라 접시소로·팔모접시소로·육모소로 등으로 나뉜다.
- 살미 : 주심(중심기둥)에서 보 밑을 받치거나, 좌우 기둥 중간에 도리, 장혀에 직교하여 받쳐 괸 쇠서[牛舌, 소의 혀] 모양의 공포 부재이다. 소의 혀 모양으로 만들어진 살미를 제공(齊工)이라 하고, 마구리(살미의 끝부분)가 새 날개 모양인 살미는 익공(翼工)이라 하며, 구름 모양은 운공(雲工)이라고 한다.

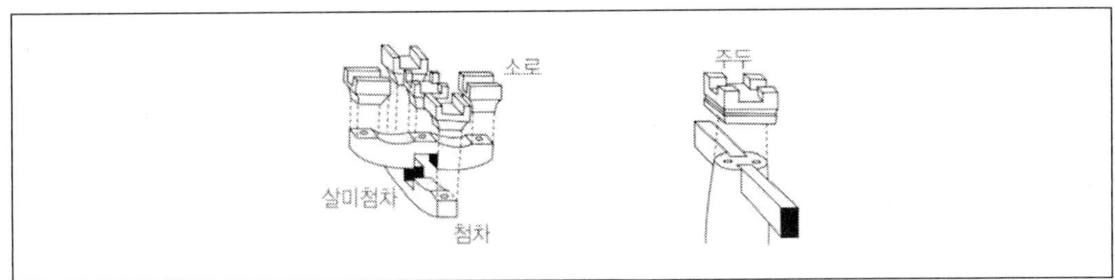

ⓛ 공포의 형식과 특징

- 주심포식 : 기둥 위 주두에만 공포가 있음

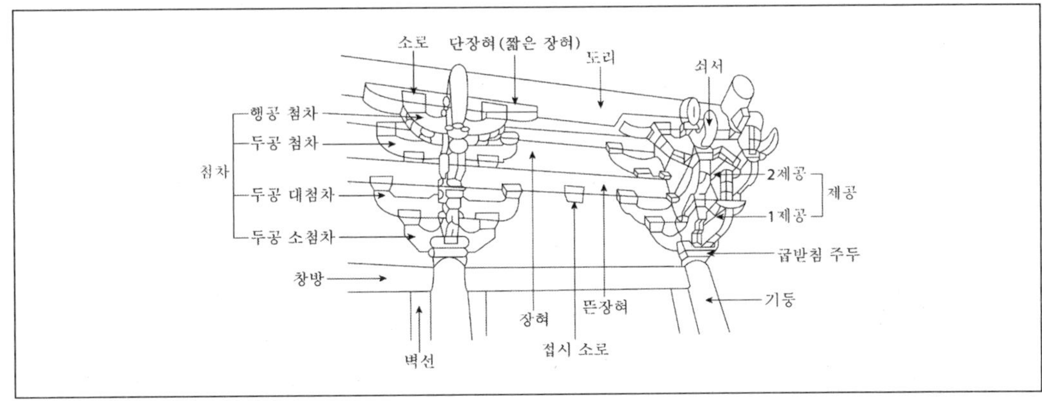

- 고려 남송에서 전래
- 공포의 출목은 2출목 이하
- 대부분 맞배지붕, 연등천장
- 단장혀 사용
- 배흘림이 강함
- 봉정사 극락전, 부석사 무량수전

• 다포식 : 기둥 및 기둥 사이에도 공포가 있음

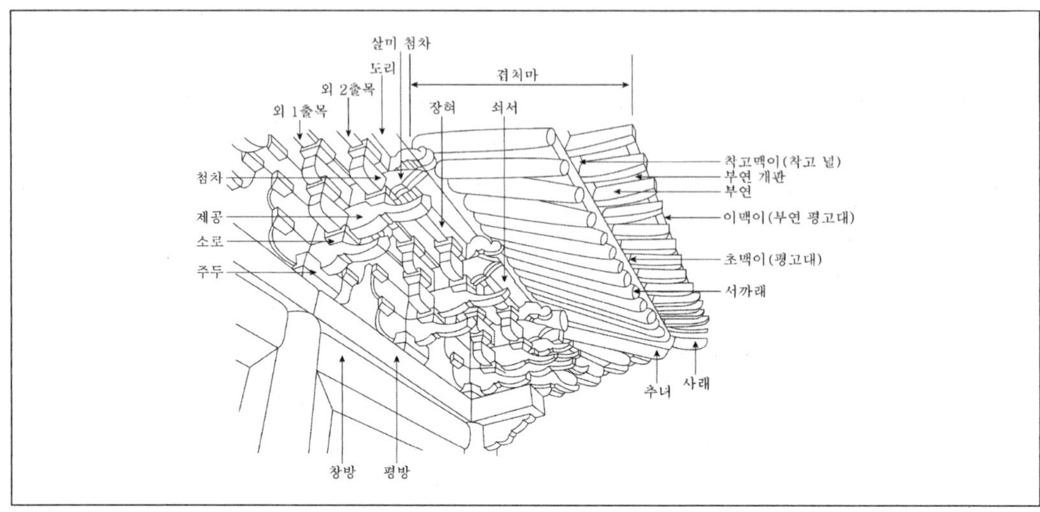

– 고려말 원나라에서 전래
– 중요건물(궁궐의 정전이나 사찰의 대웅전)에 사용됨
– 창방 위에 평방을 두었음
– 배흘림이 약함
– 공포의 출목은 2출목 이상, 외부로 1출목 또는 무출목
– 대부분 우물천장
– 익공식 : 공포가 매우 간결한 형식, 2익공에 재주두 있음
– 조선 초기 형성, 중기 이후 사용
– 기원은 주심포, 의장은 다포형식을 따름
– 창덕궁 돈화문, 창경궁 명정전, 서울 동대문

구조	주심포식	다포식
전래	고려 중기 남송에서 전래	고려말 원나라에서 전래
공포배치	기둥 위에 주두를 놓고 배치	기둥 위에 창방과 평방을 놓고 그 위에 공포배치
공포의 출목	2출목 이하	2출목 이상
첨차의 형태	하단의 곡선이 S자형으로 길게하여 둘을 이어서 연결한 것 같은 형태	밋밋한 원호 곡선으로 조각
소로 배치	비교적 자유스럽게 배치	상, 하로 동일 수직선상에 위치를 고정
내부 천장구조	가구재의 개개 형태에 대한 장식화와 더불어 전체 구성에 미적인 효과를 추구(연등천장)	가구재가 눈에 띄지 않으며 구조상의 필요만 충족(우물천장)
보의 단면형태	위가 넓고 아래가 좁은 4각형을 접은 단면	춤이 높은 4각형으로 아랫모를 접은 단면
기타	우미량 사용	

❀ 대표적 건축물 ❀

		주심포식	다포식	익공식
고려		• 안동 봉정사 극락전 • 영주 부석사 무량수전 • 예산 수덕사 대웅전 • 강릉 객사문 • 평양 숭인전	• 경천사지 10층 석탑 • 연탄 심원사 보광전 • 석왕사 응진전 • 황해봉산 성불사 응진전	
조선	초기	• 강화 정수사 법당 • 송광사 극락전 • 무위사 극락전	• 개성 남대문 • 서울 남대문 • 안동 봉정사 대웅전 • 청양 장곡사 대웅전	• 합천 해인사 장경판고 • 강릉오죽헌
	중기	안동 봉정사 화엄강당	• 화엄사 각황전 • 범어사 대웅전 • 강화 전등사 대웅전 • 개성 창경궁 명정전 • 서울 창덕궁 돈화문	• 충무 세병관 • 서울 동묘 • 서울 문묘 명륜당 • 남원 광한루
	후기	전주 풍남문	• 경주 불국사 극락전 • 경주 불국사 대웅전 • 경복궁 근정전 • 창덕궁 인정전 • 수원 팔달문 • 서울 동대문	• 수원 화서문 • 제주 관덕정

ⓒ 착시효과

- 후림 : 평면에서 처마의 안쪽으로 휘어 들어오는 것
- 조로 : 입면에서 처마의 양끝이 들려 올라가는 것
- 귀솟음(우주) : 건물의 귀기둥을 중간 평주(平柱)보다 높게 한 것
- 오금(안쏠림) : 귀기둥을 안쪽으로 기울어지게 한 것

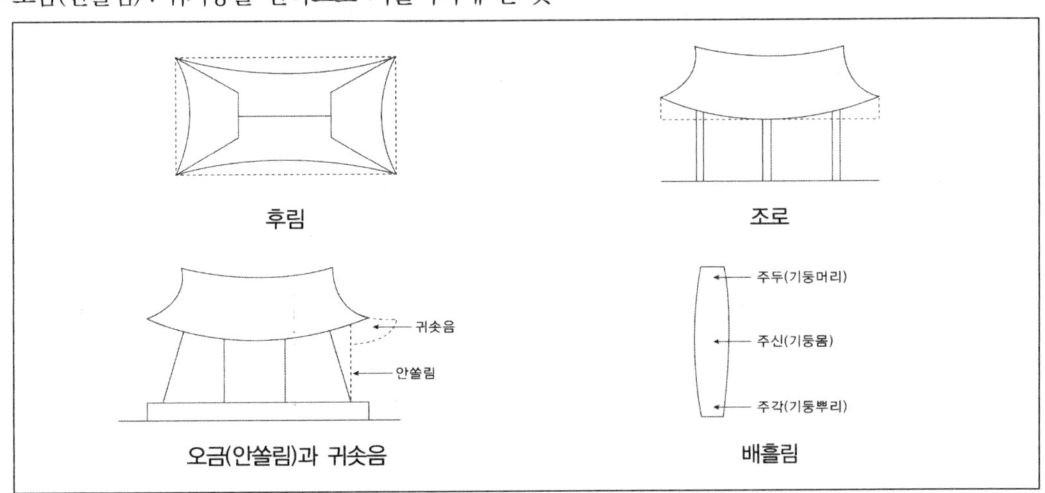

④ 우리나라의 주요 전통 건축물

(1) 전각

① **전각의 구성** … 일주문 – 금강문 – 사천왕문 – 불이문(해탈문) – 루 – 탑 – 대웅전 – 칠성전, 산신각

② **일주문**
  ㉠ 절 입구에 양쪽 하나씩의 기둥으로 세워진 건물
  ㉡ 일주문을 경계로 문 밖을 속계, 문 안을 진계라 부름

③ **천왕문**
  ㉠ 부처님의 세계를 지키는 사천왕을 모신 문 : 일명 봉황문
  ㉡ 동쪽에 **지국천왕** : 비파 가짐
  ㉢ 서쪽에 **광목천왕** : 여의주, 새끼줄 가짐
  ㉣ 남쪽에 **증장천왕** : 보검 가짐
  ㉤ 북쪽에 **다문천왕** : 보탑을 가짐
  ㉥ 금강력사(인왕) : 절의 어귀나 문 양쪽에 모신 수문장(반나체 모습)

④ **해탈문** … 모든 번뇌와 망상을 벗어나 깨달음을 얻는 문

⑤ **불이문** … 중생과 부처, 선과 악, 유와 무, 공과 색 상대적 개념에 의한 모든 대상이 둘이 아니
라는 불교진리의 불이사상을 나타내는 문

(2) 수원 화성

① 한국의 성곽은 전통적으로 평상 시에 거주하는 읍성과 전시에 피난처로 삼는 산성을 기능 상
분리했는데, 수원 화성 성곽은 피난처로서의 산성을 따로 두지 않고 평상 시에 거주하는 읍성
의 방어력을 강화시켰다.

② 화성의 도시계획상 특징은 상업 활동이 원활한 도시를 만들고자 한 데 있다.

③ 성곽 축조 과정에 벽돌이 크게 활용됨으로써 재래 성곽에는 없었던 새로운 형태의 구조물이 만
들어졌다.

④ 공사과정에서 변화하는 경제 흐름을 반영하여 모든 작업은 임금지급을 원칙으로 하였다.

⑤ **공심돈** … 돈(墩)은 적이나 주위의 동정을 살피기 위하여 지은 망루와 같은 곳이다. 남한산성에
도 설치가 되어 있지만 성제상으로 돈의 내부가 비어 있도록 설계된 것은 화성이 처음이다.

⑥ **장대** … 성곽 일대를 조망하면서 군사들을 지휘하던 일종의 지휘소 같은 곳이다. 화성에는 서장대(西將臺)와 동장대(東將臺) 두 곳이 있다.

⑦ **노대** … 성 가운데서 쇠뇌를 쏠 수 있도록 높이 지은 시설물이다. 접근하는 적을 공격할 수 있다. 화성에는 서노대(西弩臺)와 동북노대 두 곳이 있다.

2 시대별 특성

① 삼국시대

(1) 고구려 건축

① 진취적이고 힘 있는 건축양식이다.

② **청암리사지** … 대표적인 가람지로 중앙에 8각형 목조탑지, 좌우 · 북측에 금당지가 있는 1탑 3금당실의 가람배치이다.

(2) 백제 건축

① 탑을 중심으로 회랑을 돌린 1탑식 가람배치형식이다.

② 익산 미륵사지, 정림사지, 무령왕릉 등이 있다.

(3) 신라 건축

① 1탑식 가람배치로 돌을 벽돌형태로 다듬어 쌓은 모전석탑의 형식이다.

② 황룡사지, 분황사 모전석탑, 첨성대 등이 있다.

② 통일신라시대

(1) 특징

① 불교예술이 중심을 이룬다.

② 초기에는 당, 후기에는 송의 영향을 받았다.

③ 불상을 안치하는 금당을 중심으로 하고 중문, 동서 양탑, 강당, 회랑 등의 건물이 자오선축에 대칭으로 배치되는 2탑식 가람배치이다.

④ 선종과 더불어 산지가람형식이 이루어진다.

각 시대의 가람배치

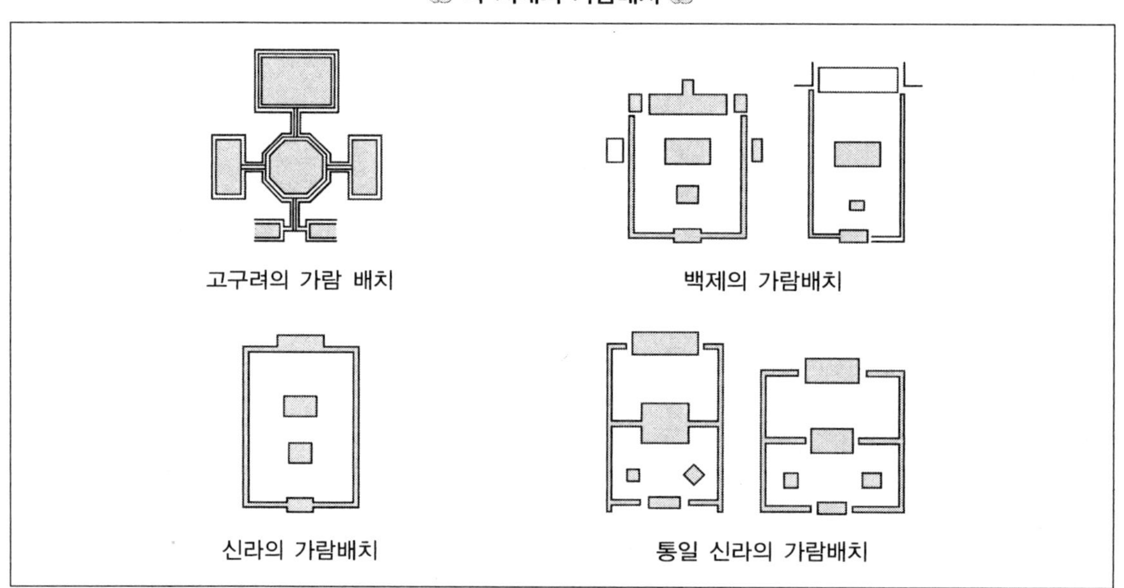

(2) 대표적 건축물

불국사, 석굴암, 해인사, 범어사, 화엄사, 법주사, 3층 석탑, 석가탑, 다보탑, 화엄사, 다사자 석탑

③ **고려시대**

(1) 특징

① **불사배치** … 1탑식, 2탑식, 산지가람 등 자유로운 배치형식을 사용하였다.

② 신라의 불교문화를 그대로 이어받았다.

③ 후기에는 도교의 영향으로 칠성각, 산신각 등의 건물이 늘어났다.

(2) 양식별 건축물의 종류

① **주심포식** … 안동 봉정사 극락전, 영주 부석사 무량수전, 부석사 조사당, 예산 수덕사 대웅전, 강릉 객사문 등

② **다포식** … 심원사 보광전, 석왕사 응진전

③ **탑파** … 월정사 8각 9층 석탑, 경천사지 10층 석탑 등

④ **조선시대**

(1) 특징

① 고려시대 건축에 비해 규모가 웅대해지고 장식과 세부가 복잡해졌다.

② 후기에 들어서 탑은 별로 세워지지 않았고 배흘림이 약해졌으며, 유교에 관계되는 문묘나 서원 건축이 발전하였다.

③ 익공양식이 나타났다.

(2) 주요 양식별 건축물

① **주심포식** … 무위사 극락전, 도갑사 해탈문, 전주 풍남문, 나주 향교 대성전, 고산사 대웅전, 송광사 국사전, 봉정사 화엄강당 등

② **다포식** … 서울 남대문, 동대문, 봉정사 대웅전, 신륵사 조사당, 율곡사 대웅전, 창덕궁 명정전, 창덕궁 돈화문, 전등사 대웅전, 수원성, 팔달문, 경복궁 궁정전, 덕수궁 중화전, 서울문묘, 전등사 대웅전, 전등사 약사전, 내소사 대웅전, 법주사 팔상전 등

③ **익공식** … 강릉 오죽헌, 서울 종묘본전, 서울 동묘본전, 해인사 장경판고, 충무 세병관, 남원 광
한루, 경복궁 경회루, 청평사 회전문, 창덕궁 주합루

⑤ 근대시대

(1) 근대시대의 주요 건축물의 건축양식

① **르네상스양식** … 총독부청사, 한국은행, 러시아공관, 서울역, 덕수궁

② **고딕양식** … 명동성당, 약현성당

③ **로마네스크양식** … 성공회성당

(2) 한국의 근현대 건축가와 주요작품

① **박길룡** … 화신백화점, 한청빌딩

② **박동진** … 고려대학교 본관 및 도서관, 구 조선일보사

③ **이광노** … 어린이회관, 주중대사관

④ **김중업** … 프랑스대사관, 삼일로빌딩, 명보극장, 주불대사관

⑤ **김수근** … 국립부여박물관, 자유센터, 국회의사당, 경동교회, 남산타워

⑥ **강봉진** … 국립중앙박물관

⑦ **배기형** … 유네스코회관, 조흥은행 남대문지점

02 출제예상문제

1 다음 조선시대의 건축물 중 양식이 다른 건축물은?

① 서울 남대문 　　　　　　　　② 수원성 팔달문
③ 경복궁 궁정전 　　　　　　　　④ 강릉 오죽헌
⑤ 창덕궁 돈화문

> **note** ①②③⑤ 다포식 건축물이다.
> ※ 익공식…강릉 오죽헌, 서울 종묘 본전, 서울 동묘 본전, 해인사 장경판고, 충무 세병관, 남원 광한루, 경복궁 경희루, 청평사 회전문, 창덕궁 주합루

2 한국 주거 건축에 관한 설명 중 옳지 않은 것은?

① 웅장함, 화려함 　　　　　　　② 가구식 구조
③ 자연과의 조화 　　　　　　　④ 비대칭적 연속성

> **note** 우리나라 건축의 특징…목조 가구식 구조, 공포 구조, 비대칭성, 위계성, 자연과의 조화, 연속성 등

3 한식 건축물에서 종보와 중도리를 받치고 있는 것은 다음 중 어느 것인가?

① 문설주 　　　　　　　　　② 고주
③ 퇴주 　　　　　　　　　　④ 평주

> **note** 높이가 다를 때 대개 내부의 기둥은 외곽기둥보다 크기 때문에 고주라 불리며 충방, 종보, 중도리, 대들보를 받치고 있는 기둥을 말한다.

Answer　　1.④　2.①　3.②

4 한국 건축의 공간적 특성 중 옳은 것은?

① 비대칭성 ② 인위성

③ 비연속성 ④ 비위계성

> ✿note 전통주거 구성수법의 특성… 비대칭성이고 내적으로는 개방적이나 외적으로는 폐쇄성을 지닌다. 각 공간 사이에 강한 연속성을 가지고 있다.

5 다음 중 조선시대의 중요 건축물에 사용한 형식은?

① 다포식 ② 주심포식

③ 익공식 ④ 혼합식

> ✿note 다포식(조선시대)
> ㉠ 창방 위에 평방을 두고, 원주를 사용하는 방식으로 주심포식에 비해 외형이 정비되고 장중하다.
> ㉡ 성곽 건축·궁궐·문묘·불사 건축 등의 중요 건축물에 사용되었다.

6 조선시대 중요한 건축물에 일반적으로 가장 많이 사용된 공포형식은?

① 익공식 ② 다포식

③ 절충식 ④ 주심포식

> ✿note 조선시대에는 고려시대 건축에 비해서 규모가 웅대해지고 장식이 복잡해지는 경향이 돋보이게 되었으며 주심포, 다포 외에도 익공방식이 나타났으나 다른 방식들보다 다포식을 많이 사용하여 건축물을 건설하였다.

7 고려시대의 공포양식에 관한 설명으로 옳지 않은 것은?

① 주심포식은 다포식에 비해 권위적인 건물에 많이 사용하였다.

② 기둥 위에만 공포가 걸리는 양식을 주심포식이라 한다.

③ 가장 오래된 주심포식 건물은 봉정사 극락전이다.

④ 기둥과 기둥 사이에 창방 및 평방을 놓고 그 위에 공포를 올리는 방식을 다포식이라 한다.

> ✿note ① 고려시대의 다포식은 주심포식에 비해 권위적인 건물을 많이 사용하였다.

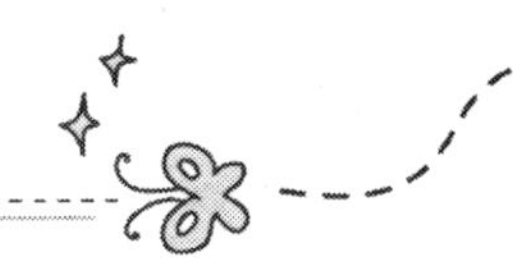

8 다음 중 우리나라 건축에서 공포의 배치에 따른 명칭의 설명으로 옳지 않은 것은?

① 익공식은 기둥 위에만 공포가 있는 형식이다.

② 다포식은 익공식에 비해 비교적 화려한 장식이다.

③ 대규모 건축물에는 익공식이 주로 사용된다.

④ 다포식은 기둥과 기둥 사이에도 여러 개의 공포를 배치한 형식이다.

> **note** 우리나라 공포의 배치
> ㉠ 가장 중요하고 큰 건축 : 다포식
> ㉡ 2차적으로 중요한 건축 : 주심포식
> ㉢ 중요도가 낮은 건축 : 익공식

9 다음 중 주심포식 건축물은?

① 전등사 대웅전 ② 화엄사 각황전

③ 무위사 극락전 ④ 창덕궁 인정전

> **note** ①②④ 다포식 건축물

10 다음 건축물과 건축된 시대의 조합으로 옳지 않은 것은?

① 경주 첨성대 – 신라시대 ② 불국사 다보탑 – 통일신라

③ 남대문 – 조선말기 ④ 부석사 무량수전 – 고려중기

> **note** ③ 남대문은 조선중기에 건축되었다.

11 한국 고유의 처마구조에 대한 설명으로 옳지 않은 것은?

① 평고대 위에 부연을 만든다.

② 서까래 위에 평고대를 놓는다.

③ 부연 끝에는 연암을 대고 그 위에 부연평고대를 댄다.

④ 기와잇기 바탕은 서까래 위에 산자를 엮어 대고 알매흙을 되게 이겨 바른다.

> **note** ③ 부연 끝에는 부연평고대를 대고 그 위에 연암을 댄다.

Answer 8.③ 9.③ 10.③ 11.③

12 다음 중 주심포식의 건축물이 아닌 것은?

① 봉정사 극락전　　　　　　　　　　② 남대문
③ 부석사 무량수전　　　　　　　　　④ 수덕사 대웅전
⑤ 강릉 객사문

　　note　남대문, 동대문 등은 다포식 건축물이다.

13 다음은 주심포식과 다포식의 특징을 비교한 것이다. 옳지 않은 것은?

	구분	주심포식	다포식
①	공포의 배치	기둥 위에 주두를 놓고 배치	기둥 위에 창방을 놓고 그 위에 배치
②	공포의 출목	2출목 이상	2출목 이하
③	보의 단면형태	⏢	▭
④	대표건축	봉정사 극락전	남대문
⑤	전래	남송에서 고려중기에 전래	고려말 원나라에서 전래

　　note　② 다포식의 공포는 2출목 이상으로 한다.

14 다음 중 다포식 건축양식의 특징이 아닌 것은?

① 공포의 출목은 2출목 이하로 한다.
② 기둥 위에 창방을 놓고 그 위에 공포를 배치한다.
③ 춤이 높은 사각형으로 아랫모를 접은 단면의 보를 사용한다.
④ 우물천장을 사용한다.
⑤ 궁궐, 성곽, 불사건축, 문묘 등의 중요 건축물에 사용되었다.

　　note　① 다포식 건축은 출목수가 많으므로 보통 2～3출목 이상으로 한다.

15 목조 건축물로서 우리나라에서 가장 오래된 것은 어느 것인가?

① 부석사 조사당   ② 부석사 무량수전

③ 수덕사 대웅전   ④ 봉정사 극락전

⑤ 고산사 대웅전

> ✿note 한국의 최초 목조 건축물로 추정되는 것은 안동의 봉정사 극락전으로 고려시대 주심포 1형식 건축물이다.

16 우리나라 건축에서 눈의 여러가지 착시현상을 바로잡기 위한 방법으로 우리의 전통 건축에서만 볼 수 있는 것은?

① 배흘림   ② 안쏠림

③ 귀솟음   ④ 민흘림

> ✿note ① 기둥 부리 아래로부터 1/3 지점에서 직경이 가장 크고 위와 아래로 갈수록 직경을 줄여가면서 만든 기둥을 지칭한다. 큰 건물이나 정전에서 사용했으며 그리스나 로마 신전에서도 볼 수 있다.
> ② 기둥 상단을 수직면에서 미세한 각도로 안쪽으로 쏠리게 세우는 것으로 시각적으로 건물 전체에 안정감을 준다.
> ④ 주로 방주에서 많이 이용한 것으로 기둥머리보다 기둥뿌리의 직경이 더 크다.

17 주심포계 건축양식의 일반적인 설명 중 옳지 않은 것은?

① 소슬 및 우미량을 사용하는 특징이 있다.

② 기둥 위에만 공포를 배치하면 2출목 이하이다.

③ 기둥 위에 창방과 평방을 놓고 그 위에 공포를 배치한다.

④ 조선시대에는 거의 쓰이지 않았다.

⑤ 연등천장으로 가구재의 구성에 미적 효과를 더했다.

> ✿note ③ 다포양식의 특성이며 주심포계 양식엔 평방이 없다.

건축법규

건축법총론

1 건축법총론

① 건축법일반

(1) 건폐율과 용적률

① **건폐율** … 대지면적에 대한 건축면적의 비율

② **용적률** … 대지면적에 대한 지상층 연면적의 비율

③ **연면적** … 하나의 건축물의 각 층의 바닥면적의 합계로 하되, 용적률의 산정에 있어서 "지하층의 면적, 지상층의 주차용(당해 건축물의 부속용도인 경우에 한한다)으로 사용되는 면적, 「주택건설기준 등에 관한 규정」 제2조제3호의 규정에 의한 주민공동시설의 면적"은 제외한다.

 **TIP** 1인당 최소점유면적은 건축법령에서 규정하고 있지 않다.

(2) 획지, 필지, 대지의 구분

① **획지** … 가구를 분할한 것

② **필지** … 단독주택지에 적용되는 개념으로 지적법에 의해 경계와 지목이 지정되는 토지

③ **대지** … 건축행위가 이루어지는 최소단위 (주택을 지을 수 있는 필지는 지목상 보통 '대'로 되어 있음)

(3) 대수선에 해당되는 경우

① 내력벽을 증설 또는 해체하거나 그 벽면적을 30㎡ 이상 수선 또는 변경하는 것

② 기둥을 증설 또는 해체하거나 3개 이상 수선 또는 변경하는 것

③ 보를 증설 또는 해체하거나 3개 이상 수선 또는 변경하는 것

④ 지붕틀을 증설 또는 해체하거나 3개 이상 수선 또는 변경하는 것

⑤ 방화벽 또는 방화구획을 위한 바닥 또는 벽을 증설 또는 해체하거나 수선 또는 변경하는 것

⑥ 주계단·피난계단 또는 특별피난계단을 증설 또는 해체하거나 수선 또는 변경하는 것

⑦ 미관지구에서 건축물의 외부형태(담장을 포함)를 변경하는 것

⑧ 다가구주택의 가구 간 경계벽 또는 다세대주택의 세대 간 경계벽을 증설 또는 해체하거나 수선 또는 변경하는 것

⑨ **신고대상 대수선** … 연면적 200㎡미만이고 3층 미만인 건축물

⑩ **허가대상 대수선** … 연면적 200㎡이상이고 3층 이상인 건축물

(4) 다중이용건축물

① 다음의 용도로 쓰이는 바닥면적의 합계가 5,000㎡이상인 건축물

　㉠ 문화 및 집회시설(전시장 및 동·식물원 제외)

　㉡ 판매시설, 운수시설, 종교시설, 종합병원

　㉢ 관광숙박시설

② 16층 이상인 건축물

> ★TIP 다중이용 건축물은 불특정다수가 이용하는 건물이므로 일반 건축물보다 적용되는 기준이 엄격하므로 불특정한 다수가 사용하는 건축물의 구조, 피난 및 소방사항의 검토, 건축물의 안전과 기능을 고려해야 한다.

분류	세분류	주택으로 쓰이는 1개동 연면적	주택의 층수
단독주택	단독		
	다중	330㎡이하	3개층 이하
	다가구	660㎡이하(지하층면적 제외)	3개층 이하(필로티층수 제외)
	공관		
공동주택	다세대	660㎡이하(지하층면적 제외)	4개층 이하(필로티층수 제외)
	연립	660㎡초과(지하층면적 제외)	4개층 이하(필로티층수 제외)
	아파트		5개층 이상(필로티층수 제외)
	기숙사		

> ★TIP 다중주택을 제외한 주택의 면적산정 시 지하주차장의 면적은 제외된다.

②　건축물의 건축

(1) 주택법의 사업계획 승인대상

① 단독주택 20호

② 공동주택 중 아파트 20세대

③ 대지조성사업(10,000㎡ 이상)

④ 도시형생활주택 30세대 이상(주택법에서 정하는 주상복합은 제외)

(2) 건축허가

① 특별시장 또는 광역시장의 허가대상
- ㉠ 21층 이상의 건물
- ㉡ 연면적 합계가 100,000㎡이상인 건축물
- ㉢ 연면적의 3/10이상을 증축하여 층수가 21층 이상 또는 연면적의 합계가 100,000㎡이상 되는 경우

② 특별자치도지사 또는 시장, 군수, 구청장의 허가대상
- ㉠ 건축물의 건축
- ㉡ 건축물의 대수선

③ 건축허가에 필요한 설계도서
- ㉠ 건축계획서 (개요, 도시계획사항, 건축물의 규모, 건축물의 용도별 면적, 주차장규모, 에너지 절약계획서)
- ㉡ 배치도 및 평면도, 입면도, 단면도
- ㉢ 구조도 및 구조계산서
- ㉣ 시방서
- ㉤ 실내마감도
- ㉥ 소방설비도 및 건축설비도
- ㉦ 토지굴착 및 옹벽도

(3) 건축의 허가신청에 필요한 설계도서 세부사항

도서의 종류	도서의 축적	표시하여야 할 사항
건축계획서	임의	㉠ 개요(위치, 대지면적 등) ㉡ 지역·지구 및 도시계획 사항 ㉢ 건축물의 규모(건축면적, 연면적, 층수, 높이 등) ㉣ 건축물의 용도별 면적 ㉤ 주차장 규모 ㉥ 에너지절약계획서(해당건축물에 한한다) ㉦ 노인 및 장애인 등을 위한 편의시설 설치계획서
배치도	임의	㉠ 축적 및 방위 ㉡ 대지에 접한 도로의 길이 및 너비 ㉢ 대지의 종·횡 단면도 ㉣ 건축선 및 대지경계선으로부터 건축물까지의 거리 ㉤ 주차동선 및 옥외주차계획 ㉥ 공개공지 및 조경계획
평면도	임의	㉠ 1층 및 기준층 평면도 ㉡ 기둥·벽·창문 등의 위치 ㉢ 방화구획 및 방화문의 위치 ㉣ 복도 및 계단의 위치 ㉤ 승강기의 위치
입면도	임의	㉠ 2면 이상의 입면계획 ㉡ 외부마감재료
단면도	임의	㉠ 종·횡 단면도 ㉡ 건축물의 높이, 각층의 높이 및 반자높이
구조도 (구조안전확인대상 건축물)	임의	㉠ 구조내력 상 중요한 부분의 평면 및 단면 ㉡ 주요 구조부의 상세도면
구조계산서 (구조안전확인 또는 내진설계대상 건축물)	임의	㉠ 구조내력 상 주요한 부분의 응력 및 단면산정 과정 ㉡ 내진설계의 내용(지진에 대한 안전여부 확인대상 건축물)
시방서	임의	㉠ 시방내용(건설교통부장관이 작성한 표준시방서에 없는 공법인 경우에 한한다) ㉡ 흙막이 공법 및 도면
실내마감도	임의	벽 및 반자의 마감의 종류
소방설비도	임의	소방법에 의하여 소방관서 장의 동의를 얻어야하는 건축물의 해당 소방관련설비
건축설비도	임의	냉·난방설비, 위생설비, 환경설비, 전기설비, 통신설비, 승강설비 등 건축설비
토지굴착 및 옹벽도	임의	㉠ 지하매설구조물 현황 ㉡ 흙막이 구조 ㉢ 단면상세 ㉣ 옹벽구조

(4) 건축물의 용도분류

용도	세부 분류
단독주택	단독주택, 다중주택, 다가구주택, 공관
공동주택	아파트, 연립주택, 다세대주택, 기숙사
근린생활시설	제1종 근린생활시설, 제2종 근린생활시설
문화 및 집회시설	공연장, 집회장, 관람장, 전시장, 동·식물원
종교시설	종교집회장, 봉안당
판매시설	도매시장, 소매시장, 상점
운수시설	여객자동차터미널, 철도시설, 공항 및 항만시설
의료시설	병원, 격리병원
교육연구시설	학교, 교육원, 직업훈련소, 학원, 연구소, 도서관
노유자시설	아동관련시설, 노인복지시설, 사회복지시설
수련시설	생활권 및 자연권 수련시설, 유스호스텔
운동시설	체육관, 운동장
업무시설	공공업무시설, 일반업무시설
숙박시설	일반숙박시설, 관광숙박시설, 고시원
위락시설	• 단란주점으로서 제2종 근린생활이 아닌 것 • 유흥주점 및 이와 유사한 것 • 유원시설업의 시설 및 기타 이와 유사한 것 • 카지노 영업소 • 무도장과 무도학원
공장	물품의 제조, 가공이 이루어지는 곳 중 근린생활시설이나 자동차관련시설, 위험물 및 분뇨 쓰레기 처리시설로 분리되지 않는 것
창고시설	창고, 하역장, 물류터미널, 집배송시설
위험물 시설	주유소, 석유판매소, 액화석유가스충전소, 위험물제조소, 위험물저장소, 위험물취급소, 액화가스취급소, 액화가스판매소, 유독물보관·저장·판매시설, 고압가스 충전·저장·판매소, 도료류 판매소, 도시가스제조시설, 화학류저장소
자동차관련시설	주차장, 세차장, 폐차장, 매매장, 검사장, 정비공장, 운전학원, 정비학원, 차고 및 주기장
동·식물관련시설	축사, 가축시설, 도축장, 도계장, 작물재배사, 종묘배양시설, 화초 및 분재 등의 온실(과 유사한 것)
쓰레기처리시설	분뇨처리시설, 고물상, 폐기물처리 및 감량화시설
교정 및 군사시설	교정시설, 보호관찰소, 국방 및 군사시설
방송통신시설	방송국, 전신전화국, 촬영소, 통신용시설
발전시설	발전소로 사용되는 건축물 중 제1종 근린생활시설로 분류되지 않은 것
묘지관련시설	화장시설, 봉안당, 묘지 및 부속 건축물
관광휴게시설	야외음악당, 야외극장, 어린이회관, 관망탑, 휴게소, 공원 및 유원지 및 관광지에 부수되는 시설
장례식장	장례식장

용도	바닥면적합계	분류
슈퍼마켓	1000㎡미만	1종 근린생활시설
일용품점	1000㎡이상	판매시설
휴게 음식점	300㎡미만	1종 근린생활시설
	300㎡이상	2종 근린생활시설
동사무소	1000㎡미만	1종 근린생활시설
방송국 등	1000㎡이상	업무시설
고시원	500㎡미만	2종 근린생활시설
	500㎡이상	숙박시설
학원	500㎡미만	2종 근린생활시설
	500㎡이상	교육연구시설
단란주점	150㎡미만	2종 근린생활시설
	150㎡이상	위락시설

(5) 주의해야 할 용도분류

① **유스호스텔** … 수련시설

② **자동차학원** … 자동차 관련시설

③ **무도학원** … 위락시설

④ **독서실** … 2종 근린생활시설

⑤ **치과의원** … 1종 근린생활시설

⑥ **치과병원** … 의료시설

⑦ **동물병원** … 2종 근린생활시설

(6) 건축물의 용도변경절차

아래에 제시된 순서에서 위쪽으로부터 아래쪽으로 용도변경이 이루어지면 건축신고제를 따르며 (건축기준이 아래로 갈수록 약해지기 때문이다.) 그 반대의 경우 건축허가제를 따른다.

분류	시설군
자동차관련시설군	자동차 관련시설
산업시설군	운수시설, 창고시설, 공장, 위험물저장 및 처리시설, 분뇨 및 쓰레기 처리시설, 묘지 관련시설
전기통신시설군	방송통신시설, 발전시설
문화집회시설군	문화 및 집회시설, 종교시설, 위락시설, 관광휴게시설
영업시설군	판매시설, 운동시설, 숙박시설
교육 및 복지시설군	의료시설, 교육연구시설, 노유자시설, 수련시설
근린생활시설	제1, 2종 근린생활시설
주거업무시설군	단독주택, 공동주택, 업무시설, 교정 및 군사시설
그 밖의 시설군	동 · 식물관련시설, 장례식장

③ 건축물의 구조와 재료

(1) 채광 및 환기에 관한 사항

① 채광을 위한 개구부 면적은 거실 바닥면적의 1/10 이상으로 한다.

② 환기를 위한 개구부 면적은 거실 바닥면적의 1/20 이상으로 해야 한다.

(2) 건축사가 아니어도 설계가 가능한 건축물

① 바닥면적 합계가 85㎡ 미만인 증축, 개축, 재축

② 연면적이 200㎡ 미만이고 층수가 3층 미만인 건축물의 대수선

③ 읍, 면 지역에서 건축하는 연면적 200㎡ 이하의 창고와 400㎡ 이하인 축사 및 작물재배사

④ 신고대상 가설건축물

(3) 구조안전 확인대상 건축물

① 구조계산에 의한 구조안전 확인

   ㉠ 층수가 3층 이상인 건축물

   ㉡ 연면적 1000㎡ 이상인 건축물(창고, 축사, 작물재배사 예외)

   ㉢ 높이가 13m 이상인 건축물

   ㉣ 처마높이가 9m 이상인 건축물

    ⓜ 기둥과 기둥사이의 거리가 10m 이상인 건축물

    ⓗ 내력벽과 내력벽 사이의 거리가 10m 이상인 건축물

    ⓢ 지진구역 안의 건축물

    ⓞ 국가적 문화유산으로 보존할 가치가 있는 건축물

② 구조기술사와의 협력대상 건축물

    ㉠ 6층 이상인 건축물

    ㉡ 경간이 30m 이상인 건축물

    ㉢ 다중이용건축물

    ㉣ 내민구조의 차양길이가 3m 이상인 건축물

    ㉤ 지진구역 안의 건축물

③ 지진에 대한 안전여부 확인대상 건축물

    ㉠ 3층 이상 건축물

    ㉡ 연 면적 1000㎡ 이상인 건축물(창고, 축사, 작물재배사 예외)

    ㉢ 국가적 문화유산으로 보존할 가치가 있는 연면적 합계 5000㎡ 이상인 박물관, 기념관 등

(4) 복도규정

구분	양 옆에 거실이 있는 복도	기타의 복도
유치원, 초등학교, 중학교, 고등학교	2.4m 이상	1.8m 이상
공동주택, 오피스텔	1.8m 이상	1.2m 이상
당해 층 거실의 바닥면적 합계가 200㎡ 이상인 경우	1.5m 이상 (의료시설의 복도는 1.8m 이상)	1.2m 이상

(5) 직통계단 설치 시 최대보행거리(거실로부터 직통계단까지의 거리)

① **일반적인 경우** … 30m 이하

② **16층 이상의 공동주택** … 40m 이하

③ **주요 구조부가 내화구조 또는 불연재료로 된 건축물**(바닥면적 합계가 300㎡ 이상인 공연장, 집회장, 관람장 및 전시장 제외) … 50m 이하

(6) 방화 및 내화, 난연 및 불연구조

① **방화구조** … 화염의 확산을 막을 수 있는 성능을 가진 구조로서 국토교통부령으로 정하는 기준에 적합한 구조이다.

② **내화구조** … 국토해양부령이 정하는 화재에 견딜 수 있는 성능을 가진 적합한 구조이다.

③ **난연구조** … 불에 잘 타지 않은 성능을 가진 재료를 사용한 구조

④ **불연구조** … 난연 1급인 불연재료를 사용한 구조로 난연구조보다 내화성능이 우수하다.

⑤ **준불연구조** … 난연 2급인 재료를 말한다.

(7) 방재계획

① 다층계의 건물에서 계단은 가장 중요한 피난로가 되므로 알기 쉬운 위치에 균등하게 분산계획한다.

② 피난동선은 되도록 짧은 거리로 계획하고, 두 방향 이상의 피난 통로를 확보하는 것이 좋다.

③ 인명구조기구는 7층 이상인 관광호텔과 5층 이상인 병원에 설치해야 한다.

④ 건축물의 11층 이상의 층, 공동주택은 16층 이상의 층, 지하 3층 이하의 층으로부터 지상으로 통하는 직통계단은 특별피난계단으로 한다.

(8) 건축물의 피난층

① 피난층이란 지상으로 직접 통할 수 있는 층이다.

② 피난층은 지형 상 조건에 따라 하나의 건축물에 2개 이상이 있을 수 있다.

③ 피난층외의 층에서 피난층 또는 지상으로 통하는 직통계단에 이르는 보행거리는 30m이하가 되도록 설치하여야 한다.(단, 주요 구조부가 내화구조 또는 불연재료료 된 건축물의 경우 50m이하이며 이 중 16층 이상 공동주택인 경우는 40m 이하이다.)

④ 초고층 건축물에는 지상층으로부터 최대 30개 층마다 직통계단과 직접 연결되는 피난안전구역을 설치해야 한다.

⑤ 피난계단, 특별피난계단을 추가로 설치하기 위해서는 5층 이상이어야 한다.

(9) 건축법규에 따른 계단의 구조

① 높이가 3m를 넘는 계단에는 높이 3m 이내마다 너비 1.2m 이상의 계단참을 설치

② 돌음계단의 단너비는 그 좁은 너비의 끝부분으로부터 30cm의 위치에서 측정한다.

③ 초등학교 학생용 계단의 단높이는 16cm 이하, 단너비는 26cm 이상으로 한다.

④ 계단을 대체하여 설치하는 경사로는 1 : 8의 경사도를 넘지 않도록 한다.

⑽ **직통계단, 피난계단, 특별피난계단, 공개공간의 정의**

① **직통계단** ··· 건축물에 피난층으로 직통으로 통하는 계단. (예를 들어 3층에서 1층으로 계단만 쭉 타고 내려와야 직통계단이다. 만약 3층에서 2층으로 내려와서 복도 쭉 지나서 다시 1층으로 내려가는 계단이 있거나 하면 안 된다.)

② **피난계단** ··· 5층 이상 또는 지하 2층 이하에 설치되는 직통계단은 피난계단으로 의무화시켜 놓았다. 피난계단이라 함은 일단 직통계단이어야 하며 불연재료로 마감하며 예비조명설치와 방화문설치 등 방화위험에 더 안전한 직통계단이다. 계단실 입구에 철재방화문이 설치되어있다.

③ **특별피난계단** ··· 기본 11층 이상 또는 지하 3층 이하의 층에 설치하는 계단은 특별피난계단으로 설치되어야 한다. 방화문을 한번 열면 공간이 있고 그 공간에서 또 방화문을 열어 계단실에 들어가게 된다. 피난계단보다 더 강화되어있다. 또는 방화문을 한번 열고 외부 발코니등을 통해 계단실을 출입하게 된다. (예외 : 갓복도식 공동주택, 바닥면적이 400㎡ 미만인 층)

④ **피난계단 및 특별피난계단의 추가설치** ··· 전시장, 동 · 식물원, 판매시설, 운수시설, 운동시설, 위락시설, 관광휴게시설(다중이용시설), 생활권수련시설 등의 경우 피난계단 및 특별피난계단을 다음의 면적만큼 추가설치한다. (설치규모 = (5층 이상의 층으로 해당용도로 쓰이는 바닥면적의 합계 − 2000㎡) / 2000㎡)

⑤ **옥외피난계단** ··· 문화 및 집회시설 중 공연장, 위락시설 중 주점영업용도로 바닥면적의 합계가 300㎡ 이상인 것, 문화 및 집회시설 중 집회장의 용도로 바닥면적의 합계가 1000㎡ 이상인 것

⑥ **공개공간** ··· 이것은 지하층에만 해당하는 것으로 사람이 많이 사용하는 지하층일 경우이다. 각 지하층에서 대피할 수 있도록 천장이 개방된 공간이 있어야 한다는 것이다. 천장이 개방돼 있다는 것은 건물 외부라고 보면 된다. 쉽게 말해 건물 안에서 계단을 찾아 다녀봤자 연기도 많고 하니 일단 건물외부로 나가 그곳에 외부계단을 이용해 대피한다는 목적이다. 사실 지하에 3000㎡(약 1000평)이나 되는 공연장/관람장 등은 거의 만들질 않는다.

⑾ **피난계단의 구조**

① 건축물의 바깥쪽에 설치하는 피난계단의 유효너비는 0.9m 이상으로 한다.

② 계단실의 실외에 면하는 개구부들은 해당 건축물의 다른 부분에 설치하는 개구부 등으로부터 2m 이상 거리를 두고 설치해야 한다. 그러나 계단실의 실외에 면하는 강압유리의 붙박이창으로서 그 면적을 각각 1㎡ 이하의 창으로 설치한 경우에는 2m 안쪽이라도 개구부를 설치할 수 있다.

③ 건축물의 5층 이상 또는 지하 2층 이하의 층으로부터 피난층 또는 지상으로 통하는 직통계단은 피난계단 또는 특별피난계단으로 설치한다.

④ 건축물의 내부와 접하는 계단실의 창문 등(출입구를 제외한다)은 망이 들어 있는 유리의 붙박이창으로서 그 면적을 각각 1㎡ 이하로 한다.

⑤ 피난계단실의 실내재료는 내화재료가 아니라 '불연재료'여야 한다. (내화구조 불연재료임)

구분		갑종방화문	을종방화문	비고
특별피난계단	내부에서 노대(부속실)로의 출입문	O		
	노대 또는 부속실에서 계단출입문	O	O	
피난계단 내부에서 계단실 출입문		O		개정
방화구획		O		
방화벽 개구부		O		2.5m × 2.5m이하
방화지구 내 연소우려 있는 방화문		O		

구분	내화구조	불연재료	비고
피난안전구역	O	O(마감)	
계단실	O	O(마감)	
경계벽, 간막이벽	O		
방화벽	O		
방화지구 안의 지붕	O	O(내화구조 아닌 것은 불연재료)	
연면적 1000㎡ 이상인 목조 (연소우려있는 부분)		O(지붕)	외벽 및 처마 밑 : 방화구조

⑿ 옥상광장 및 헬리포트

① **옥상광장 설치대상** … 5층 이상의 건물로 종교시설, 판매시설, 위락시설 중 주점영업, 장례식장 등은 옥상광장을 설치해야 한다.

② **헬리포트 설치대상** … 11층 이상인 건축물로서 11층 이상인 층의 바닥면적의 합계가 10,000㎡이상인 건축물의 옥상에는 헬리포트를 설치하거나 헬리콥터를 통하여 인명을 구조할 수 있는 공간을 확보해야 한다.

⒀ **경사로 설치대상 건축물**

① 제1종 근린생활시설 중 동사무소, 경찰관사무소, 소방서, 우체국, 전신전화국, 방송국, 보건소, 공공도서관

② 지역의료보험조합 등 동일한 건축물 안에 당해 용도에 쓰이는 바닥면적의 합계가 1,000㎡ 미만인 것.

③ 제 1층 근린생활시설 중 마을 공회당, 마을 공동작업소, 변전소, 마을공동구판장, 정수장, 양수장, 대피소, 공중화장실

④ 연면적이 5,000㎡ 이상인 판매 및 영업시설.

⑤ 교육 및 복지시설중 학교

⑥ 업무시설 중 국가 또는 지방자치단체의 청사와 외국공관의 건축물로서 제1종 근린생활시설에 해당하지 아니한 것

⑦ **승강기를 설치해야 하는 건축물** ⋯ 6층 이상으로서 연면적 2,000㎡ 이상 건축물

⒁ **다음에 해당하는 건축물의 주요 구조부는 내화구조로 함**

① 바닥면적합계 200㎡ 이상인 문화 및 집회시설(전시장 및 동·식물원 제외), 종교시설, 위락시설 중 주점영업, 장례식장

② 바닥면적합계 500㎡ 이상인 전시장 또는 동·식물원 판매시설, 운수시설, 체육관, 강당, 위락시설(주점제외), 창고시설, 위험물 저장 및 처리시설, 자동차관련시설, 방송국, 화장장, 관광휴게시설

③ 바닥면적합계 2,000㎡ 이상인 공장

④ 3층 이상, 지하층이 있는 건축물

④ 주차장 법규

(1) 주차장 관련법규 주요사항

① **주차전용건축물** ⋯ 건축물의 연면적 중 주차장으로 사용되는 부분이 95% 이상인 건축물을 의미하나 제1, 2종 근린생활시설, 문화 및 집회시설, 종교시설, 판매시설, 운수시설, 운동시설, 업무시설, 자동차관련시설은 연면적 중 70% 이상인 경우 주차전용건축물이라고 한다.

② 장애인 전용주차구획

　　㉠ 노상주차장 : 주차대수 규모가 20대 이상인 경우 1면 이상 설치

　　㉡ 노외주차장 : 주차대수 규모가 50대 이상인 경우 1면 이상 설치

③ **노상주차장 설치금지구역**

　　㉠ 주간선도로

　　㉡ 너비 6m 미만의 도로

　　㉢ 종단경사도가 4%를 초과하는 도로 (단, 종단경사도가 6% 이하의 도로로 보도와 차도가 구별
　　　되어 있고 차도의 너비가 13m 이상인 도로에 설치하는 경우)

　　㉣ 고속도로 및 자동차 전용도로 또는 고가도로

　　㉤ 도로교통법상 주정차금지장소에 해당하는 경우

④ **노외주차장 설치구역**

　　㉠ 하천구역 및 공유수면

　　㉡ 토지의 형질변경없이 주차장의 설치가 가능한 지역

　　㉢ 주차장의 설치를 목적으로 토지의 형질변경 허가를 받은 지역

　　㉣ 특별시장, 광역시장, 시장, 군수 또는 구청장이 설치가 필요하다고 인정하는 지역

⑤ **노외주차장의 출입구를 설치할 수 없는 곳**

　　㉠ 종단구배가 10%를 초과하는 도로

　　㉡ 너비 4m 미만의 도로

　　㉢ 횡단보도에서 5m 이내의 도로

　　㉣ 새마을 유아원, 유치원, 초등학교, 특수학교, 장애인복지시설 및 아동전용시설 등의 출입구로
　　　부터 20m 이내의 도로

⑥ **주요사항**

　　㉠ 주차대수 400대를 초과하는 규모는 노외주차장의 출구와 입구를 각각 따로 설치한다.

　　㉡ 입구의 폭은 3.5m 이상이어야 하며 차로의 높이는 2.3m 이상이어야 하며 주차부분의 높이는
　　　2.1m 이상이어야 한다. 주차규모가 50대 이상인 경우 출구와 입구를 분리하거나 폭 5.5m
　　　이상의 출입구를 설치해야 한다.

　　㉢ 노외주차장은 본래 녹지지역이 아닌 곳에 설치하는 곳이 원칙이다.

(2) 자주식 주차방식의 특징

① 주차대수가 많을 경우 입구와 출구를 분리한다.

② 자주식 주차는 기계식 주차방식에 비해 경비가 적게 든다.

③ 수직 이동에 필요한 경사로의 점유면적이 크게 든다는 것이다.

④ 출구는 도로에서 2m 이상 후퇴한 곳이어야 하며 차로 중심 1.4m 높이에서 직각으로 좌우 60도 이상의 범위가 보여야 한다.

⑤ 공원, 초등학교, 유치원의 출입구로부터 20m 이상 떨어진 곳이어야 한다.

⑥ 도로의 교차점, 또는 모퉁이에서 5m 이상 떨어진 곳이어야 한다.

⑦ 경사로의 구배는 1/6이하여야 한다.

(3) 노외주차장 설치에 대한 계획기준

① 설치대상지역

ㄱ 노외주차장을 설치하는 지역은 녹지지역이 아닌 지역이어야 한다. 다만, 자연녹지지역으로서 다음 각 목의 어느 하나에 해당하는 지역의 경우에는 그러하지 아니하다.

ㄴ 하천구역 및 공유수면으로서 주차장이 설치되어도 해당 하천 및 공유수면의 관리에 지장을 주지 아니하는 지역

ㄷ 토지의 형질변경 없이 주차장 설치가 가능한 지역

ㄹ 주차장 설치를 목적으로 토지의 형질변경 허가를 받은 지역

ㅁ 특별시장·광역시장, 시장·군수 또는 구청장이 특히 주차장의 설치가 필요하다고 인정하는 지역

② 노외주차장의 입구와 출구를 설치할 수 없는 곳

ㄱ 횡단보도(육교 및 지하횡단보도를 포함한다)로부터 5m 이내에 있는 도로의 부분

ㄴ 너비 4m 미만의 도로(주차대수 200대 이상인 경우에는 너비 10m 미만의 도로)

ㄷ 종단 기울기가 10%를 초과하는 도로

ㄹ 유아원, 유치원, 초등학교, 특수학교, 노인복지시설, 장애인복지시설 및 아동전용시설 등의 출입구로부터 20m 이내에 있는 도로의 부분

③ 장애인 전용주차구획 설치

특별시장, 광역시장, 시장, 군수, 구청장이 설치하는 노외주차장에는 주차대수 50대마다 1면의 장애인 전용주차구획을 설치해야 한다.

(4) 노외주차장의 구조 및 설비기준

① 출입구

　　㉠ 노외주차장의 입구와 출구는 자동차의 회전을 용이하게 하기 위해 필요한 때는 차로와 도로가 접하는 부분의 각지를 곡선형으로 해야 한다.

　　㉡ 출구로부터 2m 후퇴한 차로의 중심선상 1.4m의 높이에서 도로의 중심선 직각으로 향한 좌우측 각 60도의 범위 안에서 당해 도로를 통행하는 자의 존재를 확인할 수 있어야 한다.

　　㉢ 노외주차장의 출입구의 너비는 3.5m 이상으로 해야 한다.

　　㉣ 주차대수 규모가 50대 이상인 경우에는 출구와 입구를 분리하거나 너비 5.5m 이상의 출입구를 설치하여 소통이 원활하도록 해야 한다.

　　㉤ 주차대수 400대를 초과하는 규모의 경우에는 출구와 입구를 각각 따로 설치하는 것이 원칙이다.

② 차로의 구조기준

　　㉠ 주차부분의 장, 단변 중 1변 이상이 차로에 접해야 한다.

　　㉡ 차로의 폭은 주차형식에 따라 다음 표에 의한 기준이상으로 해야 한다.

주차형식	차로의 폭	
	출입구가 2개 이상인 경우	출입구가 1개 이상인 경우
평행주차	3.3m	5.0m
45°대향주차	3.5m	5.0m
교차주차		
60°대향주차	4.5m	5.5m
직각주차	6.0m	6.0m

③ 노외주차장내 주차부분의 높이

노외주차장의 주차부분의 높이는 주차바닥면으로부터 2.1m 이상이어야 한다.

④ 노외주차장 내부공간의 환기

실내 일산화탄소(CO)의 농도는 차량이용이 빈번한 전·후 8시간의 평균치가 50ppm 이하가 되도록 한다. (다중이용시설 : 25ppm이하)

⑤ 경보장치

자동차 출입 또는 도로교통의 안전확보를 위한 필요경보장치를 설치해야 한다.

⑤ 장애인·노인·임산부 등의 편의증진보장에 관한 법률

(1) 장애인 등의 통행이 가능한 접근로

① 휠체어사용자가 통행할 수 있도록 접근로의 유효폭은 1.2m 이상이어야 한다.

② 휠체어사용자가 다른 휠체어 또는 유모차 등과 교행할 수 있도록 50m마다 1.5m×1.5m이상의 교행구역을 설치할 수 있다.

③ 경사진 접근로가 연속될 경우에는 휠체어 사용자가 휴식할 수 있도록 30m마다 1.5m×1.5m이상의 수평면으로 된 참을 설치할 수 있다.

④ 접근로의 기울기는 1/18이하로 하여야 한다. 단, 지형 상 곤란한 경우 1/12까지 완화할 수 있다.

⑤ 대지 내를 연결하는 주접근로에 단차가 있을 경우 그 높이 차이는 2cm 이하로 해야 한다.

(2) 경계

① 접근로와 차도의 경계부분에는 연석·울타리 기타 차도와 분리할 수 있는 공작물을 설치해야 한다. 다만, 차도와 구별하기 위한 공작물을 설치하기 곤란한 경우에는 시각장애인이 감지할 수 있도록 바닥재의 질감을 달리해야 한다.

② 연석의 높이는 6cm 이상 15cm 이하로 할 수 있으며, 색상은 접근로의 바닥재색상과 달리 설치할 수 있다.

③ 장애인 등이 빠질 위험이 있는 곳에는 덮개를 설치하되 그 표면은 접근로와 동일한 높이가 되도록 하고 덮개에 격자구멍 또는 틈새가 있는 경우에는 그 간격이 2cm 이하가 돼야 한다.

④ 가로수는 지면에서 2.1m까지 가지치기를 해야 한다.

(3) 장애인전용주차구역

① 장애인전용주차구역에서 건축물의 출입구 또는 장애인용 승강설비에 이르는 통로는 장애인이 통행할 수 있도록 가급적 높이차이를 없애고 그 유효폭은 1.2m 이상으로 해야 한다.

② 장애인전용주차구역의 크기는 주차대수 1대에 대하여 폭 3.3m 이상, 길이 5m 이상으로 해야 한다. 단, 평행주차형식인 경우에는 주차대수 1대에 대하여 폭 2m 이상, 길이 6m 이상으로 해야 한다.

③ 주차공간의 바닥면은 장애인 등의 승하차에 지장을 주는 높이차이가 없어야 하며 기울기는 50분의 1이하로 할 수 있다.

④ 주차장은 차에서 내려 주차통로를 거치지 않고 보도로 직접 연결되도록 계획한다.

(4) 출입구

① 건축물의 주 출입구와 통로의 높이 차이는 2㎝ 이하가 되도록 해야 한다.

② 출입구(문)은 아래의 그림과 같이 그 통과유효폭이 0.8m 이상으로 해야 하며 출입구(문)의 전면유효거리는 1.2m 이상으로 해야 한다. 다만, 연속된 출입문의 경우 문의 개폐에 소요되는 공간은 유효거리에 포함하지 아니한다.

③ 자동문이 아닌 경우 아래의 그림과 같이 출입문 옆에 0.6m 이상의 활동공간을 확보할 수 있다.

④ 출입문은 회전문을 제외한 다른 형태의 문을 설치해야 한다.

⑤ 미닫이문은 가벼운 재질로 하며 턱이 있는 문지방이나 홈을 설치해서는 안 된다.

⑥ 출입문의 손잡이는 중앙지점이 바닥면으로부터 0.8m와 0.9m사이에 위치하도록 설치해야 하며 그 형태는 레버형이나 수평 또는 수직막대형으로 할 수 있다.

⑦ 건축물 안의 공중의 이용을 주목적으로 하는 사무실 등의 출입문 옆 벽면의 1.5m 높이에는 방이름을 표기한 점자표지판을 부착해야 한다.

⑧ 건축물 주출입구의 0.3m 전면에는 점형블록을 설치하거나 시각장애인이 감지할 수 있도록 바닥재의 질감을 달리해야 한다.

(5) 통로

① 복도의 유효폭은 1.2m 이상으로 하되 복도의 양옆에 거실이 있는 경우는 1.5m 이상으로 할 수 있다.

② 손잡이의 양끝부분 및 굴절부분에는 점자표지판을 부착해야 한다.

③ 통로의 바닥면으로부터 높이 0.6m에서 2.1m 이내의 벽면으로부터 돌출된 물체의 돌출폭은 0.1m 이하로 해야 한다.

④ 통로의 바닥면으로부터 높이 0.6m에서 2.1m 이내의 독립기둥이나 받침대에 부착된 설치물의 돌출폭은 0.3m 이하로 해야 한다.

⑤ 통로상부는 바닥면으로부터 2.1m 이상의 유효높이를 확보해야 한다. 다만 유효높이 2.1m 이내에 장애물이 있는 경우에는 바닥면으로부터 높이 0.6m 이하에 접근방지용 난간 또는 보호벽을 설치해야 한다.

(6) 계단

① 바닥면으로부터 높이 1.8m 이내마다 휴식을 취할 수 있도록 수평면으로 된 참을 설치해야 한다.

② 계단에는 반드시 챌면을 설치해야 한다.

③ 계단의 측면에는 손잡이를 연속해서 설치해야 한다. 단, 방화문 등의 설치로 손잡이를 연속하여 설치할 수 없는 경우 방화문 등의 설치에 소요되는 부분에 한하여 손잡이를 설치하지 아니할 수 있다.

④ 디딤판의 끝부분에 발끝이나 목발의 끝이 걸리지 않도록 챌면의 기울기는 디딤판의 수평면으로부터 60°이상으로 해야 하며 계단코는 3㎝ 이상 돌출되어서는 아니 된다.

(7) 승강기

① 승강기의 전면에는 1.4m×1.4m 이상의 활동공간을 확보해야 한다.

② 승강장바닥과 승강기 바닥의 틈은 3㎝ 이하로 해야 한다.

③ 승강기 내부의 유효바닥면적은 폭 1.1m 이상, 깊이 1.35m 이상으로 해야 한다. 단, 신축하는 건물의 경우 폭을 1.6m 이상으로 해야 한다.

④ 출입문의 통과유효폭은 0.8m 이상으로 하되, 신축한 건물의 경우 출입문의 통과유효폭을 0.9m 이상으로 할 수 있다.

⑤ 호출버튼, 조작반, 통화장치 등 승강기의 안팎에 설치되는 모든 스위치의 높이는 바닥면으로부터 0.8m 이상 1.2m 이하로 설치해야 한다. (단, 스위치수가 많아 1.2m 이내에 설치하는 것이 곤란할 경우 1.4m 이하까지 완화할 수 있다.)

⑥ 승강기 내부의 휠체어 사용자용 조작반은 진입방향 우측면에 가로형으로 설치하고, 높이는 바닥면으로부터 0.85m 내외로 하여야 한다. (단, 승강기의 유효바닥면적이 1.4m×1.4m 이상인 경우에는 진입방향 좌측면에 설치할 수 있다.) 조작반, 통화장치 등에는 점자표지판을 부착해야 한다.

(8) 장애인용 에스컬레이터

① 유효폭은 0.8m 이상으로 해야 한다.

② 속도는 분당 30m 이내로 해야 한다.

③ 휠체어 사용자가 승·하강할 수 있도록 에스컬레이터의 디딤판은 3매 이상 수평상태로 이용할 수 있게 한다.

④ 디딤판 시작과 끝부분의 바닥판은 얇게 할 수 있다.

⑤ 에스컬레이터 양끝부분에는 수평이동손잡이를 1.2m 이상 설치해야 한다.

⑥ 수평이동손잡이 전면에는 1m 이상의 수평고정손잡이를 설치할 수 있으며 수평고정손잡이에는 층수·위치 등을 나타내는 점자표지판을 부착해야 한다.

(9) 경사로

① 경사로의 유효폭은 1.2m 이상으로 해야 한다. 단, 건축물을 증축, 개축, 재축, 이전, 대수선 또는 용도변경하는 경우로서 1.2m 이상의 유효폭을 확보하기 어려운 경우 0.9m까지 완화할 수 있다.

② 바닥면으로부터 높이 0.75m 이내마다 휴식을 취할 수 있도록 수평면으로 된 참을 설치해야 한다.

③ 경사로의 시작과 끝, 굴절부분 및 참에는 1.5m×1.5m 이상의 활동공간을 확보해야 한다.

④ 경사로의 기울기는 1/12이하로 해야 한다.

> ★TIP 다음의 요건을 모두 충족하면 경사로의 기울기를 8분의 1까지 완화할 수 있다.
> ㉠ 신축이 아닌 기존시설에 설치되는 경사로일 것
> ㉡ 높이가 1m이하인 경사로로서 시설의 구조 등의 이유로 기울기를 1/12이하로 설치하기 어려울 것
> ㉢ 시설관리자 등으로부터 상시보조서비스가 제공될 것

(10) 침실

① 가벼운 장애자용 침대는 한쪽을 벽면에 붙이는 것이 시중에 효율적인 배치이다.

② 침대의 높이는 바닥면으로부터 0.4m 이상 0.45m 이하로 해야 하며 그 측면에는 1.2m이상의 활동공간을 확보해야 한다.

(11) 침실화장실

① 변기의 높이는 약 45㎝, 세면기의 높이는 약 72㎝로 한다.

② 수평손잡이는 바닥면으로부터 0.6m 이상 0.7m 이하의 높이에 설치하되, 한쪽 손잡이는 변기중심에서 0.4m 이내의 지점에 고정하여 설치해야 하며 다른쪽 손잡이는 회전식으로 해야 한다. 이 경우 손잡이 간의 간격은 0.7m 내외로 해야 한다.

③ 수직손잡이의 길이는 0.9m 이상으로 하되, 손잡이의 제일 아랫부분이 바닥면으로부터 0.6m 내외의 높이에 오도록 벽에 고정하여 설치해야 한다.

④ 휠체어 사용자용 세면대의 상단높이는 바닥면으로부터 0.85m, 하단높이는 0.65m 이상으로 해야 한다.

⑤ 휠체어 사용자용 세면대의 거울은 세로 길이 0.65m 이상, 하단 높이는 바닥면으로부터 0.9m내외로 설치할 수 있으며 거울상단부분은 15도 정도 앞으로 경사지게 하거나 전면거울을 설치할 수 있다.

⑥ 욕실의 바닥면의 기울기는 30분의 1 이하로 해야 한다.

⑦ 샤워실의 유효바닥면적은 0.9m×0.9m 이상으로 해야 한다.

⑿ 열람석과 관람석

① 휠체어 사용자를 위한 관람석의 유효바닥면적은 1석당 폭 0.9m 이상, 깊이 1.3m 이상으로 해야 한다.

② 열람석 상단까지의 높이는 바닥면으로부터 0.7m 이상 0.9m 이하로 해야 한다.

③ 열람석의 하부에는 무릎 및 휠체어의 발판이 들어갈 수 있도록 바닥면으로부터 높이 0.65m 이상, 깊이 0.45m 이상의 공간을 확보해야 한다.

01 출제예상문제

1 공동주택에 대한 설명으로 옳지 않은 것은?

① 연립주택은 주택으로 쓰이는 1개동의 바닥면적(지하주차장 면적제외)의 합계가 660m²를 초과하고, 층수가 4개층 이하인 주택을 말한다.

② 아파트는 주택으로 쓰이는 층수가 5개층 이상인 주택을 말한다.

③ 공동주택의 중복도에는 채광 및 통풍이 원활하도록 50m 이내마다 1개소 이상 외기에 면하는 개구부를 설치하여야 한다.

④ '공동주택'이란 건축물의 벽·복도·계단이나 그 밖의 설비 등의 전부 또는 일부를 공동으로 사용하는 각 세대가 하나의 건축물 안에서 각각 독립된 주거생활을 할 수 있는 구조로 된 주택을 말한다.

> **note** 중복도에는 채광 및 통풍이 원활하도록 40m 이내마다 1개소 이상 외기에 면하는 개구부를 설치해야 한다.

2 건축법 시행령의 용도 분류 상 위락시설에 해당하지 않는 것은?

① 유흥주점
② 안마시술소
③ 무도학원
④ 카지노 영업소

> **note** 안마원은 1종 근린생활시설, 안마시술소는 2종 근린생활시설이다.
> ※ 주의해야 할 용도분류
> ㉠ 유스호스텔 : 수련시설
> ㉡ 자동차학원 : 자동차 관련시설
> ㉢ 무도학원 : 위락시설
> ㉣ 독서실 : 2종 근린생활시설
> ㉤ 치과의원 : 1종 근린생활시설
> ㉥ 치과병원 : 의료시설
> ㉦ 동물병원 : 2종 근린생활시설

Answer 1.③ 2.②

3 건축법과 소음·진동관리법 및 관련 법규 등에서 규정하고 있는 공동주택 건축 시 소음과 관련하여 반드시 고려할 필요가 없는 것은?

① 아파트 외벽체의 재료별 두께

② 철도 및 고속도로에서의 이격거리에 따른 방음벽 설치 여부

③ 소음배출시설이 있는 공장으로부터 이격거리에 따른 수림대 설치 여부

④ 세대 간 경계벽체의 재료별 두께

> **note** 아파트 외벽체의 재료별 두께는 공동주택 건축 시 소음과 관련하여 반드시 고려할 사항에 속하지는 않는다.

4 주차계획에 관한 내용으로 옳지 않은 것은?

① 보행자 진입로와 차량 진입로는 통행이 주로 이루어지는 주도로에 둔다.

② 차량 출입구는 전면도로의 종단구배가 10%를 초과하는 곳에 설치해서는 안 된다.

③ 차량 출입구의 너비는 주차대수가 50대 이상인 경우 5.5m 이상, 50대 미만인 경우에는 3.5m 이상으로 한다.

④ 주차장의 경사로는 구배가 직선부 17%(1/6) 이하, 곡선부 14% 이하로 하고, 경사로의 시작과 끝 부분은 구배를 1/12 이내로 완화한다.

> **note** 차량진입로는 보행자 통행량이 적은 곳에 두는 것이 좋다.

5 노외주차장의 출구 및 입구(노외주차장의 차로의 노면이 도로의 노면에 접하는 부분)의 설치 장소로 옳지 않은 것은?

① 주차대수 200대 이상인 경우 너비 12m 미만의 도로에 설치하여서는 아니 된다.

② 초등학교의 출입구로부터 20m 이내의 도로의 부분에 설치하여서는 아니 된다.

③ 종단 구배가 10%를 초과하는 도로에 설치하여서는 아니 된다.

④ 횡단보도에서 5m 이내의 도로의 부분에 설치하여서는 아니 된다.

> **note** 주차대수 200대 이상인 경우 너비 10m 미만의 도로에 설치하여서는 아니 된다.

Answer 3.① 4.① 5.①

6 노외주차장 출입구 설치계획에 대한 설명으로 옳지 않은 것은?

① 주차장과 연결되는 도로가 2개 이상인 경우에는 자동차 교통에 미치는 영향이 적은 도로에 출입구를 설치하는 것이 원칙이다.

② 주차대수 400대를 초과하는 규모의 경우에는 출구와 입구를 각각 따로 설치하는 것이 원칙이다.

③ 종단구배가 10%를 초과하는 도로에 주차장 출입구를 설치하여서는 안 된다.

④ 횡단보도에서 5m 이내의 도로의 부분에 주차장 출입구가 위치하도록 하는 것이 원칙이다.

> **note** 노외주차장의 출입구의 너비는 3.5m 이상으로 해야 하며 주차대수 규모가 50대 이상인 경우에는 출구와 입구를 분리하거나 너비 5.5m 이상의 출입구를 설치하여 소통이 원활하도록 해야 한다.

7 노상주차장의 설치기준에 대한 설명으로 옳지 않은 것은?

① 주간선도로에는 설치가 불가하나, 분리대나 그 밖에 도로의 부분으로서 도로교통에 크게 지장을 주지 않는 부분은 예외로 한다.

② 주차대수 규모가 20대 이상인 경우에는 장애인 전용 주차 구획을 1면 이상 설치해야 한다.

③ 너비 8m 미만의 도로에 설치해서는 안 된다.

④ 종단경사도가 6% 이하의 도로로서 보도와 차도의 구별이 되어있고 그 차도의 너비가 13m 이상인 도로에는 설치가능하다.

> **note** 너비는 8m가 아니라 6m가 돼야 한다.

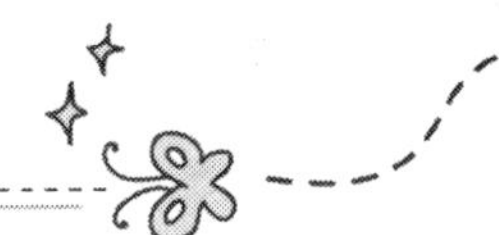

8 신속하고 안전한 주차 진출입을 유도하기 위해 주차장법 시행규칙을 개정(2012. 7. 2.)하여 주차구획의 넓이를 확장하였다. ㉠, ㉡에 들어갈 내용으로 바르게 짝지은 것은?

> • 주차장의 주차구획에 있어 평행주차형식 외의 경우, 확장형 주차단위구획의 너비는 (㉠) 이상이어야 한다.
> • 노외주차장에는 확장형 주차단위구획을 주차단위구획총수(평행주차형식의 주차단위구획수는 제외한다)의(㉡) 이상 설치하여야 한다.

	㉠	㉡
①	2.3m	40%
②	2.4m	35%
③	2.5m	30%
④	2.6m	25%

note 주차장의 주차구획에 있어 평행주차형식 외의 경우, 확장형 주차단위구획의 너비는 2.5m 이상이어야 한다. 노외주차장에는 확장형 주차단위구획을 주차단위구획총수(평행주차형식의 주차단위구획수는 제외한다)의 30% 이상 설치하여야 한다.

9 법령에 의해 보장되어야 할 휠체어 장애인 등의 통행을 위한 보도 및 접근로의 최소 유효 폭은?

① 80cm 이상
② 90cm 이상
③ 120cm 이상
④ 150cm 이상

note 유효폭은 1.2m 이상이어야 한다.

10 복원된 청계천 변에 장애인, 노인, 임산부 등의 편의를 위해 설치한 경사진 보행로의 적정 기울기는 완화 규정을 적용하지 않을 경우, 원칙적으로 얼마 이하로 하여야 가장 적절한가?

① 1/8
② 1/12
③ 1/16
④ 1/18

note 보도 등의 기울기는 1/18이하로 해야 한다. 다만, 지형상 곤란한 경우에는 1/12까지 완화할 수 있다.

11 「장애인·노인·임산부 등의 편의증진 보장에 관한 법률」의 내용에 관한 다음 설명 중 옳은 것은?

① 법률상 장애인 등은 일상생활을 영위할 때 이동 및 정보에의 접근 등에 불편을 느끼는 자를 말한다.

② 장애인 시설은 전용시설로 자유로이 접근할 수 있도록 계획되어야 한다.

③ 사유건물에는 장애인전용주차구역을 별도로 설치할 필요가 없다.

④ 장애인 편의시설의 설치기준은 지방자치단체 조례로 정한다.

⑤ 장애인 편의시설은 모두 국가가 설치하고 관리해야 한다.

> **note** ② 장애인 전용주차장을 제외하고 장애인 시설은 일반인들도 자유로이 접근할 수 있도록 계획되어야 한다.
> ③ 사유건물의 시설주는 장애인전용주차구역을 설치해야 한다.
> ④ 장애인 편의시설의 설치기준은 법률이 정하는 바에 의한다.
> ⑤ 장애인 편의시설은 국가와 시설주가 설치하고 관리해야 한다.
> ※ 시설주는 장애인 등이 공공건물 및 공중이용시설을 이용함에 있어 가능한 최단거리로 이동할 수 있도록 편의시설을 설치해야 한다.

12 장애인을 고려한 대변기의 설치에 관한 국내기준으로 옳지 않은 것은?

① 건물신축의 경우 대변기의 칸막이는 유효바닥면적이 폭 1.4m 이상, 깊이 1.8m 이상이 되도록 설치하여야 한다.

② 출입문의 통과유효 폭은 0.8m 이상으로 해야 한다.

③ 대변기 옆 수평 손잡이는 바닥면으로부터 0.8m 이상 0.9m 이하의 높이에 설치한다.

④ 출입문에는 화장실 사용여부를 시각적으로 알 수 있는 설비 및 잠금장치를 갖추어야 한다.

> **note** 장애인 대변기의 설치높이는 뚜껑이 없는 상태에서 휠체어의 앉은 면 높이와 동일한 40㎝ ~ 45㎝높이로 한다.

13 장애인 시설계획에 대한 설명 중 옳지 않은 것은?

① 주출입구의 문은 휠체어가 통과할 수 있는 최소폭이 70cm이므로 가능하면 75cm 이상이 바람직하다.

② 복도는 턱이나 바닥면의 단차가 없어야 한다. 5mm 이상의 단차는 노인, 보행장애인 등이 걸려 넘어질 수 있다.

③ 내부경사로의 기울기는 1/12 이하로 한다. 1/12 ~ 1/18의 범위를 초과하는 완만한 이동경사는 오히려 이동거리를 길게 하여 불편을 초래할 수 있다.

④ 내부경사로 양 측면에는 높이 5 ~ 10cm의 휠체어 추락 방지턱을 설치한다.

> **note** 장애인을 위한 휠체어 출입을 원활하게 하기 위하여 주출입구의 폭을 90cm 이상으로 한다.

14 노인의료복지시설 계획에 대한 설명으로 옳지 않은 것은?

① 침실 창은 침실바닥면적의 1/10 이상으로 하고, 직접 바깥 공기에 접하도록 하며 개폐가 가능하여야 한다.

② 목욕실의 급탕을 자동 온도조절장치로 하는 경우에는 물의 최고온도가 40℃ 이상 되지 않도록 한다.

③ 침실의 면적은 입소자 1인당 6.6㎡ 이상이어야 하며, 합숙용 침실의 정원은 4인 이하여야 한다.

④ 화장실에 욕조를 설치하는 경우에는 욕조에 노인의 전신이 잠기지 않는 깊이로 한다.

> **note** 침실바닥면적의 $\frac{1}{7}$ 이상의 면적을 창으로 하여 직접 바깥 공기에 접하도록 함 (개폐가 가능해야 함)